文教事業部
專屬團購好禮方案

博碩文教事業部為博碩文化為服務廣大教育市場所成立的行銷團隊

活動說明

- 本活動與【讀墨電子書平台】合作，推出習題電子書教學配件，可供教師及學生作為日常作業或評量，了解個人學習狀況。
- 教師可另外申請下載習題解答，恕不提供非教師申請。

課用書團購好禮活動

- 好禮一：專屬優惠折扣或贈品
- 好禮二：專屬習題電子書

本教學配件由博碩文化文教事業部獨家提供

- 掃描以下 QR code，可查閱詳細說明，完成團購標準可獲得專屬習題電子書。

博碩文化

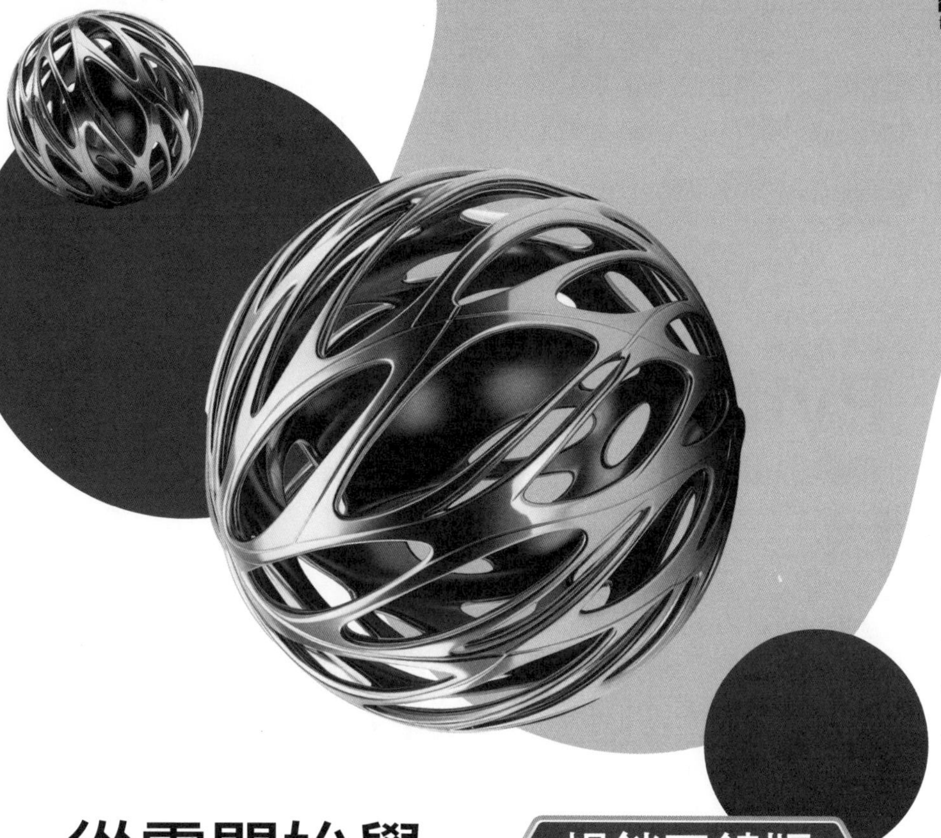

從零開始學 Python 程式設計

暢銷回饋版

[第六版]

李馨 著

適用 Python 3.10 以上

簡潔的程式語言，由認識Python的基本語言，理論與實作並行

每個章節有豐富的範例，配合Python Shell的互動交談，更能得心應手

手把手導引，由函式出發，並學習物件導向的封裝、繼承和多型三大技術

課後評量思考操作並兼，追蹤學習成效

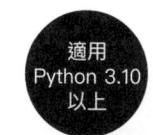

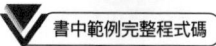

書中範例完整程式碼

作　　者：李馨
編　　輯：林楷倫、魏聲圩

董 事 長：曾梓翔
總 編 輯：陳錦輝

出　　版：博碩文化股份有限公司
地　　址：221 新北市汐止區新台五路一段 112 號 10 樓 A 棟
　　　　　電話 (02) 2696-2869　傳真 (02) 2696-2867

發　　行：博碩文化股份有限公司
郵撥帳號：17484299　戶名：博碩文化股份有限公司
博碩網站：http://www.drmaster.com.tw
讀者服務信箱：dr26962869@gmail.com
訂購服務專線：(02) 2696-2869 分機 238、519
（週一至週五 09:30～12:00；13:30～17:00）

版　　次：2025 年 9 月七版一刷

博碩書號：ET32503
建議零售價：新台幣 720 元
Ｉ Ｓ Ｂ Ｎ：978-626-414-297-7
律師顧問：鳴權法律事務所 陳曉鳴律師

國家圖書館出版品預行編目資料

從零開始學 Python 程式設計 (適用 Python 3.10
以上) / 李馨著 . -- 七版 . -- 新北市：博碩文化股份
有限公司, 2025.09
　面；　公分

ISBN 978-626-414-297-7(平裝)

1.CST: Python(電腦程式語言)

312.32P97　　　　　　　　　　114011516

Printed in Taiwan

歡迎團體訂購，另有優惠，請洽服務專線
博碩粉絲團　(02) 2696-2869 分機 238、519

商標聲明

本書中所引用之商標、產品名稱分屬各公司所有，本書引用
純屬介紹之用，並無任何侵害之意。

有限擔保責任聲明

雖然作者與出版社已全力編輯與製作本書，唯不擔保本書及
其所附媒體無任何瑕疵；亦不為使用本書而引起之衍生利益
損失或意外損毀之損失擔保責任。即使本公司先前已被告知
前述損毀之發生。本公司依本書所負之責任，僅限於台端對
本書所付之實際價款。

著作權聲明

本書著作權為作者所有，並受國際著作權法保護，未經授權
任意拷貝、引用、翻印，均屬違法。

序 Preface

　　Python 程式語言目前正熱門！

　　Python 創始人 Guido van Rossum，為 Monty 大蟒蛇飛行馬戲團的愛好者。於西元 1989 年耶誕節期間，決心開發一個新的腳本解釋程式而有了 Python 這個程式語言。

　　本書共分四篇：基礎入門、資料結構、物件導向和繪圖影像篇。

基礎學習篇（第 1~4 章）

　　雖然 Python 官方把它定位為簡易、優雅的程式語言，但藉由它的基礎語法打下好功夫是不可或缺的！在 Python 的肩膀上，邁向程式語言的大門。

　　第一步，由 Python 本身提供的 IDLE 軟體出發，或者使用本書第一章介紹的 Visual Studio Code，目前很熱門的編輯器為編寫程式做熱身。從 Python 的內建型別談起，無論是整數、浮點數、複數，甚至能使用有理數（分數），您會驚訝每個變數皆是指向參考物件，這也是 Python 簡潔之處。不可免俗的，一個好的程式，了解流程控制是必要課題，依據 Python 的簡明原則，if/else 條件敘述，for、while 廻圈就可行遍天下，Python 3.10 生力軍 match 敘述能讓流程處理更加得心應手。

資料結構篇（第 5~10 章）

　　其他的程式語言都有陣列，型別相同的連續性資料是陣列處理的規則，而 Python 卻有更妙的資料結構。有條不紊的序列型別，它包含 String、List 和 Tuple；屬於映射型別的 Dictionary，以 key 和 value 來形成對應，都可以放入型別相異的資料。無序的 Set 型別卻跟數學的集合緊密配合。對於 Python 來說即使是單一字元也是字串，所以處理字串有相當多的方法（method），無論是切片、索引、搜尋和結合等，透過格式化處理來輸出我們所要的結果。

Python 有強大的標準函式庫，內容包羅萬象，而五花八門的第三方套件更讓 Python 成為學習程式語言的首選。

對於內建的模組，學習如何匯入，介紹日期、時間有關的模組。也以 pip 指令安裝一些較簡易第三方套件，體驗它們的妙用。作為 Python 第一等公民的自訂函式，對於函式中接收資料的參數和進行傳遞的引數有較多的著墨。還有以自訂函式為本，呼叫自己函式的遞廻機制。

物件導向篇（第 11~14 章）

以物件導向為基礎，探討物件導向程式設計的三個特性：繼承（Inheritance）、封裝（Encapsulation）和多型（Polymorphism）為探討對象。其他程式語言會以建構函式來新建、初始化物件生命。Python 分兩個階段，先以 __new()__ 方法新建物件，再以 __init__ 初始化生命。所有的類別、屬性和方法皆是公開；想要封裝可藉助特性為裝飾器（@property）或者以「_」底線字元來指明它是私有的。繼承機制下，以單一繼承來介紹「is_a」和「has_a」的作法；Python 繼承採用多重繼承，它以鴨子型別（Duck typing）來闡述多型。

撰寫程式時不免有例外，如何進行異常（或稱例外）的處理，採用 try/except/finally 敘述之外，也能搭配 raise、assert 敘述從程式碼中擲出異常。

繪圖影像篇（第 14~16 章）

Python 使用 io 模組來處理資料流，同樣是以文字和二進位資料，配合功能強大的內建函式 open() 指定檔案的處理模式。GUI 介面以 tkinter 為主，它由 Tkinter.tix 和 Tkinter.ttk 兩大模組提供。簡單地介紹 Label、Entry、Text、Radiobutton、Checkbutton 和 Button 元件。配置版面的 pack()、grid() 和 place() 方法。提供訊息的標準對話方塊的 messagebox。最後一章，介紹能進行繪圖的 Turtle 模組，從 Python 2x 起死回生的 Pillow 模組，透過它將影像產生縮放、旋轉、**翻轉**或影像合成。

目錄 Contents

01 Chapter | Python 異想世界

- 1.1 一起準備 Python 吧 1-2
  - 1.1.1 Python 有什麼魅力 1-2
  - 1.1.2 安裝 Python 1-4
  - 1.1.3 測試 Python 軟體 1-7
  - 1.1.4 Python 的應用範圍 1-11
- 1.2 Python 的開發工具 1-12
  - 1.2.1 有那些 IDE 軟體？ 1-12
  - 1.2.2 CPython 有什麼？ 1-13
  - 1.2.3 Python Shell 1-15
  - 1.2.4 IDLE 的環境設定 1-20
- 1.3 使用 Visual Studio Code 1-28
  - 1.3.1 下載、安裝 VS Code 1-28
  - 1.3.2 啟動 VS Code 1-31
  - 1.3.3 VS Code 延伸模組 1-36
- 1.4 Python 撰寫風格 1-37
  - 1.4.1 Hello World! 就是這麼簡單 1-38
  - 1.4.2 程式的縮排和註解 1-38
  - 1.4.3 敘述的分行和合併 1-39
  - 1.4.4 程式的輸入和輸出 1-40

02 Chapter | Python 基本語法

- 2.1 變數 2-2
  - 2.1.1 識別字的命名規則 2-2
  - 2.1.2 保留字和關鍵字 2-3
  - 2.1.3 指派變數值 2-3
- 2.2 Python 的數值型別 2-7
  - 2.2.1 以 type() 函式回傳型別 2-7
  - 2.2.2 整數型別 2-8
  - 2.2.3 布林值 2-10
- 2.3 Python 如何處理實數 2-11
  - 2.3.1 使用 Float 型別 2-11
  - 2.3.2 複數型別 2-15
  - 2.3.3 更精確的 Decimal 型別 2-15
  - 2.3.4 番外 - 有理數 2-19
- 2.4 數學運算與 math 模組 2-21
  - 2.4.1 認識 math 模組 2-21
  - 2.4.2 算術運算子 2-23
  - 2.4.3 做四則運算 2-24
  - 2.4.4 指派運算子 2-26
- 2.5 運算子有優先順序 2-26
  - 2.5.1 位元運算子 2-26
  - 2.5.2 運算子誰優先？ 2-28

03 Chapter | 運算子與條件選擇

- 3.1 認識程式語言結構 3-2
- 3.2 單一條件 3-3
  - 3.2.1 比較運算子 3-3
  - 3.2.2 if 敘述 3-4
- 3.3 雙向選擇 3-7
  - 3.3.1 邏輯運算子 3-7
  - 3.3.2 if/else 敘述 3-9
  - 3.3.3 特殊的三元運算子 3-12
- 3.4 更多選擇 3-13
  - 3.4.1 巢狀 if 3-14
  - 3.4.2 if/elif/else 敘述 3-16
  - 3.4.3 match/case 敘述 3-20

04 Chapter | 迴圈控制

- 4.1 for 迴圈讓程式轉向 4-2
  - 4.1.1 使用 for/in 迴圈 4-2
  - 4.1.2 range() 函式 4-3
  - 4.1.3 巢狀迴圈 4-6
- 4.2 while 迴圈與 random 模組 4-9
  - 4.2.1 while 迴圈特色 4-9
  - 4.2.2 獲得 while 迴圈執行次數 4-13
  - 4.2.3 使用 random 模組 4-15
- 4.3 特殊流程控制 4-18
  - 4.3.1 break 敘述 4-18
  - 4.3.2 continue 敘述 4-19

05 Chapter 序列型別和字串

- 5.1 序列型別概觀 5-2
  - 5.1.1 序列和迭代器 5-2
  - 5.1.2 建立序列資料 5-4
  - 5.1.3 序列元素操作 5-4
  - 5.1.4 與序列有關的函式 5-8
- 5.2 字串與切片 5-9
  - 5.2.1 建立字串 5-9
  - 5.2.2 脫逸字元 5-13
  - 5.2.3 字串如何切片 5-14
- 5.3 字串常用函數 5-19
  - 5.3.1 尋訪字串 5-19
  - 5.3.2 統計、取代字元 5-21
  - 5.3.3 比對字元 5-23
  - 5.3.4 字串的分與合 5-24
  - 5.3.5 字串的大小寫 5-26
- 5.4 格式化字串 5-27
  - 5.4.1 把字串對齊 5-27
  - 5.4.2 % 運算子 5-29
  - 5.4.3 內建函式 format() 5-31
  - 5.4.4 str.format() 方法 5-34

06 Chapter Tuple 與 List

- 6.1 Tuple 不可變 6-2
  - 6.1.1 建立 Tuple 6-2
  - 6.1.2 讀取 Tuple 元素 6-5

        6.1.3　Tuple 和 Unpacking 6-7

        6.1.4　Tuple 做切片運算 6-9

6.2　串列 6-10

        6.2.1　建立、讀取串列 6-10

        6.2.2　與 List 有關的方法 6-12

        6.2.3　將資料排序 6-16

        6.2.4　串列生成式 6-22

6.3　二維 List 6-27

        6.3.1　產生矩陣 6-27

        6.3.2　讀取矩陣 6-28

        6.3.3　矩陣與串列生成式 6-30

        6.3.4　不規則矩陣 6-33

6.4　串列的複製 6-35

        6.4.1　串列與淺複製 6-35

        6.4.2　copy 模組的 copy() 方法 6-38

        6.4.3　deepcopy() 方法複製物件本身 6-39

07 Chapter｜字典

7.1　認識映射型別 7-2

7.2　建立字典 7-3

        7.2.1　認識字典 7-3

        7.2.2　產生字典 7-4

        7.2.3　讀取字典項目 7-6

        7.2.4　類別方法 fromkeys() 7-7

7.3　字典的異動 7-8

        7.3.1　新增與修改元素 7-8

        7.3.2　刪除字典項目 7-11

目錄

- 7.3.3 合併字典 7-12
- 7.4 鍵、值相關操作 7-13
  - 7.4.1 預防找不到 key 7-13
  - 7.4.2 讀取字典 7-15
  - 7.4.3 字典生成式 7-18
- 7.5 預設字典和有序字典 7-20
  - 7.5.1 預設字典 7-20
  - 7.5.2 有序字典 7-22

08 Chapter | 集合

- 8.1 建立集合（Sets）.. 8-2
  - 8.1.1 認識雜湊 8-3
  - 8.1.2 建立 set 物件 8-4
  - 8.1.3 set() 函式產生集合 8-6
- 8.2 集合相關操作 8-7
  - 8.2.1 新增、移除元素 8-7
  - 8.2.2 集合與數學計算 8-8
  - 8.2.3 聯集、交集運算 8-10
  - 8.2.4 差集、對等差集運算 8-12
- 8.3 集合相關方法 8-14
  - 8.3.1 增強計算 8-14
  - 8.3.2 檢測集合 8-16
  - 8.3.3 集合生成式 8-18
  - 8.3.4 集合 frozenset 8-19

09 Chapter | 函式

- 9.1 Python 的內建函式 9-2
  - 9.1.1 與數值有關的函式 9-2
  - 9.1.2 字串的 BIF 9-3
  - 9.1.3 序列型別相關函式 9-4
  - 9.1.4 其他的 BIF 9-6
- 9.2 函式基本概念 9-6
  - 9.2.1 函式基礎 9-7
  - 9.2.2 定義函式 9-8
  - 9.2.3 呼叫函式 9-9
  - 9.2.4 回傳值 9-10
- 9.3 參數基本機制 9-13
  - 9.3.1 引數如何傳遞？ 9-14
  - 9.3.2 位置參數有順序性 9-16
  - 9.3.3 預設參數值 9-17
  - 9.3.4 關鍵字引數 9-21
- 9.4 可長短的參、引數列 9-23
  - 9.4.1 形式參數的 * 星號運算式 9-23
  - 9.4.2 ** 運算式與字典合作 9-26
  - 9.4.3 * 運算子拆解可迭代物件 9-31
  - 9.4.4 ** 運算子拆解字典物件 9-33
- 9.5 更多函式的討論 9-37
  - 9.5.1 適用範圍 9-38
  - 9.5.2 函式是第一等公民 9-41
  - 9.5.3 區域函式與 Closure 9-43
  - 9.5.4 Lambda 函式 9-46
  - 9.5.5 遞迴 9-50

10 Chapter｜模組與函式庫

- 10.1 匯入模組 10-2
  - 10.1.1 import/as 敘述 10-2
  - 10.1.2 from/import 敘述 10-3
  - 10.1.3 名稱空間和 dir() 函式 10-3
- 10.2 自行定義模組 10-5
  - 10.2.1 模組路徑 10-5
  - 10.2.2 滙入自定模組 10-6
  - 10.2.3 屬性 __name__ 10-7
- 10.3 取得時間戳 time 模組 10-10
  - 10.3.1 取得目前時間 10-10
  - 10.3.2 時間結構和格式轉換 10-12
- 10.4 datetime 模組 10-15
  - 10.4.1 處理日期 date 類別 10-15
  - 10.4.2 time 類別取得時間值 10-19
  - 10.4.3 datetime 類別組合日期、時間 10-20
  - 10.4.4 timedelta 類別計算時間間隔 10-23
- 10.5 自遠方來的「套件」 10-25
  - 10.5.1 有趣的詞雲 10-26
  - 10.5.2 封裝程式的 Pyinstaller 10-30

11 Chapter｜認識物件導向

- 11.1 物件導向概念 11-2
  - 11.1.1 物件具有屬性和方法 11-2
  - 11.1.2 類別是物件藍圖 11-3
  - 11.1.3 抽象化是什麼？ 11-4

11.2 類別與物件 11-5
　　11.2.1 認識類別和其成員 11-5
　　11.2.2 先建構再初始化物件 11-9
　　11.2.3 設定、檢查物件屬性 11-14
　　11.2.4 處理物件的特殊方法 11-16
11.3 類別與裝飾器 11-20
　　11.3.1 類別也有屬性 11-20
　　11.3.2 認識裝飾器 11-21
　　11.3.3 類別裝飾器 11-27
　　11.3.4 類別方法和靜態方法 11-31
11.4 重載運算子 11-33
　　11.4.1 重載算術運算子 11-34
　　11.4.2 對重載加法運算子更多了解 11-35
　　11.4.3 重載比較大小的運算子 11-39

12 Chapter | 淺談繼承機制

12.1 認識繼承 12-2
　　12.1.1 繼承的相關名詞 12-2
　　12.1.2 繼承概念 12-2
　　12.1.3 特化和通化 12-3
　　12.1.4 組合 12-4
12.2 繼承機制 12-4
　　12.2.1 產生繼承 12-4
　　12.2.2 多重繼承機制 12-8
　　12.2.3 繼承有順序，搜尋有規則 12-9
12.3 子類別覆寫父類別 12-10
　　12.3.1 使用 super() 函式 12-11

xi

12.3.2 屬性 __base__ 12-13
12.3.3 以特性存取屬性 12-15
12.4 抽象類別與多型 12-18
12.4.1 定義抽象類別 12-19
12.4.2 多型 12-21
12.4.3 組合 12-23

13 Chapter 異常處理機制

13.1 什麼是異常？ 13-2
13.1.1 程式錯誤 13-2
13.1.2 引發異常 13-3
13.1.3 內建的 Exception 型別 13-4
13.2 異常處理情況 13-8
13.2.1 設定捕捉器 13-8
13.2.2 Try 敘述究竟是如何運作 13-11
13.2.3 try/else 敘述 13-12
13.2.4 try/finally 敘述 13-13
13.3 以程式丟出異常 13-15
13.3.1 raise 敘述引發異常 13-15
13.3.2 assert 敘述 13-18
13.3.3 使用者自訂例外處理 13-20

14 Chapter 資料流與檔案

14.1 認識檔案與目錄 14-2
14.1.1 不能不知道的檔案路徑 14-2
14.1.2 取得路徑找 os.path 模組 14-3
14.2 資料流與 io 模組 14-4

14.2.1 檔案物件與 io 模組 14-5
14.2.2 檔案與 open() 函式 14-7
14.2.3 TextIOBase 類別與檔案處理 14-8
14.2.4 檔案指標 14-10
14.3 文字檔案的讀、寫 14-11
14.3.1 檔案和指定模式 14-12
14.3.2 with/as 敘述 14-16
14.3.3 讀取文字檔案 14-18
14.4 二進位檔案 14-20
14.4.1 認識 byte 與 bytearray 14-20
14.4.2 讀、寫二進位檔案 14-21
14.4.3 struct 模組與二進位資料 14-23
14.5 文字檔並非只有文字 14-26
14.5.1 淺談文字編碼 14-26
14.5.2 CSV 格式 14-29
14.5.3 JSON 格式 14-30

15 Chapter | GUI 介面

15.1 Python GUI 15-2
15.1.1 GUI 相關套件 15-2
15.1.2 認識 tkinter 套件 15-2
15.1.3 撰寫一個簡單的視窗程式 15-7
15.2 版面管理員 15-8
15.2.1 Frame 為容器 15-8
15.2.2 版面配置 - pack() 方法 15-15
15.2.3 grid() 方法以欄、列定位置 15-21
15.2.4 以座標定位的 place() 方法 15-23
15.3 處理文字的元件 15-26

xiii

		15.3.1	Label 15-26
		15.3.2	文字方塊 Entry 15-30
		15.3.3	文字區塊 Text 15-33
		15.3.4	Button 元件 15-35
	15.4	選取元件 15-37
		15.4.1	Checkbutton 15-38
		15.4.2	Radiobutton 15-40
	15.5	顯示訊息 15-42

16 Chapter 繪圖與影像

16.1	以 Turtle 繪圖 16-2
	16.1.1 使用座標系統 16-2
	16.1.2 Turtle 畫布與畫筆 16-3
	16.1.3 塗鴉色彩 16-9
16.2	繪製幾何圖案 16-12
	16.2.1 畫圓形 16-12
	16.2.2 繪製三角形 16-15
	16.2.3 繪出多邊形 16-16
16.3	認識 Pillow 套件 16-21
	16.3.1 色彩與透明度 16-23
	16.3.2 讀取圖片 16-24
16.4	圖像的基本操作 16-26
	16.4.1 重編影像 16-27
	16.4.2 產生新圖片 16-29
	16.4.3 繪製圖案、秀出文字 16-30
	16.6.4 影像的旋轉和翻轉 16-33
	16.4.5 圖像裁切、合成 16-37

01

CHAPTER

Python 異想世界

學｜習｜導｜引

- 從 Python 的源起、版本到軟體安裝，認識 Python
- 編寫程式碼，其工具從簡單的記事本到 Python 官方的 IDLE，雖然很陽春，但它可以提供不少的協助
- 下載、安裝微軟的 VS Code 編輯器
- 撰寫一個 Python 程式，熟悉它的語言結構和風格

1.1 一起準備 Python 吧

程式語言發展至今，從低階到高階，由機械語言到自然語言，其豐富性已超過我們的想像！無論是哪一種程式語言都需要編譯器或直譯器把原始程式碼轉譯成電腦能夠理解的機器碼。在進入 Python 世界之前，先認識兩個名詞：

- 編譯器（Compiler）：它需要完整的原始程式碼才做編譯，產生可執行程式，再連結函式庫才能執行。
- 直譯器（Interpreter，或稱解譯器）：在執行期，動態將程式碼逐句直譯為機器碼。

更通俗的說法，編譯器就像是個翻譯軟體，必須有整份文章才做翻譯；直譯器則像是一個可以跟你到處趴趴走的口譯人員，隨時皆可解譯。

1.1.1 Python 有什麼魅力

Python 程式語言有何特色？相對於其他電腦程式語言，它的魅力何在？Python 官方為自己下的註解：「簡單易學，語法簡潔，直譯式的電腦語言。」可以看出端倪！

另一個佐證可以從 TIOBE Software（https://www.tiobe.com/tiobe-index/）於 2022 年 2 月份所公布的世界程式語言排名可以看出，Python 穩居榜首。

Feb 2022	Feb 2021	Change	Programming Language	Ratings	Change
1	3	^	Python	15.33%	+4.47%
2	1	v	C	14.08%	-2.26%
3	2	v	Java	12.13%	+0.84%
4	4		C++	8.01%	+1.13%
5	5		C#	5.37%	+0.93%
6	6		Visual Basic	5.23%	+0.90%
7	7		JavaScript	1.83%	-0.45%

圖【1-1】 程式語言排行榜

Python 程式語言誕生於 1989 年，創始人 Guido van Rossum（吉多‧范羅蘇姆）為了提出新的腳本語言（Script Language），迄今有三十多年的歷史。它是高階語言，支援物件導向。語言本身能跨越平台，無論是 Linux、Mac 或者是 Windows 皆能暢行無阻。

那麼 Python 名稱是怎麼來的？吉多‧范羅蘇姆是蒙提派森飛行馬戲團（Monty Python's Flying Circus，BBC 電視劇）的粉絲，所以選中 Python 作為程式名稱。他參考了 ABC（All Basic Code）程式語言，C 和其他一些程式語言來建構 Python 程式語言。那麼 Python 程式語言有什麼特色！

- **Python 型別是動態、強型別**。由於 Python 採用動態型別，其作法是程式碼執行才會檢查，所以某些情況的操作可能會丟擲異常。話雖如此，Python 同時也是強型別語言，不同的資料型別採用高標準規範；比如數字加字串，這種沒有明確定義的操作是不合法的。

- **Python 是腳本亦是程式語言**。管理作業系統時，系統管理者會依據例行公事編寫程式，讓電腦按表操課。撰寫這些程式必須藉助作業系統的 Shell（或稱命令殼）配合腳本語言來撰寫。Python 既能支援腳本語言，也能像一般的程式語言應用於實務上。

- **Python 是膠水語言、資源豐富**。也有人將 Python 視為膠水語言（Glue Language）的一種，它源自於腳本語言（Script Language 或稱描述語言）的發展。在 Linux 系統下，能把相關功能的程式（可能由不同的程式語言所撰寫）如同膠水般「黏」在一起。

Python 程式語言除了本身擁有功能完備的標準函式庫，也能加入第三方函式庫（或稱第三方套件）輕鬆完成很多常見的任務。常見的套件：

- **Web 應用**：可以使用 Django、Flask 或 Tornado 等套件。
- **GUI 開發**：支援的套件有 Tkinter、wxPython 或者 PyQt 等。
- **作業系統**：除了 Windows 之外，多數的作業系統皆將 Python 內建為標準元件，可以在「命令提示字元」執行。而 Linux 發行的版本會以 Python 語言編寫成安裝程式，像是 Ubuntu 的 Ubiquity。

1.1.2 安裝 Python

安裝 Python 前,先認識它的發行版本。Python 語言有趣之處卻是 Python 2x 和 Python 3x 同時存在,而彼此之間並非完全相容。Python 2.7 是 Python 官方於 2x 系列所發表的最後版本,由於資源較豐富,第三方函式庫以它為基底依然不少!

一般來說,軟體語言的版本都是不斷更新累進。但 Python 3x(也稱 Python 3000,或 Py3k)不支援向下相容。無論如何,它們皆屬於 Python 程式語言!Python 版本的發行,利用表【1-1】列舉 Python 較重要版本做通盤了解。

版本	簡介
2.7	2010/07/03 發行,最終版本,官方支援到 2020/01/01
3.8	2019/10/14 發行
3.9	2020/10/14 發行
3.10	2021/10/01 發行,本書採用版本

表【1-1】 Python 版本

解譯 Python 程式碼必須藉由 Python 執行環境所提供。究竟有那些直譯器(Interpreter,或稱解譯器)?由表【1-2】做說明。

直譯器	簡介
CPython	官方的直譯器,以 C 語言編寫,本書使用的軟體
PyPy	使用 Python 語言編寫,執行速度會比 CPython 快
IronPython	可呼叫 .NET 平台的函式庫,將 Python 程式編譯成 .NET 程式
Jython	Java 語言編寫,可以直接呼叫 Java 函式庫

表【1-2】 Python 直譯器

Python 官方軟體 CPython 為載體,除了 Python 本身的軟體和內建套件、pip:

- **Python 3.10**:由 CPython 提供的直譯器,Python 官方團隊製作,其原始程式碼完全開放,具有標準架構,讓他人能依循此標準製定 Python 的執行環境,本書的章節內容會直接以 Python 來稱呼它。
- pip:用來管理 Python 第三方函式庫的工具;內建於 CPython 軟體裡,安裝時能透過選項來加入(可參考 Python 軟體安裝的步驟 4)。
- tcl/tk and IDLE:tcl/tk 套件用來撰寫 GUI,IDLE 為 Python 內建的 IDE 軟體。

Chapter 01 Python 異想世界

本書以 Windows 作業系統為開發環境做軟體安裝。Python 官方網站網址如下：https://www.python.org/。

操作 1　下載、安裝《Python》

STEP 01　進入 Python 官網，它會偵測使用者的作業系統，找到 ❶Downloads，展開選項之後，選擇下載版本「Download for Windows」的 ❷「Python 3.10.2」。想要下載更早之前的版本，可點選「View the full list of downloads」尋找合宜的版本。

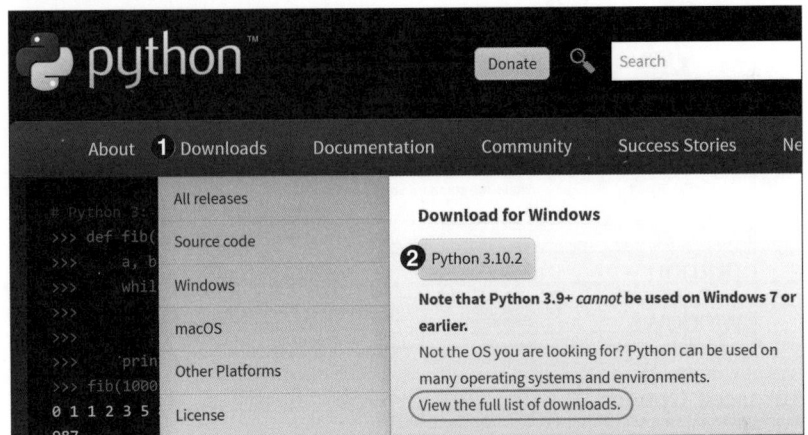

STEP 02　完成軟體的下載後，滑鼠雙擊啟動 Python 軟體。

STEP 03　進入 Python 安裝畫面，先勾選 ❶ 畫面下方「Add Python 3.10.2 to PATH」，以 ❷「Customize installation」準備軟體的安裝。

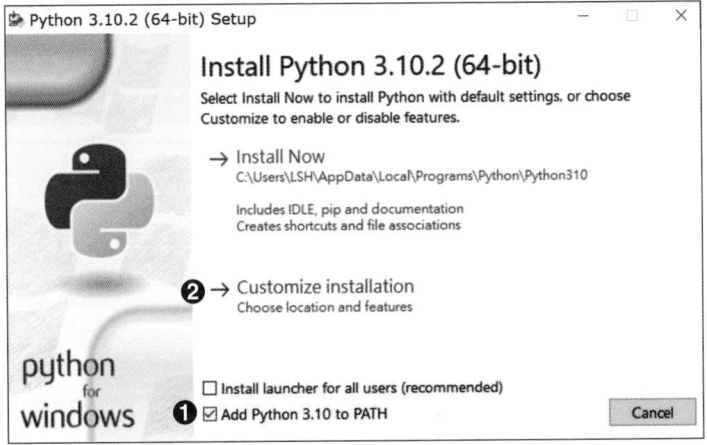

1-5

步驟說明

Add Python 3.10 to PATH

表示要將 Python 軟體的執行路徑加到 Windows 的環境變數裡，如此一來，「命令提示字元」視窗中就可以執行 Python 指令。

STEP 04 Optional Features 使用預設值，全部勾選，按「Next」鈕。

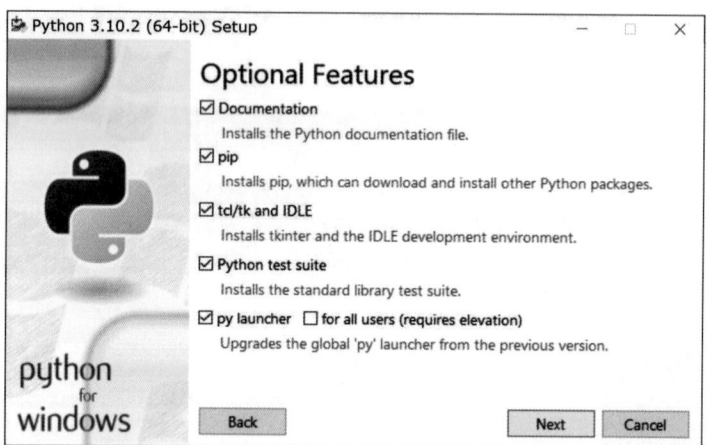

STEP 05 Advanced Options 除了第一個選項不勾選，以滑鼠勾選其它選項，安裝路徑採用預設值，按「Install」鈕準備安裝。

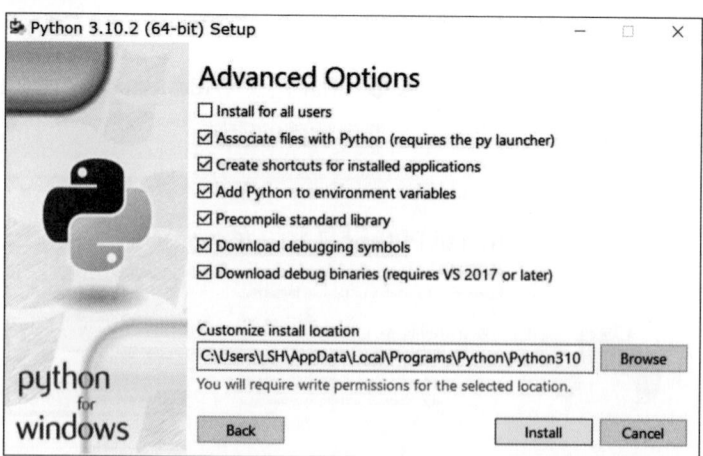

Chapter 01 Python 異想世界

 安裝成功的提示訊息，按「Close」鈕來結束安裝。

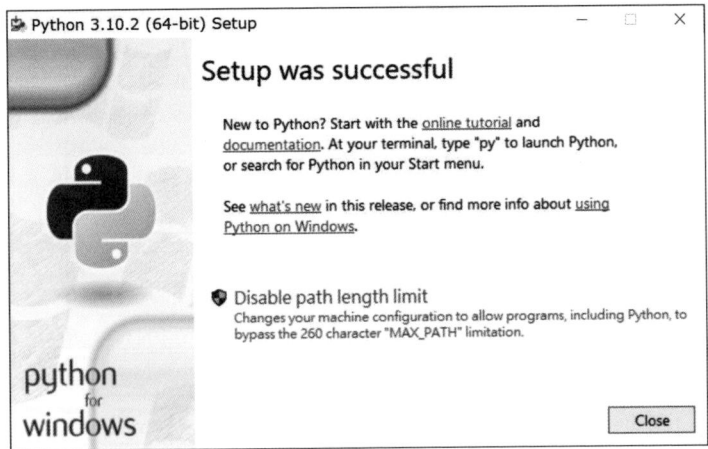

1.1.3 測試 Python 軟體

未進行 Python 軟體的測試之前，先檢查環境變數。也就是操作 1 步驟 5 的安裝路徑是否順利加到操作 1 步驟 3 所提示的「Add Python 3.10 to PATH」。

操作 2 《檢查環境變數》

 使用鍵盤【視窗鍵 + R】啟動「執行」交談窗；❶ 輸入「sysdm.cpl」指令後，❷ 按「確定」鈕。

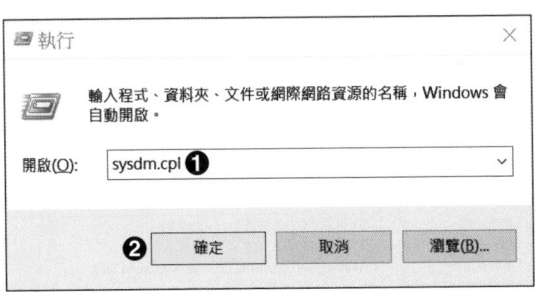

1-7

進入「系統內容」交談窗，切換 ❶「進階」頁籤，❷ 按「環境變數」鈕。

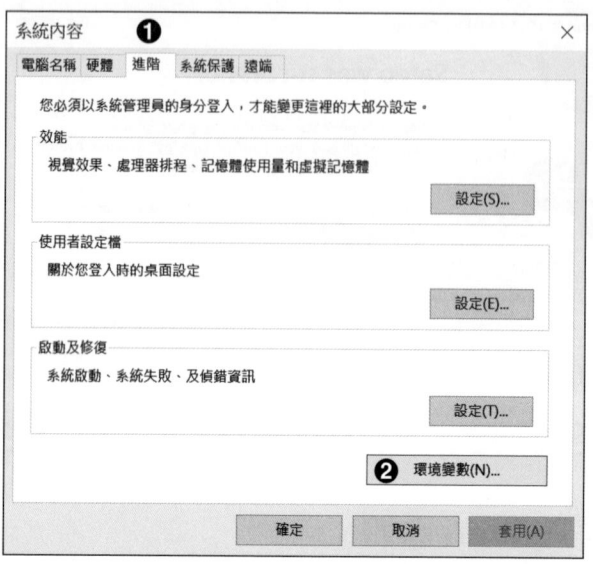

 進入「環境變數」交談窗，進一步查看使用者變數的 ❶「Path」，點選它之後，再按 ❷「編輯」鈕，進入「編輯環境變數」交談窗，檢視 Python 軟體的執行路徑（就是操作 1 步驟 5 的 Python 安裝路徑）。

STEP 04 若操作 1 步驟 3 的「Add Python 3.10 to PATH」未勾選，進入「編輯環境變數」交談窗，按「新增」鈕，加入下列路徑：

「C:\Users\ 使用者名稱 \AppData\Local\Programs\Python\Python310\」，為了能使用 pip 指令，要加入第二個路徑「C:\Users\ 使用者名稱 \AppData\Local\Programs\Python\Python310\Scripts\」。

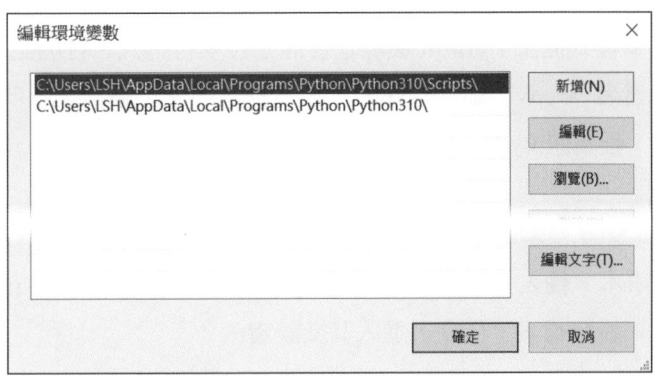

以「命令提示字元」視窗對 Python 環境做一個小小測試。此處會使用記事本編寫一個 Python 小程式，它的附屬檔名是「*.py」。

操作 3 測試《Python 環境》

 STEP 01 參考操作 2 步驟 1 啟動「執行」交談窗，輸入「cmd」指令，進入「命令提示字元」視窗。

 STEP 02 ❶ 直接輸入 Python 並按下 Enter 鍵，它會帶出 Python 版本，進入 Python Shell 交談窗，顯示特有的字元「>>>」。進一步輸入 ❷ 數學算式「1245 + 7861」並按下 Enter 鍵，會發現它會顯示計算結果「9106」，游標再回到「>>>」字元之下。❸ 再做數學運算「1245/648」並按下 Enter 鍵。

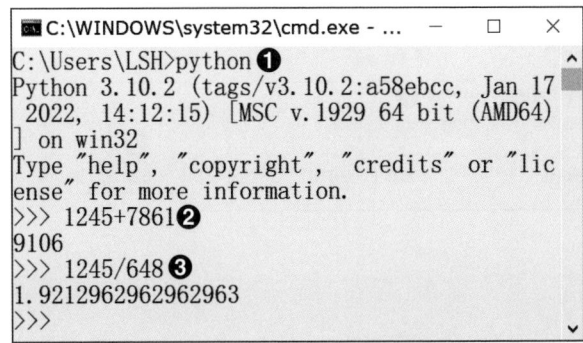

以 quit() 指令來離開 Python Shell；回到原有目錄。

以一個簡單程式測試 Python 環境是否能正確執行程式。打開記事本撰寫其程式，檔案以副檔名「*.py」儲存；進入「命令提示字元」視窗，呼叫 Python 指令來直譯程式碼，輕鬆將 Python 程式搞定。

操作 4 《Python 小程式》

 開啟記事本，輸入一行簡單的敘述「print('Hello! Python World...')」。執行「檔案 > 儲存檔案」指令，進入其交談窗。

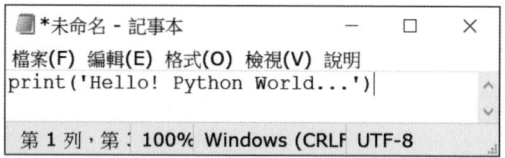

❶ 儲存檔案的位置「D:\PyCode\CH01」，❷ 檔名「CH0101.py」（須給予完整檔名），按 ❸「存檔」鈕。

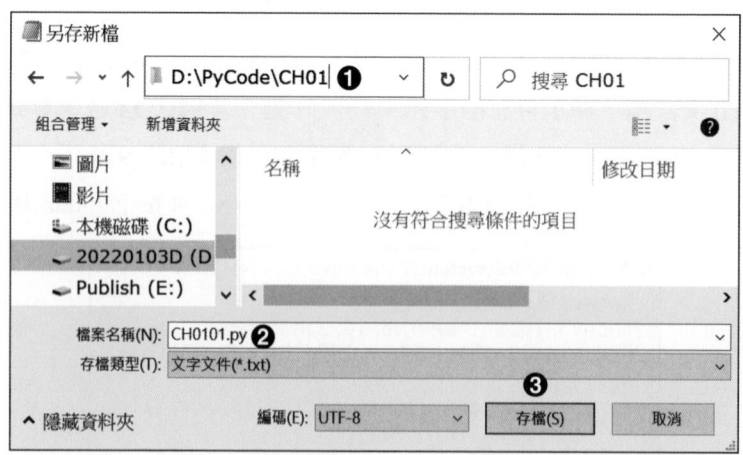

1-10

Chapter 01 Python 異想世界

回到「命令提示字元」視窗，❶ 切換目錄為 D 碟；❷ 指令「cd PyCode\Ch01」並按 Enter 鍵確認（執行指令「cd」會切換 Python 原始程式碼的存放位置，「cd」和檔案路徑之間要有空白字元）。

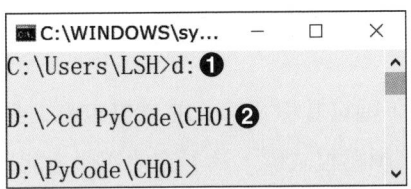

執行 Python 程式，指令「Python CH0101.py」若能輸出『Hello! Python World...』且無錯誤發生，表示 Python 環境可以運行。

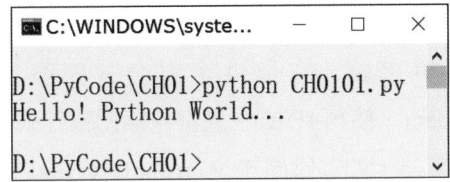

1.1.4 Python 的應用範圍

Python 發展至今，隨著第三方套件不斷的擴展，它的應用範圍很廣泛。

- 網路應用：藉由網路各種協定，進行 Web 開發，像是編寫伺服器軟體、網路爬蟲等。以 Python 編寫的 Web 框架，用來管理複雜的 Web 程式。例如：開發 Web 框架的 Django，輕量級的 Flask。解析 HTML/XML 的 Beautiful Soup 套件等。

- 資料科學：隨著科技的發達，有形形色色的資料要經過運算和處理，所以這些有名的套件也如火如荼展開。例如：提供數學計算基礎的 NumPy，實作 MATLAB 的 SciPy，能繪製二維圖形的 Matplotlib，善長資料分析並給予視覺化效果的 Pandas，或者是支援數學符號運算 SymPy，Google 開發維護的機器學習和深度學習庫 TensorFlow，它提供了 Python API 等等。

- GUI：要開發 GUI，Python 內建的 Tkinter 函式庫，由於它被整合到 IDLE，當然不能忽略。其它有 PyGObject、PyQt，能跨平台的 AppJar，提供 GUI 程式框架 wxWidgets 的 wxPython 等。

1-11

- **其它有名的套件**：符合 SDL 規範，用來開發電動遊戲的 PyGame；能處理多種圖形檔案的 Pillow 套件；能將程式釋出成為獨立安裝包的 PyInstaller 套件。

1.2 Python 的開發工具

隨著 Python 的應用，編寫其程式的 IDE 軟體也愈來愈多。我們以 Python 官方軟體提供的 IDLE 軟體來撰寫程式碼，為了方便初學者能更貼近程式語言的語法，也會使用 Visual Studio Code。首先，介紹 Python 的一些常用 IDE 軟體，再來熟悉 Python 內建的 IDLE 軟體之操作介面。

1.2.1 有那些 IDE 軟體？

什麼是 IDE？簡單來說，它提供了整合式開發環境軟體（Integrated Development Environment，簡稱 IDE）。通常包括撰寫程式語言編輯器、除錯器；有時還會有編譯器／直譯器，如眾所周知 Microsoft Visual Studio。而有些 IDE 會針對特定的程式語言來量身打造其操作介面，如安裝 Python 軟體所附的 IDLE 軟體。

- **PyCharm**：由 JetBrains 打造，它具備一般 IDE 的功能，也能讓檔案以專案（Project）方式進行管理，同時它能配合 Django 套件在 Web 上開發。它提供 Professional 和 Community 兩種版本，其中的 Community 版本只要註冊就能免費使用，官方網址「https://www.jetbrains.com/pycharm/download/#section=windows」。
- **WingIDE**：是支援 Python 功能最完整 IDE 軟體，目前不支援中文。團隊開發可以使用 Wing Pro 版本，而免費版本有兩種；Wing Personal 適用個人專業開發，Wing 101 版本適用初學者，官方網址「https://wingware.com/」。
- **PyScripter**：由 Delphi 開發，使用於 Windows 環境，它是免費的開放程式碼，官方網址「https://pyscripter.dev/」。
- **Anaconda**：它較適用於資料處理，支援的套件達 200 多種以上；共有四種版本，個人使用的 ANACONDA DISTRIBUTION（註冊後能免費使用），商業模式的 Anaconda Professional，企業使用的 Anaconda Business，提供資料庫服務的 Anaconda Server，官方網址「https://www.anaconda.com/」。

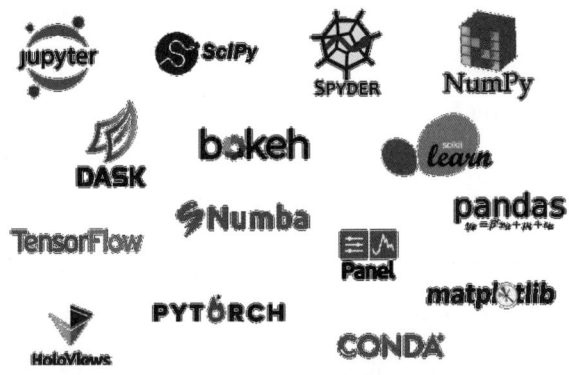

圖【1-2】 Anaconda 支援的套件

- **Visual Studio Code**（簡稱 **VS Code**）：嚴格來講它是一款編輯器，由 Microsoft 所開發，也是註冊後就能使用的免費版本，官方網址：「https://visualstudio.microsoft.com/zh-hant/」。

- **IDLE**：由 CPython 提供，Python 3.10 的預設安裝選項。完成 CPython 安裝就可以看到它；是一個非常陽春的 IDE 軟體，其編輯和偵錯功能較弱。

這些以 Python 為本的 IDE 軟體，除了 IDLE 軟體之外，必須先安裝 CPython 軟體，才能安裝相關的 IDE 軟體。例如安裝 PyCharm 時得先查看它所支援的 Python 版本；如果 CPython 軟體的版本高於 IDE 軟體，則安裝的 IDE 軟體可能無法執行；譬如：CPython 軟體的版本是 3.10，則 IDE 軟體得支援 Python 3.10 才能通行無阻。這當中 Anaconda 算是比較獨特，它內建 Python 軟體；安裝了 Anaconda，也同時安裝了 CPython 軟體。

1.2.2 CPython 有什麼？

趕快來瞧瞧 Python 3.10 所建立的選單有那些有趣的內容！

圖【1-3】 Python 3.10 選單

參考圖【1-3】Python 3.10 選單中，點選「Python 3.10（64-bit）」執行後直接進入 Python Shell 互動交談模式（Interactive Mode），會先列示 Python 軟體版本的宣告，接著就看到 Python 特有的提示字元「>>>」（primary prompt）。在此互動模式下，Python 可以單步直譯程式。使用者可以輸入 Python 一行行程式碼，再交由 Python 直譯器執行，顯示結果後就會回到「>>>」字元之下，等待下一次程式碼的輸入。這種猶如與人交談的情形，稱為互動交談模式。

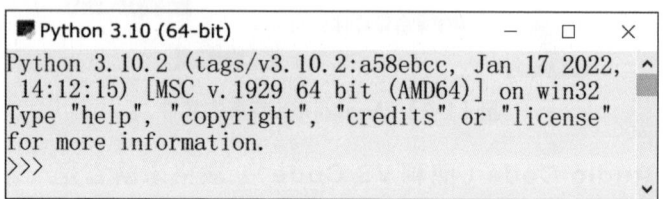

- **IDLE（Python 3.10 64-bit）軟體**：內建於 CPython 的 IDE 軟體（更多認識參考章節《1.2.3》）。
- **Python 3.10 Manuals**：提供 Python 程式語言的解說文件，為 HTML 可執行檔。開啟檔案之後，標題以「Python 3.10.0 document」顯示，可利用它來查詢 Python 程式語言的有關內容。

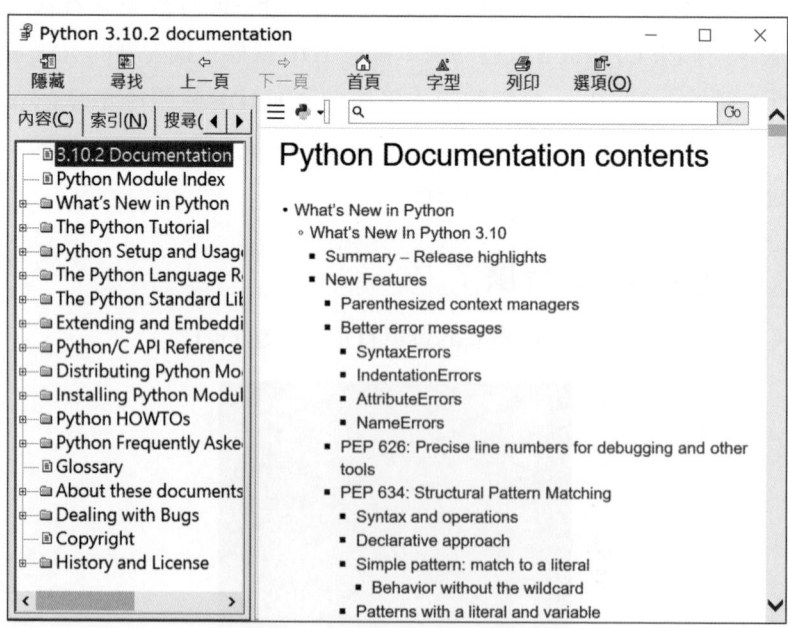

- **Python 3.10 Module Docs**：執行此指令之後，會啟動命令提示字元視窗再轉換瀏覽器來開啟網頁，依照字母順序提供 Python 內建模組相關函式的解說。例如：點選 math 模式就可以查看其相關函式。

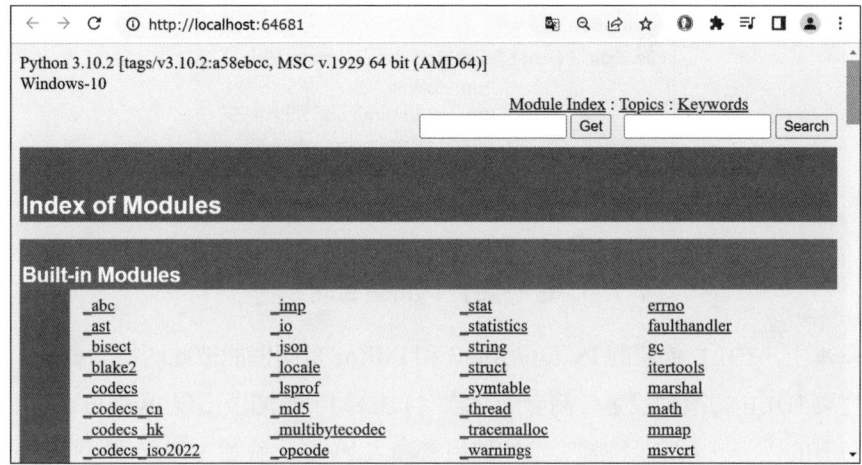

1.2.3 Python Shell

由於 CPython 已內建 IDLE（Python GUI），先來瞧瞧 IDLE 的面貌。啟動 IDLE 之後會看到 Python 特有提示字元「>>>」，表明已進入 Python Shell。一般來說 IDLE 有互動式和文件式兩個操作介面互換：

- **Python Shell**：提供直譯器，執行 Python 程式碼，還能以程式碼相關敘述與 Shell 互動。展開 File 功能表，執行 New File 指令，會以新的視窗開啟一份空白文件，進入 Editor（編輯器）。

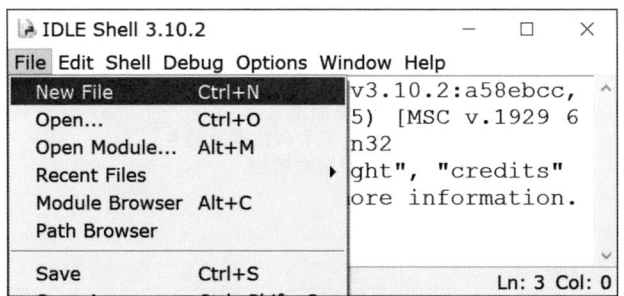

圖【1-4】 Python Shell

- **Editor**（編輯器）：用來撰寫 Python 程式。想要叫出 Python Shell 也很簡單，只要展開 Run 功能表，執行 Python Shell 指令，就能看到 Python Shell 的提示字元「>>>」向你招手。

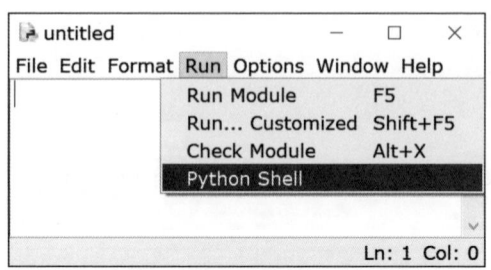

圖【1-5】 Python Edit

基本上，IDLE 軟體的 Python Shell 和 Editor 是兩個能彼此切換的視窗。如果沒有變更 IDLE 的啟動設定（請參考章節《1.2.3》），會開啟出現 Python Shell 並看到其特有的「>>>」提示符號，等待使用者輸入 Python 敘述。如果變更了 IDLE 的啟動設定，則進入 Python 編輯器而不是 Python Shell。

由於 IDLE 完全支援 Python 程式語言的語法，使用其內建函式（Built in function，簡稱 BIF）可利用 Tab 鍵來展開列示清單，利用它做補齊功能。

此外，組合按鍵【Alt + P】或【Alt + N】能載入上一個或下一個敘述。

在 Python Shell 互動交談模式，可使用內建函式 help() 來取得更多協助，不過要注意函式的左、右括號不能省略，否則無法進入「help>」交談模式。離開 Help 模式，輸入 quit() 指令即可。不想進入 help() 函式取得，直接利用 help() 函式放入欲查詢的 BIF（內建函式）亦可。

操作 5《函式 help() 取得協助》

 首先，先輸入「import this」敘述還能了解 Python 設計哲學。

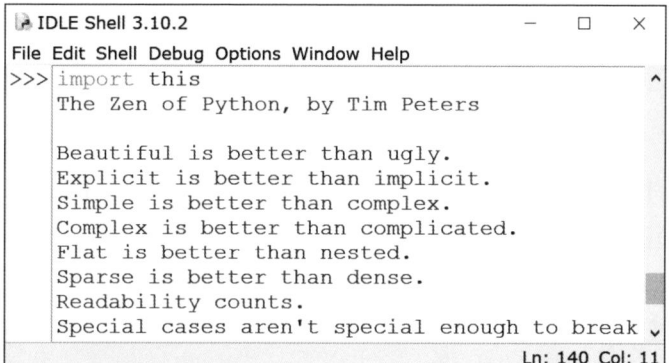

 Python Shell 互動模式中輸入 help() 函式來取得相關訊息。

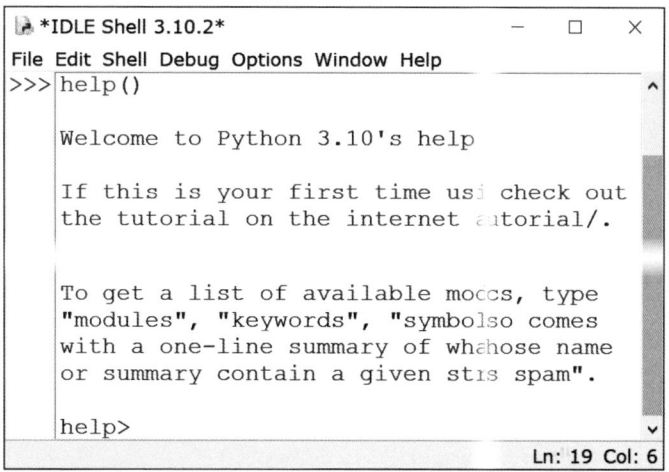

STEP 03 進入「help>」交談模式，可以查詢很多內容；例如輸入「keywords」會列出 Python 程式語言保存的關鍵字。

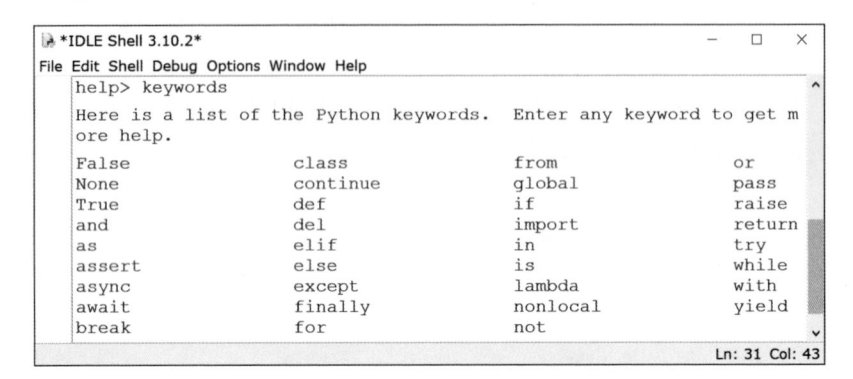

```
help> keywords
Here is a list of the Python keywords.  Enter any keyword to get m
ore help.

False               class               from                or
None                continue            global              pass
True                def                 if                  raise
and                 del                 import              return
as                  elif                in                  try
assert              else                is                  while
async               except              lambda              with
await               finally             nonlocal            yield
break               for                 not
```

STEP 04 想要進一步了解某個關鍵字的代表的意義，亦可以在「help>」模式下此關鍵字。例如：輸入「if」可以看到它是一個敘述，按下 Enter 鍵會帶出 if 敘述的語法。

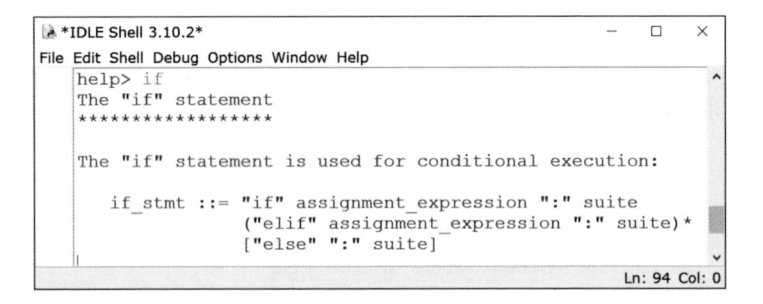

```
help> if
The "if" statement
******************

The "if" statement is used for conditional execution:

   if_stmt ::=  "if" assignment_expression ":" suite
                ("elif" assignment_expression ":" suite)*
                ["else" ":" suite]
```

STEP 05 要取得某個 BIF（built-in function，內建函式，簡寫 BIF）的說明，例如 input() 函式。輸入 input 並按下 Enter 鍵之後，它會告訴我們它是一個「built-in function」，其參數「prompt = None」，並進一步解說 prompt（提示）以 string 為型別。

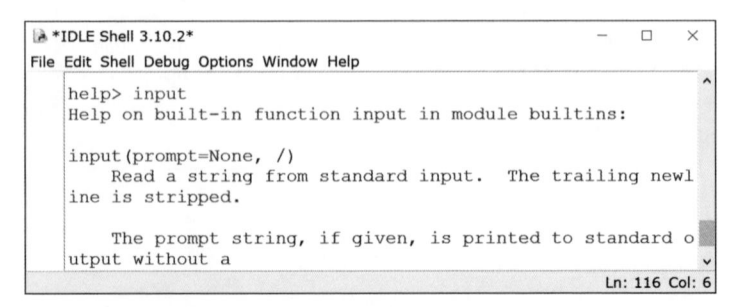

```
help> input
Help on built-in function input in module builtins:

input(prompt=None, /)
    Read a string from standard input.  The trailing newl
ine is stripped.

    The prompt string, if given, is printed to standard o
utput without a
```

步驟說明

查詢 input() 函式時，不能加入左、右括號，否則它會告訴使用者：
「No Python documentation found for 'input()'」。

STEP 06 一些特殊的物件，像「NONE」，可以在 help 模式下取得相關訊息；直接輸入「topics」或者「NONE」指令取得訊息。

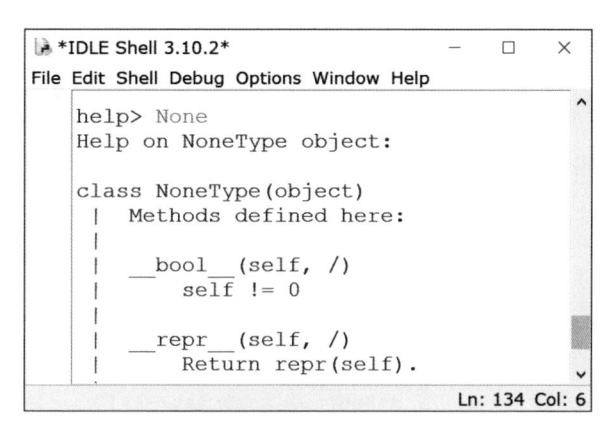

```
help> None
Help on NoneType object:

class NoneType(object)
 |  Methods defined here:
 |
 |  __bool__(self, /)
 |      self != 0
 |
 |  __repr__(self, /)
 |      Return repr(self).
```

STEP 07 要離開 help 說明頁面，輸入 quit 指令就回到「>>>」提示字元。

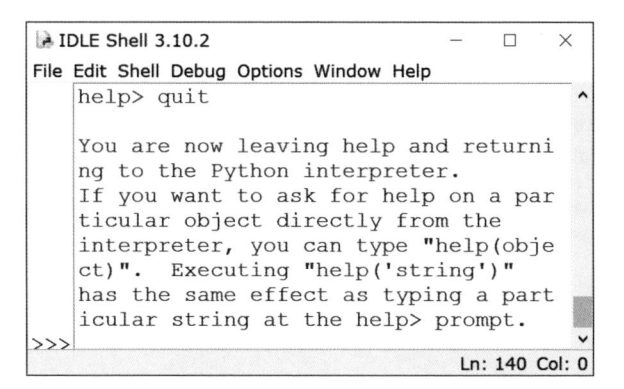

```
help> quit

You are now leaving help and returni
ng to the Python interpreter.
If you want to ask for help on a par
ticular object directly from the
interpreter, you can type "help(obje
ct)".  Executing "help('string')"
has the same effect as typing a part
icular string at the help> prompt.
>>>
```

STEP 08 在「>>>」字元下；想要知道某個 BIF（內建函式）的用法，如：round() 函式，其作法就是把欲查詢的內建函式放入括號之內作為 help 參數；如：help(round)。

1-19

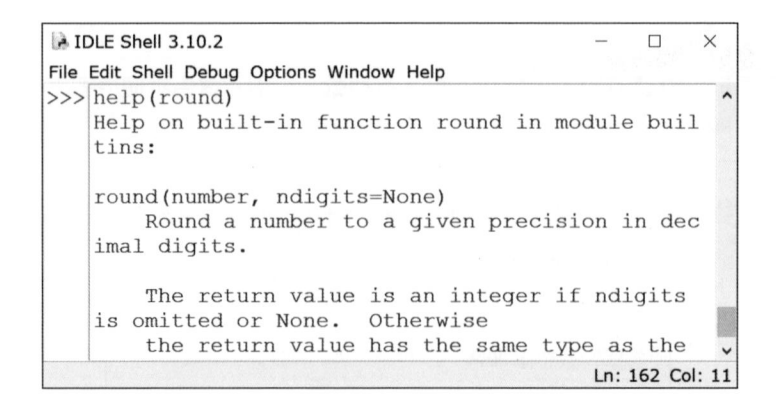

STEP 09 想要查詢某個型別提供的方法之語法，例如：查詢字串型別提供的 split() 方法（用來分割字串），help() 函式亦能提供妙招。

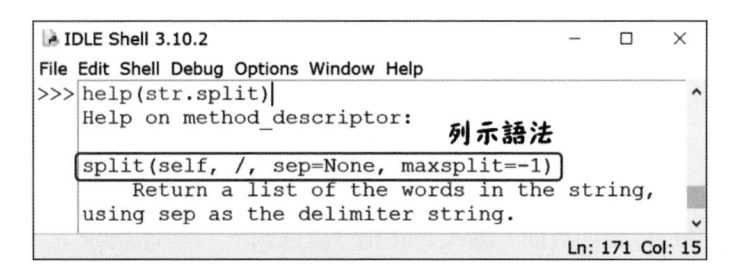

```
>>> help(str.split)
Help on method_descriptor:

split(self, /, sep=None, maxsplit=-1)      ← 列示語法
    Return a list of the words in the string,
using sep as the delimiter string.
```

STEP 10 匯入模組之後，help() 也能針對某個模組，提供語法的協助。

```
>>> import math  #匯入數學模組
>>> help(math.pow)
Help on built-in function pow in module math:

pow(x, y, /)
    Return x**y (x to the power of y).
```

1.2.4　IDLE 的環境設定

　　想要變更 IDLE 的工作環境，找到標題列下方的功能表，如果要改變相關設定，展開 Options 功能表，執行「Configure IDLE」指令進入 Settings 交談窗。它有六個分頁標籤：Fonts/Tabs、Highlights、Keys、Windows、Shell/Ed 和 Extensions。

　　「Fonts/Tabs」索引標籤可以設定字型，利用它來變更 Edit（編輯器）字型。

操作 6 變更《編輯器》字型

STEP 01 點選「Fonts/Tabs」標籤後，選取 ❶Font Face 的某一種字型，按 ❷Size 選單來選取所要的字型大小。

撰寫程式碼時，不同的文字顏色有助益於編寫者來閱讀內容。藉由「Highlights」分頁標籤能設定 Python 程式碼不同語法的顏色。其中的 Highlighting Theme 有兩種選擇：a Built-in Theme（Python 內建）、a Custom Theme（使用者自訂）。透過下述操作，把黑色「行號」文字變更成其它顏色。

操作 7 變更《行號》顏色

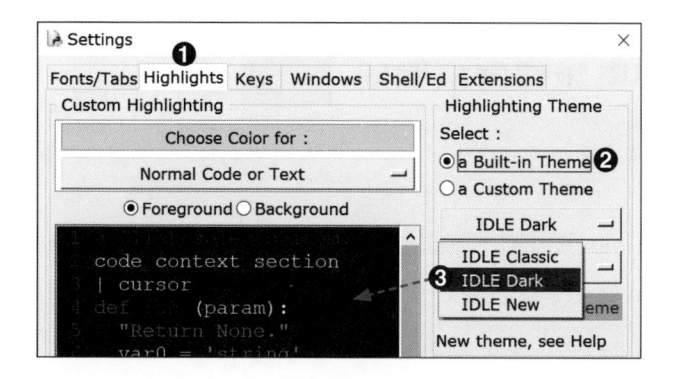

STEP 01 確認已切換 ❶ 分頁標籤 Highlights；Highlighting Theme 選取 ❷a Built-in Theme，按一下 IDLE Classic（預設值）來展開選單，點選其中的 ❸IDLE Dark，套用了之後會立即顯示在交談窗左側展示區。

1-21

STEP 02 Highlighting Theme 變更為 ❶a Custom Theme，按一下 IDLE Classic，❷ 按一下滑鼠展開選單，點選 ❸Line Number，❹ 再按「Choose Color for:」。

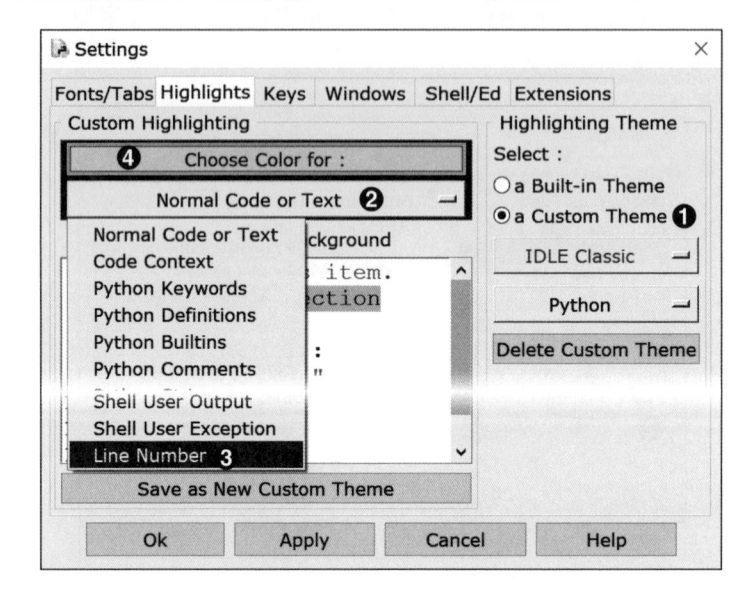

STEP 03 進入 Pick new color for: Line Number 交談窗，❶ 選取顏色，按 ❷「確定」鈕會回到 Settings 交談窗。

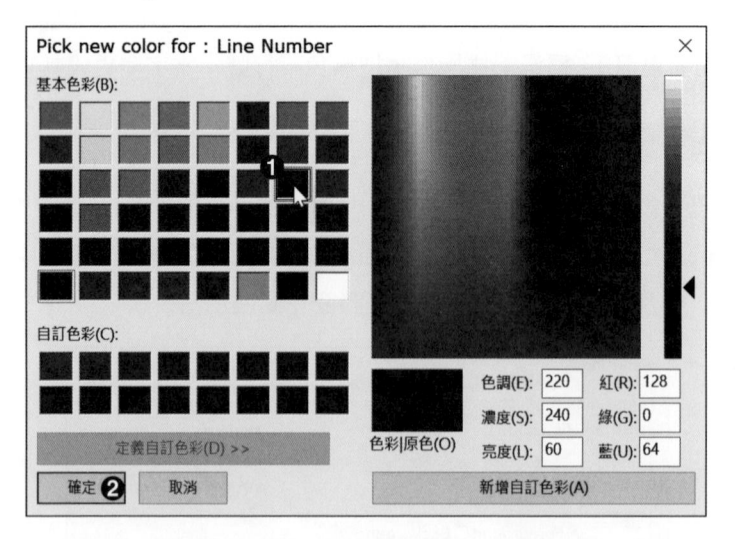

STEP 04 回到 Settings 交談窗，確認是 ❶Foreground，❷ 點選 Python，再按選單的 ❸Python 儲存所做的變更，可以看到 Line Number 按鈕四周已由黑色變成深紅色。

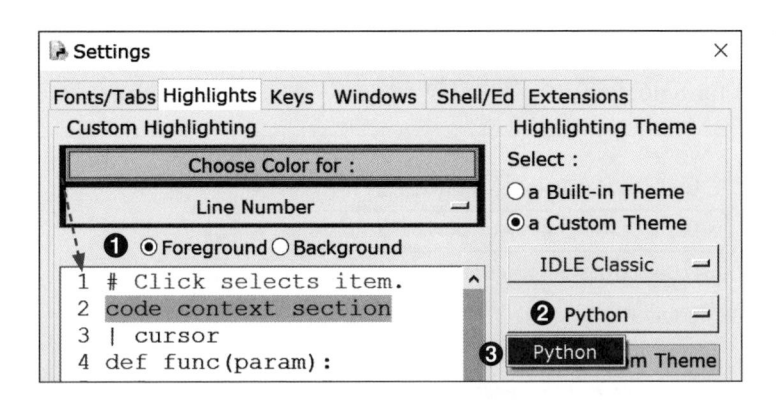

Keys 索引標籤提供多個組合鍵的設定，相關設定值可利用「Action-Keys」查看；如先前所提的【Alt + p】組合鍵（Python Shell 中用來提取前一個敘述）把它變更為「Alt + ←」，相關步驟如下：

操作 8 變更《快速鍵》

STEP 01 切換 ❶Keys 分頁標籤後，若要變更某個組合鍵，先 ❷ 選取某個組合鍵，按 ❸「Save as New Custom Key Set」給予檔名做儲存。進入「New Custom Key Set」交談窗，❹ 輸入名稱「previous statement」，❺ 按「OK」鈕回到 Keys 分頁標籤。

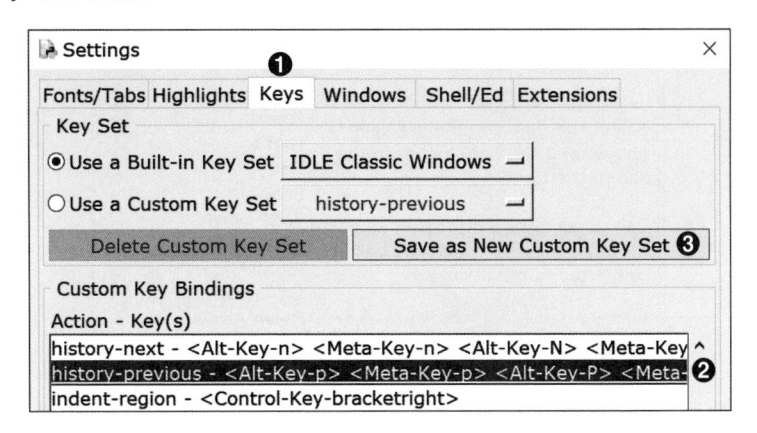

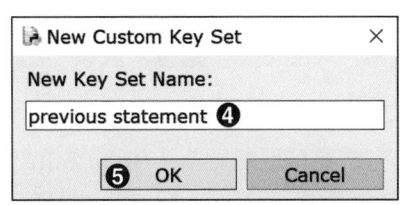

1-23

STEP 02 ❶Key Set 選項變更為「Use a Custom Key Set」，點選下方的 ❷「Get New Keys for Selection」做鍵的重設。

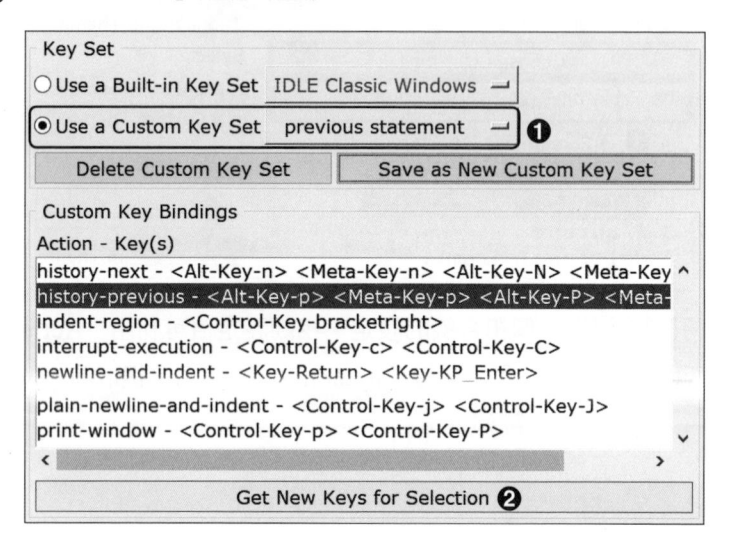

STEP 03 進入「Get New Keys」交談窗鈕，❶ 勾選「Alt」鍵，❷ 選取「Left Arrow」，按 ❸「OK」鈕完成設定，回到 Settings 交談窗的 Keys 分頁。

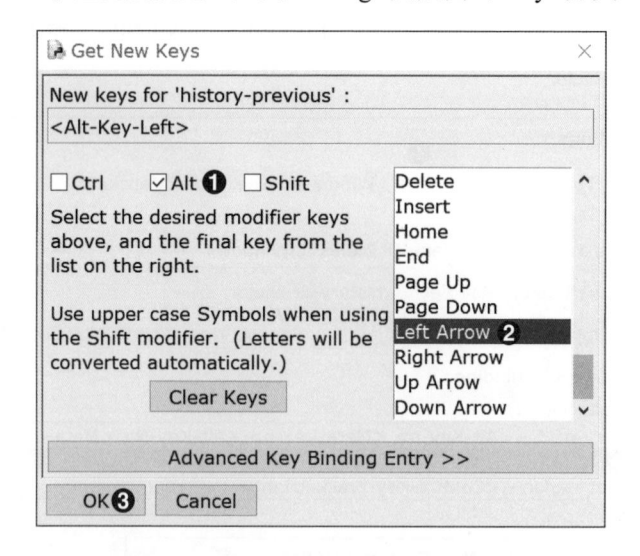

繼續往下一個分頁標籤「Windows」巡覽，就以「At Startup」做簡單介紹：

- **At Startup**：也就是啟動 Python IDLE 先開啟哪一個視窗；預設是「Open Shell Window」，若有需要可以變更為「Open Edit Window」。其中「Indent spaces」的預設值為 4，它是我們使用編輯器撰寫程式，按【Tab】鍵產生縮排的字元數，此處變更為 3。

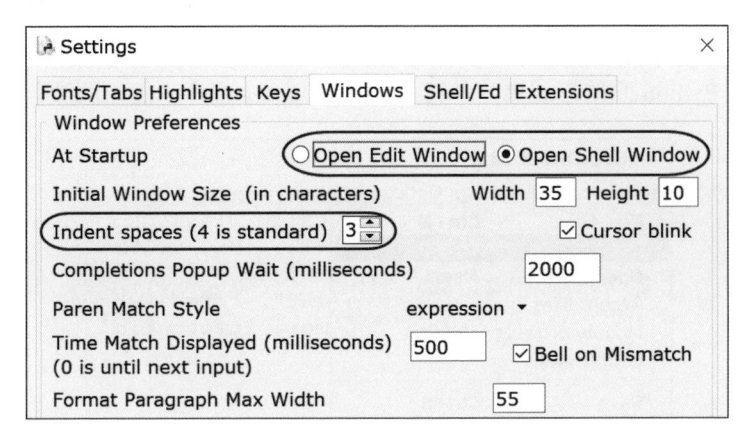

「Shell/Ed」分頁標籤中的『At Start of Run(F5)』也是兩個選項。也就是以編輯器完成程式碼的編寫，按【F5】Run 時：

- 若檔案未儲存，則預設值「No Prompt」會自行完成存檔動作，再執行程式。
- **Prompt to Save**：提醒使用者要完成存檔動作，才會執行程式碼。

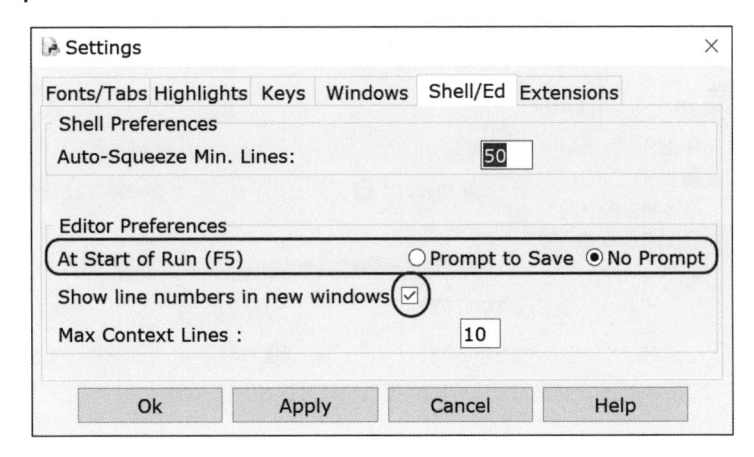

勾選「Show line numbers in new windows」，開啟一份新文件編寫程式，視窗左側會有行號顯示。

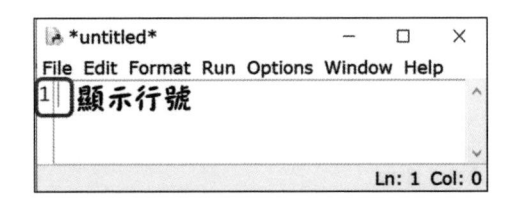

1-25

最後，不要忘記 Settings 交談窗左下角的「Ok」鈕，所有的設定值才會生效。

範例《Ex0102.py》

STEP 01 打開 Python 原始程式碼，執行「File > Open」指令；進入開啟舊檔畫面。

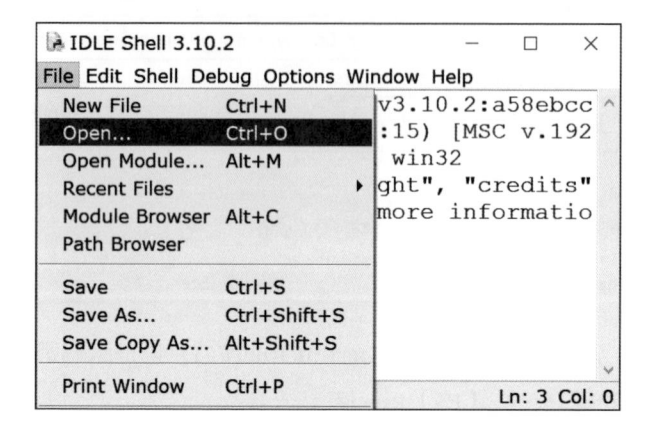

STEP 02 ❶ 找到檔案存放位置，❷ 選取 CH0101.py 檔案，❸ 按「開啟」鈕。

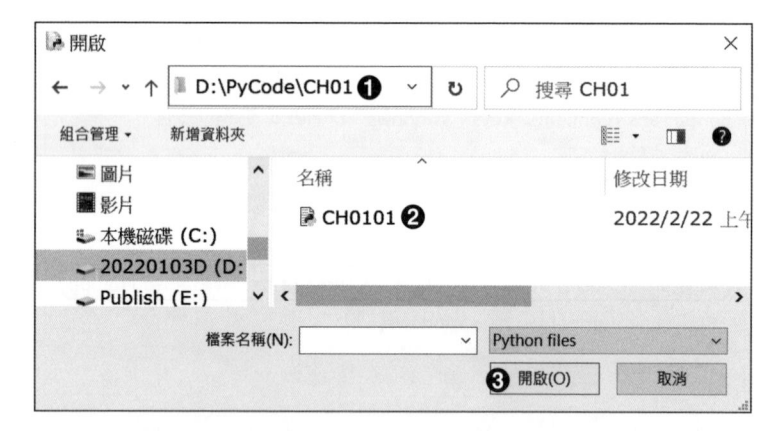

STEP 03 另存新檔；載入檔案之後，再執行「File > Save As」指令，進入其交談窗。

Chapter 01 Python 異想世界

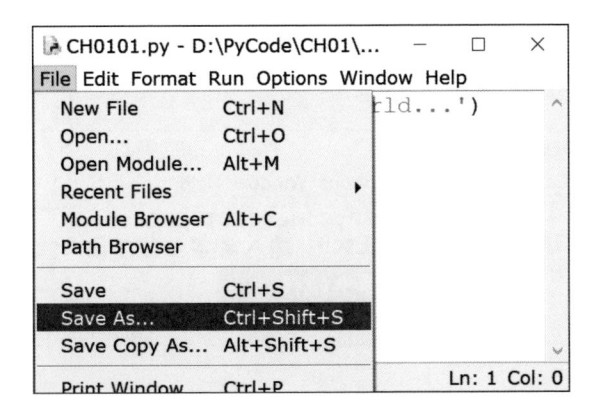

STEP 04 ❶ 確認檔案的儲存路徑，❷ 檔名「CH0102」，❸ 存檔類型「Python files」，按 ❹「存檔」鈕來完成存檔動作。

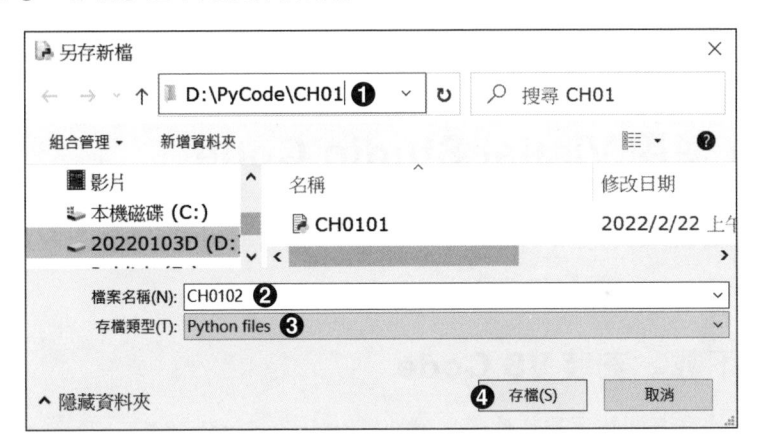

STEP 05 程式碼如下：

```
01   name = input(' 輸入你的名字 -> ')
02   print('Hello! ' + name)
```

STEP 06 解譯、執行程式；儲存程式碼並進行解譯。執行「File > Save」指令來儲存檔案；再執行「Run > Run Module」指令或直接按 F5 鍵。

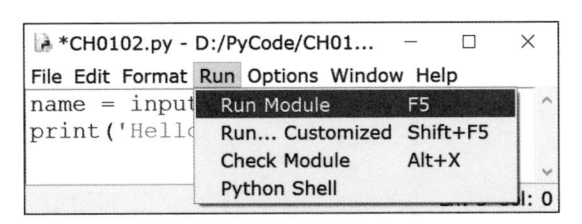

1-27

STEP 07 自行切換「Python Shell」視窗，輸入名稱並按下 Enter 鍵，會顯示結果並回到「>>>」字元之下。

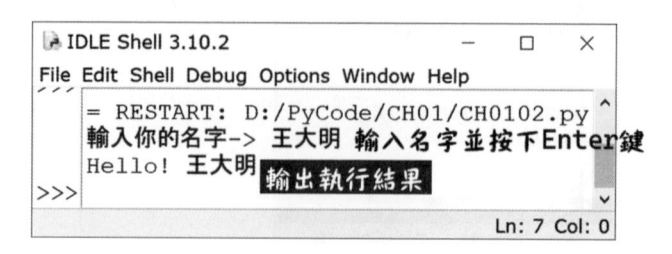

```
IDLE Shell 3.10.2                           —   □   ×
File Edit Shell Debug Options Window Help
= RESTART: D:/PyCode/CH01/CH0102.py
輸入你的名字-> 王大明  輸入名字並按下Enter鍵
Hello! 王大明  輸出執行結果
>>>
                                          Ln: 7 Col: 0
```

【程式說明】

- 第 1 行：以內建函式 input() 來取得輸入的名稱，再以變數 name 儲存。
- 第 2 行：內建函式 print() 輸出結果，利用「+」運算子串接前面的字串和後面的變數。欲輸出的字串可以使用單「'」或雙引號「"」前後括住其內容。

1.3 使用 Visual Studio Code

本書撰寫程式，除了 Python IDLE 之外，還會使用另一款頗受歡迎的編輯器 Visual Studio Code（簡稱 VS Code）。

1.3.1 下載、安裝 VS Code

到微軟的官方網站下載其軟體，網址「https://visualstudio.microsoft.com/zh-hant/」。要記得安裝 VS Code 之前必須完成 Python 軟體的安裝。

操作 9 下載、安裝《VS Code》

STEP 01 瀏覽器開啟微軟的官方網站之後，找到 VS Code，進行下載。❶按▼展開選單，❷點選 Windows x64 使用者安裝程式進行下載。

Chapter 01 Python 異想世界

STEP 02 滑鼠雙擊軟體，準備安裝。❶ 選取「我同意」，❷ 按「下一步」鈕。

STEP 03 安裝軟體的路徑使用預設值，按「下一步」鈕。

STEP 04 建立於開始功能表的軟體名稱，使用預設值，按「下一步」鈕。

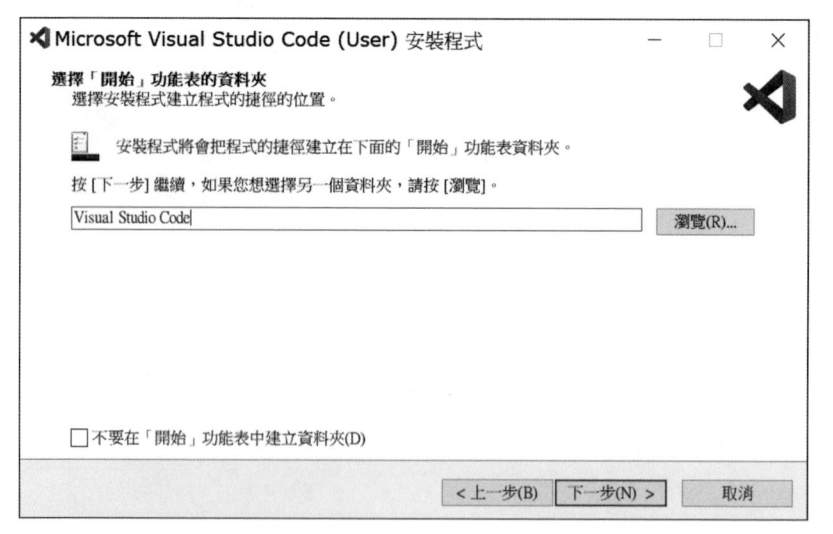

STEP 05 不做變更，直接按「下一步」鈕到下一個畫面，按「安裝」鈕做軟體的安裝。

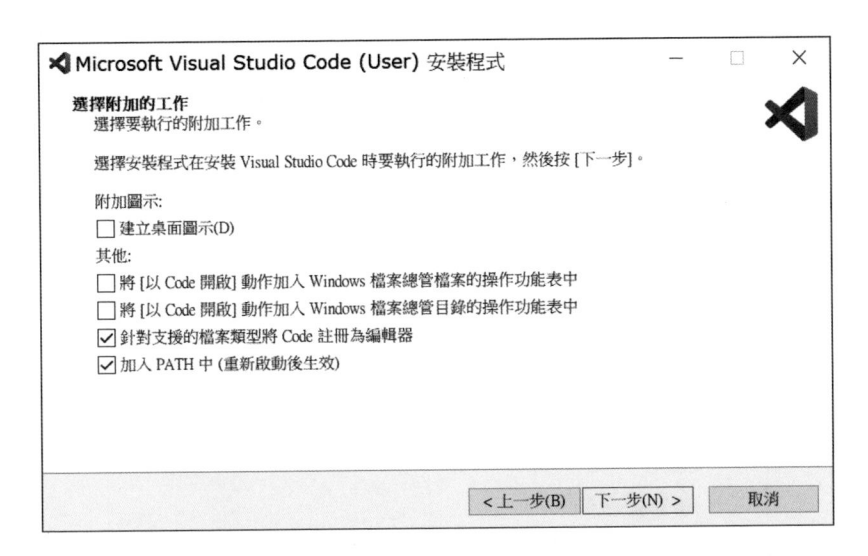

STEP 06 按「完成」鈕結束軟體的安裝。

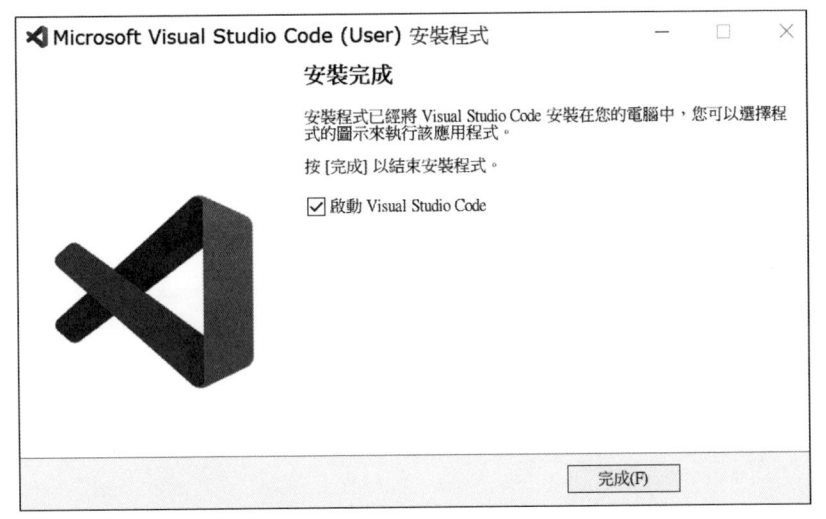

1.3.2 啟動 VS Code

完成軟體的安裝後，會啟動 VS Code。可以利用兩個快速鍵【Ctrl】+【+】把 VS Code 視窗的內容放大或【Ctrl】+【-】來縮小視窗的內容。此外，VS Code 以工作區為主體，所以視窗左側的檔案總管可以用來管理檔案，而擴充模組能讓我們去增添與 Python 有關的元件。啟動 VS Code 之後，會進到它的啟始頁，視窗左側

是活動列（Activity Bar），第一個是管理檔案的檔案總管，第五個是擴充模組，視窗下方會列示相關指令。

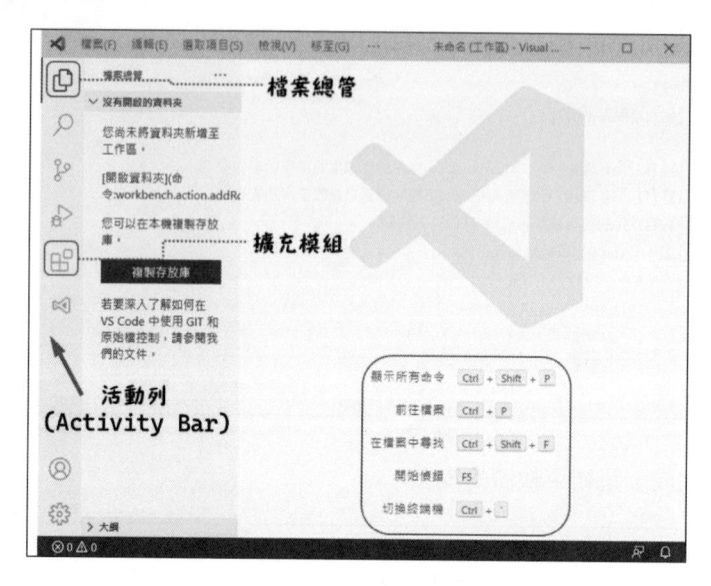

VS Code 產生文件之後，視窗最上方是功能表列，底部是狀態列，側邊欄會因選取的活動列而有所不同，以圖【1-6】而言，因選取檔案總管，會列示工作區有關的目錄和檔案。編輯區用來撰寫程式碼，以分頁標籤呈現；面板含有終端機，配合編輯區來展示不同的面板。

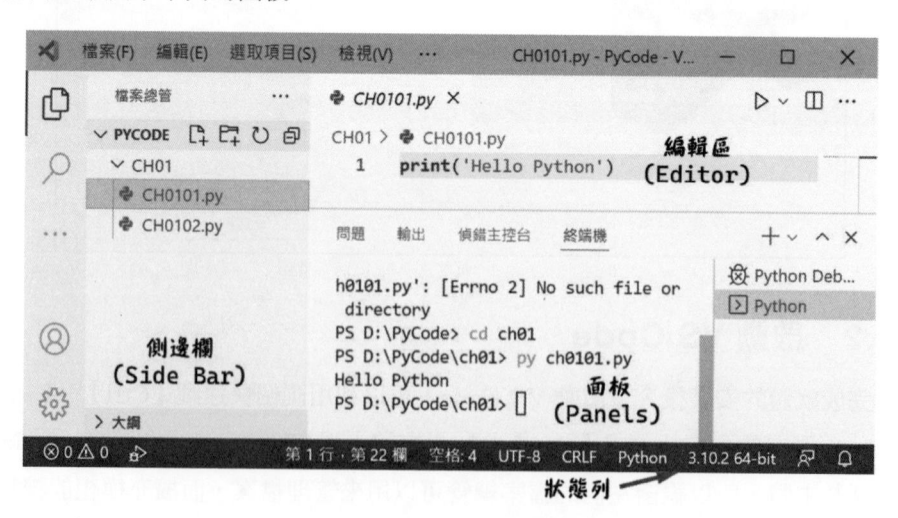

圖【1-6】 VS Code 的操作界面

Chapter 01 Python 異想世界

　　如何存放 Python 程式？先設工作區，再新增資料夾，如「CH01」表示第一章，有了資料夾之後，再加入 Python 檔案，如「CH0101.py」，表明它是第一章第一個程式。副檔名「py」要給予，才能清楚它是 Python 檔案。

操作 10 《VS Code》新增工作區

STEP 01 先在某個磁碟建立一個空白資料夾，例如在 D 磁碟新增一個「PyCode」資料夾來作為 VS Code 工作區。

STEP 02 執行「檔案 > 開啟資料夾」指令，進入其交談窗。

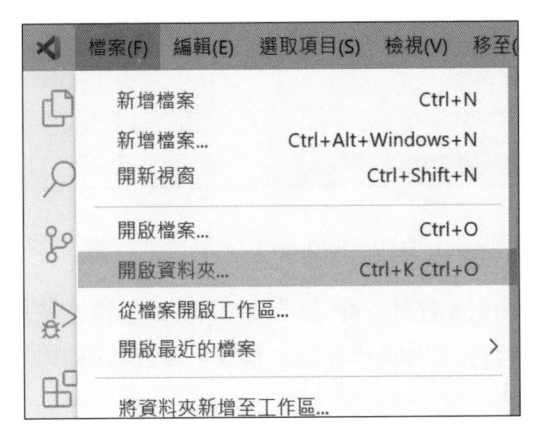

STEP 03 ❶ 選取已建好的資料夾「PyCode」，❷ 按「選擇資料夾」鈕來完成工作區的設定。

1-33

STEP 04 完成工作區的設定之後，按「新資料夾」圖示鈕，新增資料夾「CH0101」，再按「新增檔案」圖示鈕，新增檔案「CH0101.py」（給完整檔名）。

STEP 05 建立「CH0101.py」檔案之後，會在視窗右側開啟程式碼編輯區。

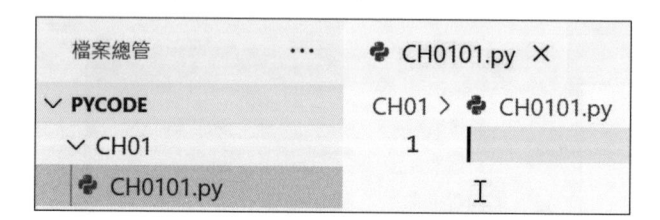

STEP 06 只有一行程式「print('Hello Python')」，記得要存檔。

STEP 07 解譯、執行 Python 程式；❶ 在「CH0101.py」檔案按滑鼠右鍵，從選單中執行 ❷「在整合式終端機中開啟」指令，程式碼編輯區下方開啟終端機。

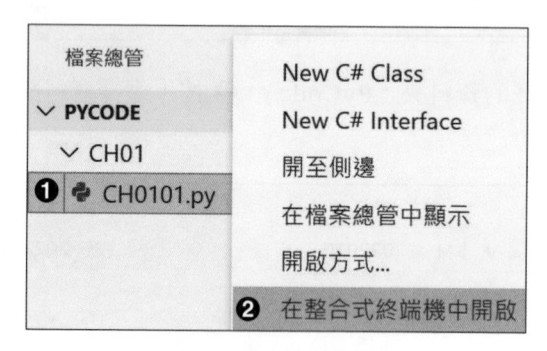

STEP 08 終端機啟動之後，插入點會停留在「D:\PyCode\CH01\CH0101.py」處，輸入「Python CH0101.py」指令（可以簡化為 py CH0101.py），若無錯誤，就會輸出「Hello Python」。

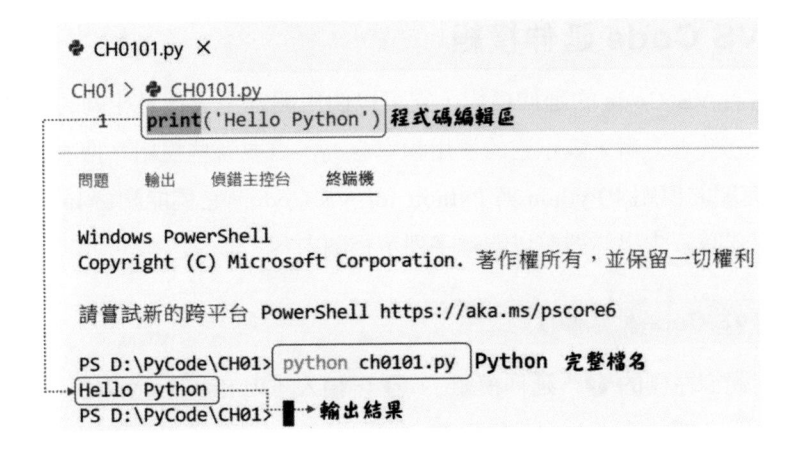

Chapter 01 Python 異想世界

```
● CH0101.py ×
CH01 > ● CH0101.py
    1   print('Hello Python')  程式碼編輯區

問題    輸出    偵錯主控台    終端機

Windows PowerShell
Copyright (C) Microsoft Corporation. 著作權所有，並保留一切權利

請嘗試新的跨平台 PowerShell https://aka.ms/pscore6

PS D:\PyCode\CH01> python ch0101.py    Python 完整檔名
Hello Python
PS D:\PyCode\CH01>    ◀ 輸出結果
```

要解譯、執行 Python 程式有三種方式，除了前述的開啟終端機以「Python」指令來執行之外，簡單介紹其它兩種方式：

- 在「編輯區」按滑鼠右鍵，從選單中執行「在終端機中執行 Python 檔案」指令。

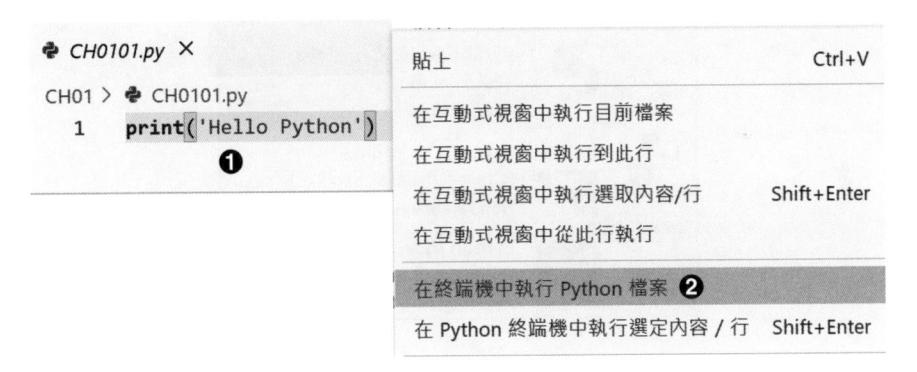

```
● CH0101.py ×
CH01 > ● CH0101.py
    1   print('Hello Python')
                ❶

貼上                                    Ctrl+V
在互動式視窗中執行目前檔案
在互動式視窗中執行到此行
在互動式視窗中執行選取內容/行           Shift+Enter
在互動式視窗中從此行執行
在終端機中執行 Python 檔案  ❷
在 Python 終端機中執行選定內容 / 行    Shift+Enter
```

- 按編輯區右上角的 ▷ 圖示鈕來執行 Python 檔案。

```
● CH0101.py ×                    ▷  □  ···
CH01 > ● CH0101.py              執行 Python 檔案
    1   print('Hello Python')
```

1-35

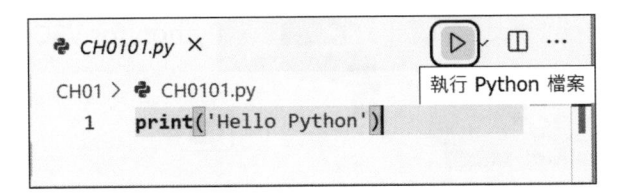

1.3.3　VS Code 延伸模組

再來看看 VS Code 的延伸模組，它可以使用關鍵字去搜尋相關的模組，經過搜尋之後，列於上方者，表示它的使用頻率愈高。需要哪些模組？搜尋後，有兩個與 Python 有關的模組；Python 與 Python for VS Code。它們能配合 IntelliSense 讓我們編寫程式時減少出錯率並以關鍵字列示相關內容。

操作 11《VS Code》延伸模組

STEP 01 點選視窗左側的 ❶「延伸模組」，❷ 再輸入「Python」，VS Code 就會去搜尋與它有關的模組並列示於下方。

STEP 02 選取欲使用模組，再做「安裝」鈕進行此模組的安裝。

1.4 Python 撰寫風格

以 Python 程式語言撰寫的程式碼稱做「原始程式碼」(Source Code)，儲存時須以「*.py」為副檔名，透過直譯器將這些程式碼轉換成位元碼（Byte Code）。位元碼與作業平台無關，為電腦所熟悉的低階形式。

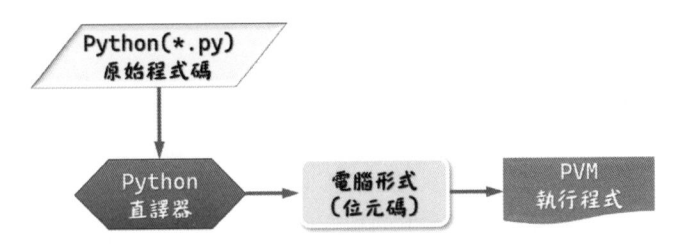

由於位元碼能優化啟動速度，只要原始程式碼未被修改過，下一次執行時就會呼叫儲存位元碼的檔案（*.pyc）來執行而無需重新將程式解譯。通常使用者是看不到解譯過程，Python 的直譯器會把這些位元碼保存在副檔名「*.pyc」檔案裡（pyc 檔就是編譯過的 py 原始檔案）。

完成直譯的位元組碼要透過 Python 的虛擬機器（Python Virtual Machine，簡稱 PVM）來執行。概括來說，PVM 就是 Python 的運作引擎，將位元組碼指令做反覆運算，如實地一個接著一個；使用者可以觀看成果是否正確無誤的執行。

撰寫 Python 程式時要注意什麼？首先是編碼問題，Python 對於 BIG-5（適用繁體中文）與 UTF-8（相容於所有語言的編碼）皆有支援。要變更編碼的語法如下：

```
# -*- coding: encoding -*-
```

- encoding：編碼名稱。

例如，將編碼變更成 UTF-16，敘述如下：

```
# -*- coding: utf-16 -*-
```

再來就是程式碼要有閱讀性。如何提高程式碼的閱讀性！不外乎程式要適當縮排，加上適時註解，這樣的好處是爾後要維護程式時才能明白當初的想法。

1.4.1 Hello World! 就是這麼簡單

Python 程式碼大部份由模組（Module）組成。模組會有一行行的敘述（Statement，或稱述句，或稱陳述式）；每行敘述中可能有運算式、關鍵字（Keyword）和識別字（Identifier）等。以一個小範例來闡述 Python 程式的寫作風格。

範例《CH0103.py》

STEP 01 啟動 IDLE 軟體，如果是進入 Python Shell，執行「File>New File」指令，產生新的文件。

STEP 02 將插入點移向編輯器，輸入下列程式碼。

```
01  # 一個簡單的程式
02  """ print 表示輸出結果
03      input 表示取得輸入值 """
04
05  print(" 來到 Python 世界 ")
06  age = input(" 請輸入你的年齡:")
07  ages = int(age)
08  if ages >= 20: # 進行條件判斷
09      print(" 你有投票權 ")
10  else:
11      print(" 你沒有投票權 ")
```

STEP 03 儲存程式碼，按【F5】鍵解譯、執行。

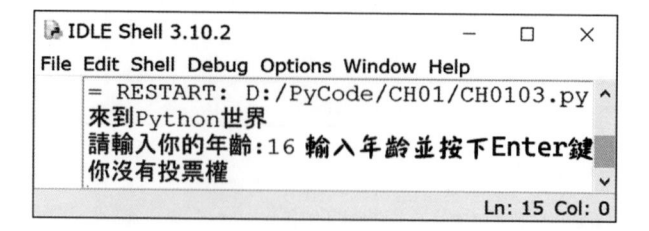

```
IDLE Shell 3.10.2
File Edit Shell Debug Options Window Help
= RESTART: D:/PyCode/CH01/CH0103.py
來到Python世界
請輸入你的年齡:16  輸入年齡並按下Enter鍵
你沒有投票權
                                    Ln: 15 Col: 0
```

1.4.2 程式的縮排和註解

範例《CH0103.py》究竟在表達什麼？先別緊張！先來看程式的註解。程式碼第 1~3 行是程式碼的註解。當程式碼解譯時，直譯器會忽略它；這意謂著註解是給撰寫程式的人員使用。依據需求，Python 的註解分成兩種。

- **單行註解**：以「#」開頭，後續內容即是註解文字，如範例《CH0103.py》程式碼開頭的第 1 行。
- **多行註解**：以 3 個雙引號（或單引號）開始，填入註解內容，再以 3 個雙引號（或單引號）來結束註解，如範例第 2~3 行就是一個多行註解。

Python 程式語言在某些情況下（如範例的 if/else 敘述）會以縮排來形成程式碼區塊（Code Block），其他的程式語言則以左、右大括號來構成。如果未使用縮排規則，解譯過程就會發生錯誤，這樣的作法是希望撰寫程式的人養成縮排的習慣。

以範例來說，程式碼第 9、11 行應該要縮排！若未縮排，解譯時 Run 視窗就會指出第 9 行發生錯誤！經由縮排產生的程式碼區塊，Python 稱「Suite」。如何知道程式碼要產生縮排！最簡單的判別方式是若此行程式碼最後有「：」（半形冒號），那麼下一行的程式碼就必須縮排。

如何產生縮排效果！利用鍵盤【Tab】鍵或空白鍵皆可，使用時可選擇其一，不建議 Tab 鍵和空白鍵交替使用，萬一使用不同的編輯器開啟時，可能會讓縮排大打折扣。

1.4.3 敘述的分行和合併

當程式碼同一行的敘述太長時，可以使用倒斜線字元「\」將一行敘述折成兩行。

```
isLeapYear = (year % 4 == 0 and year % 100 != 0) or \
             (year % 400 == 0)
```

◆ 第一行敘述末端利用「\」字元將太長的敘述折成兩行。

凡事總有例外；當敘述的句子中有括號 ()、中括號 [] 或大括號 {} 時也可以折成多行。為了閱讀的方便性，配合這些不同的括號來折行敘述，是個不錯的方法。

```
isLeapYear = (year % 4 == 0 and
              year % 100 != 0) or (year % 400 == 0)
```

◆ 利用運算子 and 做折行動作。

當兩行的敘述很短時，可使用「;」（半形分號）把分行的敘述合併成一行。不過多行的敘述合併成一行時，有可能造成閱讀上的不方便，使用時得多方考量！

```
a = 10; b = 20; c = 30
```

◆ 宣告變數 a、b、c 分別設定不同值，使用「;」讓敘述變成一行。

1.4.4　程式的輸入和輸出

範例《CH0102.py》使用兩個內建函式。print() 函式將內容輸出於螢幕上，而 input() 函式取得輸入內容。先介紹 print() 函式，語法簡介如下：

```
print(value, ..., sep = '', end='\n',
    file = sys.stdout,    flush = False)
```

- value：欲輸出的資料；若是字串，必須前後加上單引號或雙引號。
- sep：以半形空白來隔開輸出的值。
- end = '\n'：為預設值。「\n」是換行符號，表示輸出之後，插入點會移向下一行。輸出不換行，可以空白字元「end = "」來取代換行符號。
- file = sys.stdout 表示它是一個標準輸出裝置，通常是指螢幕。
- flush = False：執行 print() 函式時，可決定資料先暫存於緩衝區或全部輸出。

範例《CH0103.py》第 5 行就以 print() 函式輸出字串於螢幕上。要取得輸入內容就以 input() 函式來配合，語法如下：

```
input([prompt])
```

- prompt 提示字串，同樣要以單引號或雙引號來裹住字串。

例如：以變數 age 來儲存 Input() 函式所取得的輸入內容。

```
# 參考範例《CH0103.py》
age = input("請輸入你的年齡 :")
ages = int(age)
```

- 由於資料屬於字串，利用 int() 函式將它轉變成數值，再指派給另一個變數 ages 儲存。

重點整理

◆ Python 程式語言的特色何在？Python 官方為自己下的註解：「簡單易學，語法簡潔，直譯式的電腦語言。」可以看出端倪！

◆ Python 程式語言從 1989 年，創始人 Guido van Rossum（吉多‧范羅蘇姆）為了提出新的腳本語言（Script Language）而發展至今，已具有三十多年歷史。它是高階語言，支援物件導向。語言本身能跨越平台，無論是 Linux、Mac 或者是 Windows 皆能暢行無阻。

◆ 解譯 Python 程式碼必須藉由 Python 執行環境所提供的；像 CPython 是官方的直譯器，以 C 語言編寫；PyPy 使用 Python 語言編寫，執行速度會比 CPython 快。

◆ 安裝 Python 3.10 軟體後，它包含 Python Shell 互動交談模式，在「>>>」特有字元下，可以單步直譯程式。此外，還有 IDLE 軟體、Python 3.10 Manuals 提供 Python 程式語言的解說。Python 3.10 Module Docs 提供 Python 內建模組相關函式的解說。

◆ 所謂整合式開發環境軟體（Integrated Development Environment，簡稱 IDE）通常會包括撰寫程式語言編輯器、除錯器；有時還會有編譯器/直譯器，CPython 也提供 IDLE 軟體來作為 Python 程式語言的 IDE 軟體。

◆ Python 程式語言撰寫的程式碼稱做「原始程式碼」（Source Code），儲存時須以「*.py」為副檔名，經過解譯轉換成位元碼，配合 PVM 才能輸出結果。

MEMO

02
CHAPTER

Python 基本語法

學｜習｜導｜引

- 以 Python 的 IDLE 軟體介紹其基本語法
- 認識 Python 的數值資料，它包含：整數、浮點數
- 運算子有：算術、指派、比較、邏輯和位元等
- 匯入 math 模組做數學計算

本章以 Python 的 IDLE 軟體來介紹其基本語法。透過與 Python Shell 的交談，一窺 Python 程式語言的資料型別。無論是那一種程式語言，識別字的命名規則都是撰寫程式碼的起手式。Python 程式語言儲存資料會以內建型別為主，先由處理數值的型別談起，再以運算式中的運算子演化成 Python 敘述是本章節的學習重點！

2.1 變數

對於 Python 來說，會以物件（Object）來表達資料。所以每個物件都具有身份、型別和值。

- 身分（Identity）：就如同我們每個人擁有的身分證，每個物件的身分也是獨一無二，產生之後就無法改變，它可以 BIF 的 id() 函式來取得。
- 型別（Type）：物件的型別決定了物件要以那種資料來存放；它可以 BIF 的 type() 函式來查詢物件的型別。
- 值（Value）：物件存放的資料，在某些情形下可以改變其值，是「可變」（mutable）的；有些物件的值宣告之後就「不可變」（immutable）。

不同的物件，其型別不同，分配的記憶體空間也會不同。那麼，為什麼需要記憶體來當作暫存空間呢？主要目的是暫存資料，方便做運算。如何取得此暫存空間，其他程式語言使用「變數」（Variable）；它會隨著程式的執行來改變其值。Python 會以「物件參照」（Object reference）來儲存資料，後續的討論內容「變數」和「物件參照」這兩個名詞會交互使用。

2.1.1 識別字的命名規則

變數要賦予名稱，為「識別字」（Identifier）之一種。有了識別字名稱後，表示有了「身份」（Identity），系統會配置記憶體空間。識別字包含了變數、常數、物件、類別、方法等，命名規則（Rule）必須遵守下列規則：

- 第一個字元必須是英文字母或是底線。
- 其餘字元可以搭配其他的英文字母或數字。
- 不能使用 Python 的關鍵字或保留字來當作識別字名稱。

Python 識別名稱的命名慣例，對於英文字母的大小寫是有所區分，所以識別字「birthday」、「Birthday」、「BIRTHDAY」會被 Python 的直譯器視為三個不同的名稱，使用時要特別留意。下述簡例中，變數的宣告對 Python 來說皆屬於「SyntaxError: invalid」（語法錯誤）。

```
2A = 16          # 識別字不能以數字為第一個字元
if = 32          # 識別字名稱不能使用關鍵字
_k3 = 'Python'   # 識別字可以使用 _ 字元為第一個字元
```

2.1.2 保留字和關鍵字

Python 的關鍵字（keyword）或保留字通常具有特殊意義，所以它會預先保留而無法作為識別字。有那些關鍵字，表【2-1】列舉之。

continue	assert	and	break	class	def	del
lambda	for	except	else	True	from	return
nonlocal	is	while	try	None	global	raise
import	if	as	elif	False	or	yield
finally	in	pass	not	with		

表【2-1】 Python 關鍵字

2.1.3 指派變數值

Python 程式語言採用動態型別（Dynamic typing），所以變數的使用就很簡單，只要給予變數和變數值即可。何謂「動態型別」？是指執行程式時，直譯器會依據變數值給予適用的型別。由於識別字的名稱和型別是各自獨立的，所以同一個名稱的變數能依據程式碼指向不同的型別。

Python Shell 交談模式下可直接宣告變數並給予變數值，輸入變數名，就能檢視變數值。要留意的是，某些情形下得配合 print() 函式才能得到結果。

操作 1 《Python Shell》宣告變數

STEP 01 啟動 Python 的 IDLE 軟體，進入 Python Shell。

STEP 02 輸入『money = 25000』，按 Enter 鍵；再輸入變數『money』並按 Enter 鍵；會在新的一行顯示變數值「25000」。

2-3

```
IDLE Shell 3.10.2                    —    □    ×
File Edit Shell Debug Options Window Help
>>> money = 25000   #把值25000指派給變數
>>> money           #直接輸出變數值
25000
>>>
                                    Ln: 23 Col: 0
```

步驟說明

- 程式碼所使用的等號「=」非數學上等於，而是指派（Assignment）之意；也就是將右邊的值 25000 指派給左邊的變數 money 使用。
- Python 會先以數值 25000 建立 int 型別，再建立一個識別名稱為 money 的物件參照，將它指向 int 物件「25000」。
- 對於記憶體來說，「money = 25000」是把物件參照（Object reference）money 繫結到記憶體並指向 int 物件 25000。

STEP 03 繼續利用內建函式 id() 來取得變數 money 的身分識別碼值。

```
id(money)     # 回傳一組數字 2103823870288
```

- id() 函式回傳的數值可視為記憶體位址。

從物件的觀點來看，物件參照 money 的身份「2103823870288」是由 id() 函式回傳、型別是 Integer，值為 25000。

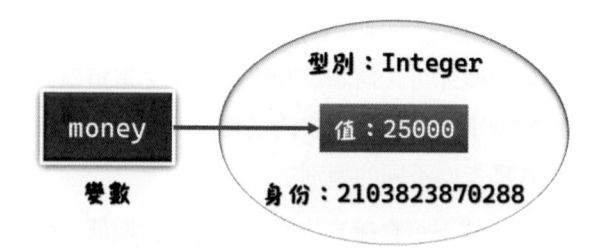

Python 允許使用者同時指派一個變數，也可利用「,」（分隔變數）或「;」（分隔運算式）連續宣告變數，做不同的敘述。例一：

```
a = b = c = 10
a, b = 10, 30
totalA = 10; totalB = 15.668   #以分號串接兩行敘述
```

- 表示變數 a, b, c 皆指向 int 物件 10。
- 表示變數 a 指向物件 10，變數 b 指向物件 30。
- 當變數 b 儲存的變數值由原來的 10 變成 30 時，從物件的觀點來看，表示值 10 已無任何物件參照，它會變成 Python 垃圾回收機制（Garbage Collection，簡稱 gc）的對象。

例二：錯誤的敘述，顯示「SyntaxError: invalid syntax」。

```
totalA = 10, totalB = 20     # 想一想，為什麼是語法錯誤？
```

其他的程式語言要把兩個變數對調（稱置換（swap）），須藉助第 3 個暫存變數，敘述如下：

```
x = 5; y = 10
temp = x          # 1. 將變數 x 指派給暫存變數 temp
x = y             # 2. 再把 y 的值指定給變數 x
y = temp          # 3. 把變數 temp 之值再設給變數 y 來完成置換
```

不過對於 Python 來說，可以輕鬆完成兩個變數的置換動作。例三：

```
x, y = 10, 20
print(x, y)       # 輸出 10, 20
x, y = y, x       # 將 x, y 兩個變數互換
print(x, y)       # 輸出 20 10
```

要取得輸入值，除了 input() 函式外，內建函式 eval() 也派得上，先認識其語法：

```
eval(expression, globals = None, locals = None)
```

- expression：字串運算式。
- globals 和 locals 為選擇參數，使用 globals 參數時必須採用字典物件（dict），使用 locals 參數時則要使用映射型別。

利用 Python 可連續宣告變數的特性，配合內建函式 eval() 取得連續輸入之值，例四：

```
x, y = 15, 30
eval('x')        # 回傳 15
eval('x + y')
eval('print("Python!!")')    # 去除單引號，回傳 Python!!
```

- 同時宣告變數 x 和 y 的值為 15 和 30。
- 以 eval() 函式把兩個變數以字串形式相加，會回傳值 45。

可以把函式 eval() 視為評估函式，它有趣的地方是去除參數中裹住字串的前、後引號，再依循 Python 規則把兩個變數相加。使用 eval() 函式時如果未以字串形式相加，會出現如下的錯誤！

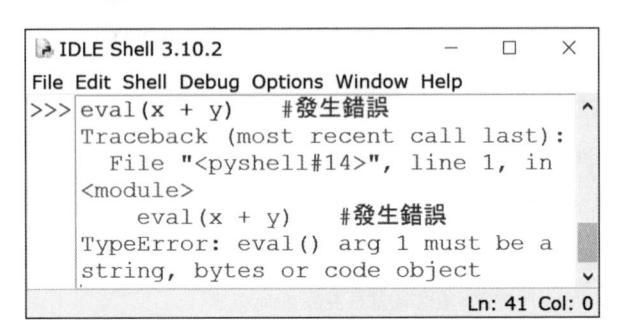

```
IDLE Shell 3.10.2                          —   □   ×
File Edit Shell Debug Options Window Help
>>> eval(x + y)       #發生錯誤
    Traceback (most recent call last):
      File "<pyshell#14>", line 1, in
    <module>
        eval(x + y)       #發生錯誤
    TypeError: eval() arg 1 must be a
    string, bytes or code object
                                    Ln: 41 Col: 0
```

範例《CH0201.py》

STEP 01 啟動 Python IDLE，在 Python Shell 視窗執行「File > New File」指令新增一份文件。

STEP 02 開啟的新文件，撰寫如下程式碼。

```
01  numA, numB, numC = eval(
02      input('請輸入 3 個值,以逗點隔開 ->'))
03  total = numA + numB + numC
04  print('合計', total)
```

STEP 03 執行「File > Save」指令儲存檔案，解譯、執行按【F5】鍵。

【程式說明】

- 第 1~2 行：以 Python 可連續宣告變數的特性，input() 函式配合 eval() 函式，取得連續變數值。
- 第 3 行：再將這 3 個變數值相加取得結果。

2-6

2.2 Python 的數值型別

要認識 Python 的數值型別，就不能不知道它的內建型別（Built-in Type），它包括：

- 數值型別（**Numeric Types**）：包含 int（整數）、float（浮點數）、complex（複數）。
- 序列型別（**Sequence Types**）：有 str（字串）、list、tuple。
- 迭代型別（**Iterator Type**）：提供容器，使用 for 迴圈做迭代操作。
- 集合型別（**Set Types**）：有 set 和 frozenset。
- 映射型別（**Mapping Types**）：只有 dict（字典）。

2.2.1 以 type() 函式回傳型別

使用 Python 識別字時，簡單地說明 Python 以物件來表示它的身份、型別和值。由於 Python 採用動態型別，物件則是實作某個類別所產生。所以，得藉由某個類別來提取它的屬性和方法，或者實作此類別物件所具有的屬性和方法；無論是匯入的模組或者使用其 Python 所提供的「內建型別」（Built-in Type）皆適用。類別和物件皆有屬性和方法，使用運算子「.」（Dot）來存取，語法如下：

```
className.attribute
className.method()
物件.屬性
物件.方法([參數串列])
```

- 使用類別的屬性或方法時，必須使用類別名稱，例如「math.pi」。

對於類別、物件有了初步認識之後，想要知道資料是屬於那一種型別，透過 type() 函式就能取得這些動態型別，語法如下：

```
type(object)
```

- object：物件參照，可以是識別字，也可以是資料，包含數值或字串。

例一：使用 Python Shell 來認識 type() 函式。

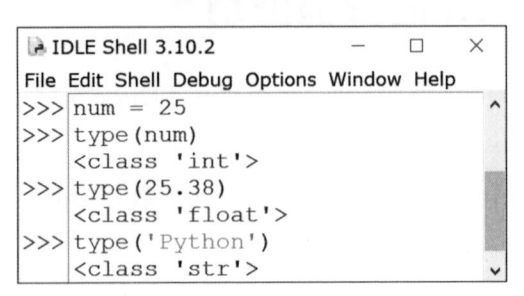

```
IDLE Shell 3.10.2
File Edit Shell Debug Options Window Help
>>> num = 25
>>> type(num)
<class 'int'>
>>> type(25.38)
<class 'float'>
>>> type('Python')
<class 'str'>
```

變數 num 是整數，所以函式 type() 回傳「class 'int'」，直接表明 int 是以類別回傳其資料型別，這意謂著整數資料皆屬於類別「int」的實作物件。當 type() 函式以實數為參數時，則以「class 'float'」回傳，數值 25.38 屬於「float」類別。

2.2.2 整數型別

Python 的數值型別（Numeric Type）皆由標準函式庫（Standard Library）所提供，它們皆擁有「不可變」（immutable）的特性。

整數型別（Integral Type）有兩種：整數（Integer）和布林（Boolean）。所謂的整數（Integer）是不含小數位數的數值，不像其他的程式語言會區分整數與長整數。對 Python 來說，整數的長度可以「無窮精確度」（Unlimited precision），意謂著數值無論是大或是小皆依據電腦記憶體容量來呈現。數值的字面值（literal）通常以十進位（decimal）為主，以內建函式 int() 表達，它可以把資料轉換表示整數。特定情形下也能以二進位（Binary）、八進位（Octal）或十六進位（Hexadecimal）表示，它們皆是 int（Integer）類別的實例，利用表【2-2】列示這些轉換函式。

內建函式	說明
bin(int)	將十進位數值轉換成二進位，轉換的數字會以 0b 為前綴字元
oct(int)	將十進位數值轉換成八進位，轉換的數字會以 0o 為前綴字元
hex(int)	將十進位數值轉換成十六進位，轉換的數字會以 0x 為前綴字元
int(s, base)	將字串 s 依據 base 參數提供的進位數轉換成 10 進位數值

表【2-2】 不同進制的轉換函式

例一：使用不同進制的轉換函式。

```
number = 123_456      # 變數 number 是 int 型別
bin(number)           # 轉換為二進制，回傳 '0b11110001001000000'
oct(number)           # 轉換為八進制，回傳 '0o361100'
hex(number)           # 轉換為十六進制，回傳 '0x1e240'
```

- 對於較長（大）數字，可以使用底線字元做千位分組。
- 這些內建函式皆可以在 Python Shell 互動模式下取得回傳結果。
- 直接敘述，如「bin(number)」，Python Shell 以字串回傳（前後有單引號）。
- 使用 print() 函式，如「print(bin(number))」，以該進制回傳結果。

如果想要去除這些前綴字元，可以改用內建函式 format()，其語法如下：

```
format(value[, format_spec])
```

- value：用來設定格式的值或變數。
- format_spce：指定的格式。

例二：以 format() 函式去除不同進制的前綴字元。

```
number = 123_456           # 變數 number 是 int 型別，底線字元做千位分組
format(number, 'b')        # 回傳二進制字串 '11110001001000000'
format(number, 'o')        # 回傳八進制字串 '361100'
format(number, 'x')        # 回傳十六進制字串 '1e240'
```

要注意的地方是 print() 函式只會輸出十進位，要以其它進制來輸出，須透過表【2-2】所列的相關函數做轉換。

```
# 參考範例《CH0202.py》
number = 0xfbf
print('16 進制 0xfbf, 10 進位 ->', number)    # 輸出 4031
number = 0o7655
print('8 進制 07655, 10 進位 ->', number)     # 輸出 4013
print('number', type(number))                # 輸出 <class 'int'>
```

- 變數 number 儲存 16 進位的值「0xfbd」，但以 print() 函式輸出 number 時會自動返回十進位的值。

內建函式 input() 取得輸入值時，由於參數屬於字串，必須利用 int() 函式轉換為整數型別。下列敘述可以透過變數 number、digit 配合函式 type() 取得的資料型別能得知：

```
>>> number = input('輸入一個數值: ')
輸入一個數值: 2768
>>> print(type(number))
<class 'str'>
>>> digit = int(number)
>>> print(type(digit))
<class 'int'>
```

- input() 函式取得輸入值，經由 type() 函式查看得變數 number 儲存的值是字串（str），經由 int() 轉換之後才是整數。這說明 input() 函式接收的參數以字串為主。

再來了解 int() 的其他用法，例三：

```
int(0b1001010)     # 回傳 10 進制 74
int('ef', 16)      # 第二個參數表示是 16 進制，回傳 10 進制 239
```

- 把二進位數值「0b1001010」以 int() 函式轉為十進制。
- 將 16 進制的字串「ef」經由 int() 函式以 10 進位回傳其數值。

2.2.3 布林值

bool（Boolean）為 int 的子類別，可以使用 bool() 函式。它只有 True 和 False 兩個值；一般使用於流程控制做邏輯判斷。比較有意思的地方，它可以採用數值「1」來代表 True，而「0」是 False。Python 程式語言中，下述這些內容，其布林值會以 False 回傳：

- 數值為 0。
- 特殊物件為 None。
- 序列和群集資料型別中的空字串、空串列（List）或空序對（Tuple）。

下述簡例說明布林值的作用。

```
int(True)         # 回傳 1
int(False)        # 回傳 0
numb1 = 0
bool(num1)        # 回傳 False
numb2 = 1
bool(num2)        # 回傳 True
isEmpty = True
print(type(isEmpty))    # 回傳 <class 'bool'>
```

- 使用內建函式 int()，以 True 為參數，它會回傳數值「1」。
- 函式 bool() 以變數 num1 為參數，它的變數值為 0，所以回傳 False。
- 將變數 isEmpty 設成布林值，type() 函式會說明它是一個布林（bool）型別。

2.3　Python 如何處理實數

浮點數型別（Floating-point type）就是含有小數位數的數值，也就是實數；它的有效範圍「$-10^{308}\sim 10^{308}$」。Python 程式語言裡，浮點數有三種資料型別：

- **float**：由 Python 內建，儲存倍精度浮點數，它會隨作業平台來確認精確度範圍，使用 float() 函式表示。
- **complex**：也是 Python 內建型別，處理複數數值資料，由實數和虛數組成。
- **decimal**：若數值要有精確的小數位數，得由標準函式庫的 decimal.Decimal 類別所支援。

2.3.1　使用 Float 型別

通常要把數值轉換為浮點數，以內建函式 float() 做轉換，它的用法跟 int() 函式並無太大差異，它可以建立浮點數物件，只接受一個參數，例一：

```
float()        # 沒有參數，輸出 0.0
float(-3)      # 將數值 -3 變更為浮點數，輸出 -3.0
float(0xEF)    # 參數可使用其他進位的整數，0x 為 16 位數
```

表示浮點數另一種方法是以 10 為基底的「<A>e<B>」科學記號表示，例如數值「0.00089」配合指數以科學記號表示。例二：

```
8.9e-4         # 科學記號表示，數值 0.00089
```

如果需要使用浮點數來處理正無窮大（Infinity）、負無窮大（Negative infinity）或 NaN（Not a number）時，可使用 float() 函式，例三：

```
print(float('nan'))        # 輸出 nan(NaN, Not a number)，表明它非數字
print(float('infinity'))   # 正無窮大，輸出 inf
print(float('-inf'))       # 負無窮大，輸出 -inf
```

- float('nan')、float('infinity')、float('inf') 是三個特殊的浮點數，其參數使用「inf」或「infinity」皆可。

浮點數做運算時含有不確定的小數位數,所以得到的結果會在意料之外,例四:

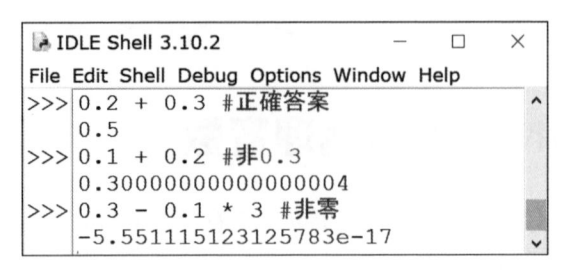

```
IDLE Shell 3.10.2
File Edit Shell Debug Options Window Help
>>> 0.2 + 0.3  #正確答案
0.5
>>> 0.1 + 0.2  #非0.3
0.30000000000000004
>>> 0.3 - 0.1 * 3  #非零
-5.551115123125783e-17
```

若要更精確的小數位數,就只能以 decimal 型別來處理。

所謂「模組」(Module)就是依據用途已經製定好的函式,我們習慣稱它為「標準函式庫」(Standard Library),使用時必須以「import」敘述滙入它們才能使用,語法如下:

```
import 模組名稱
from 模組名稱 import 物件名稱
```

◆ 匯入模組時儘可能把敘述放在程式開端。

◆ 配合 from 敘述來匯入模組,必須在 import 敘述之後指定方法或物件名稱,呼叫時,可省略模組名稱。

這些模組大部份都是以類別(Class)形式來包裝,使用時須以滙入的模組名稱,再加上「.」(半形 Dot)取用相關的屬性或方法,例如:

```
import math      # 匯入計算用的 math 模組
math.isnan()     # 呼叫 math 模組的 isnan() 方法
```

範例 《CH0203.py》

STEP 01 啟動 Python IDLE,在 Python Shell 視窗執行「File > New File」指令新增一份文件。

STEP 02 開啟的新文件,撰寫如下程式碼。

```
01  import math # 匯入 math 模組
02  a = 1E309
03  print('a = 1E309, a 是 ', a)
04  # 輸出 True,表示它是 NaN
```

```
05   print(' 為 NaN?', math.isnan(float(a/a)))
06   b = -1E309
07   print('b = -1309, b 是 ', b)
08   # 輸出 True，表示它是 Inf
09   print(' 為 Inf?', math.isinf(float(-1E309)))
```

STEP 03 儲存檔案，解譯、執行按【F5】鍵。

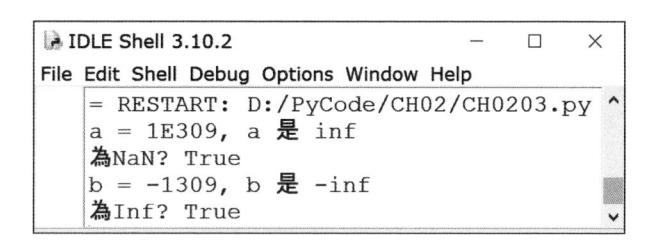

```
= RESTART: D:/PyCode/CH02/CH0203.py
a = 1E309, a 是 inf
為NaN? True
b = -1309, b 是 -inf
為Inf? True
```

【程式說明】

- 第 1 行：import 敘述匯入模組 math（由標準模組所提供），由於 math 本身是類別必須引用類別名稱，才能取用它的方法。
- 第 5 行：isnan() 方法用來判斷是否為 NaN（非數字）資料，回傳為 True 即表示它是 NaN。
- 第 9 行：isinf() 方法可用來判斷是否正無限大或負無限大的資料，回傳 True 表示它是正無限大或負無限大的資料。

此外，要了解 float 型別更多的訊息，可以利用 sys 模組的屬性 float_info 來了解浮點數的有效範圍。

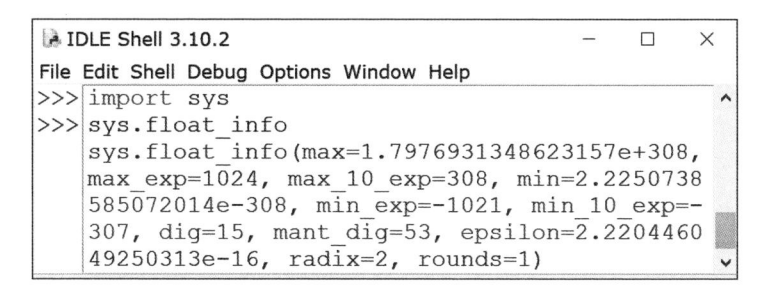

```
>>> import sys
>>> sys.float_info
sys.float_info(max=1.7976931348623157e+308,
max_exp=1024, max_10_exp=308, min=2.2250738
585072014e-308, min_exp=-1021, min_10_exp=-
307, dig=15, mant_dig=53, epsilon=2.2204460
49250313e-16, radix=2, rounds=1)
```

- 必須匯入 sys 模組

匯入 sys 模組後，想要更進一步了解浮點數所支援的小數位數，利用 float_info 物件提供的 epsilon 屬性做查詢，它支援的小數精確度有 17 位之多。

```
>>> import sys  # 滙入sys模組
>>> sys.float_info.epsilon  #支援的小數位數
2.220446049250313e-16
```

使用浮點數時，可配合 Float 類別提供的方法，列於表【2-3】做簡單說明。

方法	說明	備註
fromhex(s)	將 16 進位的浮點數轉為 10 進位	物件方法
hex()	以字串回傳 16 位數浮點數	類別方法
is_integer()	判斷是否為整數，若小數位數是零，會回傳 True	類別方法

表【2-3】 Float 提供的方法

這些方法由 float 類別所提供，其中的 hex() 是物件方法，fromhex() 是類別方法，必須以「float.fromhex()」呼叫其類別方法做存取。例五：

```
# 參考範例《CH0204.py》
number = 88.12694          # 宣告為 float 型別
num16 = number.hex()       # 以 16 進位回傳
print(num16)               # 輸出 0x1.6081fc8f32379p+6
float.fromhex(num16)       # 回傳 88.12694，轉換回 10 進位
```

is_integer() 方法以布林值回傳。當小數位數的值為 0 時，回傳 True；小數位數的值大於 0 時，以 False 回傳。例六：

```
float.is_integer(14.000)   # 小數位數的值為 0，回傳 True
float.is_integer(13.786)   # 小數位數的值大於 0，回傳 False
```

> **TIPS**
>
> 類別？函式（Function）？方法（Method）？由於 Python 以物件來處理資料。匯入模組時，若是類別（Class）則配合「.」（半形 Dot）做存取：
> - 函式：Python 是程序性語言，所以它有內建函式。
> - 方法：來自物件導向的作法，稱某個類別所提供為「方法」。

2.3.2 複數型別

當「$x^2=-1$」時，如何求得 x 的值？數學家定義了「$j=\sqrt{(-1)}$」而產生了複數（Complex）。複數是由實數（real）和虛數（imaginary）組成「$A+Bj$」形式，Python 能以內建函式 complex() 轉換，語法如下：

```
complex(re, im)
```

- re 為 real，表示實數。
- im 為 imag，表示虛數。

由於 complex 本身也是類別，屬性 real 和 imag 來取得複數的實數和虛數；使用「.」（dot）運算子做存取，相關屬性的語法如下。

```
z.real        # 取得複數的實數部份
z.imag        # 取得複數的虛數部份
z.conjugate() # 取得共軛複數的方法
```

- z 為 complex 物件。
- 複數「3.25 + 7j」，使用 conjugate() 方法可取得共軛複數「3.25 – 7j」。

例一：設定變數 total，其複數是「12 + 56j」，以 real 和 imag 屬性分別取得其實數和虛數，再以 type() 函式查看時會發現它是一個實做的 complex 類別。

```
total = 12 + 56j             # 宣告為複數
total.real, total.imag       # 分別取得複數的實數 12.0 和虛數 56.0
type(total)                  # 回傳 <class 'complex'>
```

若以字串來建立複數物件，要注意其格式，例二：

```
complex(12-5j, 7+3j)    # 正確
complex('12+5j')        # 正確
complex('12 + 5j')      # 出現 ValueError，指出字串的格式錯誤
```

2.3.3 更精確的 Decimal 型別

處理數值要表達更精確的小數位數，使用浮點數有其困難度。例如：計算「10/3」所得結果，Python 會以浮點數來處理；若要取得更精確的數值，匯入 decimal 模組，再以物件方法 Decimal() 來產生更精確的數值。

為什麼使用 decimal 能取得更精確的小數值？它建置了算術運算環境，這些環境參數確保運算的資料依其設置來產生更精確的數值。如何獲取這些算術環境參數？透過方法 getcontext() 可以取得各項的參數值。

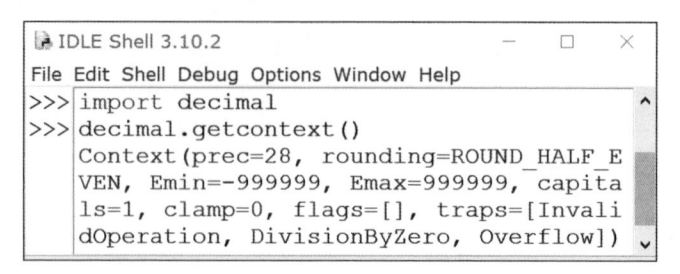

```
>>> import decimal
>>> decimal.getcontext()
Context(prec=28, rounding=ROUND_HALF_E
VEN, Emin=-999999, Emax=999999, capita
ls=1, clamp=0, flags=[], traps=[Invali
dOperation, DivisionByZero, Overflow])
```

使用 getcontext() 方法會呼叫 Context() 方法的相關參數，簡介前三個參數：

- **prec**：為 MAX_PREC 範圍內的整數，用於設置 decimal 算術環境的精確度，預設 28 位數；MAX_PREC 為 32 位元的常數是「425000000」，64 位元則是「999999999999999999」。

- **rounding**：設定數值的捨去模式，表【2-4】說明。

Rounding 模式	說明
ROUND_CEILING	朝著「無窮大」（Infinity）的方向
ROUND_DOWN	朝著接近零的方向，也就是無條件捨去
ROUND_FLOOR	朝著「負無窮大」（-Infinity）的方向
ROUND_HALF_DOWN	四捨六入，五朝著接近零的方向
ROUND_HALF_EVEN	四捨六入，五朝著最接近偶數的方向
ROUND_HALF_UP	四捨六入，五朝著遠離零的方向
ROUND_UP	朝著遠離零的方向，也就是無條件進位
ROUND_05UP	最後位數捨去後，若為 0 或 5 進位，其它捨位

表【2-4】 Rounding 模式

- **Emin、Emax**：欄位接收外部資料時所允許的上限。Emin 必須在 [MIN_EMIN, 0] 範圍內，Emax 則是 [0, MAX_EMAX] 範圍內。

想要取得更精確的小數值，得藉用 decimal 類別中的 Decimal() 建構式，產生新的物件，認識其語法：

```
import decimal    # 滙入 decimal 模組
decimal.Decimal(value = '0', context = None)
```

- value：能以整數、字串、tuple、浮點數或另一個 Decimal；依據 value 的值來產生一個新的 Decimal 物件。

例一：把數值「10/3」，使用 Decimal() 建構式取得更精確的小數值。

```
import decimal
10/3
3.3333333333333335
decimal.Decimal(10/3)
Decimal('3.333333333333333481363069950020872056484222412109375')
```

使用 Decimal() 建構式時，預設的有效位數是 28，參數可以使用實數，所得結果是一長串含有小數位數的數值；這說明 Decimal() 建構式具有「有效位數」。也可以呼叫 getcontext() 方法重設小數位數的允許範圍，建立新的精確度。範例如下：

```
# 參考範例《CH0205.py》
from decimal import *       # 滙入 decimal 所有內容
getcontext().prec = 8       # 設精確度為 8
result = Decimal(20) / Decimal(3)
print('20/3 = ', result)    # 輸出 6.6666667
num1, num2 = Decimal(2.358), Decimal(0.669)
print('num1 + num2 =', num1 + num2)    # 輸出 3.0270000
print('num1 * num2 =', num1 * num2)    # 輸出 1.5775020
```

- 重設小數位數的精確度之後，計算所得的小數值皆在 8 位數之內。

再來看看 decimal 的捨去模式，它的四捨六入如何運作，範例如下：

```
# 參考範例《CH0206.py》
num1, num2 = Decimal(2.3582), Decimal(0.6693)
num3 = Decimal(2.3482)
print('接近偶數，進位 num1 + num2 =', num1 + num2)
print('捨位 num3 + num2 =', num3 + num2)
```

- num1 + num2 得「3.0275」，尾數 5 接近偶數，進位，輸出 3.028。

- num3 + num2 得「3.0175」，四捨六入原則，捨去尾數 5，輸出 3.017。

2-17

```
           num1   2.3582              num3   2.3482
       +   num2   0.6693          +   num2   0.6693
                  ──────                     ──────
                  3.0275                     3.0175
       ROUND_HALF_EVEN  3.028    ROUND_HALF_EVEN  3.017
```

捨去模式設成「ROUND_DOWN」，尾數會無條件捨去，範例如下：

```
# 參考範例《CH0206.py》
getcontext().rounding = ROUND_DOWN
print('無條件捨位 num1 + num2 =', num1 + num2)
```

• num1 + num2 得「3.0275」，尾數 5 無條件捨位，輸出 3.027。

捨去模式設成「ROUND_UP」，尾數會無條件進位，範例如下：

```
# 參考範例《CH0206.py》
getcontext().rounding = ROUND_UP
print('無條件進位 num1 + num2 =', num1 + num2)
```

• num1 + num2 得「3.0275」，尾數 5 無條件進位，輸出 3.028。

捨去模式設成「ROUND_05UP」，捨去最後位數後，若為 0 或 5 則進位，其他捨位，範例如下：

```
# 參考範例《CH0206.py》
getcontext().rounding = ROUND_05UP
print('有條件進位 -> 2.352 + 0.1187 = ', end = '')
print(Decimal(2.352) + Decimal(0.1187))
print('有條件進位 -> 2.352 + 0.1137 = ', end = '')
print(Decimal(2.352) + Decimal(0.1137))
print('有條件進位 -> 2.352 + 0.1127 = ', end = '')
print(Decimal(2.352) + Decimal(0.1127))
```

• 2.352 + 0.1187 得「2.4707」，尾數 7 捨去，遇 0 進位，輸出 2.471。
• 2.352 + 0.1137 得「2.4657」，尾數 7 捨去，遇 5 進位，輸出 2.466。
• 2.352 + 0.1127 得「2.4647」，尾數 7 捨去，輸出 2.464。

```
              2.352                        2.352
       +      0.1187              +        0.1137
              ──────                       ──────
       ROUND_05UP   2.4707        ROUND_05UP   2.4657
       7捨去,遇0進位 2.471         7捨去,遇5進位 2.466
```

使用浮點數時，內建的 round() 函式將小數位數做四捨五入的動作，語法如下：

```
round(number[, ndigits])
```

- number：欲捨去小數位數的數值。
- ndigits：欲保留的小數位數，省略時會捨去所有的小數位數。

如何使用 round() 函式，簡述如下：

```
round(4578.6447)
round(4578.6447, 2)
round(4578.6775, 3)
```

- 第 2 個參數未設，所以四捨五入之後以整數輸出「4579」。
- 保留小數 2 位，輸出「4578.64」。
- 凡事總有例外，它會輸出 4578.677，並未進位，這是浮點數所產生的問題。

使用算術運算子做除法時會有 int 與 float，所得商數會以 float 型別為主。所以不同型別的數值做運算，其記憶體空間會以下列原則來設定。

- 型別是 float 和 complex，以 complex 為主。
- 使用 decimal 型別通常是要求有更高的精確度，它會以其他的 decimal 型別做運算。

2.3.4 番外 - 有理數

分數並不屬於數值型別。但在某些情形下，以分數（Fraction）或稱有理數（Rational Number）來表達「分子 / 分母」形式，這對 Python 程式語言來說並不是困難的事。要以分數做計算時，必須匯入 fractions 模組。建構式 Fraction() 的語法如下：

```
Fraction(numerator, denominator)
```

- **numerator**：分數中的分子，預設值為 0。
- **denominator**：分數中的分母，預設值為 1。
- 無論是分子或分母只能使用正值或負值整數，否則會發生錯誤。

使用分數做運算時必須匯入 fractions 模組，敘述如下：

```
import fractions                # 匯入 fractions 模組
fractions.Fraction(12, 18)      # 輸出 Fraction(2, 3)
```

◆ 如果只匯入 fractions 模組，必須以 fractions 類別來指定 Fraction() 建構式。

可使用 from 模組 import 方法，指定匯入 Fraction 建構式。

```
from fractions import Fraction
Fraction(12, 18)    # 省略 fractions 類別
```

使用建構式 Fraction() 時能自動約分，例一：

```
from fractions import Fraction
Fraction('1.648')   # 以字串表示小數位數，回傳 Fraction(206, 125)
Fraction(Fraction(6, 8), Fraction(12, 14))# 回傳 Fraction(7, 8)
```

例二：建構式 Fraction() 中的參數不能整數和浮點數混用，會產生「TypeError」錯誤。

```
Fraction(15.5, 8)
Traceback (most recent call last):
  File "<pyshell#8>", line 1, in <module>
    Fraction(15.5, 8)
  File "C:\Users\LSH\AppData\Local\Programs\Python\Python310\lib\fractions.py", line 152, in __new__
    raise TypeError("both arguments should be "
TypeError: both arguments should be Rational instances
```

建構式 Fraction() 能接受單一的浮點數為參數，但數值和字串的結果不同，例三：

```
Fraction(5.6)
#     回傳 Fraction(3152519739159347, 562949953421312)
Fraction('5.6')     # 回傳 Fraction(28, 5)
```

配合 Fraction() 建構式，可以把分數相加或相乘，範例如下。

```
# 參考範例《CH0207.py》
from fractions import Fraction  # 匯入 fractions 模組
num1 = Fraction(7, 8)
num2 = Fraction(12, 17)
```

```
print(num1 + num2)      # 將兩個分數相加，輸出 215/136
num3 = num1 * num2      # 將兩個數相乘
num3.numerator          # 取得分子，輸出 21
num3.denominator        # 取得分母，輸出 34
print(float(num3))
```

◆ 以 float() 函式把分數轉為浮點數，輸出 0.6176470588235294。

2.4 數學運算與 math 模組

Python 程式語言提供不同的運算讓我們配合所宣告的變數進行運算。所謂的運算式由運算元（operand）與運算子（operator）組成。

- 運算元：包含了變數、數值和字元。
- 運算子：算術運算子、指派運算子、邏輯運算子和比較運算子等。

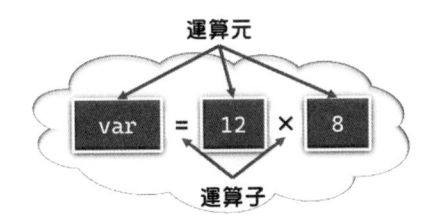

運算子如果只有一個運算元，稱為單一運算子（Unary operator），例如：表達負值的「-8」（半形負號）。如果有兩個運算元，則是二元運算子。

2.4.1 認識 math 模組

想要做數學運算，Python 的 math 模組是好幫手，先以表【2-5】列示相關的屬性和方法做介紹。

屬性、方法	說明
pi	屬性值，提供圓周率
e	屬性值，為數學常數，是自然對數函數的底數
tau	屬性值，2π
ceil(x)	將數值 x 無條件進位成正整數或負整數

屬性、方法	說明
floor(x)	將數值 x 無條件捨去成正整數或負整數
exp(x)	回傳 e 值 **x 的結果
sqrt(x)	算出 x 的平方根
pow(x, y)	算出 x 的 y 冪或次方
fmod(x, y)	計算 x % y 的餘數
hypot(x, y)	就是 sqrt(x * x + y * y)，直角三角形斜邊長 (x * x + y * y)
gcd(a, b)	回傳 a、b 兩個數值的最大公因數
isnan(x)	回傳布林值 True，表示它是 NaN
isinf(x)	若回傳布林值 True，表示它是 Inf

表【2-5】 math 模組

由於這些方法皆由 math 類別所提供，使用時要呼叫類別 math 再做存取。比較不一樣的地方是 math 類別提供的 pow() 方法，它有二個參數：x、y；而內建函式 pow() 有三個參數：x、y、z；語法如下

```
pow(x, y[, z])       # 內建函式 pow()
math.pow(x, y)       # math 模組提供的方法 pow()
```

◆ 參數 z 用來求取餘數，省略的話，使用方法就跟 math 提供的 pow() 方法相同。

先以 math 模組的 pow() 方法做運算，例一：

```
import math    # 匯入 math 模組
math.pow(5, 2) # 以浮點數回傳計算結果 25.0
```

◆ 使用 math.pow() 方法等同於運算式「5**2」。

例二：使用 BIF 的 pow() 函式，以 int 型別回傳。

```
pow(5, 2)
pow(5, 2, 3)
```

◆ 傳入兩個參數，等於運算式「5 ** 2」。
◆ 傳入三個參數，等於運算式「5 ** 2 % 3」。

下述範例使用 math 類別提供的方法做實例演算。

```
# 參考範例《CH0208.py》
import math          # 匯入math模組做數值運算
print('math.sqrt(144) = ', math.sqrt(144))        # ①
print('144 ** 0.5 = ', 144 ** 0.5)                # ①
print('math.pow(3, 3) =', math.pow(3, 3))         # ②
print(' 冪 3 ** 3 = ', 3 ** 3)                     # ②
print(math.pow(27, 1.0/3))      # 立方根 ∛27，輸出 3.0
print(math.pow(4, 4))           # 4的4次方，輸出256
print(math.pow(256, 1.0/4))     # 4方根，輸出4.0
print('math.ceil(4.2) =', math.ceil(4.2),
      ', math.ceil(-4.2) =', math.ceil(-4.2))     # ③
print(math.floor(-8.9), math.floor(9.7))          # ④
# 算出√(3²+9²)的結果，輸出9.4868
print('math.hypot(3, 9) =', math.hypot(3, 9))
```

- 使用數學模組，要利用 import 敘述匯入 math 模組。

- ①方法 sqrt() 或運算式 1440 ** 0.5 算出平方根，輸出 12.0。

- ②使用 pow() 方法，或是運算式 3*3*3 或者 3 ** 3，輸出結果是 27。

- ③ ceil() 方法，無條件進位，所以「4.2」進位後是『5』，但負數「-4.2」無條件進位卻是『-4』。

- ④ floor() 方法無條件捨位，所以數值「-8.9」捨位後是『-9』，「8.9」捨位結果是『9』。

- 方法 hypot() 就是運算式「(3 * 3 + 9 * 9) ** 0.5」所得結果。

2.4.2 算術運算子

算術運算子提供運算元的基本運算，包含加、減、乘、除等等，藉由表【2-6】列舉之。

運算子	說明	運算	結果
+	把運算元相加	total = 5 + 7	total = 12
-	把運算元相減	total = 15 - 7	total = 8
*	把運算元相乘	total = 5 * 7	total = 35
/	把運算元相除	total = 15 / 7	total = 2.14
**	指數運算子	total = 15 ** 2	total = 225
//	取得整除數	total = 15 // 4	total = 3
%	除法運算取餘數	total = 15 % 7	total = 1

表【2-6】 算術運算子

2-23

2.4.3 做四則運算

有了 Python 算術運算子,可以在 Python Shell 交談視窗做運算。其運算法則跟數學相同:「先乘除後加減,有括號者優先」。

例一:數值的加、減、乘、除運算,同樣有括號者優先。

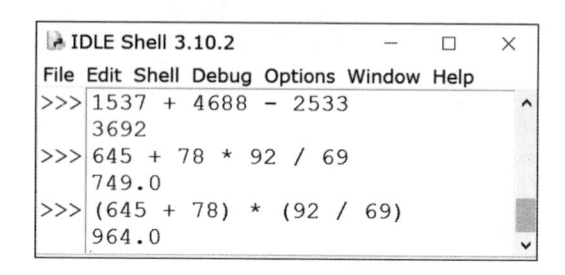

```
IDLE Shell 3.10.2                    —    □   ×
File Edit Shell Debug Options Window Help
>>> 1537 + 4688 - 2533
3692
>>> 645 + 78 * 92 / 69
749.0
>>> (645 + 78) * (92 / 69)
964.0
```

再來討論數學運算法則的「*」運算子,它把兩個運算元相乘。運算式中使用了指數運算子「**」,稱為冪或次方(Power)運算。例二:

```
5*6          # 回傳 30
5**6         # 運算式 5*5*5*5*5*5 就是 5^6,回傳 15625
```

◆ 使用「**」指數運算子,依指定值將某個數值做冪或次方相乘。

同樣地,應用指數運算子,可以將數值做開根號處理,例三:

```
81 ** 0.5    # 回傳 9.0
27 ** 1/3    # 回傳 9.0
```

兩數相除所得的「商」值對於 Python 來說,使用的運算子不同,所得的結果就會不同,例四:透過數值「121 / 13」的運算來了解它們會引發什麼問題!

```
121 / 13     # 相除後,商數以浮點點 9.307692307692308 回傳
121 // 13    # 只會獲得整數的商數值 9
121 % 13     # 相除後,由於除不盡,所以餘數得「4」
-121 // 13   # 回傳 -10,是一個接近於「-9.30769…」的整數值
```

◆ 兩數相除得到商數值,除得盡的話,Python 直譯器會將所得商數自動轉換為浮點數型別。

◆ 除不盡時可以「//」運算子取整數商值。

◆ 「%」運算子取得兩數相除後的餘數。

處理兩個數值相除之後的商數和餘數,還可以使用 BIF 的 divmod() 函式,語法如下:

```
divmod(x, y)
```

- 參數 x 執行「x // y」的運算。
- 參數 y 執行「x % y」之運算。

例五:王小明手上有 200 元,去便利商店買飲料,飲料一瓶 42 元,他可以買幾瓶?店員要找王小明多少錢?運算式「200 // 42」,得整數商值「4」;再以 200 % 42 得餘數「32」。表示王小明可以買 4 瓶飲料,店員要找他 32 元。

```
divmod(200, 42)      # 以 Tuple 回傳 (4, 32)
```

範例《CH0209.py》

如果有一個運算式如下:先假設「$x=12, y=15$」。

$$z = 9(\frac{4}{x} + \frac{9+x}{y})$$

STEP 01 先將運算式改為成程式碼「$z = 9*(4/x + (9+x) / y)$」。

STEP 02 撰寫如下程式碼。

```
01  x = 12; y = 15  # 以分號字完連接兩行程式碼
02  z = 9*(4/x + (9+x)/y)  # 運算式
03  print('z = ', z)
```

STEP 03 儲存檔案,解譯、執行按【F5】鍵。

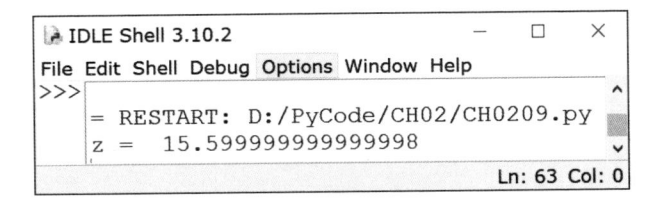

```
IDLE Shell 3.10.2
File Edit Shell Debug Options Window Help
>>>
= RESTART: D:/PyCode/CH02/CH0209.py
z =  15.599999999999998
                                    Ln: 63 Col: 0
```

【程式說明】

- 依據算術的運算法則,先乘除後加減,有括號的優先。
- 第 2 行:進行計算,z = 9 * (0.33333 + 21/15);z = 9*1.73333;z = 15.59999。

2.4.4 指派運算子

配合算術運算子,以變數為運算元時,可以把運算後的結果再指派給變數本身。以下述簡述來說明:

```
total = 5             # 指派變數值為 5
total = total + 20    # 5+20 是 25,所以 total 儲存 25
total += 20           # 與前一行敘述產生相同的運算結果
```

有那些指派運算子?只要是算術運算子皆能配合使用;利用下表【2-7】說明這些指派運算子,假設變數「total = 10」。

運算子	運算	指派運算	結果
+=	total = total + 5	total += 5	total = 15
-=	total = total - 5	total -= 5	total = 5
*=	total = total * 5	total *= 5	total = 50
/=	total = total / 5	total /= 5	total = 2.0
**=	total = total ** 2	total **= 2	total = 100
//=	total = total // 3	total //= 3	total = 3
%=	total = total % 3	total %= 3	total = 1

表【2-7】 指派運算子

2.5 運算子有優先順序

運算子同列於運算式時,運算過程中有優先順序。Python 也提供位元運算子和位移運算子,一起做簡單認識。

2.5.1 位元運算子

位元(Bitwise)運算會以二進位(基底為 2)為運算式,相關運算子簡介如表【2-8】。

運算子	運算元1	運算元2	結果	說明
&(And)	1	1	1	運算元1、運算2的值皆為1,才會回傳1
	1	0	0	
	0	1	0	
	0	0	0	
|(Or)	1	1	1	運算元1、運算元2的值有一個為1,就會回傳1
	0	1	1	
	1	0	1	
	0	0	0	
^(Xor)	1	1	0	運算元1、運算元2的值不同,才會回傳1
	1	0	1	
	0	1	1	
	0	0	0	
~(Not)	1	--	0	或稱反向運算,將1變成0,0變成1
	0	--	1	

表【2-8】 位元運算子

如何用位元運算子,先以 bin() 把數值轉換二進位,再以位元運算子做運算,範例如下:

```
# 參考範例《CH0210.py》
x, y = 6, 13
print('x =',x, 'y =', y)
# bin() 函式轉為二進位
print('x 二進位 ->', bin(x), ', y 二進位 ->', bin(y))
print('x & y =', bin(x & y))
# 函式 int() 把二進位轉為 10 進位
print(' 轉為 10 進位 ->', int('100', 2))
print('x | y =', x | y)    # 位元運算子直接以 10 進位做運算
print('x ^ y =', x ^ y)
print('~110 ->', ~110, ' 轉 -111 為 10 進位 ', int('-111', 2))
print('~x =', ~x, ', ~y =', ~y)
```

◆ 把變數 x、y 以 bin() 函式轉為二進位後,再以 int() 函式轉為 10 進位,了解位元運算子的運算過程。

◆ 變數 x 如何以「~」(NOT)運算子反相,可以把它轉為二進位之後,取 2 的補數得「-111」,int() 再把二進位的「-111」轉為 10 進位得值「-7」。

數值 6 與 13 究竟是如何運算？先轉為二進位之後再以 &、|、^ 運算子做運算，取得結果後再以 10 進位輸出。

```
 6    0 1 1 0      6    0 1 1 0      6    0 1 1 0
13    1 1 0 1     13    1 1 0 1     13    1 1 0 1
&運算  0 1 0 0    |運算  1 1 1 1    ^運算  1 0 1 1
   轉為10進位 -> 4     轉為10進位 -> 15     轉為10進位 -> 11
```

此外，位元運算子還有二個較為特殊的運算子：左移（<<）和右移（>>）運算子，利用表【2-9】做簡單說明。

運算子	語法	說明
<<（左移）	運算元 1 << 運算元 2	將運算元 1 依運算元 2 指定的位元數向左移動，右邊補零
>>（右移）	運算元 1 >> 運算元 2	將運算元 1 依運算元 2 指定的位元數向右位移，左邊補零

表【2-9】 位移運算子

簡例：數字 6 經過右移和左移運算子的運算之後，會如何？把它轉為二進位「00000110」。

6	0	0	0	0	0	1	1	0
6 << 2	0	0	0	1	1	0	0	0

- 「6 << 2」相當於「6*(2**2)」的結果，所以數值會變大。

6	0	0	0	0	0	1	1	0
6 >> 2	0	0	0	0	0	0	0	1

- 「6 >> 2」相當於「6//(2**2)」的結果，所以數值會變小。

2.5.2 運算子誰優先？

先前介紹 Python 的算術運算子曾提及「先乘除，後加減，有括號優先」說明 Python 運算子有其優先順序，以表【2-10】說明之。

運算子	說明
()	括號運算子
**	指數（或冪）運算子
~	位元運算子（NOT）
+, -	算術運算子的加、減運算子
<<, >>	位移運算子的左移、右移運算子
&	位元運算子 AND
^	位元運算子 XOR
|	位元運算子 OR
in, not in, is, is not, 比較	比較運算子
not	邏輯運算子 NOT
and	邏輯運算子 AND
or	邏輯運算子 OR

表【2-10】 運算子的優先順序

重點整理

- 對於 Python 來說，會以物件（Object）來表達資料。所以每個物件都具有身份（Identity）、型別（Type）和值（Value）。

- 識別字命名規則（Rule）須遵守：① 第一個字元必須是英文字母或是底線。② 其餘字元可以搭配其他的英文字母或數字。③ 不能使用 Python 關鍵字或保留字。

- Python 的資料型別（Date Type）中較常用有：整數、浮點數、字串，它們皆擁有「不可變」（immutable）的特性。

- 將十進位數值轉換成其他進位時：bin() 函式轉成二進位；oct() 函式轉換成八進位；hex() 函式轉換成十六進位。

- bool（布林）型別它只有兩個值：True 和 False；用於流程控制，進行邏輯判斷。比較有意思的地方，它採用數值「1」或「0」來代表 True 或 False。

- 浮點數就是含有小數位數的數值。Python 程式語言，浮點數型別有三種：①float 儲存倍精度浮點數；②complex 儲存複數資料；③decimal 表達數值更精確的小數位數。

- 所謂的運算式由運算元（operand）與運算子（operator）組成。① 運算元它包含了變數、數值和字元。② 運算子有：算術運算子、指派運算子、邏輯運算子和比較運算子等。

03
CHAPTER

運算子與條件選擇

學｜習｜導｜引

- if 和 if/else 敘述，學習在單一條件下，單向或雙向選擇有何不同？
- 要做條件判斷，得認識比較、邏輯運算子
- 多重選擇時，可採用 if/elif 敘述。
- 多重選擇，不做條件運算還能使用 match/case 敘述

Python

常言道：「條條道路通羅馬」！不過道路並非永遠直線道，為了向目的邁進，有時需要轉個彎。所以，程式語言會以流程結構來控制其方向，它包含循序、選擇、廻圈三種。從單一條件的 if 敘述到多項條件選擇的 if/elif 敘述，皆屬於條件敘述。

3.1 認識程式語言結構

常言道：「工欲善其事，必先利其器」。撰寫程式當然要善用一些技巧，而「結構化程式設計」是一種軟體開發的基本精神；也就是開發程式時，依據由上而下（Top-Down）的設計策略，將較複雜的內容分解成小且較簡單的問題，產生「模組化」程式碼，由於程式邏輯僅有單一的入口和出口，所以能單獨運作。所以一個結構化的程式會包含下列三種流程控制：

- 循序結構（Sequential）：由上而下的程式敘述，這也是前面章節撰寫程式碼最常見的處理方式，例如：宣告變數，輸出變數值，如圖 3-1。

開始 → score = 25 → Print(score) → 結束

圖【3-1】 由上而下的敘述

- 選擇結構（Selection）：選擇結構是一種條件選擇敘述，依據其作用可分為單一條件和多種條件選擇。例如，要去上學時以天氣來決定交通工具；下雨天就搭公車，天氣好就騎腳踏車去上學。

- 迭代結構（Iteration）：迭代結構可視為廻圈控制，在條件符合下重覆執行，直到條件不符合為止。例如，拿了 1000 元去超市購買物品，直到錢花光了，才會停止購物動作。

介紹過流程控制之後，表【3-1】介紹一些常見的流程圖符號。

符號	說明
⬭	橢圓形符號，表示流程圖的開始與結束
▭	矩形表示流程中間的步驟，用箭頭做連接
◇	菱形代表決策，會因為選擇而有不同流向
⌓	代表文件
▱	平行四邊形代表資料的產生
⬭	表示資料的儲存

表【3-1】 常用的流程符號

3.2 單一條件

決策結構可依據條件做選擇；一般來說，分為「單一條件」和「多重條件」。處理單一條件時，if 敘述能提供單向和雙向處理；多重條件情形下，要回傳單一結果，if/elif 陳述式則是處理法寶。

3.2.1 比較運算子

比較運算子通常是比較兩個運算元的大小，所得到的結果會以布林值 True 或 False 回傳。有那些比較運算子，以表【3-2】說明（假設 opA = 20，opB = 10）。

運算子	運算	結果	說明
>	opA > opB	True	opA 大於 opB，回傳 True
<	opA < opB	False	opA 小於 opB，回傳 False
>=	opA >= opB	True	opA 大於或等於 opB，回傳 True
<=	opA <= opB	False	opA 小於或等於 opB，回傳 False
==	opA == opB	False	opA 等於 opB，回傳 False
!=	opA != opB	True	opA 不等於 opB，回傳 True

表【3-2】 比較運算子

簡例：以兩個運算元比較大小。

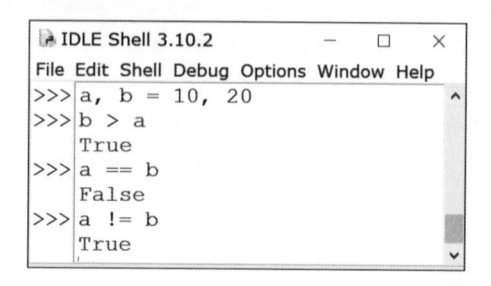

```
IDLE Shell 3.10.2
File Edit Shell Debug Options Window Help
>>> a, b = 10, 20
>>> b > a
True
>>> a == b
False
>>> a != b
True
```

範例《CH0301.py》

以比較運算子來判斷輸入的分數是否大於等於 60。

STEP 01 撰寫如下程式碼。

```
01  score = int(input('請輸入分數：'))
02  isPass = score >= 60
03  print(f"{score}通過否？{isPass}")
```

STEP 02 儲存檔案，解譯、執行按【F5】鍵。

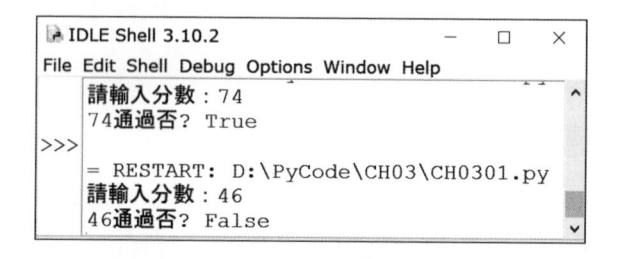

```
IDLE Shell 3.10.2
File Edit Shell Debug Options Window Help
請輸入分數：74
74通過否？ True
>>>
= RESTART: D:\PyCode\CH03\CH0301.py
請輸入分數：46
46通過否？ False
```

【程式說明】

◆ 第 2 行：變數 isPass 為布林型別，當變數 score 大於等於 60，以 True 表示，score 小於 60 時以 False 表示。

3.2.2 if 敘述

　　當單一條件只有一個選擇時，使用 if 敘述；if 敘述如同我們口語中「如果…就…」；「如果分數 60 以上，就顯示及格」。這說明使用 if 敘述還要搭配比較運算子才能有判斷結果。

```
if 條件運算式:
    # 運算式_true_suite 敘述
```

- if 敘述搭配條件運算式，做布林判斷來取得真或假。
- 條件運算式之後要有「:」（半形）來做作為縮排的開始。
- 運算式_true_suite：符合條件的敘述要縮排來產生程式區塊，否則解譯時會產生錯誤。

其他的程式語言使用 if 敘述時會以大括號 {} 來形成區塊（Block）。對於 Python 來說，有個特殊名稱，稱為 suite。它由一組敘述組成，由關鍵字（if）和冒號（:）作為 suite 開頭，搭配的子句敘述必須做縮排動作，否則解譯時會發生錯誤。進入 Python Shell 來了解 if 敘述所組成的 suite。

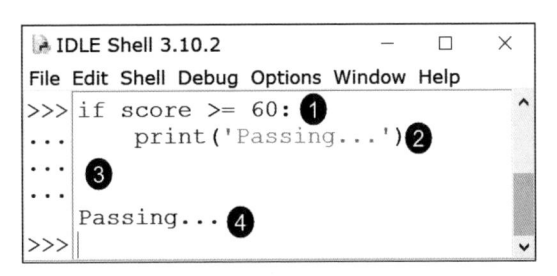

```
>>> if score >= 60:①
...     print('Passing...')②
... ③
...
Passing...④
>>>
```

- ① 條件運算式「score >= 60」之後要加冒號字元「:」（有冒號字元也就是下一行敘述要做縮排）。
- ② 按下 Enter 鍵之後，會自動縮排，再輸入 print() 函式。
- ③ 要多按一次 Enter 鍵來表示 if 敘述結束。
- ④ 輸出條件運算結果。

> **TIPS**
>
> 如何產生縮排？可按 Tab 鍵或空白鍵來產生多個空白字元。同一個檔案的程式碼，縮排時若採用 Tab 鍵最好維持其一致性。

利用前述例句解說 if 敘述如何進行條件判斷。

```
if getScore >= 60:
   print('Passing...')
```

表示輸入的分數有大於或等於 60 分，才會顯示「Passing」字串；流程表示如圖【3-2】。

```
          ┌──────┐      ┌────────┐        ╱ score >= 60 ╲
          │ 開始 │ ───▶ │輸入分數│ ─────▶ ╲             ╱
          └──────┘      └────────┘           ╲         ╱
                                                 │ True
          ┌──────┐      ┌──────────────────┐     │
          │ 結束 │ ◀─── │print('Passing')  │ ◀───┘
          └──────┘      └──────────────────┘
```

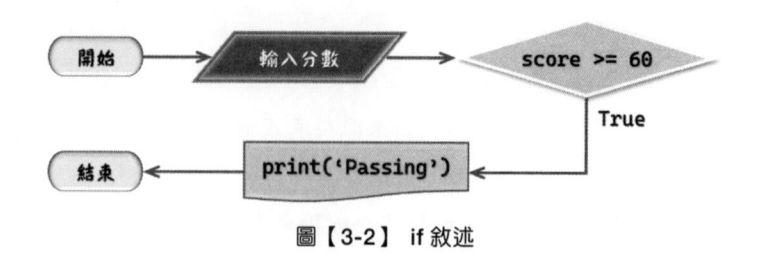

圖【3-2】 if 敘述

範例 《CH0302.py》

STEP 01 撰寫如下程式碼。

```
01   score = int(input('請輸入分數 ->'))
02   if score >= 60:
03       print('分數 ', score, '通過考核')
```

STEP 02 儲存檔案，解譯、執行按【F5】鍵。

```
IDLE Shell 3.10.2                        —  □  ×
File Edit Shell Debug Options Window Help
    請輸入分數 ->74
    分數 74 通過考核
>>>
    = RESTART: D:/PyCode/CH03/CH0302.py
    請輸入分數 ->46
```

【程式說明】

- 第 1 行：變數 score 取得輸入分數。由於 score 是字串，利用內建函式 int() 轉換為整數再儲存。
- 第 2~3 行：if 敘述之後的運算式「score >= 60」，利用比較運算子判斷 score 變數是否大於或等於 60，如果條件成立就以 print() 函式輸出「考核通過」。
- 程式碼執行之後，由於 78 大於 60，表示條件運算成立，所以會輸出「Passing」；而 43 小於 60，條件運算不會成立，所以不會顯示任何字串。

if 敘述做單向判斷，若執行 True 的敘述很簡短，也可以放在同一行敘述裡。

```
IDLE Shell 3.10.2                        —  □  ×
File Edit Shell Debug Options Window Help
>>> score = 82
>>> if score >= 60: print('Passing..')
...
    Passing..
```

3.3 雙向選擇

使用 if 敘述當然不會只有單向的選擇,更多時候也有雙向選擇。「條件運算式」除了使用比較運算子之外,有時也會搭配邏輯運算子,一起來認識它們。

3.3.1 邏輯運算子

邏輯運算子是針對運算式的 True、False 值做邏輯判斷,利用表【3-3】做說明。

運算子	運算式1	運算式2	結果	說明
and(且)	True	True	True	兩邊運算式為 true 才會回傳 true
	True	False	False	
	False	True	False	
	False	False	False	
or(或)	True	True	True	只要一邊運算式為 true 就會回傳 true
	True	False	True	
	False	True	True	
	False	False	False	
not(反相)	True	--	False	運算式反相,所得結果與原來相反
	False	--	True	

表【3-3】 邏輯運算子

通常邏輯運算子會與流程控制配合使用!and、or 運算子做邏輯運算時會採用「快捷」(Short-circuit)運算;當運算元非布林值時,直接回傳運算元!「快捷」運算的運算規則如下:

- and 運算子:若第一個運算元回傳 True,才會繼續第二個運算的判斷;換句話說;第一個運算元回傳 False 就不會再繼續。
- or 運算子:若第一個運算元回傳 False,才會繼續第二個運算的判斷;換句話說;第一個運算元回傳 True 就不會再繼續。

使用邏輯運算子的 and 運算子。例一：

```
num = 15
result = (num % 2 == 0) and (num % 3 == 0)
```

◆ 使用 and 運算子，由於 15 只能被 3 整除，所以 result 回傳「False」。

例二：使用 or 運算子。

```
num = 15
result = num % 2 == 0 or num % 3 == 0
```

◆ 使用 or 運算子，它符合被 3 整除的要求，所以 result 回傳「True」。

例三：直接以邏輯運算子做運算。

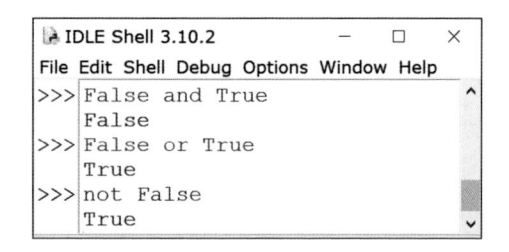

```
IDLE Shell 3.10.2
File Edit Shell Debug Options Window Help
>>> False and True
False
>>> False or True
True
>>> not False
True
```

範例《CH0303.py》

以比較、邏輯運算子來判斷輸入的西元年是否為閏年。閏年的判斷條件是能被 4 或 400 整除，但被 100 整除卻不是閏年。

STEP 01 撰寫如下程式碼。

```
01  year = int(input('請輸入西元紀年：'))
02  isLeapYear = (year % 4 == 0 and
03                year % 100 != 0) or (year % 400 == 0)
04  print(f"{year}是否為閏年？{isLeapYear}")
```

STEP 02 儲存檔案，解譯、執行按【F5】鍵。

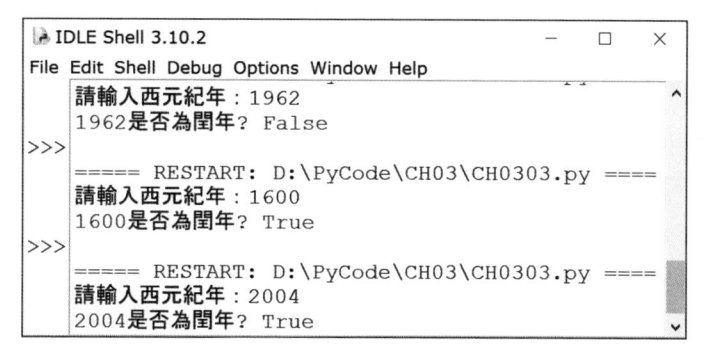

```
         IDLE Shell 3.10.2                              —    □    ×
        File Edit Shell Debug Options Window Help
        請輸入西元紀年：1962
        1962是否為閏年？ False
>>>
        ===== RESTART: D:\PyCode\CH03\CH0303.py ====
        請輸入西元紀年：1600
        1600是否為閏年？ True
>>>
        ===== RESTART: D:\PyCode\CH03\CH0303.py ====
        請輸入西元紀年：2004
        2004是否為閏年？ True
```

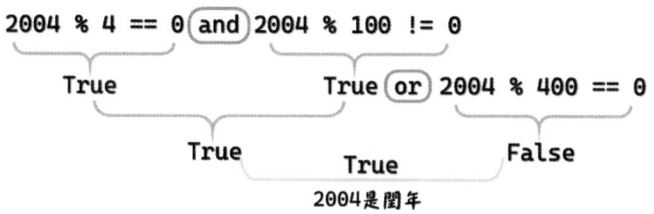

```
2004 % 4 == 0  and  2004 % 100 != 0
    True              True    or  2004 % 400 == 0
           True              True             False
                             True
                       2004是閏年
```

【程式說明】

- 例如輸入的西元年份「2004」，它能被 4 整除但無法被 100 整除，所得為 True，而它無法被 400 整除，回傳為 False，經由「True or False」運算回傳 True，所以 2004 為閏年。

- 第 2~3 行：設變數 isLeapYear 為布林，輸入的西元年份先以 % 運算子做運算，餘數為零（整除）的情形下，再配合邏輯運算子來判斷；它必須能被 4 整除，而且 100 無法整除回傳為 True 時，再進行下一個能否被 400 整除的條件判斷。

3.3.2　if/else 敘述

接續分數的話題，如果分數大於 60 分就顯示「及格」，否則就顯示「不及格」；當單一條件有雙向選擇時就如同口語的「如果…就…，否則…」。

```
if 條件運算式：
    # 運算式_true_suite 敘述
else：
    # 運算式_false_suite 敘述
```

- 運算式_true_suite：符合條件運算時，會執行 True 敘述。

- else 敘述之後加記得加上「:」形成 suite。
- 運算式 _false_suite：表示不符合條件運算時，執行 False 敘述。

例一：使用 if/else 敘述來判斷成績。

```
if score >= 60:
    print('Passing ... ')
else:
    print(' 請多努力 ... ')
```

條件運算式判斷輸入的分數是否有大於或等於 60，條件運算成立時，顯示「Passing」；條件運算不成立（表示分數小於 60），則輸出「請多努力」的字串。單一條件雙向選擇的流程如圖【3-3】所示。

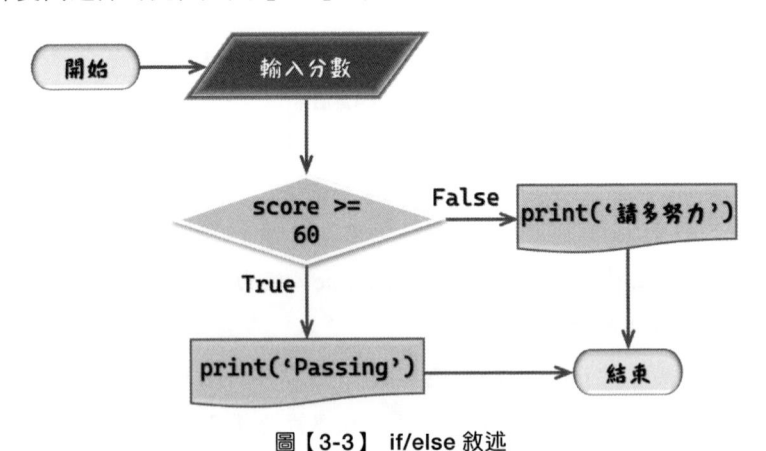

圖【3-3】 if/else 敘述

在 Python Shell 互動模式下測試 if/else 敘述。else 敘述形成的 suite；它必須從此行的第一個字元開始，不能有縮排，否則會發生錯誤。

```
>>> amount = 200
>>> if amount >= 250:
...     amount *= 0.88
...     else:
...
SyntaxError: invalid syntax
```

範例《CH0303.py》是用比較和邏輯運算子來判斷輸入的西元年份是否為閏年，如果加入 if/else，該如何處理，範例如下：

```
# 參考範例《CH0304.py》
year = int(input('請輸入西元紀年：'))
if (year % 4 == 0 and year % 100 != 0) or (year % 400 == 0):
    print(year, '是閏年')
else:
    print(year, '不是閏年')
```

◆ if 敘述使用的條件運算式其運算法則和《CH0303.py》相同，不再贅述。

範例《CH0305.py》

利用 if/else 敘述來判斷使用者輸入的密碼是否正確！

STEP 01 撰寫如下程式碼。

```
01  saves = 'abc123'  # 密碼
02  nums = 2  # 儲存輸入密碼次數
03  pwd = input('你有2次機會，請輸入密碼：')
04  if(saves != pwd):  # 若輸入值不等於密碼
05      nums -=1  # 扣除次數，nums = nums - 1
06      print('你還有 ', nums, '次機會')
07  else:
08      print('Welcome Python!!')  # 輸入值等於密碼
```

STEP 02 儲存檔案，解譯、執行按【F5】鍵。

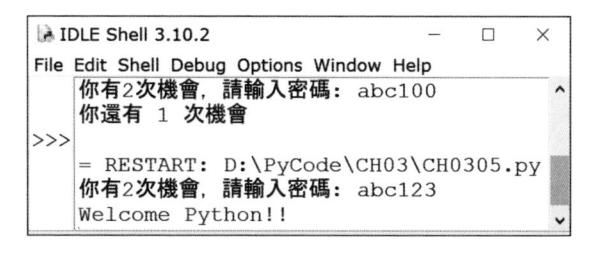

```
你有2次機會，請輸入密碼：abc100
你還有 1 次機會
>>>
= RESTART: D:\PyCode\CH03\CH0305.py
你有2次機會，請輸入密碼：abc123
Welcome Python!!
```

3-11

【程式說明】

- 第 4~6 行：if 敘述區段中，條件運算式用來判斷輸入值是否等於預存的密碼，若不相符會把 2 次機會扣除一次。
- 第 7~8 行：else 敘述區段中，若輸入值符合密碼值，會顯示「Welcome Python」訊息。

3.3.3 特殊的三元運算子

if/else 敘述還能以三元運算子做更簡潔的表達，語法如下：

```
X if C else Y
Expr_ture if 條件運算式 else Expr_false
```

- 三元運算子：X、C、Y。
- X：Expr_true，條件運算式為 True 的敘述。
- C：if 敘述之後的條件運算式。
- Y：Expr_false，條件運算式為 False 的敘述。

例一：如果變數 score 儲存的變數值確實有大於條件運算式「score >= 60」就會顯示訊息『及格』。

```
score = 78
if score >= 60:      # 使用 if/else 敘述
    print('及格')
else:
    print('不及格')
# 以三元運算子改寫
'及格' if score >= 60 else '不及格'
```

例二：兩個數值比較大小時，由於條件運算「x > y」並不成立，所以輸出變數 y 的值「652」。

```
x, y = 452, 638    # #宣告變數 x = 452, y = 635
print(x if x > y else y)
```

例三：購物金額大於 1200 元時打 9 折，未達此金額就沒有折扣。

```
price = 1985       # 購物金額
amount = price * 0.9 if price > 1200 else price
print(price)       # 輸出：1786.5
```

3-12

◆ 把運算式所得結果交給變數 amount 儲存，再以 print() 函式輸出。

當然，不是以 if/else 敘述皆能以三元運算子表達，通常是敘述較為簡潔，再以三元運算式表述，能讓程式碼看起來更利落。

範例《CH0306.py》

以三元運算子來判斷性別。

STEP 01 撰寫如下程式碼。

```
01   gender = input('請以M或F表示性別 -> ')
02   print('帥哥,你好!' if gender == 'M' or
03         gender == 'm' else '美女, 日安!')
```

STEP 02 儲存檔案，解譯、執行按【F5】鍵。

```
請以M或F表示性別-> f
美女, 日安!
>>>
= RESTART: D:\PyCode\CH03\CH0306.py
請以M或F表示性別-> M
帥哥, 你好!
```

【程式說明】

◆ 第 1 行：變數 gender 用來儲存輸入的性別字元。

◆ 第 2~3 行：使用三元運算子，依據輸入的性別來產生不同的問候語；使用邏輯運算子 or 來接收大寫的字母或小寫的字母。

3.4 更多選擇

在限定條件下有更多選擇時，該如何做？使用巢狀 if 可能會讓程式可讀性降低不少，對於新手也有可能較易出錯。而 Python 也有 if/elif 敘述來豐富更多選擇。

3-13

3.4.1 巢狀 if

所謂巢狀 if 就是 if 敘述中含有 if 敘述，可以依據需求，它的語法可能是這樣：

```
if 條件運算式一：
    if 條件運算式二：
        if 條件運算式三：
            符合條件一、二、三 suite 敘述
        else:
            符合條件一、二，不符合條件三 suite 敘述
    else:
        符合條件一，不符合條件二 suite 敘述
else:
    上述條件皆不符合的 false_suite 敘述
```

- 第一層的 if/else 敘述，符合條件運算式，會進入第二層的 if/else 敘述，依此類推。
- 若條件一、二、三皆不符合，就直接進入第一層 if/else 的 else 區段。

就以電影的分級制度來說明巢狀 if。滿 18 歲才能看限制級，滿 15 歲看輔導級電影，足 6 歲看保護級，不滿 6 歲只能看普通級電影。簡例：

```
age = int(input('請輸入年齡 -> '))
if age >= 6:
    if age >= 15:
        if age >= 18:
            print('所有級別的電影皆可觀賞！')
        else:
            print('可以觀賞輔導級的電影！')
    else:
        print('可以觀賞保護級的電影！')
else:
    print('只能觀賞普通級的電影！')
```

- 若輸入的年齡是 13，表示它符合第一層條件，但不符合第二層條件，所以執行第二層的 else 敘述「可以觀賞保護級的電影」。

繼續以分數來討論巢狀 if 敘述。學生成績會因分數不同而有評分等級。「如果是 90 以上就給 A，如果是 80 分以上就給 B⋯」。依據評分等級，把它列示如下：

分數	評比
91~100	A
81~90	B
71~80	C
61~70	D
60以下	E

學生成績會因分數不同而有評分等級。「如果是 90 以上就給 A，如果是 80 分以上就給 B…」。依據 if 敘述，可以把程式碼撰寫如下：

```
# 參考範例《CH0307.py》
score = int(input('請輸入分數 -> '))
if score >= 60:
    if score >= 70:
        if score >= 80:
            if score >= 90:
                print(score, '= A')
            else:
                print(score, '= B')
        else:
            print(score, '= C')
    else:
        print(score, '= D')
else:
    print(score, '= E')
```

◆ 假設分數是 92 分，所以進入第一層 if 敘述做條件判斷，條件符合，繼續往第二層 if 敘述做條件運算，同樣符合條件，再向第三層 if 敘述做判斷，最後分數確實大於 90 而輸出結果。

不過對於入門者來說，這種巢狀 if/else 敘述較艱澀、難懂。

TIPS

使用巢狀 if/else 敘述要有順序性
- 可以將條件運算由小而大做判斷，如範例《CH0306.py》
- 可以將條件運算由大而小做判斷，如下述簡例：

```
grade = 68
if grade >= 90:
    print('A')
else:
    if grade >= 80:
        print('B')
    else:
        if grade >= 70:
            print('C')
        else:
            if grade >= 60:
                print('D')
            else:
                print('F')
```

繼續挑戰閏年的問題，把範例《CH0304.py》以巢狀 if 來改寫，該如何做？參考下述範例：

```
# 參考範例《CH0308.py》
year = int(input('請輸入西元紀年：'))
if year % 4 == 0:      # 利用 % 運算子判斷數值是否能整除
   if year % 100 == 0:
      if year % 400 == 0:
         print(year, '-- 閏年 --')
      else:
         print(year, '-- 非閏年 --')
   else:
      print(year, '是閏年')
else:
   print(year, '不是閏年')
```

- 輸入的西元年份進入第一層 if 敘述，能被 4 整除（餘數為 0）才會進入第二層 if 敘述，能被 100 整除，才會進入第三層敘述是否能被 400 整除，經過三個條件運算式才做判斷它是否為閏年。
- 例如：西元年份 2004，它能被 4 整除，所以進入第二層 if 敘述，但它無法被 100 整除，所以轉向第二層 else 敘述，輸出「是閏年」。

3.4.2　if/elif/else 敘述

當然有更好的方式來處理多重選擇。仔細瞧一瞧！是否發現這種巢狀 if 再進一步修改，就跟 if/elif 敘述很接近！

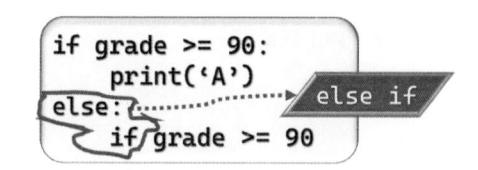

```
if grade >= 90:
    print('A')
else:            ┄┄┄┄> else if
    if grade >= 90
```

利用 if/elif 敘述將這樣的多重選擇以條件運算逐一過濾，選擇最適合的條件（True）來執行某個區段的敘述，它的語法如下：

```
if 條件運算式 1：
    # 運算式 1_true_suite
elif 條件運算式 2：
    # 運算式 2_true_suite
elif 條件運算式 N：
    # 運算式 N_true_suite
else:
    # False_suite 敘述
```

- 當條件運算 1 不符合時會向下尋找到適合的條件運算式為止。
- elif 敘述是 else if 之縮寫。
- elif 敘述可以依據條件運算來產生多個敘述;其條件運算式之後也要有冒號;它會與 True 敘述形成程式區塊。

以 if/elif 敘述將分數做成績等級的判斷,範例如下:

```
# 參考範例《CH0309.py》
score = int(input('請輸入分數 -> '))
if score < 60:
   print(score, '請多多努力!')
elif score < 70:
   print(score, '表現持平!')
elif score < 80:
   print(score, '不錯噢!')
elif score < 90:
   print(score, '好成績!')
else:
   print(score, '非常好!')
```

進行某項條件運算的判斷時,它會逐一過濾條件!假設輸入分數「78」,它會先查看是否小於 60 分;條件不符合的情形下往下查看是否小於 70 分,最後找出最適合的條件運算而輸出結果,利用圖【3-4】說明它的流程。

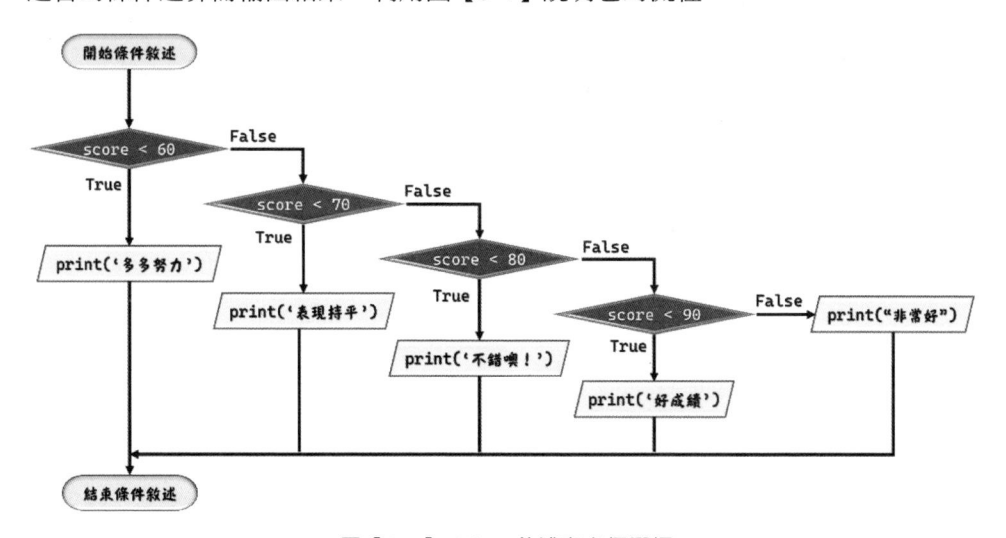

圖【3-4】 if/elif 敘述有多個選擇

3-17

還是閏年的問題，有了巢狀 if 的改寫經驗，再來以 if/elif/else 敘述來判斷閏年，應該更駕輕就熟！範例如下：

```python
# 參考範例《CH0310.py》，邏輯判斷有誤區
year = int(input('請輸入西元紀年：'))
# 利用%運算子判斷數值是否能整除
if year % 4 == 0:
    print(year, '-- 閏年 --')
elif year % 100 == 0:
    print(year, '-- 非閏年 --')
elif year % 400 == 0:
    print(year, '是閏年 ')
else:
    print(year, '不是閏年 ')
```

- 例如西元 1700，它能被第一個條件運算式 4 整除，所以它就不會再繼續往下做判斷，直接輸出「-- 閏年 --」。

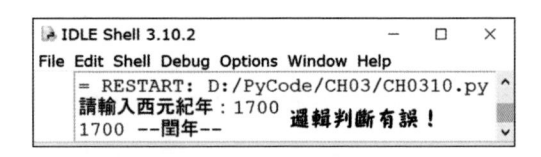

```
IDLE Shell 3.10.2                    —  □  ×
File Edit Shell Debug Options Window Help
= RESTART: D:/PyCode/CH03/CH0310.py
請輸入西元紀年：1700        邏輯判斷有誤！
1700 --閏年--
```

繼續修改範例《CH0310.py》，將條件運算式由 400 整除開始做判斷，範例如下：

```python
# 參考範例《CH0311.py》，邏輯判斷有誤區
year = int(input('請輸入西元紀年：'))
# 利用%運算子判斷數值是否能整除
if year % 400 == 0:
    print(year, '-- 閏年 --')
elif year % 100 == 0:
    print(year, '-- 非閏年 --')
elif year % 4 == 0:
    print(year, '是閏年 ')
else:
    print(year, '不是閏年 ')
```

- 例如西元 1700，它無法被第一個條件運算式 400 整除，繼續往第二個條件運算式，它可以被 100 整除，就不會再繼續往下做條件運算，直接輸出「-- 非閏年 --」。

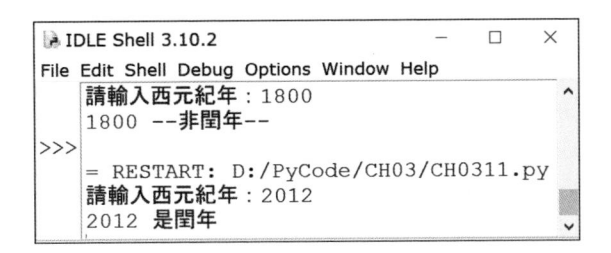

Chapter 03 運算子與條件選擇

```
IDLE Shell 3.10.2
File Edit Shell Debug Options Window Help
請輸入西元紀年：1800
1800  --非閏年--
>>>
= RESTART: D:/PyCode/CH03/CH0311.py
請輸入西元紀年：2012
2012  是閏年
```

範例《CH0312.py》

使用邏輯運算子 or 串接月份，判斷輸入月份所屬的季節。

STEP 01 撰寫如下程式碼。

```
01  month = int(input('請輸入月份 -> '))
02  if month == 3 or month == 4 or month == 5:
03      print(month, '月是春天')
04  elif month in [6, 7, 8]:
05      print(month, '月是夏季')
06  elif month == 9 or month == 10 or month == 11:
07      print(month, '月是秋天')
08  elif month in [12, 1, 2]:
09      print(month, '月是冬季')
```

STEP 02 儲存檔案，解譯、執行按【F5】鍵。

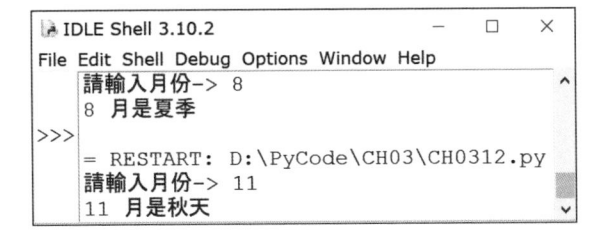

```
IDLE Shell 3.10.2
File Edit Shell Debug Options Window Help
請輸入月份-> 8
8 月是夏季
>>>
= RESTART: D:\PyCode\CH03\CH0312.py
請輸入月份-> 11
11 月是秋天
```

【程式說明】

- 第 1 行：將輸入值以 int() 函式轉為數值後，交給變數 month 儲存。
- 第 2~3 行：第一層 if/else 敘述，條件運算式「month == 3 or month == 4 or month == 5」配合邏輯運算子 or 串接，表示月份 3、4、5 是春天。
- 第 4~5 行：第二層 if/elif/else 敘述，使用 in 運算子來判斷中括號 []（list 物件）是否存放了 6、7、8 月。

3-19

3.4.3 match/case 敘述

多重選擇下，還可以使用「match/case」敘述，它近似於其他程式語言的「switch/case」敘述，語法如下：

```
match subject:
    case <pattern_1>:
        <action_1>
    case <pattern_2>:
        <action_2>
    case <pattern_3>:
        <action_3>
    case _:
        <action_wildcard>
```

- match 敘述會形成一個區段，其運算式可為數值或字串。
- 每個 case 標籤都得指定一個常數值，可以搭配相關運算子；其資料型別必須和運算式相同。
- 執行 match 敘述，會進入 case 區段去尋找符合的值。
- 若沒有任何的值符合 case 敘述，會跳到「case _」敘述，執行其他區段敘述。

範例《CH0313.py》

依據輸入數值來判斷某個月份的天數。

STEP 01 撰寫如下程式碼。

```
01  mon = int(input('輸入 1~12 數值取得天數 ->'))
02  match mon:
03      # 使用運算子 |(or) 組合多個值
04      case 1 | 3 | 5 | 7 | 8 | 10 | 12:
05          print(mon, '月有 31 天')
06      case 4 | 6 | 9 | 11:
07          print(mon, '月有 30 天')
08      case 2:
09          print(mon, '月可能是 28 或 29 天')
10      case _:
11          # 輸入數值未在 1~12 之間
12          print('數值不正確')
```

3-20

STEP 02 儲存檔案，解譯、執行按【F5】鍵。

```
輸入1~12數值取得天數  ->2
2 月可能是28或29天
>>>
= RESTART: D:/PyCode/CH03/CH0313.py
輸入1~12數值取得天數  ->4
4 月有30天
>>>
= RESTART: D:/PyCode/CH03/CH0313.py
輸入1~12數值取得天數  ->15
數值不正確
```

【程式說明】

- 第 2~12 行：match/case 敘述，判斷輸入數值是在 1~12 之間，給予天數。

- 第 4 行：屬於大月的月份有 1、3、5、7、8、10、12，使用運算子「|」(Or) 把這些數值串接。

- 第 10 行：若輸入數值不在 1~12 之間，case 敘述配合底線字元（_），顯示數值不正確。

3-21

重點整理

- 一個結構化的程式包含三種流程控制：① 由上而下的循序結構（Sequential）、② 依其作用分為單一條件和多種條件的選擇結構、③ 迭代結構可視為迴圈控制，在條件符合下重覆執行，直到條件不符合為止。

- 當單一條件只有一個選擇時，使用 if 敘述；if 如同我們口語中「如果⋯就⋯」。

- Python 以 suite 來形成程式區塊（Block）。它由一組敘述組成，由關鍵字（if）和冒號（:）作為 suite 開頭，搭配的子句敘述必須做縮排動作。

- 當單一條件有雙向選擇時就如同口語的「如果⋯就⋯，否則⋯」，使用 if/else 敘述來處理；它也可以使用三元運算子「X if C else Y」。

- 多重條件選擇時，採用 if/elif 敘述把條件運算逐一過濾，選擇最適合的條件（True）來執行某個區段的敘述。

- 多重選擇下，還可以使用「match/case」敘述，它近似於其他程式語言的「switch/case」敘述。

04

CHAPTER

廻圈控制

學 | 習 | 導 | 引

- 可計次的 for 廻圈，配合 range() 函式的參數，發揮更多效用
- 未知執行次數的 while 廻圈，可以選擇加入計數器，但要留意無窮盡廻圈
- continue、break 敘述能改變廻圈的執行或者中斷廻圈往下執行
- 產生隨機值的 random 模組

流程控制中，介紹了選擇結構，接下來要來瞭解廻圈結構的使用。所謂的「廻圈」（Loop，或稱迭代）是它會依據條件運算反覆執行，只要進入廻圈它就會再一次檢查條件運算，只要條件符合就會往下執行，直到條件運算不符合才會跳離廻圈，它包含：

- **for/in 廻圈**：可計次廻圈，用來控制廻圈重覆執行的次數。
- **While 廻圈**：指定條件運算不斷地重覆執行。

4.1 for 廻圈讓程式轉向

for/in 廻圈能指定次數重覆執行，所以它可以擁有計數器，更好的方式找 range() 函式來配合。

4.1.1 使用 for/in 廻圈

for/in 廻圈的特色是讀取每個項目，語法如下：

```
for item in sequence/iterable:
    #for_suite
else:
    #else_suite
```

- item：代表的是 tuple 和 list 的項目，通常指計數廻圈的計數器。
- sequence/iterable：除了不能更改順序的序列值，還包含了可循序迭代的物件，搭配內建函式 range() 來使用。
- else 和 else_suit 敘述可以省略，但加入此敘述可提示使用者 for 廻圈已正常執行完畢。

for/in 廻圈的「in」運算子是用來判斷序列型別的物件，某個項目是否存在！所以使用 for/in 廻圈會發生什麼事？

```
>>> for item in 'Python':
...     print(item, end = ' ')
...
...
P y t h o n
```

可以發現 for/in 迴圈去讀取字串後，會變成一個個字元。這裡，利用 print() 函式改變輸出方式。把將 print() 函式的參數「end = '\n'」（預設值，輸出後換新行），更改為「print(result, end =' ')」，那麼輸出的字元就會列示於同行，而字元之間會有空白字元。

4.1.2　range() 函式

一般來說，for/in 迴圈要有計數器來計算迴圈執行的次數，所以計數器要有起始值和終止值。此外，計數器還要有增減值，沒有特別明定的話，迴圈每執行一次就自動累加 1；Python 提供 range() 函式來搭配，它的語法如下：

```
range([start], stop[, step])
```

- start：起始值，預設為 0，參數值可以省略。
- stop：停止條件；必要參數不可省略。
- step：計數器的增減值，預設值為 1。

以 for/in 迴圈配合 range() 函式，藉由下列敘述來了解它的基本用法。例一：range(4) 函式只有一個參數 stop，配合索引，輸出項目 0~3，共 4 個數。

```
>>> for item in range(4):
        print(item, end = '|')

0|1|2|3|
```

使用 range() 函式，含 start、stop 兩個參數；輸出 1~5 之間的 4 個數值（不含 5）。例二：

```
for item in range(1, 5):
    print(item, end = ' ')     # 輸出「 1 2 3 4」4 個數值
```

range() 函式有參數 start「1」、stop「120」、step「12」；從 1~120 之間，以 12 為間隔來輸出 10 個數。例三：

```
# 以 12 為間隔來輸出 10 個數「1 13 25 37 49 61 73 85 97 109」
for item in range(1, 120, 12):
    print(item, end = ' ')
```

例四：range() 函式使用三個參數，但間隔為負值。

```
for item in range(20, 11, -2):
    print(item, end = ' ')   # 輸出由大而小的數「20 18 16 14 12」
```

範例《CH0401.py》

要了解 for/in 迴圈的運作，最經典範例就是將數值加總，配合 range() 函式。由於 print() 函式放在 for/in 迴圈內，可以檢視累加值的變化。

STEP 01 撰寫如下程式碼。

```
01  total = 0 # 儲存加總結果
02  for count in range(1, 11): # 數值1~10
03      total += count # 將數值累加
04      print('累加值 ', total) # 輸出累加結果
05  else:
06      print('已加總完畢...')
```

STEP 02 儲存檔案，解譯、執行按【F5】鍵。

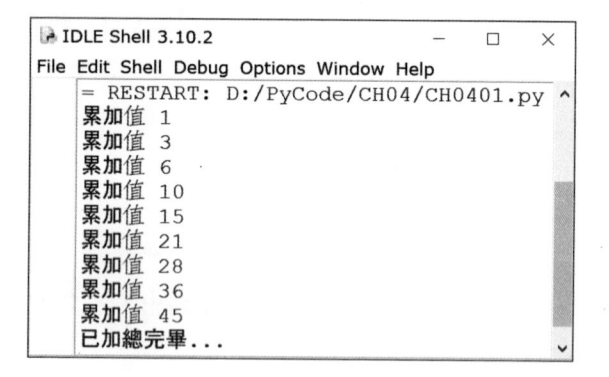

```
IDLE Shell 3.10.2                              —   □   ×
File Edit Shell Debug Options Window Help
= RESTART: D:/PyCode/CH04/CH0401.py
累加值 1
累加值 3
累加值 6
累加值 10
累加值 15
累加值 21
累加值 28
累加值 36
累加值 45
已加總完畢...
```

【程式說明】

- 函式 range(1, 11)，表示它由 1 開始，11 結束，將數值 1~10 做累加動作，其流程運作，參考圖【4-1】解說。

- 使用 for/in 迴圈，可加入或者不加入 else 敘述；要注意的是 print() 函式！有縮排的話表示在 for 迴圈內，會依執行次數來輸出，可參考後文的解說；沒有縮排的話，表示未在 for 迴圈內，只會輸出結果。

圖【4-1】 for/in 迴圈

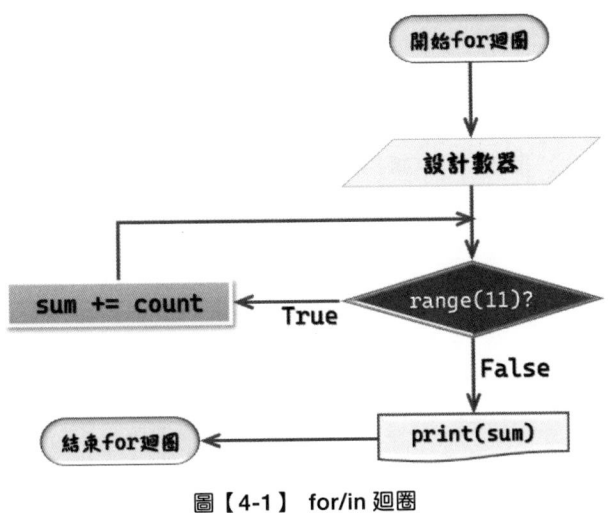

　　雖然是簡單的數字累計，但還是能一窺 for/in 迴圈的執行，先以 Python Shell 觀察 for/in 迴圈的變化。

　　把 print() 函式放在迴圈內，可以查看計數器 j 和用來儲存累加結果的變數 total 它們之間的變化。當「j＝1, total＝1」，而「j＝2, total＝2+1」依此情形將 for/in 迴圈執行到第 10 次時，變數 total 也累加為 55。把 print() 函式放在迴圈之外，就只會看到累加的結果。

4-5

```
>>> for j in range(1, 11):
        total += j
...
... 先按Enter鍵結束for/in廻圈
>>> print(j, total)  再以Print()函式輸出結果
10 165
```

配合 range() 函式的參數，利用 for/in 廻圈也能做奇數或偶數和的變化，利用下述範述來說明。

```
# 參考範例《CH0402.py》
total = 0
# 以奇數1, 3, 5做累加
for count in range(1, 100, 2):
    total += count          # 把數值累加
print('累加值 ', total)       # 輸出累加結果
```

- 函式 range (1, 100, 2) 表示初值 1，終止值 100 和遞增值 2。
- 變數 total 儲存累加結果，把 print() 放在廻圈之外，只會輸出奇數累加結果。

4.1.3 巢狀廻圈

通常程式碼不會只有一種流程控制在其中，會依據程式的複雜度加入不同的流程結構。所謂巢狀廻圈就是廻圈中尚有廻圈。如果是巢狀 for/in 廻圈，表示 for/in 廻圈中可以依據需求再加入 for/in 廻圈；先以巢狀 for/in 廻圈來表達九九乘法。

範例《CH0403.py》

雙層 for/in 廻圈輸出九九乘法表。它的特色在於第一層 for/in 廻圈提供的計數器必須等第二層 for/in 廻圈完成計數之後，才會遞增。

	one × two			two的值遞增到9
one = 1	1 × 1(1)	1 × 2(2)	. . .	1 × 9(9)
one = 2	2 × 1(2)	2 × 2(4)	. . .	2 × 9(18)
		. . .		
one = 9	9 × 1(9)	9 × 2(18)	. . .	9 × 9(81)

STEP 01 撰寫如下程式碼。

```
01  print('  |', end = '')
02  for k in range(1, 10):
03      # 不自動換行，只留空白字元
04      print(f'{k:3d}', end = '')
05  print() # 換行
06  print('-' * 32)
07  for one in range(1, 10):       # 第一層 for/in
08      print(one, '|', end = '')
09      for two in range(1, 10):    # 第二層 for/in
10          print(f'{one * two:3d}', end = '')
11      print() # 換行
```

STEP 02 儲存檔案，解譯、執行按【F5】鍵。

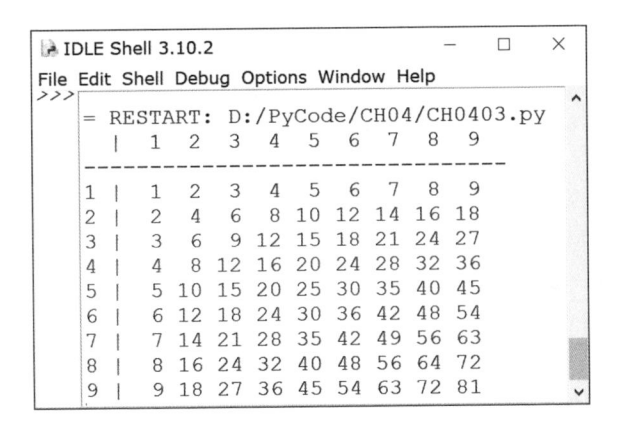

```
IDLE Shell 3.10.2                           —    □    ×
File Edit Shell Debug Options Window Help
>>>
= RESTART: D:/PyCode/CH04/CH0403.py
  |  1  2  3  4  5  6  7  8  9
--------------------------------
1 |  1  2  3  4  5  6  7  8  9
2 |  2  4  6  8 10 12 14 16 18
3 |  3  6  9 12 15 18 21 24 27
4 |  4  8 12 16 20 24 28 32 36
5 |  5 10 15 20 25 30 35 40 45
6 |  6 12 18 24 30 36 42 48 54
7 |  7 14 21 28 35 42 49 56 63
8 |  8 16 24 32 40 48 56 64 72
9 |  9 18 27 36 45 54 63 72 81
```

【程式說明】

- 第 2~4 行：第一個 for/in 迴圈來建立表頭，輸出數字 1~9，通常 print() 函式輸出之後會做換行動作，此處加入結尾字元參數「end=''」輸出數字後不做換行，而被 format() 函式所設定的 3 欄寬所取代（format() 函式參考章節《5.4.4》）。

- 第 7~11 行：外層 for 迴圈會建立列數 1~9。

- 第 9~10 行：內層 for 迴圈會產生欄數 1~9，顯示相乘結果。

- 當外層 for 的計數器 one 為「1」時，表示建立第一列；內層 for 迴圈配合 print() 函式，其參數 end 未換行的情形下，計數器 two 將由 1 遞增至 9 來輸出相乘結果。直到計數器 two 遞增至 9 之後才做換行動作。

- 外層 for 迴圈的計數器遞增為 2 時，內層 for 迴圈的計數器 two 依然由 1 開始做遞增至 9；直到外層 for 迴圈計數器遞增到 9 才會結束迴圈的動作。

範例《CH0404.py》

利用雙層 for/in 迴圈繪製星形圖案。

STEP 01 撰寫如下程式碼。

```
01  for one in range(1, 10):          # 雙層 for/in，星形遞增
02      for two in range(0, one):     # 第二層 for/in
03          print('*', end = '')
04      print() # 換行
05  for one in range(1, 10):          # 雙層 for/in，星形遞減
06      for two in range(one, 10):    # 第二層 for/in
07          print('*', end = '')
08      print() # 換行
```

STEP 02 儲存檔案，解譯、執行按【F5】鍵。

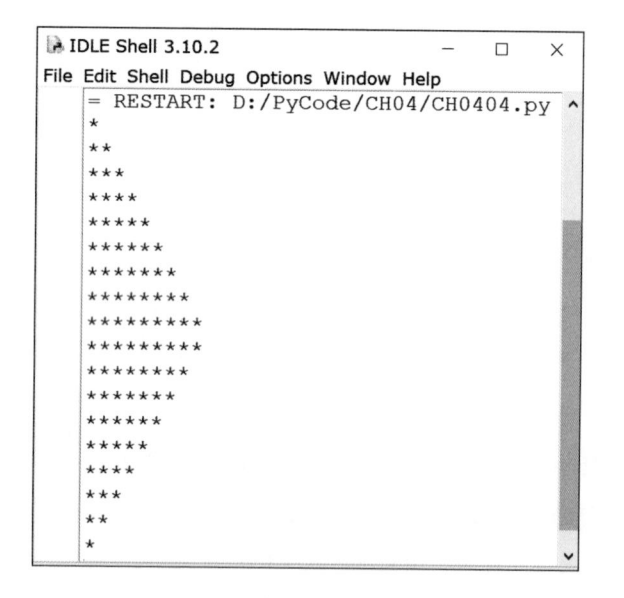

```
IDLE Shell 3.10.2                              —    □    ×
File Edit Shell Debug Options Window Help
= RESTART: D:/PyCode/CH04/CH0404.py
*
**
***
****
*****
******
*******
********
*********
*********
********
*******
******
*****
****
***
**
*
```

【程式說明】

- 第1~4行：繪製的星形圖案第一組雙層 for/in 迴圈，外層迴圈決定繪製的列數，共9行，內層迴圈繪製每列的星形圖案的個數。隨著外層迴圈把星形圖案遞增。

- 第5~8行：繪製的星形圖案第二組雙層 for/in 迴圈，外層迴圈決定繪製的列數，共9行，內層迴圈繪製每列的星形圖案的個數。隨著外層迴圈把星形圖案遞減。

4.2 while 廻圈與 random 模組

未知廻圈執行的次數,可以使用 while 廻圈。當然,若條件運算式設置不當,有可能形成無窮盡廻圈。想要讓廻圈有執行依靠,也能加入計數器。此外,利用 random 模組能隨機產生亂數的特色來產生一個猜數字的小遊戲。

4.2.1 while 廻圈特色

while 廻圈會依據條件值不斷地執行,直到條件值不符合為止;相對於 for/in 廻圈,不清楚廻圈執行次數,或資料沒有次序性,使用 while 廻圈會比較適當,其語法如下:

```
while 條件運算式:
    # 符合條件_suite 敘述
else:
    # 不符合條件_suite 敘述
```

- 條件運算式可以搭配比較運算子或邏輯運算子。
- else 敘述是一個可以彈性選擇的敘述。當條件運算不成立時,會被執行。

while 廻圈如何運作?設定兩個變數 x、y 並給予初值;當條件運算式「x < y」時,就會不斷進入廻圈執行,而變數 x 也會不斷加 2,直到 x 的值不再小於 y,就會停止廻圈的執行。簡例:

```
x, y = 1, 20    # 設變數 x =1, y = 20
while x < y:
    print(x, end = ' ')    # 輸出 1 3 5 7 9 11 13 15 17 19
    x += 2
```

- 變數 x 在累加過程中,當 x 值為「20」時,它還會再做一次計算,並重新進入廻圈做條件判斷,此時「21 < 20」的條件不成立,所以廻圈就不會再往下執行。

那麼 while 廻圈究竟如何運作?表【4-1】做簡單說明。

變數 x	變數 y	條件運算式 (x < y)	輸出的 x 值
1	20	True	1, (x += 2)
3	20	True	3, (x += 2)
5	20	True	5, (x += 2)
7	20	True	7, (x += 2)
---	20	True	---
19	20	True	19, (x += 2)
21	20	False	結束迴圈

表【4-1】 while 迴圈的運作 (1)

想必聰明的讀者已經察覺，設計 while 迴圈的條件運算式必須留意，如果條件運算設定不當，會形成無窮盡迴圈，除非中斷程式才會停止。下述簡例就是把條件運算式設「a >= 5」，由於條件無法變為 False，所以 Python 字串就不斷輸出；可以按組合鍵【Ctrl + C】來停止程式的執行。

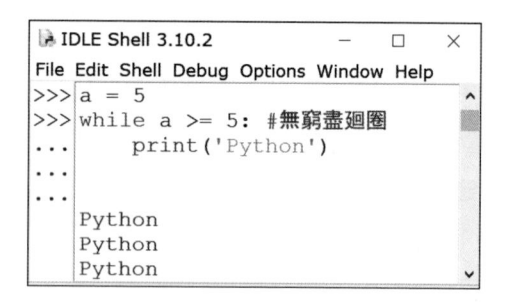

```
>>> a = 5
>>> while a >= 5: #無窮盡迴圈
...     print('Python')
...
...
Python
Python
Python
```

另一個中斷迴圈的方式是使用 Python Shell 交談視窗的指令，執行「Shell > Interrupt Execution」指令來中斷迴圈的執行。

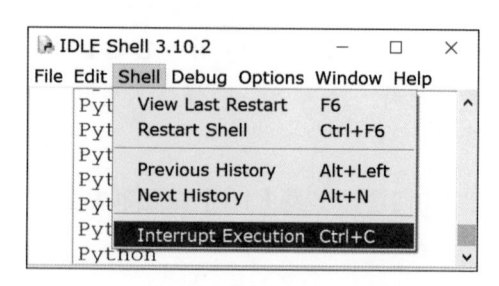

範例《CH0405.py》

將數值除以 10，直到此數值變成 0 為止，以變數 total 儲存餘數，觀看 while 迴圈的變化，可參考圖【4-2】。

```
                      False
開始while迴圈 → number > 0 ──────→ Print(total)
                  │
                  │ True
                  ▼
          remain = number % 10      結束while迴圈
                  │
                  ▼
            total += remain
                  │
                  ▼
            number //= 10
```

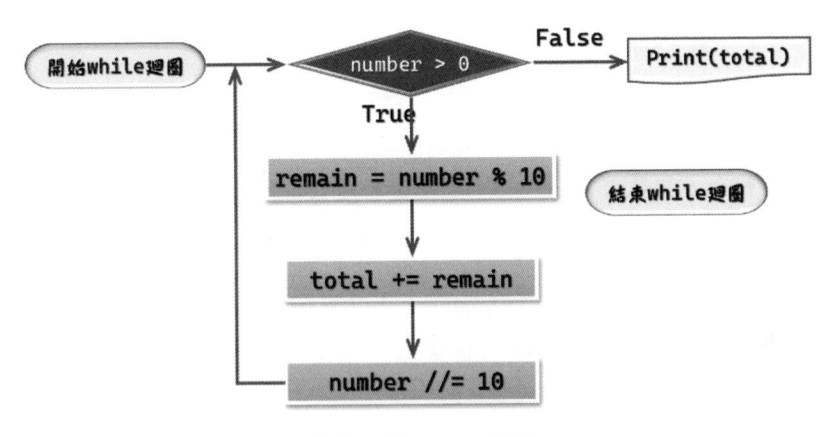

圖【4-2】 while 迴圈

STEP 01 撰寫如下程式碼。

```
01  number, total = 24831, 0
02  print('number remainder total')  # 標頭
03  while number > 0:
04      remain = number % 10         # 儲存餘數值
05      total += remain  # 儲存餘數值
06      number //=10     # 只取整除值
07      print(f'{number:6d}{remain:8d}{total:7d}')
08  print(' 餘數值 -> ', total)
```

STEP 02 儲存檔案，解譯、執行按【F5】鍵。

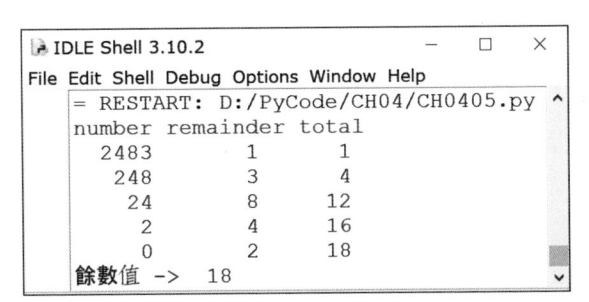

```
= RESTART: D:/PyCode/CH04/CH0405.py
number remainder total
  2483       1       1
   248       3       4
    24       8      12
     2       4      16
     0       2      18
 餘數值 ->  18
```

4-11

【程式說明】

- 第 3~8 行：number 的值大於零，就會進入 while 迴圈不斷執行，直到 number 的值小於零為止。
- 第 4 行：變數 remain 取得每次數值除以 10 之後所餘留的值。
- 第 5 行：變數 total 儲存每次所得的餘數相加。
- 第 6 行：使用指定運算子「//=」取得變數 number 整除所得的值。
- 第 7 行：將輸出資料採用格式化方式，以一對 {number:6d} 大括號來導引變數 number 輸出，冒號之後的「6d」表示變數是數值，輸出的欄寬為 6。

那麼 while 迴圈究竟是如何運作？表【4-2】做簡單說明。

迴圈	條件運算式 number > 0	變數 remain remain = number % 10	變數 total total += remain	number = 24831 number //= 10
1	True	1(24831 % 10)	1	2483(24831 // 10)
2	True	3(2483 % 10)	4(1+3 = 4)	248(2483 // 10)
3	True	8(248 % 10)	12(4 + 8 = 12)	24(248 // 10)
4	True	4(24 % 10)	16(12 + 4 = 16)	2(24 // 10)
5	True	2(2 % 10)	18(16 + 2 = 18)	0(2 // 10)
6	False, 結束迴圈			

表【4-2】 while 迴圈的運作 (2)

儲存餘數加總結果的變數 total 要給予初值；若未給予初值，解譯時會發生「NameError:」錯誤，指出 total 變數未定義（is not defined）。

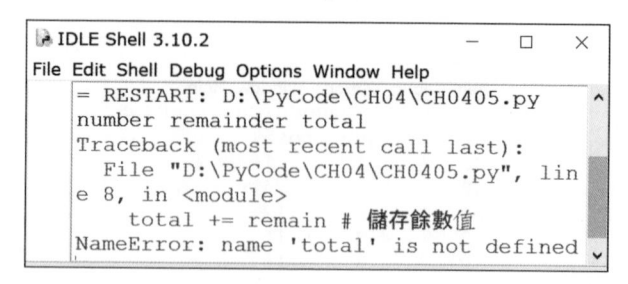

```
= RESTART: D:\PyCode\CH04\CH0405.py
number remainder total
Traceback (most recent call last):
  File "D:\PyCode\CH04\CH0405.py", line 8, in <module>
    total += remain  # 儲存餘數值
NameError: name 'total' is not defined
```

4.2.2　獲得 while 廻圈執行次數

當然，通往羅馬的大道並非只有一條，某些情形也能把 while 廻圈加入計數器當作可數次廻圈，利用下述範例說明之。

```
# 參考範例《CH0406.py》
total, count = 0, 2   # 儲存加總結果，設計數器
while count <= 50:    # 2, 4, 6 ~ 50
    total += count    # 將數值累加
    count += 2
print('2+4+6+...+ 50 累加結果 ', total) # 輸出累加結果 650
```

◆ while 廻圈以變數 total 儲存累加結果；count 設成計數器來取得廻圈執行的次數。

廻圈每執行一次就將 count 值加 2，直到 count 本身的值大於 50 才會停止廻圈的操作，可參考圖【4-3】的流程解說。

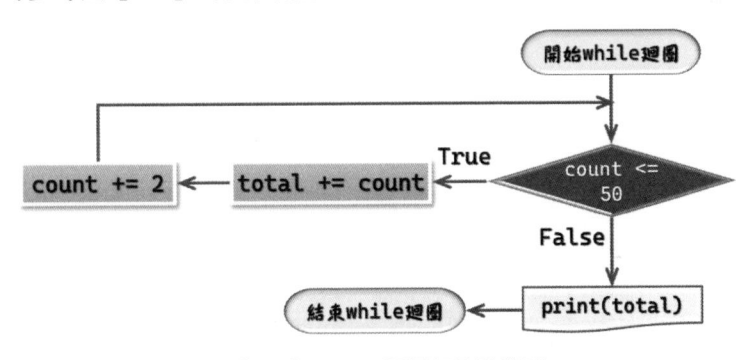

圖【4-3】　while 廻圈加入計數器

假設銀行有一筆存款 50000，年利率 3%，如果要讓存款額變成 100000 元，要存多少年才能把存款 50000 變成 100000，讓投資翻倍。範例如下：

```
# 參考範例《CH0407.py》
rate, money = 3.0, 50000           # 年息，存款額
target = 2 * money                 # 獲利目標
year = 0                           # 年份
while money < target :             # 當存款額 < 獲利目標
    year += 1
    interest = money * rate / 100  # 計算利息
    money += interest              # 本金 + 利息
    #print(f'第 {year}年，存款額 = {money}') # 輸出每年存款額的變化
print(f'第 {year}年，存款額翻倍 ')   # 輸出結果，第 24 年才翻倍
```

◆ 當存款額小於獲利目標時，就會進入 while 廻圈執行，直到存款額大於獲利目標。

- 變數 year 用來記錄廻圈執行的次數,每當 year 遞增為 1,則「本金 + 利息」的存款額會增加。
- 存款額大於獲利目標,就以 print() 函式輸出其年數。

範例《CH0408.py》

使用 while 廻圈配合計數器統計輸入次數,再算出平均值。由於得中斷廻圈的執行,必須設定一個值來結束廻圈的執行。

STEP 01 撰寫如下程式碼。

```
01  total = score = count = 0
02  score = int(input('輸入分數,按0結束廻圈:'))
03  while score != 0:  # 使用邏輯運算子不等於「!=」
04      total += score
05      count += 1
06      score = int(input('輸入分數,按0結束廻圈:'))
07  average = float(total / count) # 計算平均值
08  print('共', count, '科,總分:', total,', 平均:', average)
```

STEP 02 儲存檔案,解譯、執行按【F5】鍵。

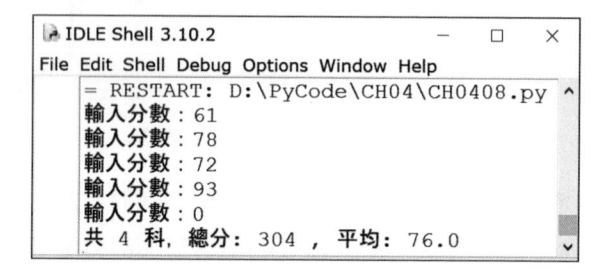

```
IDLE Shell 3.10.2                                    —  □  ×
File Edit Shell Debug Options Window Help
= RESTART: D:\PyCode\CH04\CH0408.py
輸入分數:61
輸入分數:78
輸入分數:72
輸入分數:93
輸入分數:0
共 4 科,總分: 304 , 平均: 76.0
```

【程式說明】

- 第 1 行:total 儲存總分,score 儲存分數, count 計數器。
- 第 3~6 行:進入 while 廻圈,條件運算式「score != 0」表示 score 輸入的值不為 0 的情形下,執行廻圈內的敘述,score 為 0 時會結束廻圈。
- 第 2、6 行:相同敘述,以 input() 函式取得輸入值,再以 int() 函式轉為整數型別再交給變數 score 儲存。所以進入廻圈後,它會不斷地檢查輸入的值,若輸入為 0 才會結束廻圈。
- 第 7 行:依據輸入次數計算平均值,雖然 Python 支援自動型別轉換,可以使用 float() 函式把資料轉為浮點數。

繼續討論範例《CH0304.py》有關於閏年的問題，原來的範例只能輸入一個數值來判斷，想要重覆執行的話，必須加入 while 廻圈，範例修改如下：

```
# 參考範例《CH0409.py》
year = int(input(' 請輸入西元紀年：'))
while year != 0:     # year 的值為 0 時結束廻圈
    # 利用 % 運算子 配合邏輯運算子
    if (year % 4 == 0 and year % 100 != 0)\
        or (year % 400 == 0):
        print(year, '是閏年 ')
    else:
        print(year, '不是閏年 ')
    year = int(input(' 請輸入西元紀年：'))
else:
    print(' 執行完畢！')
```

◆ 彷照前一個範例的作法，當變數 year 不是 0，繼續做西元年份的判斷，若輸入的值為 0 才結束 while 廻圈。

4.2.3　使用 random 模組

什麼是亂數？它可以藉由亂數產生器來產生隨意的數值如何產生亂數（或稱隨機值）？來自維基百科的解譯，它們是透過一個固定的、可以重複的計算方法產生的，也稱為「偽亂數」。對於 Python 來說，要隨機產生亂數須匯入 random 模組，常用方法簡介如表【4-3】。

方法	說明
seed(a = None, version = 2)	亂數產生器，以目前的系統時間為預設值
random()	隨機產生 0~1 之間的浮點數
choice(seq)	從序列項目中隨機挑選一個
randint(a, b)	在 a 到 b 之間產生隨機整數值
randrange(start, stop[, step])	指定範圍內，依 step 遞增獲取一個隨機數
sample(population, k)	序列項目隨機挑選 k 個元素並以 list 回傳
shuffle(x[, random])	將序列項目從重新洗牌（shuffle）
uniform(a, b)	指定範圍內隨機生成一個浮點數

表【4-3】 random 模組常用方法

Random 模組中有兩個重要方法：seed()、random()。先介紹 seed() 語法：

```
seed(a = None, version = 2)
```

- a：若被省略或為 None，使用目前的系統時間為預設值。若為 int 型別，則直接採用。

例一：以 random() 方法產生 0~1 之間的浮點數。

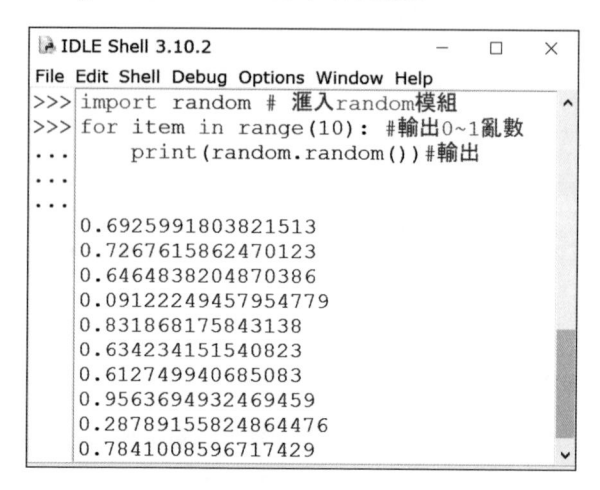

```
>>> import random   # 滙入random模組
>>> for item in range(10):   #輸出0~1亂數
...     print(random.random())#輸出
...
...
0.6925991803821513
0.7267615862470123
0.6464838204870386
0.09122249457954779
0.831868175843138
0.634234151540823
0.612749940685083
0.9563694932469459
0.28789155824864476
0.7841008596717429
```

choice() 方法是從序列資料中隨機挑選一個項目，它的參數是一個非空白的循序型別，而 shuffle() 方法會把序列元素原有的順序打亂。例二：以 List 物件，了解相關方法的使用。

```
>>> import random
>>> data = [86, 314, 13, 445, 73]  # List物件
>>> random.choice(data)
314
>>> random.choice(data)
73
>>> random.shuffle(data)
>>> data
[314, 86, 445, 73, 13]
>>> random.shuffle(data)
>>> data
[314, 86, 13, 73, 445]
```

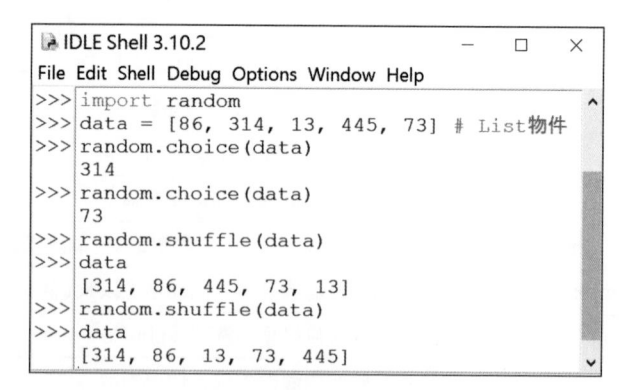

- 使用 random 模組，必須以 import 敘述滙入。
- 方法 choice() 會從 List 物件中挑選任何一個元素；挑選後的元素下次執行時還是會回到 List 裡，等待重新挑選。

4-16

♦ 有序的 List 物件經由方法 shuffle() 會重新排序組合，所以每次執行後，它的順序皆會不同。

sample() 方法會依據參數 k 值來回傳 List 物件中的元素。經過挑選的元素就無法回到 List 物件；換句話來說，未被選取的元素有優先權。例三：

```
import random                      # 滙入 random 模組
data = [86, 314, 13, 445, 73]      # 建立 List
print(random.sample(data, 2))      # 輸出 [13, 73]
print(random.sample(data, 3))      # 輸出 [445, 314, 86]
```

例四：使用 uniform() 方法來產生 10~20 的浮點數。

```
import random                      # 滙入 random 模組
print(random.uniform(10, 20))
```

♦ 方法 uniform 是回傳 10~20 之間的浮點數，可能是「15.423694420729824」。

方法 randint() 能依據參數「a, b」所指定的區間產生整數。randrange() 方法和內建函式 range() 的用法有些類似，可以依據需求加入 1~3 個參數來產生不同效果的隨機值。例五：

```
import random                          # 滙入 random 模組
print(random.randint(1, 100))          # 輸出 1~100 之間的隨機值 56
print(random.randrange(100))           # 小於 100 的隨機值
print(random.randrange(50, 101))       # 50~100 之間的隨機值
print(random.randrange(50, 101, 2))    # 取 2 的倍數，50~100 亂數
print(random.randrange(12, 101, 3))    # 3 的倍數，12~100 亂數
print(random.randrange(17, 101, 17))   # 17 的倍數，17~100 亂數
```

範例《CH0410.py》

滙入 random 模組產生 1~100 之間的數值，讓使用者猜一猜數值的大小。

STEP 01 撰寫如下程式碼。

```
01  import random  # 匯入亂數模組
02  number = random.randint(1, 100) # 產生 1~100 之間的亂數
03  guess = -1      # 儲存猜測數值
04  while True:     #while 迴圈
05     guess = int(input('請輸入 1~100 之間的數字，猜一猜! --> '))
06     if guess == number:    # if/elif 敘述來反應猜測狀況
07        print('你猜對了，數字是:', number)
```

```
08        break
09    elif guess >= number:
10        print('數字太大了')
11    else:
12        print('數字太小了')
```

STEP 02 儲存檔案，解譯、執行按【F5】鍵。

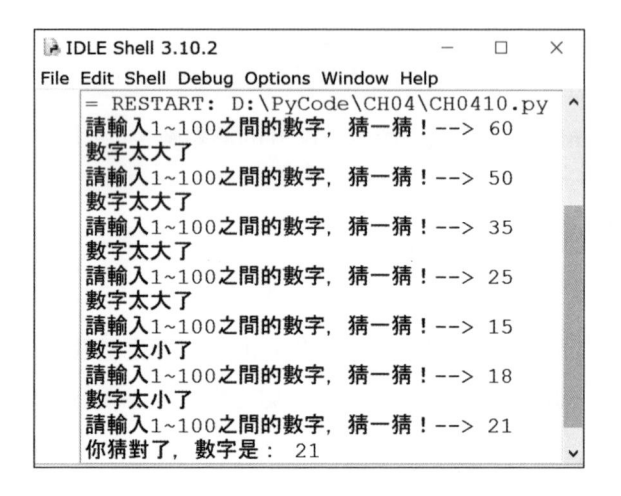

```
IDLE Shell 3.10.2                              —  □  ×
File Edit Shell Debug Options Window Help
= RESTART: D:\PyCode\CH04\CH0410.py
請輸入1~100之間的數字，猜一猜！--> 60
數字太大了
請輸入1~100之間的數字，猜一猜！--> 50
數字太大了
請輸入1~100之間的數字，猜一猜！--> 35
數字太大了
請輸入1~100之間的數字，猜一猜！--> 25
數字太大了
請輸入1~100之間的數字，猜一猜！--> 15
數字太小了
請輸入1~100之間的數字，猜一猜！--> 18
數字太小了
請輸入1~100之間的數字，猜一猜！--> 21
你猜對了，數字是： 21
```

【程式說明】

- 第 2 行：使用 random 模組的 randint() 方法產生 1~100 的亂數。
- 第 4~12 行：while 廻圈，沒有猜到正確的數值時，while 廻圈就會一直執行，直到輸入值等於亂數值才會離開廻圈。
- 第 6~12 行：if/elif/else 敘述，判斷輸入值是否等於亂數值，或者大於亂數值或小於亂數值。

4.3 特殊流程控制

使用廻圈時，在某些情形需要以 break 敘述來離開廻圈；continue 敘述回到上一層廻圈繼續執行。

4.3.1 break 敘述

break 敘述用來中斷廻圈的執行，會離開所在的廻圈並結束程式的執行。先以 while 廻圈做小小測試：

```
>>> count = 0
>>> while True:
...     if count >= 4:
...         break
...     print(count)
...     count += 1
...
0
1
2
3
```

設變數 count 的初值為 0，以 while 迴圈輸出 0~5，有了 break 敘述，只輸出 0~3 就中斷迴圈的執行。

繼續討論範例《CH0408.py》，while 迴圈要不斷檢查 input() 函式輸入的值。其實還有另外的方法，就是 if 敘述配合 break 敘述來中斷迴圈的執行，修改如下：

```
# 參考範例《CH0411.py》
total = score = count = 0
while True:      # 進入 while 迴圈，當 score 為 0 就結束迴圈
    score = int(input('輸入分數，按 0 結束迴圈：'))
    if score == 0:   # 輸入的分數為 0 時，break 敘述中斷的執行
        break
    total += score
    count += 1
average = float(total / count) # 計算平均值
print('共', count, '科 總分:', total,', 平均:', average)
```

◆ 原有的條件運算式「while score != 0:」改寫為「while True」，再加入 if 敘述，當變數 score 的值為 0 時，break 敘述就會串斷迴圈的執行。

4.3.2 continue 敘述

continue 敘述能移轉迴圈的控制權，跳過目前的敘述，讓迴圈條件運算繼續下一個迴圈的執行。已經知道 range() 函式配合其參數，能控制輸出的值，例一：

```
for item in range(1, 14, 2):
    print(item, end = ' ')   # 輸出 1 3 5 7 9 11 13
```

◆ range() 函式，設三個參數，輸出 1~14 之間的奇數值。

上述簡例也可以改變為 if 敘述配合 continue 敘述，當「if item % 2 == 0」表示數值能被 2 整除，它就忽略此次的迴圈值，回到 for 迴圈，繼續往下執行。所以迴圈的偶數值就被跳過，只有奇數輸出，例二：

```
>>> for item in range(1, 14):
...     if item % 2 == 0:  #被2整除
...         continue
...     print(item, end = ' ')
...
...
1 3 5 7 9 11 13
```

範例《CH0412.py》

使用兩個 for 迴圈，分別在迴圈裡使用 continue 和 break 敘述，了解兩者之不同。

STEP 01 撰寫如下程式碼。

```
01  total = number = 0 # 儲存累加值
02  for item in range(2, 20):
03      if item % 2 == 1:
04          continue # 只中斷此次迴圈，回到上一層 for 迴圈繼續執行
05      total += item
06      print(item, total)
07  else:
08      print(' 偶數加總完畢 ')
09  for item in range(2, 20):
10      if item % 10 == 0:
11          break    # 中斷迴圈
12      number += item
13      print(item, number)
```

STEP 02 儲存檔案，解譯、執行按【F5】鍵。

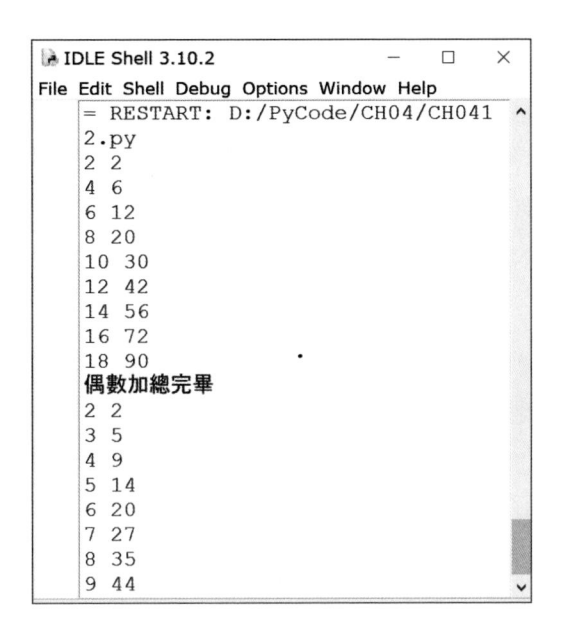

```
IDLE Shell 3.10.2                    —    □    ×
File Edit Shell Debug Options Window Help
= RESTART: D:/PyCode/CH04/CH041
2.py
2  2
4  6
6  12
8  20
10 30
12 42
14 56
16 72
18 90
偶數加總完畢
2  2
3  5
4  9
5  14
6  20
7  27
8  35
9  44
```

【程式說明】

- 第 2~8 行：第一個 for 迴圈，以 range() 函式設定計數器的起始值為 2，終止值為 20，遞增值為 2。變數 total 儲存累加值。

- 第 3~4 行：if/else 敘述，當 item 被 2 除的餘數為 1，就忽略此次的敘述，回到上一層的 for 迴圈，所以只有偶數值累加。

- 第 9~13 行：第二個 for 迴圈，由於 break 敘述中斷迴圈的執行，所以計數值只遞增 10 就會停止執行，所以只輸出 2~9 的累加結果。

重點整理

◆ for/in 迴圈為計次迴圈，所以計數器要有起始值、終止值和增減值，沒有特別明定的話，迴圈每執行一次就自動累加 1；Python 提供 range() 函式來搭配。

◆ 函式 range() 的參數 start、stop 和 step，不同的參數搭配，讓 for/in 迴圈更具特色。

◆ while 迴圈會依據條件值不斷地執行，直到條件值不符合為止；相對於 for 迴圈，無法清楚迴圈執行次數，或資料沒有次序性，使用 while 迴圈較適當。

◆ 要隨機產生亂數須匯入 random 模組，其中的 random() 方法產生 0~1 之間的浮點數；choice() 方法是從序列資料中隨機挑選一個項目，而 shuffle() 方法會把序列元素原有的順序打亂。

◆ random 模組中，方法 randint() 能依據參數 a、b 指定區間產生整數。randrange() 方法和內建函式 range() 的用法有些類似，可以依據需求加入 1~3 個參數來產生不同效果的隨機值。

◆ 使用迴圈時，在某些情形需要以 break 敘述來離開迴圈；continue 敘述回到上一層迴圈繼續執行。

05
CHAPTER

序列型別和字串

學｜習｜導｜引

- 認識 Python 的內建型別，如：迭代器、序列、集合和映射
- 介紹序列（Sequence）型別，學習基本操作
- 使用字串及相關函式，並探討格式化字串的三種方法

從序列型別談起，探討它與迭代器的關係和基本操作。由字串為序列型別的首站，如何使用切片和脫逸字元，而功能豐富的 format() 函式為格式化字串展開新的視野。

5.1 序列型別概觀

如果是單一資料，使用變數來處理當然是綽綽有餘。如果是連續性又複雜的資料，使用單一變數（或者稱物件參照）來處理可能就捉襟見肘了！為什麼呢？使用變數時會佔用電腦的記憶體空間，而電腦的記憶體空間有限，必須善加利用。

為了讓電腦的記憶體空間發揮的淋漓盡致，其他程式語言會以陣列（Array）處理，Python 程式語言稱為序列（Sequence），而存放於序列的資料，稱為元素（Element）或項目（item）。這有什麼好處？一來節省為順序性資料一一命名的步驟，二來還可以透過「索引值」（index）取得存於記憶體中真正需要的資訊。

序列型別可以將多個資料群聚在一起，依其可變性（mutability），將序列分成不可變序列（Immutable sequences）和可變序列（Mutable sequences），涵蓋的型別可參考圖【5-1】。

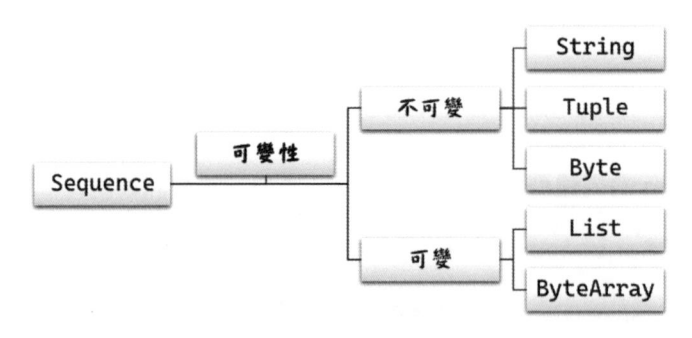

圖【5-1】 序列型別

5.1.1 序列和迭代器

Python 可透過容器（Container）做迭代操作。迭代器（Iterator）型別是一種複合式資料型別，可將不同資料放在容器內反覆運算。迭代器物件會以「迭代器協定」（Iterator protocol）做為溝通標準；它有兩個介面（Interface）：

- **Iterator**（迭代器）：藉由內建函式 next()（__next__）回傳容器的下一個元素。
- **Iterable**（可迭代者）：透過內建函式 iter()（__iter__）回傳迭代器物件。

進行迭代操作時，內建函式 iter() 和 next() 的語法如下：

```
iter(object[, sentinel])
next(iterator[, default])
```

- object：當第 2 個參數省略時，它必須是序列或可迭代物件。
- iterator：可迭代物件。

要讀取迭代器物件，必須從第一個元素開始，直到所有的元素都依序被讀取完畢。所以序列型別支援「可迭代者」，建立序列物件後，使用 for 廻圈來讀取其元素（Element）或項目（Item），以下述簡例做說明。

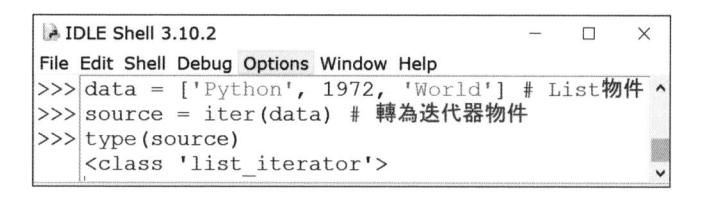

```
IDLE Shell 3.10.2
File Edit Shell Debug Options Window Help
>>> data = ['Python', 1972, 'World'] # List 物件
>>> source = iter(data) # 轉為迭代器物件
>>> type(source)
<class 'list_iterator'>
```

- 先建立一個 list 物件「data」，內含資料不同的 3 個元素。
- iter() 函式將 data 轉成迭代器物件，再由變數 source 儲存；type() 函式會回傳它是一個「list_iterator」類別（本書中型別和類別兩個名詞會交互使用）。

next() 函式是讀取迭代器物件的下一個元素，無元素可讀時並不會停止，它會引發「StopIteration」的異常處理。例二：

```
data = ['Python', 1972, 'World']   # List 物件
source = iter(data)       # 把 data 變更為迭代器物件
print(next(source))       # 輸出 data 下一個項目是 'Python'
print(next(source))       # 輸出 data 下一個項目是 1972
print(next(source))       # 輸出 data 下一個項目是 'World'
next(source)              # 顯示錯誤 StopIteration
```

由於序列物件是「可迭代者」（Iterable）。使用 for 廻圈會自動呼叫 iter() 函式產生迭代器物件，並配合 next() 函式讀取元素，還能一步做 StopIteration 異常事件的檢查，如此一來就能把序列的元素完成讀取動作。

5.1.2 建立序列資料

如果把序列型別視為容器的話，則存放在容器裡各式各樣的物件，究竟序列資料有何特色？

- 可迭代物件，表示可使用 for 迴圈讀取。
- 利用索引（index）取得序列中儲存的元素，參考章節《5.1.3》。
- 支援 in/not in 成員運算子。用它來判斷某個元素是否隸屬於 / 不隸屬序列物件，參考章節《5.1.3》。
- 內建函式 len()、max() 和 min() 能取得其長度或大小，參考章節《5.1.4》。
- 提供切片（Slicing）運算，利用字串做更多討論，參考章節《5.2.3》。

序列（Sequence）資料包含 list（串列）、tuple（序對）、str（字串）？如何建立這三種序列物件，下述簡例做說明；這些序列資料還可以進一步以 type() 函式查看。

```
>>> number = [12, 14, 16]#我是list
>>> type(number)
<class 'list'>
>>> data = ('Mary', 'Eric', 'Jason')#我是tuple
>>> type(data)
<class 'tuple'>
>>> word = 'Hello! Python..' #我是字串
>>> type(word)
<class 'str'>
```

- ◆ 序列名稱必須遵守識別字的規範。
- ◆ 此處的「＝」還是指派的作用，將右邊的一組資料給左邊的序列使用。
- ◆ 如果是 List，等號右邊使用中括號 [] 來填入資料。若是數值，資料之間以逗點做分隔；字串則前後要加上單或雙引號。
- ◆ 宣告的對象是 Tuple，等號的右邊使用小括號 () 來存放元素。
- ◆ 使用單或雙引號來包夾字串，字串亦是序列型別的一種。

5.1.3 序列元素操作

序列裡存放的資料稱為元素（element）；要取得其位置，使用 [] 運算子配合索引編號（index），語法如下：

序列型別[index]

- 中括號 [] 配合索引，標示序列元素的位置。
- index：或稱「offset」（偏移量）；只能使用整數值。索引值有兩種表達方式；由左而右的話，從 0 開始；由右而左則索引是由 -1 開始，參考圖【5-2】。

對於 List 而言，一對方括號除了表示它是 List 之外，還能存取 List 項目，例一：

```
month = ['Jan', 'Feb', 'Mar', 'Apr']
month[2]     # 指向索引為 2 的 Mar
month[-1]    # 指向索引為 -1 的 Apr
```

想要存取 List 物件，索引正值或負值皆可取得，如圖【5-2】所示。List 的正值索引由左而右，起始位置為「0」；負值索引由右而左，起始位置由「-1」開始。

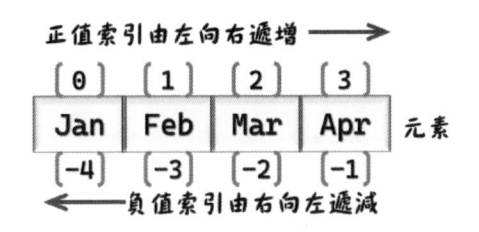

圖【5-2】 List 使用正、負索引

所以，若細看圖【5-2】，以 month 而言，無論是「month[2]」或「month[-2]」皆指向元素「Mar」。此外，List 能存放多少個元素無未明文規定，但 Python 會比照陣列的作法，進行「邊界檢查」（Bounds Checking）。也就是使用 [] 運算子提取不存在的索引值，它會發出「IndexError」錯誤訊息。

```
File Edit Shell Debug Options Window Help
>>> ary = 83, 12, 37, 51
>>> ary[4]
Traceback (most recent call last):
  File "<pyshell#1>", line 1, in <module>
    ary[4]
IndexError: tuple index out of range
```

- 由於 tuple 物件 ary 的索引值只到 3，所以索引值 4 來提取元素時，已超出邊界範圍，就會發生「IndexError: tuple index out of range」錯誤。

5-5

當 List 型別中含有 list 或 tuple 物件,稱為巢狀(Nesting)。

```
>>> ary2 = 25, 81, ['Eng', 'Math']#Tuple
>>> ary1 = [('One', 'Two'), (25, 34)]#List
>>> ary1[1], ary2[2]
((25, 34), ['Eng', 'Math'])
```

◆ ary1 是 List 物件,但是它含有 Tuple 項目,ary2 則為 Tuple 物件,元素包含了 List 物件,皆可以使用 [] 運算子來存取其元素。

對於 Python 來說,建立序列型別的物件,其識別字名稱也屬於物件參照(Object reference),使用成員(Membership)運算子「in」或「not in」來判斷某個元素是否「隸屬」或「不隸屬」序列,布林值 True 或 False 回傳結果。例二:

```
number = [21, 23, 25, 27 , 29]
if 29 in number:        # 判斷 29 是否隸屬 List 的元素
    print(True)         # 輸出 True
else:
    print(False)
11 in number            # 序列中無元素 11,輸出 False
```

◆ 使用 if/else 敘述,加上 in 運算子來判斷某個元素是否存在。

範例《CH0501.py》

使用 if/elif/else 敘述,依據輸入的溫度值所含字元,配合 in 運算子進行華氏或攝氏的溫度轉換計算。

STEP 01 撰寫如下程式碼。

```
01  temp = input('輸入含有符號的溫度 -> ')
02  if temp[-1] in ['c', 'C']:     # 做溫度轉換
03      fahr = 1.8 * eval(temp[0:-1]) + 32
04      print(f'{temp} = {fahr:.2f}°F')
05  elif temp[-1] in ['f', 'F']:
06      cen = (eval(temp[0:-1]) -32) / 1.8
07      print(f'{temp} = {cen:.2f}°C')
08  else:
09      print('資料輸入有誤...')
```

STEP 02 儲存檔案,解譯、執行按【F5】鍵。

Chapter 05 序列型別和字串

```
= RESTART: D:\PyCode\CH05\CH0501.py
輸入含有符號的溫度 -> 108f
108f = 42.22°C
>>>
= RESTART: D:\PyCode\CH05\CH0501.py
輸入含有符號的溫度 -> 22c
22c = 71.60°F
```

【程式說明】

- 第 2~4 行：變數 temp 取得輸入的溫度值，使用「temp[-1]」配合 in 運算子，判斷最後一個字元是否含有 c 或 C 字元，含有 c 字元者就能透過公式轉換為華式溫度。
- 第 5~7 行：使用 in 運算子，判斷輸入溫度值若含有 f 或 F 的字元時，就透過公式轉換為華式溫度。
- 第 4、7 行：配合格式化字串，「.2f」表示以浮點數輸出含有 2 位小數的數值。

此外，「+」或「*」運算子對於序列型別物件還能有不同作法。無論是 List、Tuple 物件或是字串，皆能以「+」運算子串接，形成新的物件，不過串接時要物件的型別要相同，不然會引發「TypeError」的錯誤訊息。例三：

```
>>> (11, 22) + (33, 44) #串接兩個Tuple
(11, 22, 33, 44)
>>> 'Hello ' + 'Python..' #串接兩個字串
'Hello Python..'
>>> ['One'] + ['Two', 'Three'] #串接兩個List
['One', 'Two', 'Three']
```

雖然「+」運算子好用，但次數太頻繁時會讓 Python 的效能大打折扣。若要串接字串可使用 join() 方法（參考章節《5.3.4》）。串接兩個串列，可考慮 extend() 方法（參考章節《6.2.2》）

「*」運算子則是把複製序列物件來產生新的物件。當 List 物件使用「*」運算子會採「淺層複製」（Shallow copy）的作法。究竟什麼是淺層複製？更多討論參考《6.4.1》。例四：

```
>>> 'Key ' * 3 #字串
'Key Key Key '
>>> (15,) * 2 #Tuple
(15, 15)
>>> [17, 28] * 3 #List
[17, 28, 17, 28, 17, 28]
```

5-7

5.1.4 與序列有關的函式

由於序列本身是一個抽象類別，必須藉助字串（string）、List 或 Tuple 等所建立的物件來實做其方法。序列或其元素，無論是數值或字串，皆可以利用內建函式 len()、min()、max() 函式來取得它的長度（或大小）、最小值和最大值，表【5-1】做說明。

內建函式	說明（S 為序列物件）
len(S)	取得序列 S 長度
min(S)	取得序列 S 元素的最小值
max(S)	取得序列 S 元素的最大值
sum(S)	將序列元素加總

表【5-1】 用於序列的 BIF

先建立 list 物件「number」，再以表【5-1】的內建函式取得它們的長度、最大元素和最小元素。範例：

```
# 參考範例《CH0502.py》
ary = 25, 535, 62, 432, 47      # Tuple 物件
print('長度 -> ', len(ary))      # 回傳 5
print('最大值 -> ', max(ary))    # 回傳 535
print('最小值 -> ', min(ary))    # 回傳 25
print('合計 -> ', sum(ary))      # 回傳 1101
```

建立序列物件之後，其元素可以由序列型別提供的方法來新增、刪除或插入元素，或者清空序列的元素；使用「物件.方法」（dot 運算子）做存取，表【5-2】說明。

方法名稱	說明（s 序列物件，x 元素，i 是索引編號）
s.count(x)	序列中，元素 x 出現的次數
s.index(x)	序列中，元素 x 第一次出現的索引編號

表【5-2】 與序列有關的操作方法

只要是序列型別的物件，皆支援 count() 和 index() 方法，例一：以 tuple 物件演示。

```
>>> ary = 25, 63, 25, 72, 15 # Tuple
>>> ary.count(25)    #統計25的個數
2
>>> ary.index(72)    #取得72索引(位置)
3
```

- count() 方法統計 ary 中元素「25」出現的次數，共 2 次，所以回傳 2。
- index() 方法取得元素「72」的索引，所以回傳『3』。

5.2 字串與切片

對於 Python 來說，只有字串。那麼字串呢！就是由一連串的字元所組合，使用單引號或雙引數來表示。內建函式 str() 是 String 的實作型別，可以利用它將資料轉為字串。string 型別提供的字串方法種類繁多，僅以常用為討論範圍。

5.2.1 建立字串

如何建立字串？函式 str() 能產生字串，它的語法如下：

```
str(object)
```

- object：欲形成字串的物件。

無論是單引號或雙引號皆能形成字串。以 Python 來說，它沒有「字元」（Character）型別，可以使用單一字元當作字元來使用。例一：

```
>>> num = str(125)  #轉為字串
>>> type(num)
<class 'str'>
>>> wd1 = ''#空字串
>>> wd2 = 'p' #單一字元
>>> wd3 = "Python"#字串．雙引號
```

- 單引號之內沒有任何字元時，表示變數 wd1 它是一個空字串。

對於 Python 來說，字串可以拆解，具有前後順序的關係，可以利用「+」符號將串接多個字串，也能利用三個重覆的單或雙引號把多行字串，固定其輸出的模式。例二：

```
>>> s1, s2 = 'Good-', 'Bye'
>>> s1 + s2  # 串接兩個字串
'Good-Bye'
>>> msg = 'He said "Hello!"'
>>> msg
'He said "Hello!"'
>>> word = '''Python
...     Programming...'''
>>> word  # 含換行符號，輸出一行
'Python\n    Programming...'
>>> print(word)  # 依格式輸出
Python
    Programming...
```

- 變數 msg 的單引號字串裡，含有雙引號的字串，兩者皆能順利輸出。
- 變數 word 利用三個重覆的單引號來自訂多行字串的輸出格式。要留意的地方，這種跨越多行的字串，本身含有換行符號「\n」，沒有配合 print() 函式的話，只會以同一行輸出，看不到設定的格式效果。

三個重覆引號除了是多行註解外，也可以自訂其輸出格式。與三個重覆引號作用不同的「\」字元，將太長的字串折成多行，但輸出時依然是一行。例三：

```
>>> '中央山脈海拔 \
... 二千多公尺的 \
... 迷霧森林'
'中央山脈海拔 二千多公尺的 迷霧森林'
```

如何表達 Python 的字元！在單或雙引號中只存放單一字元。配合內建函式 ord() 可查詢某個字元的 ASCII 值，語法如下：

```
ord(c)
```

- ord() 函式：取得 ASCII 的值，參數 c 指單一字元。

或者利用 BIF 的 chr() 函式轉換成英文字母，語法如下：

```
chr(i)
```

- 將 ASCII 的值轉為單一字元，參數 i 為整數值。

兩個函式之間關係的轉換，參考圖【5-3】。也就是函式 chr() 能把 ASCII 或 Unicode 值轉為單一字元，由函式 ord() 取得 ASCII 或 Unicode 的值。

```
          ASCII或    chr(i)
          Unicode  ──────→  單一字元
                   ←──────
                    ord(c)
```

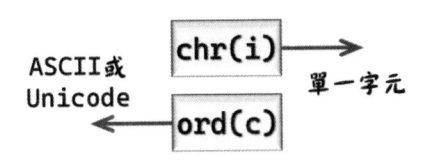

圖【5-3】 函式 chr() 與 ord() 之間的關係

例一：取得小寫字母 a 的 ASCII 的值。

```
ord('a')      # 回傳 ASCII 值 97
chr(65)       # 回傳大寫字母 A
```

- ord() 函式的單一字元必須以單引號前、後裹住，不然會顯示「SyntaxError」的訊息。
- chr() 函式將 ASCII 數值轉為某個單一字元。

範例：利用 ASCII 的值，配合 chr() 函式輸出 26 個大寫字母。

```
# 參考範例《CH0503.py》
for single in range(65, 91):
    print(chr(single), end = ' ')
```

- 已經知悉字母 A 的 ASCII 值「65」，欲取「A~Z」的 ASCII 之值，就是「65~91」。
- 使用 for/in 廻圈先讀取數值，再經由 chr() 函式轉換為大寫英文字母。

字串具有不可變（immutable）的特性，若將兩個變數指向同一個字串，表示它參照到同一個物件，所以 id() 函式會回傳相同的識別碼（表示兩者指向同一個記憶體位址）。例二：

```
>>> s1 = s2 = 'Python'
>>> id(s1), id(s2)  #取得識別碼
    (2129419578288, 2129419578288)
```

- 變數 s1、s2 指向同一個物件參考，所以 id() 函式會回傳相同識別碼。

變數 name 先指向「Sunday」字串；再指向「Monday」時，原來的字串「Sunday」沒有任何的物件參照就會被標示待回收對象，透過記憶體的回收機制把它清除。藉由 BIF（內建函式）的 id() 函式能獲得字串「Sunday」和「Monday」的識別碼並不相同。例三：

```
>>> name = 'Sunday'; id(name)
    2015798111536
>>> name = 'Monday'; id(name)
    2015829192688
```

由於字串屬於序列型別，採用 for 迴圈的話，它會從字串中一個一個字元讀取。

```
# 參考範例《CH0504.py》
word = 'Python'
for item in word:
    print(item, end = '') # 輸出不換行，回傳 Python
```

◆ item 是一個個的字元，由於 print() 函式的參數無任何字元，所以依然輸出字元組成的字串 Python。

使用 for 迴圈只能讀取字串中的字元，序列型別輸出的元素若要加入索引值，可以配合內建函式 enumerate()，語法如下：

```
enumerate(iterable, start = 0)
```

◆ iterable：可迭代者，表示字串、串列、序對皆可適用。
◆ start：設定索引編號起始值，預設值為 0。

使用 enumerate() 函式，其參數必須是「可迭代者」，所以其對象必須使用 list() 或 tuple() 函式，將字串 word 轉換成可迭代物件。索引一般都是從 0 開始，也可以變更由「1」開始，例四：

```
>>> word = '下雨留客天'
>>> list(enumerate(word))#索引由0開始
[(0, '下'), (1, '雨'), (2, '留'), (3, '客')
, (4, '天')]
>>> num = 'One', 'Two', 'Three'#Tuple
>>> list(enumerate(num, start = 1))
[(1, 'One'), (2, 'Two'), (3, 'Three')]
```

◆ 直接以 enumerate() 函式輸出 word 內容，只有「enumerate object」而看不到字元和索引值。
◆ 如果要讓索引值從 1 開始，將 enumerate() 函式的第 2 個參數 start 設為 1。

範例：for 迴圈讀取字串的同時，加入 enumerate() 函式為索引。

```
# 參考範例《CH0505.py》
word = 'Programming'
print('index char')
for index, item in enumerate(word):
    print(f'{index:^5} {item:^3}')
```

- 變數 index 存放索引值，變數 item 讀取元素。
- for/in 迴圈讀取字串的字元時，就能在輸出字元前方加入索引編號。
- print() 配合格式化，「index:^5」表明欄寬為 5，會以置中對齊方式輸出。
- 字元配合索引，輸出結果如下。

index	0	1	2	3	4	5	6	7	8	9	10
字元	P	r	o	g	r	a	m	m	i	n	g

範例《CH0506.py》

範例《CH0505.py》已經證明了字串具有索引，那麼是否能依據索引來取得某個指定位置的字元！

STEP 01 撰寫如下程式碼。

```
01   word = 'They make a hourly wage'
02   print('字串長度:', len(word))
03   # 表示依字串長度，從索引值 0 開始，間隔 3 來取字元
04   for item in range(0, len(word), 3):
05       print(word[item], end = '')
```

STEP 02 儲存檔案，解譯、執行按【F5】鍵。

index	0	1	2	3	4	5	6	7	8	9	10	11	12	13	14	15	16	17	18	19	20	21	22
字元	T	h	e	y		m	a	k	e		a		h	o	u	r	l	y		w	a	g	e

【程式說明】

- 第 4~5 行：range() 函式設了起始值「0」，終止值為字串長度，遞增值「3」表示每隔 2 個字元，以 for 迴圈讀取。
- 它會輸出索引為 0、3、6、9、12、15、18、21 的字元「Tya h r g」這樣的用法呼應下個章節討論的「切片」。

5.2.2 脫逸字元

如果字串中含有特殊的字元，像 Tab 鍵或換行符號，可利用「\」（反斜線）來作為脫逸字元（Escape），保留字串的符號。表【5-3】說明常用的 Escape 字元。

字元	說明	字元	說明
\\	倒斜線	\n	換行
\'	單引號	\a	響鈴
\"	雙引號	\b	退後一格
\t	Tab 鍵	\r	游標返回

表【5-3】 脫逸字元

那麼脫逸字元何種情形下才會使用？很簡單，當敘述有單引號或雙引號同時存在，例如：

```
# 參考範例《CH0507.py》
# 表示 I'm Student
'I\'m Student'            # Python 敘述中，加入脫逸字元 \'
# 表示 You're "Welcome"
"You're \"Welcome\""      # Python 敘述中，脫逸字元 \"
# 表示它是路徑 D:\PyCode\CH05
"D:\\PyCode\\CH05"        # Python 敘述中，脫逸字元 \\
print('*\n**\n***')       # 脫逸字元 \n，輸出三行星字元
```

5.2.3 字串如何切片

已經知道字串具有正值和負值索引，利用 [] 運算子，可以擷取字串的某個字元，先由下述範例做簡單了解。

範例《CH0508.py》

利用 [] 運算子和字串索引的特色，依輸入數字來輸出對應的星期。

STEP 01 撰寫如下程式碼。

```
01  weeks = '日一二三四五六'
02  number = eval(input('輸入0~6的星期數字 -> '))
03  print('星期', weeks[number], '向您問好！')
```

STEP 02 儲存檔案，解譯、執行按【F5】鍵。

```
= RESTART: D:\PyCode\CH05\CH0508.py
輸入0~6的星期數字-> 4
星期 四 向您問好！
```

【程式說明】

◆ 第2、3行：以 eval() 去除字串 weeks 的單引號，而 input() 函式取得輸人的數字為索引，再去對照字串 weeks 的索引編號而輸出結果。

認識字串的索引後，那麼依據字串中字元的順序性，配合 [] 運算子能擷取字串單一的字完或某個範圍的子字串，稱為「切片」(Slicing)。表【5-4】簡介其運算。

運算	說明（s 表示序列）
s[n]	依指定索引值取得序列的某個元素
s[n : m]	由索引值 n 至 m-1 來取得若干元素
s[n:]	依索引值 n 開始至最後一個元素
s[:m]	由索引值 0 開始，到索引值 m-1 結束
s[:]	表示會複製一份序列元素
s[::-1]	將整個序列元素反轉

表【5-4】 使用 [] 運算子存取序列元素

簡單地說，切片運算有三種語法可以運用：

```
sequence[start:]
sequence[start : end]
sequence[start : end : step]
```

◆ 表示切片運算適用於序列型別。
◆ start、end、step 皆表示索引編號，只能使用整數。
◆ step 又稱 stride（Python 早期版本），為增減值。

簡例：

```
msg = 'Hello Python!'    # 宣告一個字串
```

字串 msg 的索引如下：

string	H	e	l	l	o		P	y	t	h	o	n	!
index	0	1	2	3	4	5	6	7	8	9	10	11	12
-index	-13	-12	-11	-10	-9	-8	-7	-6	-5	-4	-3	-2	-1

- index 值由第一個字元（左邊）開始，是從 0 開始，若是從最個一個字元（右邊）開始，則是從 -1 開始。
- 計算部份切片時，索引從左邊開始，包含 start 值，稱「下邊界」（lower bound）；至右邊結束，但不包含 end 值，稱「上邊界」（upper bound），所以索引值是「end-1」。

例二：

```
msg[2:5]
```

- 不含索引編號 5，取得 3 個字元「llo」。

string	H	e	l	l	o		P	y	t	h	o	n	!
index	0	1	2	3	4	5	6	7	8	9	10	11	12

例三：

```
msg[6:13]    # 或 msg[6:] 省略了參數 end，則包含最後一個元素
```

- 取至最後的一個字元，得「Python!」。

string	H	e	l	l	o		P	y	t	h	o	n	!
index	0	1	2	3	4	5	6	7	8	9	10	11	12

TIPS

部份切片提供邊界（Bound）的作法
- msg[6:13] 做運算時索引 13 並不存在，為什麼沒有出錯？那是 Python 提供邊界的作法。
- 為了讓部份切片能包含序列的最後一個元素，Python 以最後一個元素為下一個索引編號來作為「邊界」。

為了取得序列的最後一個元素，可採用更簡潔的作法，例四：

```
msg[:5]    # 為 msg[0:5]
```

- 省略 start 時，索引值 0 開始取 5 個字元，輸出「Hello」。

string	H	e	l	l	o		P	y	t	h	o	n	!
index	0	1	2	3	4	5	6	7	8	9	10	11	12

例五：

```
msg[4:8]      # 索引編號 4~8，取 4 個字元
```

- 擷取的索引範圍 [4:8]，相當於「8-4 = 4」，只有 4 個字元，索引 [8] 的字元不包含。

string	H	e	l	l	o		P	y	t	h	o	n	!
index	0	1	2	3	4	5	6	7	8	9	10	11	12

切片運算可加入 step 做間隔來提取字元，此處要注意 step 的值不能為「0」，否則會引發「ValueError」錯誤！

例六：

```
msg[0:10:2]     # 輸出「HloPt」
```

- step 為 2：表示每隔 1 個字元做提取；同樣地，索引編號 10 不會被提取。

string	H	e	l	l	o		P	y	t	h	o	n	!
index	0	1	2	3	4	5	6	7	8	9	10	11	12

例七：以負值索引做字元切片。

```
>>> msg[-7:-1]  # 或 msg[-7:]
'Python'
>>> msg[::-1]   # 反轉字串
'!nohtyP olleH'
>>> msg[::-3]   #間隔2個字元提取
'!hPlH'
```

- 同樣使用「start : end」做運算，只不過索引值為負。
- 使用「msg[: : -1]」表示 start 和 end 的索引值皆被省略，而 step 從 -1 為起始位置，每個字元皆做提取，從尾端朝頭部做計算，所以將字元反轉。
- msg[: : -3] 也是由尾至頭做字串翻轉，從 -1 開始，每隔 2 個字元做提取。

string	H	e	l	l	o		P	y	t	h	o	n	!
index	-13	-12	-11	-10	-9	-8	-7	-6	-5	-4	-3	-2	-1

這種利用負值索引提取字元的方法稱為「Stride slices」，常應用於序列型別，用於字串就是把字串反轉。也可以結合正、負索引值做變化來提取字元。

例八：以負索引提取字元，表示其動作是由右而左。

```
msg[-2:1:-3]
```

- 索引編號由 -2 開始回頭到 1，間隔 3 來取字元，輸出「nt l」。

string	H	e	l	l	o		P	y	t	h	o	n	!
index	-13	-12	-11	-10	-9	-8	-7	-6	-5	-4	-3	-2	-1

那麼，字串切片中，使用正值和負值的索引有何不同？聰明的讀者一定發現，正索引是由左而提取字元，負索引則是由右而左做切片。

範例《CH0509.py》

結合字串切片的特色，做簡單運算。

STEP 01 撰寫如下程式碼。

```
01  wd = 'Programming'
02  print('字串:', wd)
03  print('結合其他字串:')
04  print('Python ' + wd[:7])
05  opr = '-' * 10     # 將字串做複製
06  print(opr)
07  lst = ['One', 'Two', 'Three']   # list 物件
08  print('->'.join(lst))   # 字串間會有 -> 字元
09  opr *= 3     # 使用指派運算子
10  print(opr)
```

STEP 02 儲存檔案，解譯、執行按【F5】鍵。

```
= RESTART: D:\PyCode\CH05\CH0509.py
字串: Programming
結合其他字串:
Python Program
----------
One->Two->Three
------------------------------
```

【程式說明】

- 第 4 行：新字串配合「+」運算子，再利用切片來串接新的字串。
- 第 5 行：使用 * 運算子，將「-」字元相乘。

5-18

- 第 8 行：使用 join() 方法串接字串時必須是「可迭代物件」；所以先宣告一個 list 物件「lst」（join() 參考章節《5.3.4》）。
- 第 9 行：亦可使用指派運算子「*=」來複製字元。

5.3 字串常用函數

介紹一些常用的字串方法（函式）。由於跟字串有關的方法眾多，有些方法來自於物件（object）；有些則由類別提供屬性和方法。宣告了字串變數之後，表示實作了 str() 類別，而它的方法皆能由宣告的字串物件使用，透過「object.method()」的「.」（dot）運算子來取得方法。表【5-5】先介紹跟子字串有關的方法，如何在字串搜尋或替換新的子字串。

字串常用方法	說明
find(sub[, start[, end]])	用來尋找字串的特定字元
index(sun[, start[, end]])	回傳指定字元的索引值
count(sun[, start[, end]])	以切片用法找出子字串出現次數
replace(old, new[, count])	以 new 子字串取代 old 子字串
startswith()	判斷字串的開頭是否與設定值相符
split()	依據 sep 設定字元來分割字串
join(iterable)	將 iterable 的字串串連成一個字串
format()	格式化字串

表【5-5】 字串常用方法

5.3.1 尋訪字串

要尋找字串中某個字元，方法 find()、index() 都能派上場。先認識 find() 方法，它用來尋找指定字元，回傳第一個出現的索引編號。find() 方法還能以索引編號設定開始和結束的搜尋範圍，找不到子字串回傳 -1 值，語法如下：

```
str.find(sub[, start[, end]])
```

- sub：欲尋找的字元或字串，如果沒有找到，回傳 -1 值，不可省略。

- start：欲尋找的開始索引位置，可省略。
- end：欲尋找的結束索引位置，可省略。

範例《CH0510.py》

find() 方法搜尋某個範圍指定字串的位置。

STEP 01 撰寫如下程式碼。

```
01  word = '''We all look forward
02     to the annual ball
03     because
04     it's great time to dress up.'''
05  print(word)
06  print('all 索引:', word.find('all'))    # 尋找 all，從 0 開始
07  print('all 索引:', word.find('all', 7)) # 尋找 all，從 7 開始
```

STEP 02 儲存檔案，解譯、執行按【F5】鍵。

```
= RESTART: D:\PyCode\CH05\CH0510.py
We all look forward
    to the annual ball
    because
    it's great time to dress up.
all 索引: 3
all 索引: 38
```

【程式說明】

- 第 6、7 行：第一次尋找 all 子字串，從索引編號 0 開始，第二次搜尋時，可以指定開始位置。

另一個與 find() 方法很相近的方法是 rfind() 方法，只不過它是從字尾開始做搜尋，回傳第一個找到的子字串。

```
str.rfind(sub[, start[, end]])
```

- rfind() 方法的參數值和 find() 方法相同，不過它是從最後一個字元開始搜尋。

簡例：

```
number = 'One, Two, Three, Four'
number.rfind('T')
```

- 從最後一個字元開始搜尋，第一個 T 字元是索引值 10。

要搜尋字串的子字串或字串的另一個是 index() 方法,它能回傳指定字元的索引值,所以它的用法和 find() 函式非常接近,同樣以索引編號來設定開始和結束的範圍,語法如下:

```
str.index(sub[, start[, end]])
```

- sub:欲尋找的字元或字串,若未找到會回傳錯誤值 ValueError,不可省略。
- start:欲尋找的開始索引位置,可省略。
- end:欲尋找的結束索引位置,可省略。

範例:認識 find()、index() 方法找不到字串時的回應。

```
# 參考範例《CH0511.py》
wd = ''' A very low one.
     If you take away tipping,
     you run risk of losing good service. '''
print('字串:', wd)
print('字串-you 索引值:', wd.find('you'))
print('找不到字串:', wd.find('yov'))
print('字串-one 索引值:', wd.index('one'))
#print('找不到字串', wd.index('services'))
```

- find() 方法未找到指定的子字串會回傳 -1 值。
- index() 方法找不到指定子字串則是回傳「ValueError」的錯誤訊息。

同樣地,rindex() 方法搜尋子字串時,也是會從字尾端往頭部方向做找尋動作。簡例:

```
number = 'One, Two, Three, Four'
number.rindex('T')
```

- 從最後一個字元開始搜尋,第一個 T 字元是索引值 10。

5.3.2 統計、取代字元

count() 方法用來計算字串中某個字元出現的次數,同樣以索引編號來設定開始、結束範圍,語法如下:

```
str.count(sub[, start[, end]])
```

- sub:欲計算的字元,不可省略。

5-21

- start：欲開始計算的索引位置，可省略。
- end：欲結束計算的索引位置，可省略。

範例：

```
# 參考範例《CH0512.py》
sentence = '有個身材嬌小的女孩在瑞士一處小村莊裡誕生'
num = sentence.count('小')
print('小 出現 ', num, '次')      # 回傳 2
# 方法 count() 指定範圍
word = 'when he crosses the Atlantic by steamship'
print(f"s 出現 {word.count('s', 0, 15)} 次")    # 回傳 3
```

- 第一個 count() 方法是找出字串 sentence 中，字元「小」出現的次數。
- 第二個 count() 方法是找出字串 word 中，在指定範圍下統計字元「s」出現的次數。

除了使用 count() 方法來知道字串中某個字元出現的次數，也能利用 for 迴圈做讀取動作，統計其出現次數。例如下述範例中，統計字串中字元「a」出現的次數。

```
# 參考範例《CH0513.py》
msg = 'Raise your hand if you are overly tired'
frequency = 0                  # 統計字元數
for word in msg:               # 讀取字串
    if word == 'a':            # 統計字元 a 出現次數
        frequency += 1
print(frequency, '次')          # 輸出 3 次
```

- frequency 為計數器，再以 if 敘述判斷字元 'a' 出現的次數，如果讀到字元 a 就放入變數 frequency 中做次數統計。

某些情形下，會以新的字元或字串去取代原有的字元或字串，而 replace() 方法恰好能提供這樣的協助，語法如下：

```
str.replace(old, new[, count])
```

- old：欲替換的字元或字串。
- new：替換的字元或字串。
- count：若欲替換的字元或字串是重複的，可指定替換次數，省略時表示全部會被替換。

《範例 CH0514.py》：

```
work = '星期一，星期二工作天，星期三工作一整天'
print(work.replace('星期', '週', 2))
```

- 將「星期」（old）以「週」（new）做置換，指定替換次數「2」，所以會顯示「週一，週二工作天，星期三工作一整天」的結果，第 3 次出現的「星期」就不會被替換。

5.3.3 比對字元

依據設定範圍判斷設定的子字串是否存在於原有字串，若結果相符會以 True 回傳。startswith() 方法用來比對前端字元，endswith() 方法則以尾端字元為主，語法如下：

```
str.startswith(prefix[, start[, end]])
str.endswith(suffix[, start[, end]])
```

- prefix：表示字串中開頭的字元。
- suffix：字串中結尾的字元。
- start, end 為選項，利用切片的計算設定欲查詢字元的索引值。

範例：使用方法 startswitch()、endswith() 方法比對前、後端字元。

```
# 參考範例《CH0515.py》
wd = 'Programming design'
print('字串:', wd)
print('Prog?', wd.startswith('Prog'))      # 回傳 True
print('gram?', wd.startswith('gram', 0))   # 回傳 False
print('de?', wd.startswith('de', 12))      # 回傳 True
print('ign?', wd.endswith('ign'))          # 回傳 True
print('ing?', wd.endswith('ing', 0, 11))   # 回傳 True
```

- startswitch() 方法未設參數 start, end 時，只會搜尋整句的開頭文字是否符合。
- 若要搜尋第二個子句的開頭字元是否符合，startswitch() 方法就得加入 start 或 end 參數。
- endswitch() 方法要搜尋非句尾的末端字元，同樣要設 start 或 end 參數才會依索引值做搜尋。

5.3.4 字串的分與合

話說字串之間可以分久以合,合者可割。它藉助兩個方法,split() 分割字串,而 join() 恰好相反,它合併字串。split() 方法須使用分割器,語法如下:

```
str.split(sep = None, maxsplit = -1)
```

- str:代表所宣告的字串變數(本身是物件)。
- sep:分割器,預設值以空白字元為主,分割時會移除空白字元。
- maxsplit:分割次數,預設值為 -1。

字串的方法中,先介紹與對齊有關的 center() 方法,它能設定欄寬和依指定的填充字元把字串置中對齊,語法如下:

```
str.center(width[, fillchar])
```

- width:設定欄寬。
- fillchar:指定填充的字元,預設值為空白字元。

簡例:

```
'空白字元'.center(34, '*')    # 參考範例《CH0516》
```

- 設欄寬 34,把字串「空白字元」置中後,再以字元為「*」填補。

範例《CH0516.py》

使用 split() 方法分割字串,分割後的字串以串列(list)回傳。

STEP 01 撰寫如下程式碼。

```
01  print('split() 函式 '.center(38, '-'))
02  wd1 = 'one two three four'
03  print('原來字串:', wd1)
04  print('「空白字元」分割字串 '.center(34, '*'))
05  print(wd1.split())       # 以預設值空白字元分割字串,list 物件回傳
06  # 將字串分割成 2+1
07  print('分割 3 個字串:', wd1.split(maxsplit = 2))
08  opr = '--'
09  opr *= 20
10  print(opr)
11  wd2 = 'one,two,three,four'
12  print('字串二:', wd2)
13  print('逗點分割字串 ', end = '->')
14  print(wd2.split(sep =',', maxsplit = 3))
```

STEP 02 儲存檔案，解譯、執行按【F5】鍵。

```
==== RESTART: D:/PyCode/CH05/CH0516.py ====
--------------split()函式---------------
原來字串: one two three four
***********「空白字元」分割字串***********
['one', 'two', 'three', 'four']
分割3個字串： ['one', 'two', 'three four']
---------------------------------------
字串二： one,two,three,four
逗點分割字串->['one', 'two', 'three', 'four']
```

【程式說明】

- 第 5 行：split() 方法沒有參數，它會以空白字元來分割字串。
- 第 7 行：將 split() 方法的參數 maxsplit 設成 2，表示它會分割兩次以 List 物件回傳 3 個元素。
- 第 14 行：split() 方法指定分割器為「,」（逗點）做分割三次，以 List 物件回傳 4 個元素。

split() 會把字串分割，而 join() 方法恰好相反，它會把字串結合，語法如下：

```
join(iterable)
```

- iterable：可迭代物件。

通常序列型別中若有字串，可利用 join() 方法把它變成連續性的字串，簡例：

```
# 參考範例《CH0517.py》
num = ['One', 'Two', 'Three', 'Four']    # List 物件
number = ', '.join(num)
print(number)     # 輸出 'One, Two, Three, Four'
```

- 利用 join() 方法將 list 物件「num」配合分隔符號，就原有的 4 個項目合併成一個長字串。

同樣地，split() 方法也能組合分割器「, 」（逗點和一個空白字元）將字串變數 combine 再做分割。

```
# 參考範例《CH0517.py》
num2 = number.split(', ')
print('再次分割->', num2)
print(f'num == num2 -> {num== num2}')
```

- split() 方法配合分割器將分割後的字串以 num2 儲存。
- 以運算子「==」判斷 list 物件 num 和 num2 是否相等時，會回傳布林值「True」。

5.3.5 字串的大小寫

字串還有那些的方法?介紹一些跟字母大小寫有關的方法,表【5-6】做簡單說明。

方法	說明
capitalize()	只有第一個單字的首字元大寫,其餘字元皆小寫
lower()	全部小寫
upper()	全部大寫
title()	採標題式大小寫,每個單字的首字大寫,其餘皆小寫
islower()	判斷字串是否所有字元皆為小寫
isupper()	判斷字串是否所有字元皆為大寫
istitle()	判斷字串字首是否為大寫字元,其餘皆小寫

表【5-6】 字串提供的大小寫方法

範例《CH0518.py》

認識與字串有關的大小寫相關方法。

STEP 01 撰寫如下程式碼。

```
01  word = 'HELLO WORLD PYTHON'
02  print('原來字串:', word)
03  print('第一個單字的首字元大寫 ', word.capitalize())
04  print('單字首字會大寫 ', word.title())# 單字開頭首字元會大寫
05  print('全部轉為小寫字元 ', word.lower())  # 轉為小寫
06  print('是否只有字首為大寫字元 ', word.istitle())
07  print('是否皆為大寫字元 ', word.isupper())
08  print('是否皆為小寫字元 ', word.islower())
```

STEP 02 儲存檔案,解譯、執行按【F5】鍵。

```
\PyCode\CH05\CH0518.py
原來字串: HELLO WORLD PYTHON
第一個字詞的首字元是大寫 Hello world python
單字字首是大寫 Hello World Python
全部轉為小寫字元 hello world python
是否只有字首為大寫字元 False
是否皆為大寫字元 True
是否皆為小寫字元 False
```

【程式說明】

- 第 3 行：capitalize() 方法只有第一個字元會大寫。
- 第 4 行：title() 方法會針對單字中首字元做大寫。
- 第 6 行：istitle() 方法判斷每個字詞首字元是否為大寫，其餘皆小寫，由於皆是大寫字元，回傳 False。
- 第 7 行：isupper() 方法判斷是否字元皆為大寫，全都是大寫字元，回傳 True。
- 第 8 行：islower() 方法判斷是否字元皆為小寫，全都是大寫字元，回傳 False。

5.4 格式化字串

撰寫程式碼時，為了讓輸出的資料更容易閱讀，會進行相關的格式處理，這就是格式化的作用。Python 提供三種方法：

- % 運算子配合「轉換指定形式」產生「格式字串」。
- 內建函式 format() 配合旗標、欄寬、精確度和轉換指定形式輸出格式資料。
- 建立字串物件配合 format() 方法，使用大括號 {} 包裹欄名做置換。

5.4.1 把字串對齊

介紹字串的格式化先前，一起認識對齊字串的有關方法，列於下表【5-7】。

方法	說明
center(width [, fillchar])	增長字串寬度，字串置中央，兩側補空白字元
ljust(width [, fillchar])	增長字串寬度，字串置左邊，右側補空白字元
rjust(width [, fillchar])	增長字串寬度，字串置右邊，左側補空白字元
zfill(width)	字串左側補「0」
expandtabs([tabsize])	按下 Tab 鍵時轉成一或多個空白字元
partition(sep)	字串分割成三部份，sep 前，sep，sep 後
splitlines([keepends])	依符號分割字串為序列元素，keepends = True 保留分割的符號

表【5-7】 字串對齊相關方法

使用這些對齊格式方法的要訣是要取得較多的欄寬，才能看出設定效果。方法 partitions() 方法會以參數 sep 做依據做三部份的分割。

5-27

範例《CH0519.py》

如何把字串對齊，認識其相關方法。

STEP 01 撰寫如下程式碼。

```
01  word = 'Happy'
02  print('原字串', word)
03  print('字串置中，* 填補', word.center(11, '*'))
04  print('欄寬10，字串靠左', word.ljust(10, '-'))
05  print('欄寬10，字串靠右', word.rjust(10, '#'))
06  number = '1234'
07  print('字串左側補 0:', number.zfill(6))
08  numOne = '11\t12\t13'
09  print('原字串', numOne)
10  print('Tab 鍵轉 4 個空白字元 :', numOne.expandtabs(4))
11  word2 = 'Hello,Python'
12  print('以逗點分割字元', word2.partition(','))
13  word3 = 'One\nTwo\nThree'
14  print('依 \\n 分割字串', word3.splitlines(True))
```

STEP 02 儲存檔案，解譯、執行按【F5】鍵。

```
== RESTART: D:/PyCode/CH05/CH0519.py =
原字串 Happy
字串置中，* 填補 ***Happy***
欄寬10，字串靠左 Happy-----
欄寬10，字串靠右 #####Happy
字串左側補0: 001234
原字串 11	12	13
Tab鍵轉4個空白字元: 11  12  13
以逗點分割字元 ('Hello', ',', 'Python')
依\n分割字串 ['One\n', 'Two\n', 'Three']
```

【程式說明】

- 第 3 行：使用 center() 方法，設定欄寬（參數 width）為 11，字串置中時，兩側補「*」（參數 fillchar）字元。
- 第 4、5 行：ljust() 方法會將字串靠左對齊；rjust() 方法會將字串靠右對齊。
- 第 10 行：方法 expandtabs() 會將字串中的 Tab 鍵，依據參數 tabsize「4」轉為空白字元。
- 第 12 行：partition() 方法中，會以 sep 參數「,」為主，將字串分割成三個部份，變成 Tuple('Hello', ',', 'Python')。
- 第 14 行：splitlines() 方法的參數 keepends 設為 True，將分割的符號顯示出來。

5.4.2 % 運算子

想要格式化字串，最早的版本採用 % 運算子產生「格式字串」；如何產生格式字串，它的語法如下：

```
format % value
```

- format 是指欲格式字串，由於本身是字串，前後要加單或雙引號；字串裡頭以 % 格式運算子為前導字元，標註轉換指定形式是數值還是字串。
- value：配合轉換指定形式，它可能變數、數值或字串，如圖【5-4】所示。

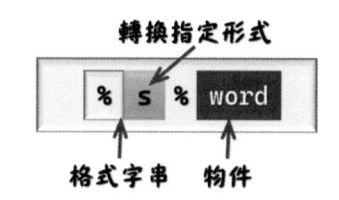

圖【5-4】 字串的轉換指定形式

進行格式字串過程，要配合轉換指定形式，以表【5-8】列舉其內容。

轉換指定形式	說明
%%	輸出資料時顯示 % 符號
%d, %i	以十進位輸出資料
%f	將浮點數以十進位輸出
%e, %E	將浮點點以十進位和科學記號輸出
%x, %X	將整數以 16 進位輸出
%o, %O	將整數以 8 進位輸出
%s	使用 str() 函式輸出字串
%c	使用字元方式輸出
%r	使用 repr() 函式輸出

表【5-8】 轉換指定形式字元

說明格式字串 % 的使用，一般來說數值可以直接帶入。範例：

```
# 參考範例《CH0520.py》
word = 'Python'
print('I love %s'%word)      # 輸出「I love Python」
print('%s was conceived in the late %ds'%(word, 1980))
```

- 「I love %s」其中 %s 是格式字串，表示要導入一個字串，所以後方 %word 會被帶入而輸出「I love Python」。
- 「%s ... %d」表示要導入兩個格式字串，所以 % 運算子要配合括號 () 帶入「%(word, 1980)」

格式字串還可以加入旗標、欄寬和精確度來配合轉換指定形式，語法如下：

```
%[flag][width][.precision] 轉換指定形式
```

- flag：配合填充字元輸出，參考表【5-9】。
- width：欄寬，設定欲輸出資料的寬度。
- precision：輸出浮點數時可指定其小數位數。

配合旗標、欄寬來輸出格式字串，範例如下。

```
# 參考範例《CH0520.py》
import math
print('%06d' % 25)
print('PI =', math.pi)
print('PI = %.4f' % math.pi)
```

- 「%06d」，設欄寬為 6 來輸出整數，實際只有 2 位整數，所以前方（左側）的空格會以 0 填充，變成「000025」。
- 「%.4f」表示以浮點數輸出，含有 4 位小數，其餘小數以四捨五入處理。

範例《CH0521.py》

使用 % 格式運算子把輸出的資料進行格式化。

STEP 01 撰寫如下程式碼。

```
01   import math  # 匯入 math 模組
02   # 將輸出格式字串存放在變數裡
03   fmt = '含有 4 位小數：%.4f'
04   print('PI', fmt %(math.pi))
05   radius = (math.pi)*5**2
06   print('圓面積：', radius)
07   print('圓面積', fmt % radius)
08   print('以 4 位整數輸出 -- %04d' % radius)
```

STEP 02 儲存檔案，解譯、執行按【F5】鍵。

```
= RESTART: D:/PyCode/CH05/CH0521.py
PI 含有4位小數: 3.1416
圓面積: 78.53981633974483
圓面積 含有4位小數: 78.5398
以4位整數輸出 --  0078
```

【程式說明】

- 第 3~4 行：將欲輸出浮點數的精確度設為 4 位小數，訂好格式的字串以 fmt 變數存放。
- 第 8 行：計算後的圓面積以「%4d」輸出時，由於整數部份只有 2 位，所以前方（左側）兩個空格會以 0 補上。

5.4.3 內建函式 format()

Python 3.X 版本之後，要格式化資料可以使用 BIF 的 format() 函式，使用者依據資料所處位置進行資料格式化。format() 函式的語法如下：

```
format(value[, format_spec])
```

- value：欲格式化的物件，可能是數值、字串或者是變數。
- format-spec：就是格式控制。

有哪些格式控制？包含了填充、對齊、欄寬、千位符號、精確度和轉換指定形式。

- 填充：若是字串的欄寬夠寬，可加入填充字元，包含「#、0、-、 」等。
- 對齊（align）：設定字串的對齊方式，有靠左、置中、靠右等，也必須欄寬夠寬才能看出其效果，參閱表【5-9】。
- 欄寬（width）：欲輸出資料給予的欄位寬度，以整數表示。
- 千位符號：以「,」（半形逗號）或底線字元表示。
- 精確度（precision）：使用於浮點數，可設定輸出的小數位數。
- 轉換指定形式：指的是資料的輸出格式，參閱表【5-8】。

format() 函式中，控制格式的填充字元和對齊方式，表【5-9】做簡單說明。

5-31

旗標字元	說明
'#'	配合十六、八進位做轉換時,可在前方補上 0
'0'	數值前補 0
'-'	靠左對齊,若與 0 同時使用,會優於 0
' '	會保留一個空格
>	向右對齊
<	向左對齊
^	置中對齊

表【5-9】 format() 函式的旗標

輸出的資料可利用旗標字元「＞」或「＜」來靠左或靠右對齊！當然還得配合欄寬的設定才能有明確效果,例一：

```
word = 'Python'
print(format(word, '<12s'))      # 欄寬 12,靠左
print(format(word, '>12s'))      # 欄寬 12,靠右
number = 12.66578
print(format(number, '-^12f'))   # 欄寬 12,置中對置,以 - 字元做填充
number = 123456
print(format(number, '^12_'))    # 欄寬 12,置中對置,以底線字元為千位符號
```

♦ 使用對齊格式時必須加入欄寬才能看出靠左、靠右對齊的作用。

<12s	P	y	t	h	o	n						
>12s							P	y	t	h	o	n
-^12f	-	1	2	.	6	6	5	7	8	0	-	-
^12_		1	2	3	_	4	5	6				

format() 函式的參數值「*^12s」表示輸出資料是字串,欄寬 12,字串以置中對齊方式,填充 * 字元,輸出如圖【5-5】的格式。

format('Python', '*^12s')

[填充] [對齊] [欄寬] [轉換指定形式]

'***Python***'

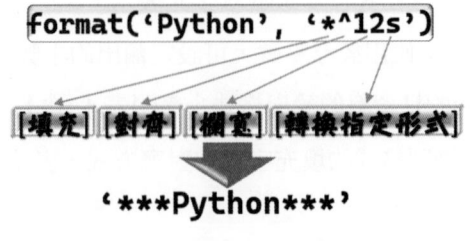

圖【5-5】 format() 函式輸出字串

例二:format() 函式輸出浮點數,參數值「,.4f」輸出含有 4 位小數的浮點數,整數部份加上千位符號,參考圖【5-6】。

```
format(12346.77635, ',.4f')
```

[,千位符號] [.精確度] [轉換指定形式]

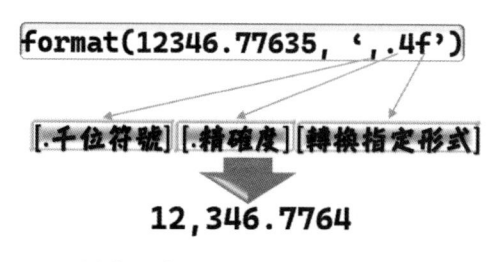

```
12,346.7764
```

圖【5-6】 format() 函式輸出數值

範例《CH0522.py》

使用 format() 函式來輸出不同的數值資料。

STEP 01 撰寫如下程式碼。

```
01   price = 135884
02   rate = 0.08 #稅率
03   print('%4s:'%'定價', format(price, '>8d'))
04   tax = price * rate
05   print('%4s:'%'稅率', format(tax, '011.2f'))
06   total = price + tax
07   print('含稅價:', format(total, '011.2f'))
```

STEP 02 儲存檔案,解譯、執行按【F5】鍵。

```
= RESTART: D:/PyCode/CH05/CH0522.py
定價:     135884
稅率:  00010870.72
含稅價: 00146754.72
```

【程式說明】

- 第 3 行:定價使用格式字元,而 price 配合 format() 函式的旗標,設欄寬為 8,靠左對齊。
- 第 5 行:配合 format() 函式的旗標,欄寬為 11 前方補 0,以浮點數含小數 2 位方式輸出。
- 第 7 行:同樣使用 format() 函式的旗標,欄寬為 11 前方補 0,以浮點數含小數 2 位方式輸出。

5.4.4 str.format() 方法

BIF 的 format() 只能針對一個物件來設定,若有多個物件,就必須找由字串提供的 format() 方法來搭配,先認識其語法:

```
str.format(*args, **kwargs)
```

由於它可以置換欄名,能使用大括號 {} 來包裹,搭配資料做不同格式的輸出。大括號 {} 的索引編號由零開始,依此類推,例一:

```
'{0}{1}'.format('PI = ', 3.14156)
# 輸出「PI = 3.14156」
```

- format() 方法是字串物件,欄位以大括號 {} 表示,其索引從零開始,參考圖【5-7】。

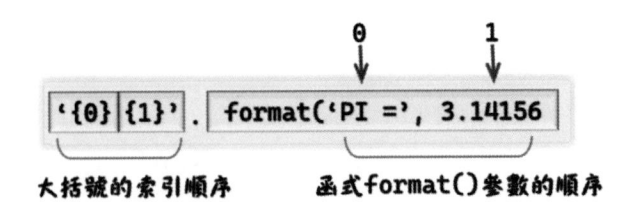

圖【5-7】 format() 方法的參數

- format() 方法中,大括號的索引會與其參數做對應,如圖【5-8】所示。

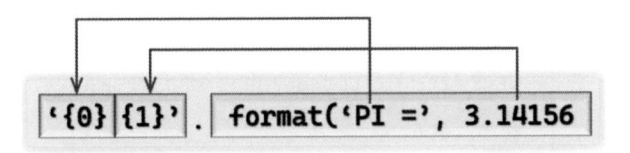

圖【5-8】 大括號索引與 format() 方法的參數的對應

表示字串「PI =」會帶入欄位 1(即大括號 {0}),而數值 3.14156 則會帶入欄位 2(即大括號 {1}),輸出「PI = 3.14156」。此外大括號中的欄名還可以加入冒號「:」(半形)為導引,搭配其他控制格式做不同的組合輸出,它的語法如下:

```
{欄位索引 : format-spec}
```

- 欄位:大括號裡可以使用位置和關鍵字做參數傳遞。

- 位置參數使用索引編號,由「0」開始;關鍵字引數搭配變數。無論是那一種皆可以交替使用。
- 關鍵字引數要以「變數 = 變數值」帶入大括號之中。
- format-spec 依然是控制格式,同樣包含了「<填充><對齊><欄寬><, 千位符號><. 精確度><轉換類型>」;表【5-10】做說明

format-spec	說明
fill	可填補任何字元,但不包含大括號
align	對齊方式,①< 靠左;②> 靠右;③= 填補;④^ 置中
sign	使用「+」、「-」或空格,同 % 格式字串
#	用法與 % 格式運算子同
0	用法與 % 格式運算子同
width	以數值表示欄寬
,	千位符號,就是每 3 位數就加上逗點
.precision	精確度,用法與 % 格式運算子同
typecode	用法與 % 格式運算子幾乎相同;參考表【5-8】

表【5-10】 str.format() 方法的控制格式參數

大括號 {} 內索引編號並無順序性,習慣由小而大,重要之處是要跟 format() 函式的引數產生對應。例二:索引編號是由大而小。

```
print('{2}, {1}, {0}'.format('Jan', 'Feb', 'Mar'))
```

- 輸出 Jan, Feb, Mar。

此外,欄位還能以變數配合 format() 方法來使用。例三:

```
print('{prog} was conceived in the late {year}s'.format(prog = 'Python',
year = 1980))
```

- 輸出 Python was conceived in the late 1980s。
- 使用兩個關鍵字引數,以「變數 = 變數值」的用法,所以「prog」會被變數值「Python」取代;同樣地「year」會被「1980」取代。

format() 方法的欄位，先以「變數 = 變數值」指定，配合控制格式輸出。
例四：

```
name = 'Tomas'
salary = 36835
print('{0:*^12}, {1:0>12,d}'.format(name, salary))
```

- 大括號 {} 必須指明引數名稱，方法 format() 必須使之對應。
- 輸出 ***Tomas****, 00000036,835。
- 變數 name 的控制格式「0:*^12」，欄寬 12，字串 name 置中對齊，以 * 字元填充。
- 變數 salary 的控制格式「1:0>12,d」，欄寬 12，數值 salary 加上千位符號，靠右對齊，以 0 字元填充。

format() 方法的控制格式，其欄寬與千位分號順序不能擺錯，否則會產生「ValueError」的錯誤。

```
print('{:10d}'.format(123456))  #左側補空白字元
    123456
print('{:,10d}'.format(123456))  #左側補空白字元
Traceback (most recent call last):
  File "<pyshell#25>", line 1, in <module>
    print('{:,10d}'.format(123456))  #左側補空白字元
ValueError: Invalid format specifier
print('{:10,d}'.format(123456))  #左側補空白字元
   123,456
```

- 「{0:10d}」表示寬欄為 10，數值會以靠左對齊輸出，前方以空白字元填充。
- 「{0:,10}」寬欄與千位符號並用，顯示「ValueError」錯誤。必須以「{0:10,}」才能讓欄寬和與千位符號同時使用。

format() 方法中欄位的第三種用法是配合屬性，語法如下：

{欄位 . 屬性}

- 屬性：選項參數，為位置和關鍵字參數的第三種選擇，同樣以「.」(半形 Dot) 來取得某個物件的屬性。

例五：輸出 math 的 pi 屬性。

```
import math       # 滙入 math 模組
print('math.pi = {0.pi}'.format(math))
```

- 輸出 'math.pi = 3.141592653589793'

以「!」作為轉換的開頭，轉換格式可以使用 BIF（內建函式）「s」（str）、「r」（repr）、「a」（ascii）來取得字串。

{欄位 ! 轉換格式}

例六：

```
from decimal import Decimal
print('{0}, {0!s}, {0!r}, {0!a}'.format(Decimal(28.5)))
```

- 輸出 28.5, 28.5, Decimal('28.5'), Decimal('28.5')。
- {0} 輸出字串「28.5」，{0!s} 是將數值轉為字串；{0!r}、{0!a} 是將「Decimal('28.5')」轉為字串物件「Decimal('28.5')」來輸出。

範例《CH0523.py》

使用 str.format() 方法，配合控制格式做資料的輸出；另外也使用 % 格式運算子，一起了解它們的用法。

STEP 01 撰寫如下程式碼。

```
01  import math                              # 匯入 math 模組
02  print('PI = {0.pi}'.format(math))        # 輸出 PI 值
03  print('PI = %10.4f'%(math.pi))           # 輸出 4 位小數
04  print('PI = {0:010f}'.format(math.pi))   # 前方補 0 欄寬 10
05  radius = (math.pi) * 26 ** 2             # 計算圓面積
06  print('PI = {0:.4f}\n'                   # 圓面積加千位逗點
07         '圓面積 = {1:,.3f}'.format(math.pi, radius))
08  area = int(radius)                       # 轉為整數
09  print('以十進位、十六進位、二進位輸出：')
10  print('圓面積 = {0:d}, {0:#x}, {0:#b}'.format(area))
11  print('靠右 = {0:*>10d}'.format(area))    #* 字元填滿
12  print('置中 = {0:*^10d}'.format(area))
```

STEP 02 儲存檔案，解譯、執行按【F5】鍵。

```
= RESTART: D:/PyCode/CH05/CH0523.py
PI = 3.141592653589793
PI =     3.1416
PI = 003.141593
PI = 3.1416
圓面積 = 2,123.717
以十進位、十六進位、二進位輸出：
圓面積 = 2123, 0x84b, 0b100001001011
靠右 = ******2123
置中 = ***2123***
```

5-37

【程式說明】

- 第 2、3 行：以屬性 {0.pi} 輸出 PI 值；配合格式字串運算子，輸出 4 位小數。
- 第 4 行：配合 format-spec，設欄寬為 10，前方空白補上「0」字元。
- 第 6~7 行：PI 值輸出時含有小數 4 位；輸出圓面積時加上千位逗點。配合二組大括號 {} 輸出 PI 值和圓面積；也就是「math.pi」帶入第 {0} 組大括號來輸出 PI 值，變數 radius 帶入第 {1} 組並配合格式字元來帶出小數 3 位。
- 第 8~10 行：將圓面積以 int() 函式轉為整數值之後，分別以 {0:d}（10 進位）{0:#x}（16 進位）和 {0:#b}（2 進位）輸出。
- 第 11、12 行：設定欄寬為 10，空白處補上「*」字元，以靠右、置中來輸出。

範例《CH0524.py》

單純地使用 format() 方法，依據輸入欄寬值輸出「＝」或「-」字元多個並配合 format() 函式來排列資料，製成簡易報表。

STEP 01 撰寫如下程式碼。

```
01  wd = input('輸入欄寬值：')
02  width = int(wd)
03  print('=' * width)      # 依據欄寬值來輸出
04  score_width = 9          # 分數欄寬
05  name_width = width - score_width   # 名字欄寬
06  data = '{0:11s} {1:.2f}'
07  print('{0:11s} {1}'.format('名字', '分數'))
08  print('-' * width)
09  print(data.format('Mary', 68.789))
10  print(data.format('Tomas', 74.6752))
11  print(data.format('William', 85))
```

STEP 02 儲存檔案，解譯、執行按【F5】鍵。

```
= RESTART: D:/PyCode/CH05/CH0524.py
輸入欄寬值：18
==================
名字         分數
------------------
Mary         68.79
Tomas        74.68
William      85.00
```

5-38

【程式說明】

- 第 1 行：利用 input() 函式取得輸入欄寬值，儲存於 wd 變數。
- 第 2~3 行：欄寬值為字串，以 int() 函式將 wd 變數轉換成數值，再以 print() 函式輸出多個「＝」字元。
- 第 4~5 行：依輸入值來設定名字和分數的欄寬。
- 第 6~7 行：以兩組 {} 來設定輸出名字和分數的格式，再配合 format() 方法做控制。

Python 在 3.6 版本之後，新增「格式字串本文」（A formatted string literal）或稱「f-string」。它以「f」或「F」為前導字元，同樣配合大括號 {} 來使用，但大括號裡存放的是變數名稱。語法如下：

```
f'{變數名稱:format-spec}'
```

- format-spec：控制格式，其定義的規格與 str.format() 方法相同。

例七：把範例《CH0523.py》以 f-string 格式做修改：

```
print('PI = {0.pi}'.format(math))
print(f'PI = {math.pi}')
print('圓面積 = {0:,.3f}'.format(area))
print(f'圓面積 = {area:,.3f}')    # 數字編號以變數取代
```

- 原有的 format() 方法就省略了。所以 {area:,.3f} 裡把變數 area 加入千位符號並含小數 3 位輸出。

5-39

重點整理

◆ Python 的內建型別（Built-in Types），除了數值之外，尚有迭代器（Iterator）、序列（Sequence）、集合（Set）和映射（Mapping）型別。

◆ 迭代器（Iterator）型別以「迭代器協定」（Iterator protocol）做為溝通標準，有兩個介面（Interface）：① Iterator（迭代器）：內建函式 next() 傳送下一個元素到最後。② Iterable（可迭代者）：內建函式 iter() 回傳其物件。for 廻圈會遵循協定來接收迭代器物件。

◆ 序列型別將多個資料群聚在一起，①不可變序列（Immutable sequences）包含：字串、序對和位元組。②可變序列（Mutable sequences）則有：串列和位元組陣列。

◆ 序列裡存放的資料稱為元素（element）；要取得其位置，使用 [] 運算子配合索引編號（index）；左邊由 0 開始，右邊則是由 -1 開始。

◆ 序列或其元素，皆可利用內建函式 len()、min()、max()、sum() 函式來取得它的長度（或大小）、最小值和最大值和合計。

◆ 序列型別物件使用成員（Membership）運算子「in」或「not in」判斷某個元素是否「隸屬」或「不隸屬」序列。

◆ Python 程式語言視字串為容器，以單或雙引數來包夾一連串字元。它無「字元」（Character）型別，以單一字元當作字串使用；引號之內沒有任何字元就是空字串。

◆ 字串的字元具有順序性，利用 [] 運算子配合「start : end」可取得子字串範圍，稱為「切片」（Slicing）。藉由切片指定索引編號，可取得不同範圍的子字串。

◆ 字串提供函式或方法，find() 或 index() 方法可依指定位置找尋特定字元；count() 方法可以統計某字元出現次數；replace() 方法用來置換字串裡某些字元；split() 方法分割字串。

◈ 格式化字串。方法一利用 % 運算子配合「轉換指定形式」產生「格式字串」。方法二利用內建函式 format() 配合旗標、欄寬、精確度和轉換指定形式輸出格式資料。方法三則以字串物件配合 format() 方法。

◈ Python 在 3.6 版本之後，新增「格式字串字面值」（A formatted string literal）或稱「f-string」。它以「f」或「F」為前導字元，同樣配合大括號 {} 來使用，但大括號裡存放的是變數名稱。

MEMO

06

CHAPTER

Tuple 與 List

學 | 習 | 導 | 引

- 序對物件的建立及相關操作
- 串列物件和串列生成式
- 介紹串列中的串列和複製的處理

本章節以序列型別的 Tuple 和 List 物件為學習重點。建立 tuple 或 list 物件，可使用 tuple() 或 list() 函式。討論串列中的串列（或稱矩陣），有規則串列或非規則串列又當如何讀取？最後介紹串列的淺、深複製的差異性。

6.1 Tuple 不可變

序列型別的 Tuple（中文稱序對或元組）物件，其元素具有順序性但不能任意更改其位置。如何建立 Tuple？以小括號 () 來存放元素。Tuple 的元素可以使用 for/in 或 while 迴圈來讀取，而內建函式 tuple() 可將「可迭代物件」轉換成 tuple 物件。

6.1.1 建立 Tuple

使用小括號建立 tuple 物件，它所存放的元素，同樣是以索引來對應存放元素的位置，利用下述範例來認識 Tuple。

```
>>> data = ()      # 建立空的Tuple物件
>>> type(data)
<class 'tuple'>
```

- 以小括號 () 表示空的 Tuple。
- 內建函式 type() 可查看 data，說明它是空的 Tuple 物件。

為了區別小括號中是 Tuple 元素或是數值，若 Tuple 只有一個元素，會在元素之後加上「,」（逗點）來避開困擾。

```
>>> n1 = (15,)
>>> n2 = (20)
>>> type(n1), type(n2)
(<class 'tuple'>, <class 'int'>)
```

- 變數 n1 是 tuple 物件，只有 1 個元素，避免被誤認是數值，要加上「,」。
- 變數 n2 則是存放 int 型別，type() 函式可指出變數 n1 和 n2 之不同。

由於 Python 是個語法靈活的程式語言，所以產生 tuple 物件時，可以允許使用者將括號省略，這樣的作法會在後續的討論中常看到，下述範例來印證。

```
('A03', 'Judy', 95)              # 建立沒有名稱的 Tuple
data = ('A03', 'Judy', 95)       # 給予名稱的 Tuple 物件
data2 = 'A03', 'Judy', 95        # 無小括號，也是 tuple 物件
```

- Tuple 元素與元素之間要用逗點（半形）隔開，若是字串前後要使用單引號或雙引號做分辨。
- Tuple 元素能以不同型別的資料存放。

內建函式 tuple() 可將 List 和字串轉換成 Tuple，語法如下：

```
tuple([iterable])
```

- iterable：可迭代者。

tuple() 函式只能轉換可迭代物件，如果給予一般數值，會發生「TypeError」！如何轉換？例二：

```
>>> wd = 'Student'   # 字串
>>> tuple(wd)   # 使用tuple()函式
('S', 't', 'u', 'd', 'e', 'n', 't')
>>> ary = [12, 65, 38, 27]   # List物件
>>> tuple(ary)   # 轉為Tuple物件
(12, 65, 38, 27)
>>> tuple(123)
Traceback (most recent call last):
  File "<pyshell#32>", line 1, in <module>
    tuple(123)
TypeError: 'int' object is not iterable
```

- 字串 wd 轉換成 tuple 物件時會被拆解成單一字元。
- List 物件本身屬於可迭代者物件，可轉換成 tuple 物件。

Tuple 的每個元素可以存放不同型別的資料。同樣地，承接序列型別的作法，每個元素的索引編號左邊由 [0] 開始，右邊則是由 [-1] 開始，參考圖【6-1】說明。

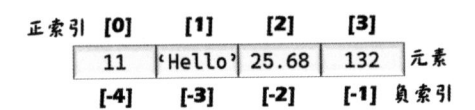

```
正索引  [0]     [1]     [2]     [3]
        11    'Hello'  25.68   132   元素
       [-4]   [-3]    [-2]    [-1]   負索引
```

圖【6-1】 Tuple 有正、負索引

由於 Tuple 是不可變動（Immutable）的物件，這意謂著序對建立之後，不能變動每個索引所指向的參考物件。若透過索引編號來改變其值，直譯器會顯示「TypeError」的錯誤訊息。

```
data = 11, 92, 337
data[-1] = 237
Traceback (most recent call last):
  File "<pyshell#47>", line 1, in <module>
    data[-1] = 237
TypeError: 'tuple' object does not support item assignment
```

◆ 利用索引編號來變更最後一個元素的值,會引發「TypeError」錯誤。

既然 Tuple 物件無法變更索引編號所指向的物件,所以 append()、remove() 和 insert() 方法也就不能適用;使用這些方法,直譯器也會指出它是錯誤的。

```
data.append(123)
Traceback (most recent call last):
  File "<pyshell#48>", line 1, in <module>
    data.append(123)
AttributeError: 'tuple' object has no attribute 'append'
```

◆ 使用 append() 方法新增一個元素也會產生「AttributeError」錯誤。

雖然儲存於 Tuple 的元素無法以 [] 運算子改變元素的值,但元素的值可以配合「+、*」運算子做改變。「+」運算子能將兩個 tuple 物件串接成一個;「*」運算子可以複製 Tuple 的元素成多個。

範例《CH0601.py》

利用「+」、「-」運算子把不同的 Tuple 物件串接。

STEP 01 撰寫如下程式碼。

```
01   ary1 = (11, 33); ary2 = (22, 43)
02   print('tuple1:{0}, tuple2:{1}'.format(ary1, ary2))
03   print('串接:', ary1 + ary2)
04   ary3 = 'one', 'two' + '-Tomas', 'three'# 左、右兩個元素相加
05   print('tuple3:', ary3)
06   print('tuple1 複製 ', ary1 * 2)     #* 複製 tuple
07   wd = 'AbCd'
08   print('複製前:{0}, 複製後:{1}'.format(wd, wd*3))
```

STEP 02 儲存檔案,解譯、執行按【F5】鍵。

```
= RESTART: D:/PyCode/CH06/CH0601.py
tuple1:(11, 33), tuple2:(22, 43)
串接: (11, 33, 22, 43)
tuple3: ('one', 'two-Tomas', 'three')
tuple1複製 (11, 33, 11, 33)
複製前:AbCd, 複製後:AbCdAbCdAbCd
```

【程式說明】

- 第 3 行：以「+」運算子串接兩個 tuple 物件：ary1 和 ary2。
- 第 4 行：產生 tuple 物件的同時，利用「+」運算子將左右的元素串接在一起。
- 第 6、8 行：利用「*」運算子將數字和字串分別複製。

由於 Tuple 不可變之特性，支援的方法就只有 count() 和 index()。以 count() 方法統計某個元素出現的次數，或者以 index() 方法來取得某個元素第一次出現的索引編號。例三：

```
data = 11, 12, 33, 12      # Tuple 物件
print(data.count(12))      # 統計某元素次數，回傳 2
print(data.index(12))      # 某個元素的位置，回傳 1
```

index() 方法還可以加入其他參數，語法如下：

```
index(x, [i, [j]])
```

- x 指 tuple 物件的元素，不能缺少。
- i、j：選擇參數，由 i 起頭的索引；再以 j 為結束索引。

index() 函式如何使用這三個參數？參考範例《CH0602.py》：

```
data = 25, 17, 45, 6, 17                              # 建立 Tuple
print('數值 17 索引編號：', data.index(17))           # ①
print('第 2 個 17：', data.index(17, 2))              # ②
print('以另外方法讀取')
print('data[0:4].index(17)--', data[0:4].index(45))# ③
#print(data.index(17, 2, 4))        # ④找不到 17，回傳錯誤訊息
```

- ①從 Tuple 物件中找出數值 17 的第 1 個位置。
- ②由索引編號 2 到最後，回傳第 2 個 17 的位置。
- ③以另一種方式使用 index() 方法。
- ④使用 index(17, 2, 4) 時，由於只會對索引值 2、3 的元素搜尋，它會找不到 17 這個值而回傳 ValueError 的訊息。

6.1.2 讀取 Tuple 元素

如何讀取 Tuple 元素？此處使用「迭代」(iteration) 概念，讀取元素的動作是『一個接著一個』，所以非 for/in 迴圈莫屬囉，把序對中的元素一個個輸出，參考範例《CH0603.py》如下：

```
ary = 25, 63, 78, 92      # Tuple 物件
for item in ary:          # for/in 迴圈讀取元素
   print(f'{item:3}', end = '')
```

如果使用 while 迴圈，要有計數器做迴圈的計次，參考範例《CH0604.py》：

```
number = (21, 23, 25, 27, 29) # Tuple
item = 0      # 計數器，配合 Tuple 的索引值，由 0 開始
# while 迴圈
while item < len(number): # len() 函式取得 number 長度
   print(number[item], end = ' ')
   item += 1 # 計數器累加
else:
   print('\n 讀取完畢 ')
```

+ 條件運算式中 item 的值須小於 number 的長度，才會讀取 number 元素。
+ 當 while 迴圈每執行一次就會做計次累加。
+ 當 number 的元素讀取完畢時，else 敘述就會輸出此訊息。

從 while 迴圈的簡易範例中可以得知，想要配合索引編號來輸出元素時，就得藉助 len() 函式先取得 Tuple 長度。如果是使用 for 迴圈，得加上 range() 函式以指定範圍做輸出，例四：

```
number = (21, 23, 25, 27, 29)
range(len(number)) # 取得 range(0, 5) 範圍
```

+ range() 函式配合 len() 函式取得 number 為 List 的長度。

那麼 range() 函式對 Python 來說，究竟是什麼？可藉由 Python Shell 匯入「collections.abc」模組做更多的認識。

```
import collections.abc
item = range(10)
type(item)
<class 'range'>
```

可以得知，range() 函式回傳的是物件，符合 Iterable（可迭代）的用法，所以 for 迴圈才能依索引輸出每個存放的元素。

範例《CH0605.py》

len() 函式取得 Tuple 物件的長度，for/in 迴圈讀取其元素。

STEP 01 撰寫如下程式碼。

```
01   number = (32, 34, 36, 38, 40, 42) #Tuple
02   print('index element')
03   # for 迴圈讀取 Tuple 元素
04   for item in range(len(number)):
05       print (f'{item:4d} {number[item]:6d}')
06   else:
07       print(' 讀取完畢 ')
```

STEP 02 儲存檔案，解譯、執行按【F5】鍵。

```
= RESTART: D:/PyCode/CH06/CH0605.py
index element
    0      32
    1      34
    2      36
    3      38
    4      40
    5      42
讀取完畢
```

【程式說明】

- 第 4~5 行：使用 for/in 迴圈，先以 len() 函式取得 number 長度，再由 range() 函式取得其範圍，輸出時利用格式字串字面值「f」為前導字元，設定欄寬，依其索引 item 所存放的元素做輸出。

- 第 6~7 行：else 敘述，當 for 迴圈讀取完畢時會輸出「讀取完畢」訊息。

6.1.3 Tuple 和 Unpacking

已經知道 [] 運算子無法異動 Tuple 的元素值，進一步認識 Unpacking 的概念。它適用於序列型別，所以字串和串列也適用。此外，介紹兩個排序方法，一個是內建函式的 sorted() 和 List 所提供的 sort() 方法。

有時可能會因程式的需求，將存放於 Tuple 的元素快速拆解（Unpacking），再指派給多個變數來使用，以下述簡例做說明。

```
size = 'LMS'                        # 字串
large, middle, small = size         # 將 size 分派給三個變數
print(large, middle, small)         # 輸出 L M S
```

- 以 print() 函式輸出時，表示字元 L 指派給變數 large，字元 M 給變數 middle，字元 S 設給變數 small；所以會輸出「L M S」。

範例《CH0606.py》

Unpacking 作法適用於 List 和 Tuple，它可以將序列元素拆解成個別項目。

STEP 01 撰寫如下程式碼。

```
01   score = [78, 56, 93]         # list
02   eng, chin, mat = score       # Unpacking
03   print(f'分數:{eng:3d},{chin:3d},{mat:3d}')
04   x = 'Mary'; y = '1995/4/3'; z = 165
05   ary2 = (x, y, z)             # Packing
06   name, birth, tall = ary2     # Unpacking
07   print(f'名字:{name:>4s}')
08   print(f'生日:{birth:9s},身高:{tall}')
```

STEP 02 儲存檔案，解譯、執行按【F5】鍵。

```
= RESTART: D:/PyCode/CH06/CH0606.py
分數: 78, 56, 93
名字:Mary
生日:1995/4/3 ,身高:165
```

【程式說明】

- 第 2 行：將 score 的元素拆解後，分別指派給變數 eng、chin、mat 儲存。
- 第 3 行：利用格式字串輸出各個變數。
- 第 4、5 行：變數 x、y、x 分別存放不同的變數，再以 Tuple 做 Packing。
- 第 6 行：將 Tuple 元素拆解，分別指派給變數 name、birth、tall 儲存。

應用 Unpacking 的概念，可以將多個變數指派其值；也可以快速將兩個變數值做置換的動作（swap），簡例如下。

```
# 參考範例《CH0607.py》
ary = 15, 30      # tuple
one, two = ary    # Unpacking
print('Before swap:{}, {}'.format(one, two))
one, two = two, one
print('After swap:{}, {}'.format(one ,two))
```

- 建立 Tuple 物件 ary，存放 2 個元素。
- 利用 Unpacking 作法，將兩個變數做置換動作。

範例《CH0608.py》

建立一個儲存名稱和各科成績的二維 List，利用 Unpacking 拆解每列的名稱和各科分數給不同變數儲存，最後算出分數總合。

STEP 01 撰寫如下程式碼。

```
01    student = [['Mary', 55, 68, 74],
02               ['Tomas', 77, 95, 88],
03               ['Eric', 68, 91, 72]]
04
05    for(name, math, english, computer) in student:
06        print('%6s'%name, '總分:', (math + english + computer))
```

STEP 02 儲存檔案，解譯、執行按【F5】鍵。

```
= RESTART: D:/PyCode/CH06/CH0608.py
  Mary 總分: 197
 Tomas 總分: 260
  Eric 總分: 231
```

【程式說明】

- 第 1~3 行：建立一個矩陣（即二維 List），存放名稱和各科成績。
- 第 5~6 行：利用 Unpacking 作用，for 迴圈讀取時才給予識別字名稱而成為 Tuple 元素，輸出其值。

6.1.4　Tuple 做切片運算

在字串討論過的切片，此運算應用於 tuple 物件來取出若干元素並無問題。若是指定特定範圍的若干元素，使用負值就得正向取（由左而右），採用負向（由右而左）取出元素，會只有空括號而無元素，參考下述簡例。

```
ary = 12, 24, 36, 72, 144    # Tuple
print(ary[1], ary[-3])       # 回傳 (24, 36)
print(ary[1:4])              # 正索引，回傳 (24, 36, 72)
print(ary[-2:-4])            # 負索引須由左而右，回傳 ()，空 Tuple
ary[-4:-2]                   # 負索引，回傳 (24, 36)
```

- 使用負值索引編號必須由左而右來設定，否則無法取出元素。

6.2 串列

List 和 Tuple 皆屬於序列，所不同的是 List 以中括號 [] 來表示存放的元素。如果說 Tuple 是一個規範嚴謹的模型，那麼 List 就是隨意自灑的捏土。List 物件有何特色？

- **有序集合**：不管是數字、文字皆可透過其元素來呈現，只要依序排列即可。
- **具有索引值**：只要透過索引，即能取得某個元素的值；它也支援「切片」運算。
- **串列長度不受限**：list 物件同樣以 len() 函式取得，其長度可長可短。當串列中有串列形成巢狀時，也可依需求設定長短不一的 list 物件。
- **屬於「可變序列」**：Tuple 屬於不可變序列型別，因為 List「可變」，能為它自己帶來很大方便。例如：使用 append() 增加元素，就地修改元素的值。

6.2.1 建立、讀取串列

串列（List，或稱清單）亦屬於序列，同樣它可以利用內建函式 list() 做型別轉換。通常會以 [] 運算子存放 List 元素，例一：

```
data = []         # 空的串列
data1 = [25, 36, 78] # 儲存數值的 list 物件
data2 = ['one', 25, 'Judy']    # 含有不同型別的串列
data3 = ['Mary', [78, 92], 'Eric', [65, 91]]
```

◆ Data3 是表示串列中亦有串列，或稱矩陣。

跟 Tuple 一樣，如果是字串，再以 list() 函式轉換時，會被拆解成單一字元，例二：

```
wd = 'Happy'
print(list(wd)) # 轉成 List['H', 'a', 'p', 'p', 'y']
```

還記得第五章介紹字串時所使用的 split() 方法（章節《5.3.4》），被分割器分割後的字串會以 list 物件回傳，複習一下它的用法。例二：

```
season = 'Spring Summer Winter'    # 字串
single = season.split()            # 以空白字元分割
print(single)                      # 輸出 ['Spring', 'Summer', 'Winter']
today = '2022/3/5'.split('/')      # 以「/」字元分割
print(today)                       # 輸出 ['2022', '3', '5']
```

由於 List 的特色是可變的，[] 運算子指定索引編號來變更某個元素的值，或者配合 del 敘述刪除某個串列元素。例三：

```
ary = [15, 30, 45, 60, 75]
ary[-1] = 90    # 形成最後一個元素
print(ary)      # 輸出 [15, 30, 45, 60, 90]
del ary[0]      # 刪除第一個元素 15
print(ary)      # 輸出 [30, 45, 60, 90]
del ary[:]      # 刪除所有元素
print(ary)      # 輸出空的 List，[]
```

◆ 由於 ary[:] 表示取得所有元素，所以「del data[:]」會刪除所有元素

同樣 list 物件亦支援「切片」（Slicing）運算，例四：

```
ary = [2, 12, 24, 136, 81]
print(ary[2:5])
[24, 136, 81]
print(ary[-1: -4])
[]
print(ary[-4:-1])    # 負索引依然由左而右
[12, 24, 136]
```

範例《CH0609.py》

建立空的 List，append() 方法再加上 for 廻圈就能加入元素。List 的元素，其資料項目可長可短，亦能接收不同型別的資料。

STEP 01 撰寫如下程式碼。

```
01  ambit = 5              # 設定 range() 函式範圍
02  student = []           # 建立空的串列
03  print('請輸入 5 個數值:')
04  for item in range(ambit):    # 以 for 廻圈讀取資料
05      line = input()           # 取得輸入數值
06      if line:
07          data = int(line)     # int() 函式轉為數值
08          student.append(data) # 將輸入數值新增到串列
```

6-11

```
09    else:
10        print('已輸入完畢')
11
12  print('輸入資料有 ', end = '-->')
13  for item in student:
14      print(f'{item:3d},', end = '')
```

STEP 02 儲存檔案，解譯、執行按【F5】鍵。

```
= RESTART: D:/PyCode/CH06/CH0609.py
請輸入5個數值：
78
62
81
133
92
已輸入完畢
輸入資料有--> 78, 62, 81,133, 92,
```

【程式說明】

- 第 2 行：建立空串列，中括號 [] 無任何元素。
- 第 4~8 行：for 迴圈會以迭代器（Iterator）來接收物件；變數 data 會暫存輸入的資料。
- 第 6~7 行：如果有輸入資料，使用 int() 函式將資料轉為數值。
- 第 8 行：通過 append() 方法將接收的物件加到串列 student。
- 第 13~14 行：將儲存於 student 的 List 元素輸出。

6.2.2　與 List 有關的方法

由於串列中的元素可以任意的增加、刪除元素，表【6-1】介紹這些與操作有關的方法。

方法名稱	說明（s 串列物件，x 元素，i 索引編號）
append(x)	將元素 (x) 加到串列 (s) 的最後
extend(t)	將可迭代物件 t 加到串列的最後
insert(i, x)	將元素 (x) 依指定的索引編號 i 插入到 List 中
remove(x)	將指定元素 (x) 從 List 中移除，跟「del s[i]」相同

方法名稱	說明（s 串列物件，x 元素，i 索引編號）
pop([i])	依索引值 i 來刪除某個元素並回傳 未給 i 值時會刪除最後一個元素並回傳
s[i] = x	將指定元素 (x) 依索引編號 i 重新指派
clear()	清除所有串列元素，跟「del s[:]」相同

表【6-1】 與串列操作有關的方法

append() 可將資料新增到 List 中，變成最後一個元素。例一：

```
num = [25, 61]
num.append(227)
num
[25, 61, 227]
```

◆ append() 方法會把數值 227 加到 List 物件的最後，成為最後一個元素。

新增元素的第二個方法 insert()，與 append() 方法的不同處是它可以指定位置來添加一個元素。例二：

```
num
[25, 61, 227]
num.insert(2, 334)
num
[25, 61, 334, 227]
```

要移除 List 中的元素除了先前介紹的 del 運算子之外，方法 remove() 亦能辦到。例三：

```
num
[25, 61, 334, 227]
num.remove(61)    #移除元素61
num
[25, 334, 227]
```

如果要依據索引值來刪除某個元素則要使用 pop() 方法，不同的是 remove() 方法直接刪除了元素，而 pop() 方法在移除元素會回傳其結果，例四：

```
num
[25, 334, 227]
num.pop()      #無參數，移除最後一個
227
num.pop(0)     #移除第一個元素
25
num
[334]
```

6-13

- 使用 pop() 方法未指明位置時，刪除最後一個元素；若有指明索引編號則依其設定移除此元素。

List 物件能成為簡版的資料結構，例如「堆疊」(Stack)，它的特色是「FILO」(先進後出，First In, Last Out)，可以把它想像堆盤子般，頂端的盤子是最後才放上去，可以第一個被取走。例五：

```
ary = [10, 20, 30, 40, 50]    # 堆疊結構，頂端元素 50
ary.append(60)    # 新增到頂端，ary[10, 20, 30, 40, 50, 60]
ary.pop()  # 彈出頂端元素 60，ary[10, 20, 30, 40, 50]
```

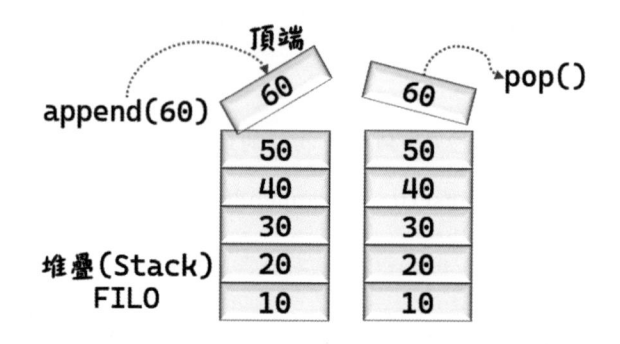

雖然 append() 方法和 extend() 方法皆可以將項目加到 List 中，變成最後一個元素，extend() 方法比較像是結合串列，它強調的是有順序的物件（可迭代者），例六：

```
num1 = [15, 30] # List
num2 = ['Tomas', 'Bob'] # List
num2.extend(num1) # num1加到num2
num2
['Tomas', 'Bob', 15, 30]
```

- 第一個串列儲存數值元素，第二個串列儲存只儲存兩個字串。
- 將第一個串列使用 extend() 方法加到第二個串列，擴充了 num2，所以 num1 的兩個元素變成 num2 最後的兩個元素。

把兩個 List 串接，還可以使用「+=」指派運算子，例六：

```
num1 = [15, 30] # List
num2 = ['Tomas', 'Bob'] # List
num2 += num1
num2
['Tomas', 'Bob', 15, 30]
```

- 使用指派運算子「+=」將 num1、num2 結合在一起，與 extend() 方法有異曲同工之妙。

由於 extend() 方法強調的是可迭代物件，若把數值以 extend() 加到 num1 串列，會引發錯誤「TypeError」。

```
num1 = [15, 30] # List
num1.extend(132)
Traceback (most recent call last):
  File "<pyshell#57>", line 1, in
<module>
    num1.extend(132)
TypeError: 'int' object is not ite
rable
```

那麼串接的物件是字串，extend() 方法會接收嗎？如果是字串，它會把它拆解成個別字元才加到 List 中，例七：

```
num2 = ['Tomas', 'Bob'] # List
num2.extend('ABC')
num2
['Tomas', 'Bob', 'A', 'B', 'C']
```

- num2 串列以 extend() 方法加入字串「ABC」時，會它把視為有順序的物件，拆解成字元加入到 num2 串列中。

list 物件還有那些方法？表【6-2】做簡介。

方法名稱	說明（x 元素，i 是索引編號）
reverse()	將序列的元素全部反轉
count(x)	序列中，元素 x 出現的次數
index(x)	序列中，元素 x 第一次出現的索引編號

表【6-2】 List 提供的方法

欲反轉 List 物件的元素，能藉助沒有參數的 reverse() 方法，例八：

```
mon = ['一月', '二月', '三月']
mon.reverse() # 反轉元素順序
mon[::-1]
['一月', '二月', '三月']
```

- reverse() 方法能將元素反轉，[] 運算子取得索引編號 -1 來形成「[：：-1]」做切片運算，再一次把元素反轉回來。

6-15

另一個可以反轉元素的是內建函式 reversed()，不過它是以「迭代器」回傳，其語法如下：

```
reversed(seq)
```

- seq：指支援 __reversed__() 方法的序列物件。

不過使用內建函式 reversed() 將序列的元素反轉後，只會得到「reverseiterator object」的字元，表示它是一個迭代器物件，而看不到反轉結果，使用上就沒有 list 物件提供的 reverse() 方法那麼好用！例九：

```
num = [11, 12, 13] # List
num2 = reversed(num)  # 反轉num元素
print(num2)
<list_reverseiterator object at 0x0000019E8FB82890>
for item in num2: #for讀取num2元素
    print(item, end = ' ')

13 12 11
```

- 把 num 反轉後的元素儲存到 num2 物件中；再以 for/in 迴圈讀取 num2 物件，才能查看反轉後的結果。

6.2.3 將資料排序

把資料做排序，不外乎是遞增（由小而大）或遞減（由大而小）；Python 提供兩種方式做排序，第一個是 BIF 的 sorted() 函式，語法如下：

```
sorted(iterable[, key][, reverse])
```

- iterable：可迭代的物件，參數不能省略。
- key：預設值 None，可指定項目進行排序，選擇性參數。
- reverse：選擇性參數，預設值 False 為遞增排序；「reverse = True」以遞減做排序。

範例《CH0610.py》

不變的 Tuple 元素是否能做排序？藉助內建函式 sorted() 做一番了解。

STEP 01 撰寫如下程式碼。

```
01   data = 258, 12, 37, 69, 47      #Tuple
02   print('原有內容：', data)
03
04   print('由小而大排序：', sorted(data))      # 預設排序 -- 由小而大
05   # 遞減排序
06   print('由大而小排序：', sorted(data, reverse = True))
07   print('data 並未改變：', data)
```

STEP 02 儲存檔案，解譯、執行按【F5】鍵。

```
= RESTART: D:/PyCode/CH06/CH0610.py
原有內容： (258, 12, 37, 69, 47)
由小而大排序： [12, 37, 47, 69, 258]
由大而小排序： [258, 69, 47, 37, 12]
data並未改變： (258, 12, 37, 69, 47)
```

【程式說明】

- 第 4 行：使用 sorted() 函式做遞增排序（由小而大），排序後的 tuple 物件會以 List 物件回傳。
- 第 6 行：sorted() 函式，參數「reverse = True」會以遞減排序（由大而小）。
- 第 2、7 行：tuple 物件，排序前與排序後的位置並未改變，而經過排序的 tuple 物件會以 list 物件回傳，這意謂著什麼？

第二個排序方法則是來自於 List 提供的方法 sort()，語法如下：

```
list.sort(key, reverse = None)
```

- key：預設值 None，可指定項目進行排序，參數可省略。
- reverse：預設值 None 做遞增排序；「reverse = True」為遞減排序。

範例《CH0611.py》

由於 sort() 方法完全支援 List，無論是數值或字串皆能排序，加入參數「reverse = True」就可以做遞減排序（數值由大而小，字串會依第一個字母由 Z 到 A）。

STEP 01 撰寫如下程式碼。

```
01  word = ['Tom', 'Judy', 'Eric', 'Steven']
02  word.sort()       # 省略參數，依字母做遞增
03  print('依字母遞增排序：')
04  print(word)
05
06  number = [95, 11, 65, 147]
07  number.sort(reverse = True)    # 遞減排序
08  print('遞減排序：', number)
```

STEP 02 儲存檔案，解譯、執行按【F5】鍵。

```
= RESTART: D:\PyCode\CH06\CH0611.py
依字母遞增排序：
['Eric', 'Judy', 'Steven', 'Tom']
遞減排序： [147, 95, 65, 11]
```

【程式說明】

- 第 2 行：sort() 方法沒有參數時，以預設值做遞增排序。
- 第 7 行：sort() 方法加入參數「reverse = True」會以遞減方式做排序。

上述範例中，List 物件只有單純的數值或字串，所以能完成排序。如果 List 中存放異質性資料，可否排序？以簡例做更多的認識。

```
data = [15, 'Tomas', 'Eric', 92]
data.sort()
Traceback (most recent call last):
  File "<pyshell#1>", line 1, in <module>
    data.sort()
TypeError: '<' not supported between instances of 'str' and 'int'
```

- 說明 List 物件存放不同型別的元素，由於無遵守依據，所以會發生錯誤。

先前討論過 Tuple 物件可使用內建函式 sorted() 做排序。那麼可否使用 sort() 方法排序？先以下列簡單敘述做了解。

```
num.sort()
Traceback (most recent call last):
  File "<pyshell#3>", line 1, in <module>
    num.sort()
AttributeError: 'tuple' object has no attribute 'sort'
```

Tuple 物件使用 sort() 方法則會顯示「AttributeError」的錯誤訊息！道理很簡單，Tuple 物件並沒有支援 sort() 方法！如果要使用 sort() 方法就必須把 Tuple 物件以 list() 函式轉成其物件，再來做排序，範例如下：

```
# 參考範例《CH0612.py》
ary = 12, 178, 34, 92      # Tuple
print('Tuple 排序前：', ary)
covlt = list(ary)          # 以 list() 函式把 Tuple 轉為 List
covlt.sort()               # 呼叫 List 的 sort() 進行排序
covtp = tuple(covlt)       # 以 tuple() 函式把 List 再轉回 Tuple
print('Tuple 排序後的元素：', covtp)
```

◆ 使用 list() 函式把原為 Tuple 物件的 ary 轉為 List 物件。
◆ 排序後，再以 tuple() 函式將轉為 List 物件的 ary 還原成 Tuple。

內建函式的 sorted() 和 list 物件所提供的 sort() 方法皆能排序，但兩者之間有其差異：

- BIF 的 sorted() 函式使用複製排序（copied sorting），依照使用者指定的次序排序之後會回傳一個已排序複本；原有物件的次序並未改變。
- 利用 List 提供的 sort() 方法則是採用就地排序（in-place sorting），可依據使用者指定的次序來排序，排序之後 List 元素會失去原有的順序。

範例《CH0613.py》

認識 Tuple 和 List 物件，經過排序，有何不同？由於 Tuple 物件是「不可變」；sorted() 函式會將 Tuple 物件複製一份再做排序，並以 List 物件回傳排序結果。所以原來 tuple 物件並未改變位置。

STEP 01 撰寫如下程式碼。

```
01   data = 258, 12, 37, 69, 47 #Tuple 物件
02   print('排序前：', data)
03   print('排序後：', sorted(data)) #排序，由小而大
04   print('原來資料不變：', data)
05   ary = list(data)      # 轉成 List 物件
06   line = '-'
07   line *= 35
08   print(line)
09
```

```
10   print('轉成串列：', ary)
11   ary.sort(reverse = True)
12   convlt = tuple(ary)     # 還原成 Tuple 物件
13   print('由大而小排序：', convlt)
14   print('排序後已改變：', ary)
```

STEP 02 儲存檔案，解譯、執行按【F5】鍵。

```
= RESTART: D:/PyCode/CH06/CH0613.py
排序前： (258, 12, 37, 69, 47)
排序後： [12, 37, 47, 69, 258]
原來資料不變： (258, 12, 37, 69, 47)
---------------------------------------
轉成串列： [258, 12, 37, 69, 47]
由大而小排序： (258, 69, 47, 37, 12)
排序後已改變： [258, 69, 47, 37, 12]
```

【程式說明】

- 第 3 行：將 Tuple 物件以 sorted() 函式做遞增排序。
- 第 4 行：可以發現原來的 Tuple 物件並未變更。
- 第 11 行：將轉成串列的 Tuple 物件以 sort() 方法進行遞減排序。
- 第 14 行：使用 sort() 方法排序時會改變原有的順序，所以輸出的 List 物件就是排序後的結果。

內建函式 sum() 能把序列元素做加總，語法如下：

```
sum(iterable[, start])
```

- iterable：表示可迭代的序列資料。
- start：指定欲加總元素的索引編號，省略時表示從索引編號 0 開始。

範例《CH0614.py》

使用 sum() 函式把儲存於 List 的分數，總計其分數。

STEP 01 撰寫如下程式碼。

```
01   score = []  # 建立 List 來存放成績
02   for item in range(5):     # for 迴圈建立輸入成績的 list
03       data = int(input('分數%2d->' % (item + 1)))
04       score += [data]
```

```
05  print('%5s %5s' % ('index', 'score'))
06
07  for item in range(len(score)):    #for 迴圈讀取成績並輸出
08      print(f'{item:3d}, {score[item]:4d}')
09
10  print('-'* 28)
11  # 利用內建函式 sum() 計算總分
12  print(' 總分 ', sum(score), ', 平均 = ', sum(score)/5)
13  score.sort(reverse = True) # 使用 score() 方法由大而小排序
14  print(' 遞減排序 : ', score)
15  print(' 遞增排序 : ', sorted(score))  # 使用 BIF
```

STEP 02 儲存檔案，解譯、執行按【F5】鍵。

```
= RESTART: D:/PyCode/CH06/CH0614.py
分數 1->78
分數 2->93
分數 3->64
分數 4->81
分數 5->52
index score
  0,    78
  1,    93
  2,    64
  3,    81
  4,    52
----------------------------
總分 368 , 平均 =  73.6
遞減排序 : [93, 81, 78, 64, 52]
遞增排序 : [52, 64, 78, 81, 93]
```

【程式說明】

- 第 2~4 行：第一個 for 迴圈存放輸入的成績，依索引存放到 score 串列。
- 第 7~8 行：第二個 for 迴圈讀取 score 串列成績，配合索引值輸出元素。
- 第 12 行：利用 sum() 函式計算串列 score 的總分和平均分數。
- 第 13 行：利用 List 的 sort() 方法將分數做遞減（由大到小）排序。
- 第 15 行：利用 BIF 的 sorted() 函式將分數做遞增排序（由小而大）。

TIPS

建立空串列之後，有二種方式來加入元素：
- 方法一：指定索引編號，設定其值，範例《CH0613.py》
- 方法二：利用 append() 方法來新增元素，範例《CH0609.py》

6.2.4 串列生成式

Python 程式語言提供生成式（Comprehension）的作法，它可以將一個或多個迭代器聚集在一起，再以 for 迴圈做條件測試。由於 List 對於元素的存放採取更開放的態度，提供不同於其他型別的支援，所以有「串列生成式」（List Comprehension，或稱列表解析式），撰寫程式碼更簡潔。它的語法如下：

```
[ 運算式 for item in 可迭代者 ]
[ 運算式 for item in 可迭代者 if 運算式 ]
```

- 串列生成式要以中括號 [] 存放新串列的元素。
- 使用 for/in 迴圈讀取可迭代物件。

那麼串列生成式是如何產生的？以下述語法做簡單了解。

```
aList = []      # 空的串列
for item in 可迭代者:
    if 條件運算式:
        aList.append(item)
```

- 先建立空串列 aList。
- 以 for 迴圈讀取串列或可迭代者物件。
- 再以 if 敘述做條件運算式。
- 條件運算式符合者（True）以 append() 方法將 item 加入串列。

為什麼要使用「串列生成式」？除了提高效能之外，讓 for 迴圈讀取元素更加自動化。若要找出數值 10~50 之間可以被 7 整除的數值，for 迴圈可以配合 range() 函式，再以 if 敘述做條件運算的判斷，能被 7 整除者以 append() 方法加入 List 中，下述範例做說明。

```
# 參考範例《CH0615.py》
numA = []      # 空的 List
for item in range(10, 50):
    if(item % 7 == 0):
        numA.append(item) # 整除的數放入 List 中
print('10~50 被 7 整除之數：', numA)
```

- numA 是空的 List 物件。
- for 迴圈讀取 10~50 之間的數值。

- 配合 if 敘述，只要能被 7 整除，就以 append() 方法加入 numA 串列中。
- 結果會輸出「10~50 被 7 整除之數：[14, 21, 28, 35, 42, 49]」。

利用串列生成式可以將上述範例《CH0615.py》以更簡潔的敘述來表現。

```
# 參考範例《CH0616.py》
numB = [] # 空的 List
numB = [item for item in range(10, 50)if(item % 9 == 0)]
print('10~50 被 9 整除之數：', numB)
```

- 使用串列生成式，是將 for 迴圈和 if 敘述簡化，並且是在 [] 中括號內完成。
- 發現否？原來 append() 方法就不再使用。
- 結果會輸出「10~50 被 9 整除之數：[18, 27, 36, 45]」。

串列生成式由於語法簡潔，利用它產生有序列的數值。例一：

```
number = [y ** 2 for y in range(1, 5)]
print(number)    # 輸出 [1, 4, 9, 16]
```

- 就是把變數 y 以倍數相乘，而以 range() 函式由 1 開始，取得 4 個數值。
- 串列 number 存放 4 個元素，分別是：1, 4, 9, 16。

配合串列生成式改變字串的大小寫，參考範例《CH0617.py》如下：

```
wd = ['hello', 'python', 'world']
newwd = [str.upper()for str in wd]
print(newwd)
```

- 字串的 upper() 方法會把字元變成大寫來輸出。

範例《CH0618.py》

利用串列生成式的特色來計算成績，讀取字串的長度。

STEP 01 撰寫如下程式碼。

```
01  # 應用一：計算分數平均
02  score= [(78, 65, 47, 84), (93, 84, 75), (65, 88, 91)]
03  avg = [sum(item)/len(item) for item in score]
04  print('平均：{0[0]:.3f}, {0[1]:.3f}, {0[2]:.3f}'
05        .format(avg))
06  print()
07
```

```
08   # 應用二：讀取字串長度
09   fruit = ['lemon', 'apple', 'orange', 'blueberry']
10   print('%9s'%'字串', '%3s'%'長度')
11   print('\n'.join( ['%10s:%2d'%(
12       item, len(item)) for item in fruit]))
13   print('*------------------*')
14   print('%9s'%'字串', '%3s'%'長度')
15   for item in fruit: # 原有的 for 迴圈讀取
16       print(f'{item:>10s}:{len(item):2d}')
```

STEP 02 儲存檔案，解譯、執行按【F5】鍵。

```
= RESTART: D:/PyCode/CH06/CH0618.py
平均: 68.500, 84.000, 81.333
      字串  長度
     lemon: 5
     apple: 5
    orange: 6
 blueberry: 9
*------------------*
      字串  長度
     lemon: 5
     apple: 5
    orange: 6
 blueberry: 9
```

【程式說明】

- 第 2 行：串列中有三組序對，長度不一。

- 第 3 行：串列生成式。len() 函式取得每組 Tuple 長度，佐以 sum() 函式計算每一組 Tuple 總和，相除來計算平均，最後以 for 迴圈讀取來產生新的串列。

- 第 4~5 行：由於 avg 是 list 物件，format() 方法設定欄位的格式時，配合索引編號，所以形成「{0[索引編號]:.3f}」，輸出浮點數時含 3 位小數。

- 第 11~12 行：以 join() 方法將原有的 List 和換行字元結合在一起，再以格式字元 % 讓輸出的字串和長度依欄寬輸出。由於運算式是由 item 和 len（item）組成，必須前後加上小括號來形成 Tuple，不然會引發錯誤。

- 第 15~16 行：以 for 迴圈讀取字串和長度的作法。

範例《CH0619.py》

如果有兩個 List，串列生成式得使用雙層 for 迴圈來處理。

STEP 01 撰寫如下程式碼。

```
01  wd1 = ['2022'] # List - year
02  wd2 = ['Jan', 'Feb', 'Mar'] # List - month
03  # List Comprehensions
04  print('List Comprehensions\n',
05        [(y, m) for y in wd1 for m in wd2 ])
06
07  combin = []      # List
08  for y in wd1:    # double for/in
09      for m in wd2:
10          combin.append((y, m))
11  print('雙層for/in讀取：\n', combin)
```

STEP 02 儲存檔案，解譯、執行按【F5】鍵。

```
= RESTART: D:/PyCode/CH06/CH0619.py
List Comprehensions
 [('2022', 'Jan'), ('2022', 'Feb'), ('2022', 'Mar')]
雙層for/in讀取：
 [('2022', 'Jan'), ('2022', 'Feb'), ('2022', 'Mar')]
```

【程式說明】

- 第1、2行：wd1、wd2 皆是 List 物件。

- 第4~5行：使用串列生成式，運算式「y, m」以 Tuple 處理，再以 for 迴圈讀取這兩個 list 物件；Unpacking 的作用，所以輸出「('2022', 'Jan'), ('2022', 'Feb'),...」。

- 第8~10行：由於是兩個 List，所以第一個 for 迴圈讀取第一個 List；第二個 for 迴圈讀取第二個 List；再以 append() 方法加入；輸出時就會以 Tuple 型式「'年','月'」。當然可以參考前一個範例，改變它的輸出格式。

設定條件，將兩個串列中符合條件者以串列生成式做串接，範例如下：

```
# 參考範例《CH0620.py》
num = ['AB01', 'AB425', 'CH004', 'CK4131',
       'DD0048', 'Dy00231']
room = ['A', 'B', 'C']
rooms = [r + '-' + n for r in room for n in num
    if r[0] == n[0]]
for item in rooms:    # 讀取生成式符合條件者
    print(item)
```

- num 和 room 皆是 list 物件。
- 串列生成式中以 if 敘述做條件運算，找出 num 和 room 的元素中有字元相等者就加入串列中。
- 輸出「['A-AB01', 'A-AB425', 'C-CH004', 'C-CK4131']」。

範例《CH0621.py》

設定條件，把兩個 List 中符合條件者組成新的 List。

STEP 03 撰寫如下程式碼。

```
01  # 應用：將兩個串列組合
02  result = []
03  area = ['北', '南']
04  city = ['左營', '楠梓', '鳳山']
05  for one in area:
06      if one != '南':
07          for two in city:
08              if two != '鳳山':
09                  result.append(one + two)
10  print('高雄北區:', result)
11  comb = [itA + itB for itA in area for itB in city
12          if(itA == '南' and itB == '鳳山')]
13  print('高雄南區:', comb)
```

STEP 04 儲存檔案，解譯、執行按【F5】鍵。

```
= RESTART: D:/PyCode/CH06/CH0621.py
高雄北區: ['北左營', '北楠梓']
高雄南區: ['南鳳山']
```

【程式說明】

- 第 5~9 行：因為有二個串列；所以第一個 for 迴圈讀取 area 串列，判斷 area 串列中其字元不屬於「南」，再進入第二層 for 迴圈讀取 city 串列，再以 if 敘述將「鳳山」字串排除，然後以 append() 方法加入到 result 序列中。
- 第 11~12 行：就是把 5~9 行的程式碼以串列生成式來撰寫，並將其中 if 敘述的條件運算式做修改。

6.3 二維 List

序列中可以有序列，或稱矩陣（Matrixes）、多維串列或巢狀串列。要讀取矩陣照舊要請 for 廻圈來幫忙；若是不規則矩陣，可以配合 isinstance() 函式來判斷它是物件或是物件參照。此外，進一步討論巢狀串列生成式要如何處理 List 的問題。

6.3.1 產生矩陣

什麼是矩陣？簡單來講就是串列中的元素是串列，下述簡例說分明：

```
number = [[11, 12, 13], [22, 24, 26], [33, 35, 37]]
```

- 表示 number 是一個串列。
- number[0] 或稱第一列索引，存放另一個串列；number[1] 或稱第二列索引，也是存放另一個串列，依此類推。
- 第一列索引有 3 欄，各別存放元素，其位置 number[0][0] 是指向數值 [11]，number[0][1] 是指向數值「12」，依此類推。
- 所以 number 是 3*3 的二維串列（two-dimensional list），其列和欄的索引示意如下。

	欄索引[0]	欄索引[1]	欄索引[2]
列索引[0]	11	12	13
列索引[1]	22	24	26
列索引[2]	33	35	37

圖【6-2】 二維 List

同樣是以 [] 運算子來表達其索引並存取元素，語法如下：

```
串列名稱 [ 列索引 ][ 欄索引 ]
```

以 [] 運算子來取得列索引或列、欄索引的元素。例二：

```
# 參考圖【6-2】
number = [[11, 12, 13], [22, 24, 26], [33, 35, 37]]
number[0]  # 輸出第一列 3 個元素，[11, 12, 13]
number[1][2]  # 第二列，第 3 欄元素，26
```

- number[0] 表示是輸出列索引編號為零的第 1 列元素。
- number[1][2] 表示會把第 2 列第 3 欄的元素 26 輸出。

使用 [] 運算子也可針對其索引重派其值，由於 List 物件本身是可變，原地修改其值是沒有問題！例三：

```
number = [[11, 12, 13], [22, 24, 26], [33, 35, 37]]
number[0] = [42, 56, 80]    # 重新指派
print(number) # 輸出 [[42, 56, 80], [22, 24, 26], [33, 35, 37]]
```

想要修改串列中的某個元素，就得指出列、欄的索引位置，才能修改其值。例如：修改第 2 列、第 1 欄的值為 17，敘述如下：

```
number = [[42, 56, 80], [22, 24, 26], [33, 35, 37]]
number[1][0] = 27
print(number) # 輸出 [[42, 56, 80], [**27**, 24, 26], [33, 35, 37]]
```

6.3.2 讀取矩陣

要讀取矩陣（二維串列）當然少不了找 for/in 迴圈來幫忙。

範例《CH0622.py》

二維串列表示要使用雙層 for 迴圈。

STEP 01 撰寫如下程式碼。

```
01  number = [[11, 12, 13], [22, 24, 26], [33, 35, 37]]
02  for idx, one in enumerate(number): # 第一層 for 迴圈
03      print('第 {} 列:'.format(idx), end = '')
04      for two in one:   # 第二層 for 迴圈
05          print(two, end = ' ') # 輸出之後不換行
06      print()      # 完成第二層 for 迴圈之後換行
07  else:
08      print('串列讀取完畢!')
```

STEP 02 儲存檔案，解譯、執行按【F5】鍵。

```
= RESTART: D:/PyCode/CH06/CH0622.py
第0列:11 12 13
第1列:22 24 26
第2列:33 35 37
串列讀取完畢!
```

【程式說明】

- 第 1 行：3 列 ×3 欄的串列。
- 第 2~6 行：第一層 for 迴圈先讀串列中索引為 0~2 的串列；此處加入 enumerate() 函式，配合變數 idx 來輸出列的索引編號。
- 第 4~5 行：第二層 for 迴圈讀取每欄的元素；由索引 [0][0] 開始再依序往下一欄的元素讀取。

範例《CH0623.py》

讀取已知矩陣使用 for 迴圈，另一種方式則是取得輸入值來建立矩陣。

STEP 01 撰寫如下程式碼。

```
01  array = []   # 建立空白矩陣
02  numRows, numCols = eval(input('輸入列、欄數，按逗點隔開：'))
03  element = 0              # 存放 List 元素
04  for row in range(numRows):
05      array.append([])     # 新增 List 元素
06      for column in range(numCols):
07          element = eval(input('輸入數值，按 Enter 鍵：'))
08          array[row].append(element)
09      print()
10  
11  sym = '-----' * numCols
12  print('%5s'%'' , end = '|')
13  for ct in range(numCols):
14      print(f'{ct:^4d}', end = '|')
15  print('\n-----', sym)
16  
17  for idx, one in enumerate(array):  # 第一層 for 迴圈
18      print('列 ', idx, end = '|')
19      for two in one:    # 第二層 for 迴圈
20          #print(format(two, '^5d'), end = '|')
21          print(f'{two:^4d}', end = '|')
22      print()          # 換行
```

STEP 02 儲存檔案，解譯、執行按【F5】鍵。

```
= RESTART: D:/PyCode/CH06/CH0623.py
輸入列、欄數, 按逗點隔開：2, 3
輸入數值, 按Enter鍵：14
輸入數值, 按Enter鍵：621
輸入數值, 按Enter鍵：57

輸入數值, 按Enter鍵：23
輸入數值, 按Enter鍵：12
輸入數值, 按Enter鍵：621

      | 0   | 1   | 2   |
-----------------------
列  0| 14  |621 | 57  |
列  1| 23  | 12 |621  |
```

【程式說明】

- 第 2 行：eval() 函式取得輸入欄、列數，以逗點隔開輸入值。
- 第 4~9 行：for 迴圈配合 range() 函式，再以 append() 方法來取得列索引的元素。
- 第 6~8 行：內層 for 迴圈配合 eval() 函式來取得每列的欄索引元素，每輸入一個數值就按下 Enter 鍵表示輸入完成。
- 第 13~15 行：利用取得的欄數，加上 for 迴圈，顯示標頭的欄索引編號。
- 第 17~22 行：將儲存於串列變數 array 的元素以雙層 for 迴圈輸出。
- 儲存或讀取於 array 的元素，因是二維陣列，所以使用雙層 for 迴圈；而原本 print() 的參數 end 是換行字元，此處替換「|」字元，讓元素能分別以列、欄二維形式輸出。

6.3.3 矩陣與串列生成式

使用串列生成式，若是一維串列，搭配 range() 函式，可以輸出某個區間的數值，例一：

```
print([x for x in range(1, 6)])
```

- 輸出「[1, 2, 3, 4, 5]」。

如果是有變化的二維串列，要以巢狀串列生成式來處理，例二：

```
print([ [y for y in range(1, x+1)]
    for x in range(1, 5)])
```

- 輸出「[[1], [1, 2], [1, 2, 3], [1, 2, 3, 4]]」。

什麼情形下要建立巢狀串列生成式？通常是不規則的串列，或者將二維 List 改變它的讀取方式。為什麼？讀取二維串列會以列索引為主，再讀取它的欄元素。例一表示單一的串列生成式，其運算式「x」若每新增一個元素就改變其欄索引，就以另一個串列生成式來取代，所以形成例二的巢狀串列生成式。這樣的矩陣雖然不規則，但變化有跡可尋。

範例《CH0624.py》

簡單說明二維 List 如何演化成巢狀串列生成式。原有的矩陣是一個 3×4（欄）的二維串列。

	欄索引[0]	欄索引[1]	欄索引[2]	欄索引[3]
列索引[0]	11	12	13	14
列索引[1]	22	24	26	28
列索引[2]	33	35	37	39

經過列、欄置換之後，變成 4×3 的二維矩陣。

	欄索引[0]	欄索引[1]	欄索引[2]
列索引[0]	11	22	33
列索引[1]	12	24	35
列索引[2]	13	26	37
列索引[3]	14	28	39

STEP 01 撰寫如下程式碼。

```
01  matr = [ #3*4 二維 List
02        [11, 12, 13, 14], [22, 24, 26, 28],
03        [33, 35, 37, 29]]
04
05  print(' 一般巢狀 for')      # 雙層 for 讀取 matr
06  for one in matr:            # 第一層 for 迴圈
07      for two in one:         # 第二層 for 迴圈
08          print(two, end = ' ')
09      print()
10
11  print(' 以列為主 ')          # List Comprehensions
12  print('\n'.join(['{}'.format(one) for one in matr]))
```

6-31

```
13
14    print('列、欄置換：')     # 先讀欄索引 11,22, 33
15    print('\n'.join([''.join(['{0:3d}'.format(row[item])
16           for row in matr]) for item in range(4)]))
```

STEP 02 儲存檔案，解譯、執行按【F5】鍵。

```
= RESTART: D:/PyCode/CH06/CH0624.py
一般巢狀for
 11 12 13 14
 22 24 26 28
 33 35 37 29
以列為主
[11, 12, 13, 14]
[22, 24, 26, 28]
[33, 35, 37, 29]
列、欄置換：
 11 22 33
 12 24 35
 13 26 37
 14 28 29
```

【程式說明】

- 範例執行結果只顯示原有矩陣和列、欄轉換的情形。
- 第 6~9 行：以巢狀 for 迴圈讀取 3*4 的二維矩陣。
- 第 12 行：利用串列生成式讀取列索引，就能帶出每欄元素。
- 第 15~16 行：將列、欄轉置，所以要從第一欄「11, 22, 23」做讀取。外層串列生成式的 range() 函式輸出列索引 0~4，內層雙層串列依列索引來填入欄元素。由於是雙層串列生成式，也要兩個 join() 方法。第一個 join() 方法是針對「row」運算式做換行；第二個 join() 方法加上 format() 方法製定欄元素格式化動作。

範例《CH0624.py》可以用內建函式 zip() 做列、欄轉換，它可以將二維 List 做壓縮或解壓縮的動作，先認識其語法：

```
zip(*iterables)
```

- 將每一個可迭代元素予以聚合之後，重新產生一個可迭代器。
- 「*」運算子的作用是將 List 壓縮。

使用 zip() 函式時，會由左而右依 Tuple 形式讀取，依其每欄所讀為長度，相關敘述如下：

```
x = [22, 24, 26]
y = [41, 42, 43]
print(list(zip(x, y)))
```

- 依其讀取，表示 Tuple 長度為 2，再以 List 輸出 [(22, 41), (24, 42), (26, 43)]
- 須以 Tuple() 或 List() 函式來轉換 zip() 函式的可迭代物件。
- 未以 Tuple() 或 List() 函式轉換，只會輸出「zip object」。

  簡例：範例《CH0624.py》可以用內建函式 zip() 做列、欄轉換。

```
matr = [ #3*4 二維 List
    [11, 12, 13, 14],
    [22, 24, 26, 28],
    [33, 35, 37, 29]]
print(list(zip(*matr)))
''' 輸出
  [(11, 22, 33),
   (12, 24, 35),
   (13, 26, 37),
   (14, 28, 29)]'''
```

- print(list(zip(*matr)))　# 省略 * 運算子就無壓縮作用。

6.3.4　不規則矩陣

由於範例《CH0624.py》是一個規矩的矩陣，所以利用雙層 for 迴圈來讀取並不會發生問題。如果串列資料是這樣！number[2] 的元素是串列，但 number[0] 和 number[1] 卻指向數值，使用巢狀 for 迴圈來讀取時會如何？

```
number = [11, 13, [32, 34, 36, 38]]
for one in number:              # 第一層 for 迴圈
    for two in one:             # 第二層 for 迴圈
        print(two, end = ' ')   # 輸出之後不換行
    print()                     # 完成第二層 for 迴圈之後換行
```

- 由於 number 是一個不規則的串列，而 for 迴圈只能讀取「可迭代物件」所以發生「TypeError」錯誤。

前述簡例之所以有錯誤，肇因於第二層 for 迴層所讀取的 one 是數值而非可迭代的物件！那該如何處理呢？使用 for 迴圈之前先以 if/else 敘述來判斷要讀取的是 list 或一般數值，內建函式 isinstance() 能派上用場，以布林值來回傳結果，語法如下：

```
isinstance(object, classinfo)
```

- object：要判別的物件名稱，配合 classinfo 參數所指定的物件，如果符合回傳布林值 True。
- classinfo：指明判別的對象。

  簡例：使用 isinstance() 函式。

  ```
  name = ['林小海', '王大明']
  isinstance(name, list)
  True
  ```

- isinstance() 函式，將參數「classinfo」設為 list 物件，如果 name 為 list 物件就回傳 True；若 name 非 list 物件就以 False 回傳。

範例《CH0625.py》

欲讀取二維 List 資料，先以 isinstance() 函式判斷它是 List 或元素。

STEP 01 撰寫如下程式碼。

```
01  student = ['Tomas', [78, 96, 92],
02             'Mary', [77, 61, 54],
03             'Graham', [64, 82, 79]]
04  print('%8s %s %2s %2s %3s %4s' %(\
05     'Name', '國文', '英文', '數學', '總分', '平均'))
06
07  for outer in student: # 第一層 for 迴圈
08      if isinstance(outer, list):     # 是元素還是 List
09          for inner in outer:  # 第二層 for 迴圈
10              print('%4d'%(inner), end = '')
11          print(f'{sum(outer):6d} {sum(outer) / 3:6.2f}')
12      else: # 非串列，直接輸出其元素
13          print('%7s:'% (outer), end = '')
14  else:
15      print('分數計算完畢')
```

STEP 02 儲存檔案，解譯、執行按【F5】鍵。

```
= RESTART: D:/PyCode/CH06/CH0625.py
    Name 國文 英文 數學  總分   平均
   Tomas:  78   96   92   266   88.67
   Mary:   77   61   54   192   64.00
   Graham: 64   82   79   225   75.00
分數計算完畢
```

【程式說明】

- 第 1~3 行：串列中含有串列資料，每個名字後面都會接一個串列來存放個人的成績。
- 第 7~15 行：第一層 for 迴圈，讀取第一列串列。
- 第 8~11 行：if 敘述，條件運算式以 isinstance() 函式來判斷讀取的列索引是串列還是元素？若是串列則交由第二層 for 迴圈來讀取其欄索引的元素。
- 第 9~10 行：第二層 for 迴圈，讀取欄索引的串列元素。
- 第 11 行：將第二層 for 迴圈讀取的元素，配合格式化字元，設定輸出整數的欄寬及浮點數的精確度，配合 sum() 函式做加總，並取平均值。
- 第 12~13 行：if/else 敘述的 else 區段，print() 函式輸出串列元素；以格式字元制定字串欄寬，參數 end 加入空字串，表示輸出元素後不做換行動作。
- 第 14~15 行：屬於第一層 for 迴圈的 else 敘述，當 for 迴圈已將第一列的元素讀取完畢時，以訊息提醒使用者。

6.4 串列的複製

對於 Python 來說只有物件（Object）和物件參照（Object reference），複製的對象是物件還是物件參照會產生不同的結果。所以 Python 的複製有兩種：

- 淺複製（Shallow copy）：只複製物件參照，不複製物件本身。
- 深複製（Deep copy）：要呼叫 copy 模組的 deepcopy 方法來執行。

6.4.1 串列與淺複製

來自 Python 物件參照的概念，使用運算子「＝」讓兩個物件同時指向某個物件，例一：

```
data = [15, 23, 34]      # List 物件
number = data            # number、data 同時指向一個物件
```

✦ 由於 data、number 同時指向一個 List 物件，以 id() 函式查看時會回傳相同的記憶體位址。

如果對 data 或 number 的某一個元素做修改，二個物件參照相同位置的某個元素會同時受影響。例二：

```
print(data, number)      # 輸出 ([15, 23, 34], [15, 23, 34])
data[1] = 333            # 修改元素的值，兩個 List 皆改變
print(data, number)      # ([15, 333, 34], [15, 333, 34])
```

若序列型別儲存的資料非常龐大，某些情形對於「可變」的 List 物件來說，若能保留本身的資料，以副本來運作，可以降低系統的負荷。對於 List 物件來說，下列方法皆可達成淺複製（Shallow copy）。

- 使用「*」運算子。
- 使用切片運算。
- 使用序列型別提供的 copy 方法，等同於切片運算的 [:]。

「*」運算子代表淺複製。執行運算時，意謂著新串列中每個索引位置皆參考到舊串列中每個索引位置的元素，例三：

```
x = [23, 56]     # List 存放 2 個元素
y = x * 3        # 淺複製，將 x 複製成 3 份
```

✦ y 輸出「23,56, 23, 56, 23, 56」，表示串列 y 索引編號 0、2、4 會指向串列 x 的第一個元素「23」；而串列 y 索引編號 1、3、5 會指向第二個元素「56」，可參考圖 6-3 來了解。

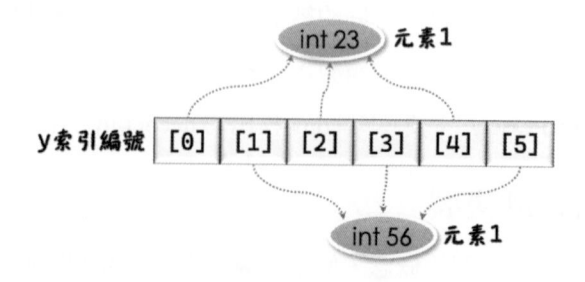

圖【6-3】 串列的淺複製

List 物件在那些情況下還以「淺複製」來運作？第二種情形是進行切片運算。它不會複製元素，而是建立一個新串列，再把原串列的每個元素，指定給新串列的的索引做參考，透過下述簡例做說。

```
# 延續例一
data = [[11, 13, 15], [2, 4, 6], [30, 33, 36]]   # 二維 List
target = data[0:2]   # 切片運算
print(target)        # 輸出 [[11, 13, 15], [2, 4, 6]]
```

- 建立一個 List 有 3 個串列的物件 data。
- data 做切片運算，取得 2 個元素之後指派給另一個物件參考 target，圖【6-4】做說明。

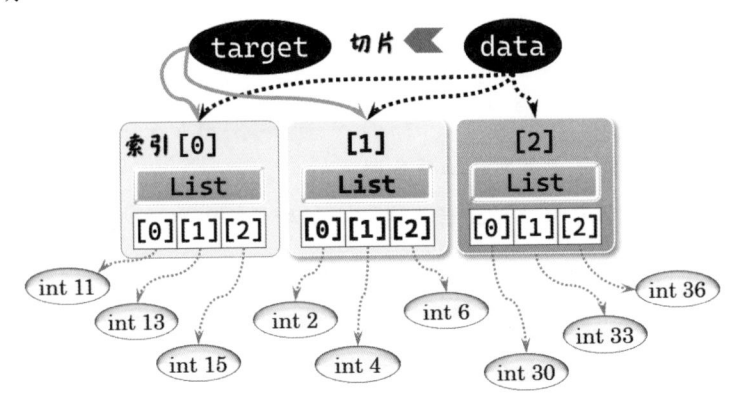

圖【6-4】 切片運算執行淺複製

由於物件參照 data、target 皆指向共同的索引編號 [0] 和 [1]，只要其中某個元素有更改，無論是 data 或 target 皆會受影響。簡例：

```
# 延續例二
target[0][1] = 62       # 重設第 1 列、第 2 欄的值
print(data, target)     # data、target 皆影響
# 輸出 data[[11, 62, 15], [2, 4, 6], [30, 33, 36]]
# 輸出 target[[11, 62, 15], [2, 4, 6]]
```

第三種情形就是使用 list 物件提供的 copy() 方法，例二：

```
x = [10, [15, 17], [30, 33, 36]]    # 不規則 List
y = x[:]              # 把 x 所有元素給予了 y
z = x.copy()          # 呼叫 list.copy() 方法做複製
print(y)              # 輸出 [10, [15, 17], [30, 33, 36]]
print(z)              # 輸出 [10, [15, 17], [30, 33, 36]]
```

- 呼叫 list 的 copy() 方法也是以淺複製方式處理。

6-37

6.4.2　copy 模組的 copy() 方法

要進行複製的另一種方式是滙入 copy 模組，它提供 copy() 方法實施淺複製，deepcopy() 方法用於深複製，語法如下：

```
copy.copy(x)
copy.deepcopy(x)
```

◆ x 欲複製的物件。

當 copy 模組的 copy() 方法欲複製的對象是二維 List 物件，毫無意外就是以淺複製來處理。範例：

```
# 參考範例《CH0626.py》
ary = [11, [22, 44], 33, 36, 39] # List 中有 List
target = copy.copy(ary)     # 做淺層複製
print(f' ary == target, {ary == target}')
```

◆ ary 是一個串列中含有串列的物件參照。

◆ 執行淺複製時，ary 和 target 皆指向同一個物件，Python 直譯器為了區別會採用別名方式，所以使用「==」來判斷是否這兩者是否相等時，布林值會以 True 回傳。

若是一般 List，會發生什麼變化？範例如下：

```
# 參考範例《CH0626.py》
import copy        # 滙入 copy 模組，做淺層複製
num1 = [10, 20] # List
num2 = copy.copy(num1)      # 做複製
print(f'{num1}, {num2}')     # 輸出相同元素
```

◆ 使用 copy 模組的 copy() 方法，所得內容以 num2 儲存。

究竟誰影響了誰？範例：

```
# 參考範例《CH0626.py》，ary 和 target 均指向同一個物件參照
ary[0] = 33
print('ary 第一個元素被改變 ')
print(f'{ary} \n{target}')     # 只有 ary 第一個元素被改變

target[1][0] = 125
print('ary, target 皆有改變 ')
print(f'{ary} \n{target}')      # ary, target 都被改變
```

- ary[0] 是物件，變更後只會影響 ary 索引 [0] 的元素。
- target[1][0] 是物件參照，變更其值之後，ary 和 target 的索引 [1][0] 元素皆受影響。

> **TIPS**
> 使用 copy 模組的 copy() 方法時：
> - 一般物件，copy() 方法會複製物件參照。
> - 物件參照使用 copy() 方法時，會產生副本，物件本身不會被複製。

6.4.3　deepcopy() 方法複製物件本身

所以要複製的對象是物件本身，而它又是一個串列中有串列的物件時，就必須使用 deepcopy() 方法。範例如下：

```python
# 參考範例《CH0627.py》
import copy  # 滙入 copy 模組，做深層複製
ary = [11, [22, 44], 33, 36, 39]  # List 中有 List
target = copy.deepcopy(ary)       # 複製
print(f'ary {ary}\ntarget {target}')

target[-1] = 172    # 變更最後一個元素
print('改變 target 最後一個元素')
print(ary, '\n', target)

ary[1][1] = 88
print('改變 ary 第 2 列、第 2 欄元素')
print(ary, '\n', target)
```

- 使用 deepcopy() 方法，將 List 物件「ary」進行深層複製指後派給 target 來儲存。
- 變更 target 最後一個元素的值，只有 target 受影響。
- 變更 ary 索引 [1][1] 的值，只有 ary 受影響。所以使用深複製時，ary 和 target 皆是獨立的物件參照，無論是改變物件或物件參照都只會影響原有的 List 物件。

重點整理

◆ Tuple 物件的元素具有順序性但位置不能任意更改。內建函式 tuple() 將「可迭代物件」做轉換。

◆ 由於 Tuple 物件無法變更索引編號所指向的物件，只有 count() 方法統計元素出現次數，index() 方法取得某元素位置。

◆ 如何讀取 Tuple 元素？使用「迭代」（iteration）概念，讀取元素的動作是『一個接著一個』，所以非 for/in 迴圈莫屬囉，把 Tuple 的元素一個個輸出。

◆ 因程式需求，將存放於 Tuple 的元素快速拆解（Unpacking），再指派給多個變數來使用。

◆ List 有何特色？①有序集合，不管是數字、文字皆能以元素呈現。②透過索引值，即能取得某個元素的值。③以 len() 函式取得其長度，長度不限。④屬於「可變序列」。

◆ List 物件提供的方法：①方法 append() 新增元素到 List 最後位置；②方法 insert() 將元素依指定索引做插入；③方法 remove() 和 pop() 將指定元素移除；④方法 clear() 清除所有元素。

◆ 內建函式 sorted() 和 list 物件的 sort() 方法皆能排序，但兩者之間有差異：① BIF 的 sorted() 函式使用複製排序（copied sorting）；原來的次序並未改變。② List 物件的 sort() 方法採用就地排序（in-place sorting），排序之後 List 元素會失去原有順序。

◆ Python 程式語言提供生成式（Comprehension），它可將一個或多個迭代器聚集在一起，再以 for 迴圈做條件測試，必要時可加入 if 敘述做條件判斷。

◆ 序列中包含序列，稱為矩陣（Matrixes）、多維串列或多維陣列（Multidimensional arrays）；讀取矩陣同樣是使用 for 迴圈。

◆ 複製有兩種：①淺複製（Shallow copy）只複製物件參照，不複製物件本身。②深複製（Deep copy），無論是物件或物件參照都各自獨立，不會互相影響。

07
CHAPTER

字典

學│習│導│引

- 認識映射型別，以鍵（Key）與值（Value）做配對的字典
- 如何建立字典？找大括號和 dict() 函式來幫忙
- 介紹 collections 模組的 defaultdict 和 OrderedDict 兩個字典

Python

前面兩個章節討論的皆是有序集合。本章節要討論的是無序的群集資料：字典和集合。字典來自於映射型別，而 collections 模組提供字典的兩個子類別：defaultdict 和 OrderedDict。

7.1 認識映射型別

字典來自於映射型別，屬於無序集合。建立字典還能以 dict() 函式將 List、Tuple 以字典型式呈現。字典檢視表能回傳字典的項目、鍵和值。字典同樣有生成式，可以提高建立字典的效能。

使用字典之前先認識「映射型別」（Mapping Types）。Python 程式語言提供映射型別，依資料的順序性分有序和無序兩種。

- **有序映射型別**：來自標準函式庫的「collections.OrderedDict」，由於是 dict 的子類別（subclass），它擁有跟字典一樣的屬性和方法。
- **無序映射型別**：字典（Dictionary，以 dict 表示）是標準映射型別中唯一內建的物件。另一個亦是來自標準函式庫的「collections.defaultdict」，它同樣也是 dict 的子類別。

映射型別本身屬於可變物件（Mutable objects），支援「可迭代者」（Iterator）；所以內建函式 len() 和成員運算子「in」皆能使用。從映射型別的觀點來看，字典（dict）是從「Key」（鍵）映射到「Value」（值），其他程式語言則稱作「關聯陣列」（Associative array）或「雜湊」（Hash）。那麼字典有那些特色？

- **無序的任意型別**：相對於序列型別的順序性，儲存於字典的資料很隨性。由於是可變容器，可儲存任意類型物件。
- **使用「鍵」（Key）來獲取「值」（Value）**：字典由鍵和值來組成「鍵/值」配對（key-value pairs）。也就是字典的 key 如同序列物件的索引，經由 key 可尋得配對的值。
- **支援巢狀**：字典裡可包含序列型別任何一種，依實際需求改變其長度。
- 以雜湊表為基底，可以快速檢索。
- 使用「==」和「!=」運算子將字典逐項目做比對，其他的比較運算子則不能使用。

7.2 建立字典

介紹字典之前,先來談談簡易的資料處理。要記錄朋友或同學的電話,無論是以手機儲存或本子上,要有名稱和電話號碼;「王小明:223-7744, 李大同:555-4443」。打電話時,找到「王小明」就能獲得其電話「223-7744」。這就是字典的基本用法,保存記錄,以「鍵」(key)找到其「值」(value)。

```
keys              values
王小明 ------→  223-7444
李大同 ------→  555-4443
林志文 ------→  229-0008
```

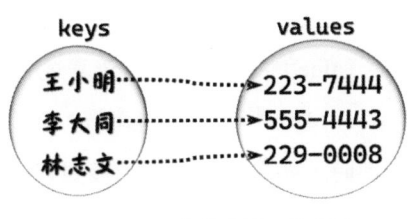

圖【7-1】 字典由鍵、值組合

如何建立字典? Python 提供四種方式。

- 利用大括號 {} 產生字典。
- 使用 dict() 函式。
- 先建立空的字典,[] 運算子以鍵設值。
- 類別方法 fromkey()。

7.2.1 認識字典

來自圖【7-1】的示意,字典的一個項目包含了「鍵」與「值」。那麼字典與第五章介紹的序列(Sequence,List、Tuple 皆是)和有何不同?序列以數值為「鍵」,它具有順序性,提取時必須透過索引值。而字典是以鍵(Key)來存取所對應的值(Value)。使用「鍵」時,要注意下列事項:

- 「鍵」不具順序,為不可變物件,只能使用「可雜湊者」(Hashable)。
- 「鍵」能使用的型別有:整數或浮點數、字串或 Tuple、frozenset;以字典列舉時可以發現字串(str)和整數(int)較通用。
- 「鍵」無法使用的型別:包含 dict、list 和 set 不能作為字典的「鍵」。
- 由於「鍵」不具索引,不能進行「切片」運算。

通常「值」可以是任何型別的物件；例如：整數、字串或串列（也有可能是另一個字典），甚至是函數。

7.2.2 產生字典

建立字典的第一種方法是使用大括號 {}，以鍵、值配對來產生字典元素（或稱項目），基本語法如下：

```
{key1 : value1, key2 : value2, ...}
```

- 每一組鍵（key）與值（value）要以「:」（半形冒號）做配對。
- 已配對的組與組之間以「,」（半形逗點）做區隔。

使用大括號 {} 產生字典時，如果是字串，前後要有單或雙引號，例一：

```
data = {}        # 表示空的字典
score = {'John' : 85, 'Eric' : 61, 'Marri' : 92, 'Hank' : 73}
```

- 除了空字典之外，產生的字典由於不具順序性，輸出元素時可能會和建立時不相同。

建立字典的第二種方法是利用 BIF（內建函式）dict()，它以關鍵字引數為參數，或者加入 zip() 函式來產生字典，它的語法如下：

```
dict(**kwarg)
dict(mapping, **kwarg)
dict(iterable, **kwarg)
```

- kwarg：表示關鍵字引數。
- mapping 為映射物件。
- iterable 為可迭代者。

dict() 函式配合關鍵字引數，以「變數 = 值」來產生其項目。其中，變數成為字典的「key」，值就是字典的「value」，參考範例《CH0701.py》如下：

```
score = dict(John = 87, Eric = 75, Judy = 91, Tomas = 65)
print(score)
# 輸出{'Judy': 91, 'Tomas': 65, 'John': 87, 'Eric': 75}
```

- 關鍵字必須遵守識別字名稱的規範，項目之間以「,」（半形逗點）做區隔。

- 變數 John、Eric、Judy、Tomas 會成為字典的「key」，值 87、75、91 和 65 會成為字典的「value」。

dict() 函式還能以「可迭代者」為參數，表明其對象是 List 或 Tuple，須加入括號 [] 或 ()，先找 Tuple 物件試身手，參考範例《CH0701.py》繼續：

```
special = dict([('year', 1988), ('month', 5), ('day', 27)])
print(special)    # 輸出{'year': 1988, 'day': 27, 'month': 5}
```

- dict() 函式中以中括號 [] 儲存 List，再放入 3 個 Tuple，所以它會產生 3 對「鍵:值」的字典。其中的 year、month、day 會變成字典的 key，數字 1988、5、27 則是字典的 value。

dict() 函式「可迭代者」的對象是 List 物件，以它為參數，參考範例《CH0701.py》繼續：

```
person = dict([['name', 'Mary'], ['sex', 'female']])
print(person)
```

- person 輸出「{'name': 'Mary', 'sex': 'female'}」。

dict() 函式還可以配合 zip() 函式，將「可迭代者」重組成新的字典，複習 zip() 函式的語法：

```
zip(iter1 [,iter2 [...]])
```

- 內建函式 zip() 函式於第 6 章介紹過（《6.3.3》）同樣是以可迭代者為元素來產生迭代器，先指定「key」再配對「value」，它們分別存放於 Tuple。

範例：說明 dict() 函式配合 zip() 函式來產生字典。

```
# 參考範例《CH0701.py》
week = dict(zip(
   ['Sunday', 'Monday', 'Tuesday'],
   ['週日', '週一', '週二'] ))
```

- 使用 zip() 函式將兩個 List 壓縮，形成「'Sunday': '週日'」，第一組 List 物件會變成 key；第二組 List 就是 value。
- 由於字典項目輸出是無序性，可以使用 zip() 函式重新取鍵、值，參考範例《CH0702》。

建立字典時，可利用 List 或 Tuple 物件產生一鍵對多值的效果。例二：

```
print('Key 對應多個值：\n',
      {'A01':('Mary', 65, 78), 'A02':['Andy', 95, 62, 74]})
student = {'first':{'A01':(78, 92, 71)},
    'second':['Name', ('Mary', 'Tomas')],
    'third': ('Taipei, Kaohsiung')}
```

◆ key「A01」對應的 value「(Mary, 65, 78)」是 Tuple 物件；key「A02」則是 List 物件。

◆ student 是一個巢狀字典，其中 key 為 first，value 為 {'A01':(78, 92, 71)}。

7.2.3 讀取字典項目

如何讀取字典的項目？既然是可迭代物件，for 迴圈欲讀取字典中的項目當然少不了 [] 運算子，使用「字典 [項目]」方式來取得字典的「鍵 - 值」。範例：

```
# 參考範例《CH0702.py》
number = {1:'One', 2:'Two', 3:'Three'}
for item in number:
    print(f'key = {item:2d}, value = {number[item]:4s}')
```

◆ 使用 for 迴圈讀取時，key 加上 [] 運算子，它會回傳所對應的 value。

◆ 輸出時配合格式化字元，分別指定數值和字元的輸出欄寬是 2 和 4。

範例《CH0703.py》

以 dict() 函式來產生字典物件，參數中使用字典物件，透過識別字指派其值，或者在串列（List）中以序對（Tuple）分組，皆能產生字典來使用。

STEP 01 撰寫如下程式碼。

```
01  print('字典物件：\n',        # 使用大括號 {}
02          {'Jan':1, 'Feb':2, 'Mar':3})
03  weeks = ['Sunday', 'Monday', 'Tuesday', 'Wednesday',
04           'Thursday', 'Friday', 'Saturday']
05  title = ['星期天', '星期一', '星期二', '星期三',
06            '星期四', '星期五', '週末']
07  wkcomb = dict(zip(title, weeks))    # 使用 zip() 函式來組合
08  for key in wkcomb:        # 讀取字典
09      print(f'{key:3s} {wkcomb[key]:9s}')
```

STEP 02 儲存檔案，解譯、執行按【F5】鍵。

```
= RESTART: D:\PyCode\CH07\CH0703.py
字典物件：
  {'Jan': 1, 'Feb': 2, 'Mar': 3}
星期天   Sunday
星期一   Monday
星期二   Tuesday
星期三   Wednesday
星期四   Thursday
星期五   Friday
週末     Saturday
```

【程式說明】

- 第 1~2 行：使用大括號，以「鍵」、「值」方式配對產生字典物件。
- 第 7 行：dict() 函式以 zip() 函式為參數組合字典物件。
- 第 8~9 行：for 迴圈讀取；使用 key 來取得 value。

7.2.4 類別方法 fromkeys()

fromkeys() 是由字典提供的類別方法，先建立字典的 key，再以 [] 運算子填入所需的 value，其語法如下。

```
fromkeys(seq[, value])
```

- seq：序列型別。
- value：值，選擇參數，如果有設定此參數，它會分派給參數 seq。

如何使用類別方法 fromkeys()！先來看看兩個參數都使用的情形。例一：

```
dt = {}.fromkeys('ABC', 123)
```

- dt 是一個空的字典，參數「'ABC'」會拆解成個別字元來成為字典的 key，而 value「123」會對應到每個 key。
- dt 輸出「{'C': 123, 'B': 123, 'A': 123}」。

fromkeys() 方法如果省略參數 value，則會填入 None，例二：

```
num = dict.fromkeys(['one', 'two', 'three'])
num
{'one': None, 'two': None, 'three': None}
num['one'] = 1; num['three'] = 3  #設value
num
{'one': 1, 'two': None, 'three': 3}
```

- 由於 fromkeys() 為類別方法，須以 dict 類別代表名稱。
- fromkeys() 方法只有參數 seq 時，字典的 value 會以 None 取代。可以利用 [] 運算子指明 key 來填入 value。

7.3 字典的異動

對於字典來說，資料同樣有異動，在序列型別中扮演重要角色的 [] 運算子，同樣配合字典，按鍵索值，或者依鍵修改對應的值。

7.3.1 新增與修改元素

序列型別使用 [] 運算子指明某個元素的索引，還能進一步重設某個元素的值。字典的項目也能使用 [] 運算子，配合鍵、值，依鍵取值或者新增、修改某個元素；相關用法列於表【7-1】。

函式	說明（d 表示字典物件）
del d[key]	刪除字典項目，依 key 執行
key in d	判斷鍵「key」是否在字典中
key not in d	判斷鍵「key」是否不在字典中
iter(dictview)	由字典的 key 所建立的迭代器

表【7-1】 與鍵、值有關的方法

[] 運算子不但可以存取字典的項目，還可以新增字典的項目。如何做？通常以「鍵」為主，它的語法如下：

```
d[key]           # 回傳 key 對應的值 (value)
d[key] = value   # 新增或重新將鍵 (key) 值 (value) 配對
```

- d：字典物件 dict。
- 存取時要以字典名稱配合 [] 運算子放入其鍵，可取對應之值。
- 指定新值時還是以字典名稱，以 [] 運算子指明「鍵」，等號右邊指定新「值」。

範例：以 score 為字典物件，以名字、分數做鍵、值配對。

```
# 參考範例《CH0704.py》
score = {'John' : 85, 'Eric' : 47,
    'Judy' : 85, 'Tomas' : 74, 'Hank' : 81}
print(f"成績 Eric {score['Eric']}, John {score['John']}")
score['Tomas'] = 86    # 使用 [] 運算子,依 key 變更 value
```

- 使用 [] 運算子指定其 key,回傳所對應的值。
- [] 運算子也能指定 key 來變更對應的值,例如:Tomas 的 value 由 74 變更為 86。

以 key 取值並非萬無一失,如果輸入的 key 無法尋得對的 value,就會發生錯誤。

```
score['Andy']
Traceback (most recent call last):
  File "<pyshell#1>", line 1, in <module>
    score['Andy']
KeyError: 'Andy'
```

[] 運算子也能在字典中加入新的項目,更靈活的作法是先建立空字典,再一一增其項目。參考範例《CH0704.py》:

```
score['David'] = 92
score['Monica'] = 63
```

- 配合 [] 運算子新增 key「'David'」,指定新值為 92,它就會自動成為字典項目。

內建函式 iter() 會回傳由字典的 key 所建立的「迭代器」(iterator),參考範例《CH0704.py》繼續:

```
print(iter(score))
print(list(iter(score)))    # 輸出 key
```

- 若直接輸出 iter() 函式所取得的 key,只會顯示「dict_keyiterator object at 0x000001E733D243B0」。
- 將 iter() 函式取得的 key 再以 list() 函式轉換,就能正常查看字典的 key。

已經知道找不到字典的 key 會發生錯誤,該如何防患?

- 使用成員運算子「in/not in」做檢查,參考範例《CH0705》。
- get() 方法,無 key 時會以 None 回應,參考表【7-3】及相關解說。
- setdefault() 方法,無 key 時會新增此 key,而對應的值則以 None 做回應,參考表【7-3】及相關解說。

7-9

範例《CH0705.py》

檢查字典的 key 是否存在的第一個方法就是使用成員運算子 in/not in 來判斷某個 key 是否包含於字典中。

STEP 01 撰寫如下程式碼。

```
01  score = {11:'Mary', 12:'John', 13:'Andy', 14:'Bob'}
02  print('字典:'); print(score)
03  print('Score 長度:', len(score))  # 回傳字典長度
04  del score[14]  # 刪除 score[14]
05  print('刪除 key 14'); print(score)
06
07  print('Key 12 Score?', 12 in score)
08  print('Key 14 Score?', 14 not in score)
09  for key in iter(score):
10      print(f'{key:2d}, {score[key]:4s}')
```

STEP 02 儲存檔案，解譯、執行按【F5】鍵。

```
= RESTART: D:\PyCode\CH07\CH0705.py
字典:
{11: 'Mary', 12: 'John', 13: 'Andy', 14: 'Bob'}
Score長度: 4
刪除key 14
{11: 'Mary', 12: 'John', 13: 'Andy'}
Key 12 Score? True
Key 14 Score? True
11, Mary
12, John
13, Andy
```

【程式說明】

- 第 3 行：以 len() 函式取得字典「鍵/值」組數。
- 第 4 行：使用 del 敘述刪除「key = 14」的鍵值。
- 第 7~8 行：以「in / not in」判斷某個 key 是否在字典內？由於 12 為字典的 key，回傳布林值 True 表示「存在」，而 14 已被刪除，非字典的 key，以 True 來表示「不存在」。
- 第 9~10 行：使用 for 迴圈讀取 key 輸出對應的 value。

7.3.2 刪除字典項目

如何刪除字典中的項目？範例《CH0705》使用了運算子 del，語法簡介如下：

```
del d[key]
```

- d 為字典物件，配合 [] 運算子指定欲移除的 key。

欲刪除字典項目，還可以使用字典提供的方法，表【7-2】列舉之。

方法	說明（d 表示字典物件）
d.pop(key, default)	依鍵所對應的值做刪除，無此鍵回傳 default
d.popitem()	依後進先出（LIFO），移除字典最後一個項目
d.update(other)	以 other 提供鍵值來更新字典
d.clear()	清除字典所有內容

表【7-2】 移除字典項目的相關方法

先認識 pop()、popitem() 兩個方法的語法：

```
pop(key[, default])
popitem()
```

- key：字典的鍵，以 key 來刪除 value，並回傳被刪除 key 所對應的值。
- popitem() 方法無參數，通常會刪除最後一個項目。

方法 pop() 依指定的 key 來移除某個項目，如果 key 不存在，可將參數「default」指定一個值，避免引發錯誤「KeyError」，簡例：

```
num = {'One' : 1, 'Two' : 2, 'Three' : 3}
num.pop('four', None) # 無此key
```

範例《CH0706.py》

刪除字典的項目，除了使用 del 運算子，呼叫了 pop() 和 popitem() 方法。

STEP 01 撰寫如下程式碼。

```
01  def readItem():      # 定義函式讀取字典項目
02      for item in student:
03          print(f'{item:8s} {student[item]:3d}')
04  student = {'Tomas' : 95,  # 大括號 {} 產生字典
```

7-11

```
05                  'Vicky'  : 89,
06                  'Michelle' : 87,
07                  'Peter'  : 74,
08                  'Charles' : 62}
09   readItem()                    # 呼叫函式
10   del student['Peter']          # 移除 key 為 Peter 的項目
11   student.pop('Tomas')          # pop() 方法移除 key 為 Tomas 的項目
12   print('移除兩個項目')
13   readItem()
14   student.popitem()             # popitem() 方法移除最後一個項目
15   print('移除最後一個項目')
16   readItem()
```

STEP 02 儲存檔案，解譯、執行按【F5】鍵。

```
= RESTART: D:/PyCode/CH07/CH0706.py
Tomas      95
Vicky      89
Michelle   87
Peter      74
Charles    62
移除兩個項目
Vicky      89
Michelle   87
Charles    62
移除最後一個項目
Vicky      89
Michelle   87
```

【程式說明】

- 第 1~3 行：定義函式 readItem() 來讀取字典的項目。
- 第 10 行：使用 del 運算子並指定 key 來移除某個項目。
- 第 11 行：使用 pop() 方法並指定 key 來移除某個項目。
- 第 14 行：方法 popitem() 會依據後進先出的原則，移除最後一個項目。

7.3.3 合併字典

update() 方法可以將另一個字典加到另一個字典來擴展字典的項目，簡例：

```
n1 = {1 : 'One', 3 : 'Three'}
n2 = {2 : 'Two', 4 : 'Four'}
n1.update(n2)   # 把n1擴展
n1
{1: 'One', 3: 'Three', 2: 'Two', 4: 'Four'}
```

合併字典的第二個方法是使用聯集運算子「|」，語法如下：

```
d | other
```

- d，other 皆是字典物件，聯集之後產生新的字典物件。

例二：把兩個字典物件 n1、n2 做聯集運算後，產生新的字典物件 n3。

```
n1 = {1 : 'One', 3 : 'Three'}
n2 = {2 : 'Two', 4 : 'Four'}
n3 = n1 | n2
n3
{1: 'One', 3: 'Three', 2: 'Two', 4: 'Four'}
```

7.4 鍵、值相關操作

字典項目中，key 的存在代表能否找到的 value，先以表【7-3】簡單介紹字典項目與 key 習習相關的方法。

方法	說明（d 表示字典物件）
d.get(key, default)	回傳 key 對應的值，無此鍵以參數 default 預設值 None 回傳
d.setdefault(key, default)	若 key 不存在，新增鍵，值以 None 回應
d.copy()	以淺複製產生字典物件

表【7-3】 字典相關方法

7.4.1 預防找不到 key

先前討論過，字典的 key 若找不到會引發異常，《7.3.1》介紹了成員運算子「in/not in」檢查某個 key 是否存在。更進一步可以使用 get() 或 setdefault() 方法。先認識 get() 方法。它有兩個參數：key 和 default；而參數 default 為選擇性參數，其預設值為「None」。

例一：兩個字典物件 n1、n2，用它們解說 get() 方法。

```
n1 = {1 : 'One', 2 : 'Two', 3 : 'Three'}
n2 = {4 : 'Four', 5 : 'Five'}
print(n1.get(3), n1.get(4))# 沒有 key 4，回傳 None
```

- get() 方法所指定的 key 若存在，就以對應的 value 回傳；若不存在 key 則以 None 回傳。

防患字典中無 key 時，第三種處理方式就是使用 setdefault() 方法，其中的參數 key 須有如下的考量：

- 字典中有此「key」存在，顯示對應的「value」。
- 指定的「key」不存在，自動成為字典的 key；value 會以預設值『None』補上；再以 [] 運算子指定新值。

參考範例《CH0707.py》如下：

```
num1 = { 1 : 'One', 2 : 'Two', 3 : 'Three'}
# 若 key 2 存在，回傳 value
print(f'key 2, value = {num1.setdefault(2)}')
# 若 key 4 不存在，以此新增項目
print(f'key 4, value = {num1.setdefault(4, "Four")}')
# 若 key 5 不存在，以 None 回傳
print(f'key 5, value = {num1.setdefault(5)}')
for item in num1:
    print(f'{item:2d} {num1[item]:5s}')
```

- setdefault() 方法若指定的鍵不存在時，第 2 個參數有給予 value 會自動新增成字典的項目。
- 指定的 key 若沒有，也未設第 2 個參數的 value，以「None」補齊，也會成為字典的項目。

範例《CH0708.py》

字典物件藉由方法 setdefault()、update() 做項目的異動。

STEP 01 撰寫如下程式碼。

```
01  number = {'Grace':68, 'Tom':76}      # 字典
02  number['Eric'] = 85                  # 新增一個項目
03  number.setdefault('John')
04  print('成績 ', number)                # key John value 回傳 None
05  number['John'] = 45                  # 設定 John 的分數
06  number.update({'Andy':93, 'David':93})
07  # 將分數排序
08  print(' 依名字排序 '.center(14, '-'))
09  for key in sorted(number):
10      print(f'{key:10s}{number[key]}')
11
12  number.pop('David')   # 刪除 David
13  print(' 依名字遞減排序 '.center(14, '*'))
```

7-14

```
14    for value in sorted(number, reverse = True):
15        print(f'{value:10s}{number[value]}')
16
17    print('字典清空 -- ', number.clear())
18    score = {'Judy':63, 'Sunny':60}
19    number.update(score)  # 將另一個字典物件加入
20    number.update(Steven = 87, Ivy = 74)# 以指派方式更新
21    print('更新字典內容：\n', number)
```

STEP 02 儲存檔案，解譯、執行按【F5】鍵。

```
= RESTART: D:/PyCode/CH07/CH0708.py
成績
 {'Grace': 68, 'Tom': 76, 'Eric': 8
5, 'John': None}
----依名字排序-----
Andy       93
David      93
Eric       85
Grace      68
John       45
Tom        76
```

```
***依名字遞減排序****
Tom        76
John       45
Grace      68
Eric       85
Andy       93
字典清空 --    None
更新字典內容：
 {'Judy': 63, 'Sunny': 60, 'Steven'
: 87, 'Ivy': 74}
```

【程式說明】

- 第 3 行：以 setdefault() 方法新增一個 key「John」；由於未指定 value，所以會以 None 來取代。
- 第 6 行：update() 方法配合大括號 {} 直接加入字典物件。
- 第 12 行：用 pop() 方法刪除 key「David」。
- 第 14~15 行：使用 for 迴圈，配合 sorted() 方法將字典物件依 key 排序。
- 第 17 行：以 clear() 方法來清空字典內容。
- 第 19、20 行：同樣是 update() 方法，第 19 行加入已宣告的字典物件。

7.4.2 讀取字典

表【7-4】的三個方法能取得字典鍵、值。比較特別之處，它們皆以「字典檢視表」（Dictionary view，以 dictview 表示）的物件回傳。

方法	說明（d 表示字典物件）
d.keys()	以 Tuple 回傳字典的鍵
d.values()	以 Tuple 回傳字典的值
d.items()	以 Tuple 回傳字典的「鍵/值」組

表【7-4】 鍵、值方法

使用 items()、keys()、values() 方法回傳結果時皆會以「dict_」為前導字串來表示它是字典檢視表。例一：

```
score = {'Tom' : 67, 'Ema' : 84, 'Joe' : 72}
names = score.keys()  # 取得字典所有key
names
dict_keys(['Tom', 'Ema', 'Joe'])
type(names)  # 查看names型別
<class 'dict_keys'>
nums = score.values()  # 取得字典所有value
nums
dict_values([67, 84, 72])
type(nums)
<class 'dict_values'>
```

- items() 方法以 dict_items() 物件回傳字典的「鍵 / 值」組。
- 以 type() 函式查看屬於字典的鍵、值，會回傳「dict_items」、「dict_values」。

使用方法 keys() 和 values() 方法能分別取得字典中所有的鍵、值，但它們分別有前導字串 dict_keys 和 dict_keys 的字典檢視表，可別把它們誤認為 Tuple 物件。如果不想看到這些字典檢視表的前導字串，可使用 list() 或 tuple() 函式做轉換，或者配合 format() 方法以格式化字串來輸出。例二：

```
for name in names:
    print(name, end = ' ')

Tom Ema Joe
tuple(names)  # 轉為Tuple
('Tom', 'Ema', 'Joe')
```

- 延續例一，使用 for 迴圈讀取字典物件的 keys，或者使用 list() 或 tuple() 函式轉為相關物件亦可。

例三：字典物件的 items() 方法取得字典的鍵和值，以 type() 函式查看，它屬於字典檢視表的「dict_items」。同樣地，使用 for/in 讀取或以 List() 函式來轉換。

```
score = {'Tom' : 67, 'Ema' : 84, 'Joe' : 72}
student = score.items()
student
dict_items([('Tom', 67), ('Ema', 84), ('Joe', 72)])
type(student)
<class 'dict_items'>
```

範例《CH0709.py》

從字典的建立開始,並進一步了解 keys()、values() 和 items() 這些方法如何配合 format() 方法輸出。

STEP 01 撰寫如下程式碼。

```
01  week = dict(Sun = 1, Mon = 2, Tue = 3, Wed = 4)
02  print('隨意字典:'); print(week)
03  # 以串列取得 key, value
04  keys = [1, 2, 3, 4] # 含有 key 的 List
05  values = ['Sun', 'Mon', 'Tue', 'Wed']
06  weekB = dict(zip(keys, values))    # zip() 函式組合
07  print('字典重新組合:'); print(weekB)
08
09  print('鍵/值:')
10  for key, value in weekB.items():    # for 迴圈讀取
11      print(f'{key:2d}:{value:4s}', end = '')
12  print()
13  print('<鍵>', end = '')
14  for key in weekB.keys():
15      print(f'{key:4d}', end = '')
16  print('\n<值>', end = '')
17  for value in weekB.values():
18      print(value, end = ' ')
```

STEP 02 儲存檔案,解譯、執行按【F5】鍵。

```
=== RESTART: D:/PyCode/CH07/CH0709.py ==
隨意字典:
{'Sun': 1, 'Mon': 2, 'Tue': 3, 'Wed': 4}
字典重新組合:
{1: 'Sun', 2: 'Mon', 3: 'Tue', 4: 'Wed'}
鍵/值:
 1:Sun  2:Mon  3:Tue  4:Wed
<鍵>   1   2   3   4
<值>Sun Mon Tue Wed
```

【程式說明】

- 第 1 行:以內建函式 dict() 建立字典物件。
- 第 6 行:以內建函式 dict() 配合 zip() 函式重新組合字典的 key 和 value。
- 第 10~11 行:for 迴圈讀取 key、value,再配合 items() 方法取得字典物件的鍵/值組,使用 format() 方法去除原來會顯示的「dict_items」。
- 第 14~15 行:同樣以 for 迴圈讀取 keys() 方法。

7-17

7.4.3 字典生成式

字典也有生成式，稱字典生成式（Dictionary comprehension），它與先前介紹過的串列生成式非常相像，其語法如下：

```
{Key 運算式 : Value 運算式 for key, value in iterable}
{Key 運算式 : Value 運算式 for key, value in iterable
     if 運算式}
```

- 大括號 {} 裏住整句敘述，for 敘述之前是由「key : value」配對的運算式。
- 同樣亦能加入 if 敘述做條件的篩選。

例一：利用字典生成式反轉字典鍵與值，運算式使用「v : k」。

```
size = {'L' : 'large', 'M' : 'middle', 'S' : 'small'}
print({v : k for k, v in size.items()})    # 反轉鍵與值
# 輸出{'large': 'L', 'middle': 'M', 'small': 'S'}
```

例二：字典生成式中也可以配合 zip() 函式來產生一個字典。

```
num = {k : v for (k, v) in zip(
    ['週一', '週二', '週三'], ['Mon', 'Tue', 'Wed'])}
print(num)
# 輸出{'週一': 'Mon', '週二': 'Tue', '週三': 'Wed'}
```

- 運算式分別為 k 和 v，它們會被 for 迴圈讀取；而 zip() 函式有兩個 List，組合之後就是一個字典。

範例《CH0710.py》

使用字典生成式的特色，列出成績當中某個標準值並做排名。

STEP 01 撰寫如下程式碼。

```
01  score = {'Tom':95, 'Stever':78, 'John':47, 'Eward':67,
02           'Cathy':64, 'Eric':52, 'Ivy':72, 'Grac':82,
03           'Kevin':93, 'Nacy':35, 'Laura':75, 'David':88}
04  print('分數大於 85\n',
05        {k:v for k,v in score.items() if v > 85})
06  print('分數小於 60\n',
07        {k:v for k,v in score.items() if v < 60})
08  # 找出分數最低、最高者
09  min_score = min(zip(score.values(), score.keys()))
10  print('最低分：', min_score)
```

```
11   max_score = max(zip(score.values(), score.keys()))
12   print('最高分：', max_score)
13
14   data = {} # 空字典
15   for key, value in score.items():
16       tmp = value // 10 # 取整數商數
17       if tmp not in data:
18           data[tmp] = []
19       data[tmp].append(key)
20
21   for key in data.items():      # 讀取字典
22       #  問字典裡是否有 List
23       if isinstance(key, list):
24           for value in key:
25               print(value)
26       else:
27           print(key)
```

STEP 02 儲存檔案，解譯、執行按【F5】鍵。

```
== RESTART: D:/PyCode/CH07/CH0710.py =
分數大於85
 {'Tom': 95, 'Kevin': 93, 'David': 88}
分數小於60
 {'John': 47, 'Eric': 52, 'Nacy': 35}
最低分： (35, 'Nacy')
最高分： (95, 'Tom')
(9, ['Tom', 'Kevin'])
(7, ['Stever', 'Ivy', 'Laura'])
(4, ['John'])
(6, ['Eward', 'Cathy'])
(5, ['Eric'])
(8, ['Grac', 'David'])
(3, ['Nacy'])
```

【程式說明】

- 第 4~5 行：使用字典生成式，加入 if 敘述來取得分數大於 85 分者。
- 第 6~7 行：同樣是字典生成式，不過 if 敘述則是找出分數小於 60 分者。
- 第 9、11 行：利用 min() 和 max() 函式，再由 zip() 函式配合字典的 values() 方法來找出分數最低和最高者，而 keys() 方法帶出名稱。
- 第 15~19 行：找出各區間分數，像 90~99 分有幾人。for 迴圈來讀取整個字典，配合「//」整除運算子，將 value（分數）運算後的整數值（商數）儲存於「tmp」變數，使用 append() 方法將含有學生名字加入串列中；為了避免重複值，進一步使用 if 敘述再配合「not in」運算子判斷某個整數值是否不在 data 字典物件裡，確認沒有的情形下，加入 data（List）。

- 第 21~27 行：for 迴圈讀取 data 字典，由於含有串列物件 value，使用 isinstance() 函式來判斷它是否為 List；如果是的話，再進入第二層 for 迴圈讀取其 value，若不是串列物件，就以 key 直接輸出。

7.5 預設字典和有序字典

dict 有兩個子類別：defaultdict 和 OrderedDict，它們皆來自在 collections 模組。

- **defaultdict**（或稱預設字典）：為字典提供「鍵」來得值。
- **OrderedDict**（或稱有序字典）：它可以記住字典插入項目的位置。

7.5.1 預設字典

由於字典本身是無順序性，通常是以「鍵」得「值」；而預設字典（defaultdict）的特色就是配「鍵」取「值」。使用字典易發生的窘況是無「鍵」可用。雖然可使用成員運算子 in 先做探詢或者以 get() 或 setdefault() 方法做預防性補「value」，但使用起來不是這麼得心應手。

預設字典由 collections 模組的 defaultdict 類別所提供，由於是 dict 的子類別，字典所擁有的屬性和方法它皆可使用。建構式 defaultdict() 自動配鍵的作法，更具人性，語法如下：

```
defaultdict([default_factory[, ...]])
```

- default_factory：預設工廠函式。

所謂「工廠函式」（factory function）是函式被呼叫之後，會以特定型別的物件回傳。Python 的內建資料型別（可呼叫其 BIF）皆可視為工廠函式，簡例：

```
num = int(); word = str()
num, word
(0, '')
```

- 變數 num 和 word 分別以 int() 和 str() 轉換，由於未指派任何的值，分別以數值 0 和空字串回傳。

所以，使用 defaultdict() 建構式來產生一個預設字典時，會自動建立該鍵，而參數「default_factory」能提供預設值做鍵、值配對，參考範例《CH0711.py》：

```
from collections import defaultdict  # 匯入模組
df = defaultdict(int)      # 以 int 為參數
df['One']; df['Two']       # key 不存在
df['Three'] = 3            # 設不存在 key, value = 3
print(df)
```

- defaultdict() 建構式以 int 為參數，提供鍵、值配對的預設值。
- key 之 One、Two 並不存在，由於以 int 為參數，其預設值為 0。
- 這裡將不存在的 key「Three」設其值為 3。
- 輸出 df「defaultdict(<class 'int'>, {'Three': 3, 'One': 0, 'Two': 0})」。

defaultdict() 建構式已經提供了預設值，還可以進一步把範例《CH0721》的字典物件 df 使用 list() 或 tuple() 函式轉換，但只能看見 key；而 dict() 轉換之後就是字典了。例二：

```
list(df)        # 輸出 key
['One', 'Two', 'Three']
tuple(df)
('One', 'Two', 'Three')
dict(df)        # 變成字典
{'One': 0, 'Two': 0, 'Three': 3}
```

透過 defaultdict() 建構式，可以用來統計字串中字元出現的次數，範例如下：

```
# 參考範例《CH0712.py》
from collections import defaultdict  # 匯入模組
wd = 'initially'
df = defaultdict(int)      # 以 int() 函式為它的參數

for key in wd:             # 讀取字串並統計相同 key 的次數
    df[key] += 1
print(list(df.items()))    # 轉成 List
```

- for 迴圈讀取字串，以每個字元為 key，而 vale 的預設值就是 0，碰到相同字元就累加 value，如此一來就能統計字元的次數。
- 以 list() 函式轉換後，再輸出預設字典的項目「[('l', 2), ('t', 1), ('i', 3), ('n', 1), ('y', 1), ('a', 1)]」。

7-21

範例 《CH0713.py》

利用 defaultdict() 建構式的特性，用來統計某個群組。

STEP 01 撰寫如下程式碼。

```
01   from collections import defaultdict
02   pern = [('Mary', 'F'), ('Tomas', 'M'), ('Grace', 'F'),
03           ('Emily', 'F'), ('Eric', 'M')]
04
05   dt = defaultdict(list)    # 以 list 為 default_factory
06   for k, v in pern:         # 讀取 List -- Tuple 元素為 key, value
07       dt[v].append(k)
08   dt2 = (list(dt.items()))
09   print(' 以性別分組 ')
10   print(dt2)
```

STEP 02 儲存檔案，解譯、執行按【F5】鍵。

```
= RESTART: D:/PyCode/CH07/CH0713.py
以性別分組
[('F', ['Mary', 'Grace', 'Emily']),
 ('M', ['Tomas', 'Eric'])]
```

【程式說明】

- 第 1 行：要匯入 collections 模組。
- 第 2~3 行：建立 List，再以 Tuple 分組，存放名字和性別。
- 第 5 行：建構式 defaultdict() 以 List 為參數。
- 第 6~7 行：for 迴圈讀取 list 物件「pern」，以 value 為主，呼叫 append() 方法來加入其鍵。
- 第 8 行：由於 items() 方法會以字典檢視表回傳，所以 list() 做轉換。

7.5.2 有序字典

先前所介紹的字典和預設字典皆不具順序性。有序字典（OrderedDict）與前者不同，儲存時它會記住插入項目的順序。先介紹建構式 OrderedDict()，語法如下：

```
OrderedDict([items])
```

- 回傳 dict 的子類別，並完全支援 dict 的方法。
- items：欲插入的項目。

如何使用 OrderedDict() 來插入字典的項目？簡例：

```
from collections import OrderedDict
num = OrderedDict()
num[1] = 'One'
num[2] = 'Two'; num[3] = 'Three'
num
OrderedDict([(1, 'One'), (2, 'Two'), (3, 'Three')])
```

- 同樣要匯入 collections 模組的 OrderedDict 類別。
- 使用 num 來儲存有序字典的項目；以 [] 運算子分設其 key 定其 value。
- 輸出 num 時會以插入順序列出有序字典的項目。

此外，有序字典還提供兩個方法：popitem() 和 move_to_end()。先介紹 popitme() 方法，它用來刪除字典的項目，語法如下：

```
popitem(last = True)
```

- 參數「last = True」表示會刪除最後一個項目；「last = False」則會刪除第一個項目並回傳其項目。

使用 popitem() 方法刪除項目。例二：

```
num
OrderedDict([(1, 'One'), (2, 'Two'),
(3, 'Three')])
num.popitem(last = False)  # 刪除項目1
(1, 'One')
num.popitem(last = True)   # 刪最後項目
(3, 'Three')
num
OrderedDict([(2, 'Two')])
```

- 這裡刪除的項目是包含鍵和值。

使用 popitem() 方法如果無項目可刪，會引發錯誤訊息

```
num
OrderedDict([(2, 'Two')])
num.popitem(last = True) # 刪最後項目
(2, 'Two')
num.popitem(last = True) # 無項目
Traceback (most recent call last):
  File "<pyshell#9>", line 1, in <module>
    num.popitem(last = True) # 無項目
KeyError: 'dictionary is empty'
```

7-23

move_to_end() 方法用來移動字典的項目，語法如下：

```
move_to_end(key, last = True)
```

- key：字典的鍵。
- 「last = True」為預設值，表示會將字典的項目移到最後一個。

參考範例《CH0714》：先產生一個無序字典 dt，以 OrderDict() 方法將此字典轉成有序字典。

```
dt = {'A':1, 'B':2, 'C':3, 'D':4}      # 無序字典
odt = OrderedDict(dt)                   # 轉換為有序字典
odt['E'] = 5                            # 新增一個項目
print(odt)
```

- odt 輸出「OrderedDict([('D', 4), ('A', 1), ('B', 2), ('C', 3), ('E', 5)])」。

範例：使用方法 move_to_end() 移動字典的項目。

```
# 參考範例《CH0714》續
odt.move_to_end('A')  # key A 移向最後
print('Key A 是最後一個項目 ')
print(odt)
odt.move_to_end('E', last = False)  # key E 移向最前
print('Key E 是第一個項目 ')
print(odt)
```

- move_to_end() 方法，如果只給予第一個參數 key，就會依指定的 key，將此項目移到最後。若加入第二個參數「last = False」則會依指定的 key，將項目移到第一個。
- 輸出結果。

```
Key A 是最後一個項目
OrderedDict([('B', 2), ('C', 3),
('D', 4), ('E', 5), ('A', 1)])
Key E 是第一個項目
OrderedDict([('E', 5), ('B', 2),
('C', 3), ('D', 4), ('A', 1)])
```

已經知道內建函式 sorted() 做排序，它有三個參數，其中的 key 可以指定它做排序。什麼情形下會使用 key？通常是排序的對象有二個欄位（含）以上時，可以利用參數 key。先複習它的語法：

```
sroted(iterable[, key][, reverse])
```

- key：含有參數的函式。表示使用 key 時要先定義函式，再帶入函式；此處用 lambda 函式（參考章節《9.5.4》）可以單純些。

範例《CH0715.py》

使用 sort() 方法，其中的參數 key 使用 lambda 函式，對字典物件做排序。

STEP 01 撰寫如下程式碼。

```
01  from collections import OrderedDict
02  stud = {'Mary':87, 'Eric':49, 'David':81,
03          'Peter':72, 'Judy':67}
04  #BIF sorted() 函式，使用 key 排序
05  name = OrderedDict(sorted(
06      stud.items(), key = lambda fd: fd[0]))
07  for key in name:
08      print(f'{key:5s} {name[key]}')
09
10  print('-' * 20)
11  #BIF sorted() 函式，使用 value 排序
12  score = OrderedDict(sorted(stud.items(),
13          key = lambda fd: fd[1], reverse = True))
14  for key in score:
15      print(f'{key:5s} {score[key]}')
```

STEP 02 儲存檔案，解譯、執行按【F5】鍵。

```
= RESTART: D:/PyCode/CH07/CH0715.py
David 81
 Eric 49
 Judy 67
 Mary 87
Peter 72
--------------------
Mary  87
David 81
Peter 72
Judy  67
Eric  49
```

7-25

【程式說明】

- 第 5~6 行：items() 方法可以取得字典的項目，再呼叫內建函式 sorted() 做排序。其中的 key 使用 lambda 函式，其運算式「fd fd[0]」是以第一個欄位（亦是名字）做排序。經過排序的項目由 OrderedDict() 方法轉為有序字典。
- 第 7~8 行：使用 for 迴圈讀取經過排序後有序字典的項目。
- 第 12~13 行：同樣也是使用 sorted() 函式，只不過配合 reverse 參數指定欄位（第 2 欄為分數）做遞減排序。

重點整理

◆ 映射型別分有序映射型別和無序映射型兩種。「有序映射型別」來自標準函式庫「collections.OrderedDict」，是 dict 的子類別（subclass）。無序映射型別也有兩種；字典（以 dict 表示）是標準映射型別唯一內建物件。另一個亦是來自標準函式庫的「collections.defaultdict」，亦是 dict 的子類別。

◆ 字典由鍵（Key）與值（Value）做配對。使用「鍵」要注意：①以「可雜湊者」（Hashable）為主，不具順序，為不可變物件。②只能使用整數或浮點數、字串或 Tuple、frozenset。③不具索引，不做「切片」運算。

◆ 如何建立字典？①利用大括號 {} 產生字典。②使用 dict() 函式。③先建立空的字典，使用 [] 運算子以鍵設值。

◆ 防患字典找不到 key 而發生錯誤的對策。①使用成員運算子「in/not in」做檢查。② get() 方法無 key 時會以 None 回應。③ setdefault() 方法，無 key 時會新增此 key，以 None 為對應的值。

◆ keys() 方法取得字典的鍵；values() 方法取得字典的值；items() 取得字典的「鍵 / 值」組；它們皆以字典檢視表物件回傳。

◆ 字典也有生成式，稱字典生成式（Dictionary comprehension），可以利用運算式「v : k」，反轉字典的鍵與值。

◆ 預設字典由 collections 模組的 defaultdict 類別所提供，由於是 dict 的子類別，字典所擁有的屬性和方法它皆可使用。建構式 defaultdict() 自動配鍵的作法，更具人性。

◆ 由 collections 模組提供的 OrderedDict（有序字典）儲存時會記住插入項目的順序。

MEMO

08
CHAPTER

集合

學 | 習 | 導 | 引

- 認識可變與不可變集合
- 函式 set() 建立集合
- 了解集合的聯集、交集、差集等數學計算
- 集合生成式

Python 於內建型別中提供兩個集合：可變的 set 型別和不可變的 frozenset。兩個類別之間除了各自的建構式 set() 和 frozenset() 之外，其他的方法有些是可共同使用。Set 型別進行數學的集合計算時，除了使用運算子也可以使用相關方法。

8.1 建立集合（Sets）

什麼是集合型別？除了它是無序的群集資料之外，同樣是以大括號 {} 建立集合並存放集合的元素。它的特色包含：

- 成員測試。使用成員運算子「in/not in」來判斷某元素是否在集合內。
- 內建函式 len() 可取得 set 物件的長度。
- 可以比對序列物件，刪除重覆的項目。
- 支援數學運算。
- 集合本身是無序，所以不會記錄元素的位置，也不支援索引、切片運算。

Set 型別提供兩個類別，set 和 frozenset，表【8-1】說明它們的差異性。

類別	set	frozenset
可變	可變（mutable）	不可變（immutable）
雜湊值	無	可雜湊
當作字典的 key	不能	能
另一個 set 元素	不可以	可以

表【8-1】 set 和 frozenset 相異處

set 物件可以使用 add() 方法來新增元素，而 frozenset 物件的大小是固定的，無法以 add() 方法來新增項目，簡例做說明。

```
name = ['Joe', 'Peter', 'Sam']
title = set(name)  # 可變set
title.add('Judy')
title
{'Joe', 'Judy', 'Sam', 'Peter'}
fda = frozenset(name)
fda.add('Tom')
Traceback (most recent call last):
  File "<pyshell#5>", line 1, in <module>
    fda.add('Tom')
AttributeError: 'frozenset' object has no attribute 'add'
```

- 將 name 分別以函式 set() 和 frozenset() 轉成可變和不可變集合。
- 可變集合 title 可以使用 add() 方法來新增元素，但不可變集合 fda 卻無法使用 add() 方法來新增元素。

8.1.1　認識雜湊

　　介紹字典的「鍵」時，表示它只能使用「可雜湊者」（Hashable），而集合（Set）型別的元素也只有「可雜湊者」才能加入。什麼是「雜湊」？「雜湊」（Hashing，亦有人譯哈希）就是使用雜湊函式將檢索的項目和雜湊值（產生檢索的索引）產生關聯，方便於日後可供檢索的雜湊表。

- 雜湊函式（Hash Function）或稱雜湊演算法（Hashing algorithms）：將任何型式的資料以小的「數位指紋」（Digital fingerprint）建立。它的作法：①固定資料的格式，將資料或訊息壓縮變小。②將資料打散並混合，重新建立「雜湊值」的指紋。
- 雜湊值（Hashes / Hash values / Hash codes）由隨機字母和數字組成的字串。

　　在電腦資料的安全上，通過「雜湊」能用來辨識檔案與資料是否有被竄改，以保證檔案與資料確實是由原創者所提供。Python 中「可雜湊」物件要有那些條件？

- 特殊方法 __hash__()，可以回傳雜湊值。
- 所產生的雜湊值於生命週期（Lifetime）內是維持不變的。
- 特殊方法 __eq__() 可以進行相等與否的比較。

　　所以，Python 內建的型別，如：float、frozenset、int、str 和 tuple 皆是可雜湊的，所以都能加入集合內。此外，可以使用內建函式 issubclass() 來判斷這些型別是否為「可雜湊物件」，如果布林值以 True 回傳，就確能它是某個類別的子類別，語法如下：

```
issubclass(class, classinfo)
```

- class：要做確認的子類別。
- classinfo：類別名稱。

想要知道可變 set 或不可變的 frozenset 是否為可雜湊物件，簡例：

```
from collections.abc import Hashable    # 滙入模組
issubclass(set, Hashable)               # 是否為 Hashable 子類別
issubclass(frozenset, Hashable)         # 判斷 frozenset 類別
```

- Hashable 類別由 collections.abc 模組提供，必須匯入。
- 使用 issubclass() 函式來判斷 set 類別是否為 Hashable 子類別，它以 False 回傳，表示它不是可雜湊物件。
- issubclass() 函式來確認 frozenset 類別時會以 True 回傳，表示它是一個可雜湊物件。

內建函式 hash() 也可以針對某個物件來取得其雜值湊，語法如下：

```
hash(object)
```

- ojbect：取得某個物件雜湊值。

例二：針對不同物件，使用 hast() 取得其值。

```
hash('Eva'), hash(12)
(-3486714648362542168, 12)
ary = [15, 30]
hash(ary) # 可變
Traceback (most recent call last):
  File "<pyshell#9>", line 1, in <module>
    hash(ary) # 可變
TypeError: unhashable type: 'list'
ary = 15, 30 # 不可變
hash(ary)
-5924014619966975995
```

- 字串和數值為不可變物件，可以取得雜值湊。
- List 物件屬於可變物件，無法取得雜湊值，只以錯誤訊息回傳。Tuple 物件也是不可變物件，所以能取得雜湊值。

8.1.2 建立 set 物件

一般而言，「集合」（set）也是物件容器的一種，跟字典一樣，可儲存不同的資料如何產生集合？最便捷的方式就是使用大括號 {}，元素之間用逗號隔開。那麼集合有何特性？簡介如下：

- 集合的元素不能更改，元素之間不具無順序性。

```
data = {11, 13, 15, 17} # {}建立集合
data
{17, 11, 13, 15}
```

- 集合的元素都是唯一，不能有重覆的元素。

```
data = {11, 12, 11, 17} # {}建立集合
data
{17, 11, 12}    重覆的元素，取一個
```

- 集合元素不能使用「可變的」資料型別。

```
score = {'Eric', (78, 92)}#Tuple
score
{'Eric', (78, 92)}
birth = {'Judy', [99, 3, 4]}#List
Traceback (most recent call last):
  File "<pyshell#17>", line 1, in <module>
    birth = {'Judy', [99, 3, 4]}#List
TypeError: unhashable type: 'list'
```

✦ set 的元素可以使用數值、字串和 Tuple。
✦ List 為可變物件，以它為 set 的元素時會發生錯誤。

建立集合物件時，大括號內要有元素，否則直譯器會把它視為字典而不是集合。簡例：

```
A = {}; B = set()
type(A), type(B)
(<class 'dict'>, <class 'set'>)
```

✦ 使用 type() 函式查看時，物件 A 只有大括號 {} 會被視為字典（dict）。
✦ 而物件 B 使用了 set() 函式，所以會認為它是 set 物件。

這意謂著要建立空的集合就得使用 set() 函式，而不是只使用大括號 {} 來產生。

8.1.3　set() 函式產生集合

建立 set 物件第二種就是藉由內建函式 set()，以可迭代物件作為集合元素，它的語法如下：

```
set([iterable])
```

◆ iterable：可迭代物件，只能傳入一個引數。

List 物件無法直接成為 set 的元素，但可以透過 set() 函式，把它轉換成集合，簡例如下：

```
name = ['Luck', 'Spiny', 'Eva']    # List 物件
data = set(name)        # 以 set() 函式轉為集合
print(data)             # 輸出 {'Luck', 'Eva', 'Spiny'}
```

雖然可以把「可迭代物件」轉為集合，但 set() 函式只能使用一個參數，要避免發生如下的錯誤：

```
names = set('Eva', 'Eric')
Traceback (most recent call last):
  File "<pyshell#7>", line 1, in <module>
    names = set('Eva', 'Eric')
TypeError: set expected at most 1 argument, got 2
```

◆ set() 函式中只有一個參數，使用了 List，不會有問題。
◆ set() 函式放入二個參數皆為字串，參數太多引發了「TypeError」的異常。

同樣身為可迭代物件一員的字串，經過 set() 函式的轉換，它會化身為字元。

圖【8-1】　經由 set() 函式，字串會字元

set() 函式中還可以加入 range() 函式，以可迭代物件來成為集合的元素。

例三：

```
data = set(range(10, 21, 3))
print(data)         # 輸出 {16, 10, 19, 13}
wd = 'Inition'
print(set(wd))      # 去除重覆字元，輸出 {'o', 't', 'n', 'i', 'I'}
```

- set() 函式將字串轉為字元變成元素時，更一步會把重複的字元剔除，所以重複的字元「i」就只會取一個。

8.2 集合相關操作

儲存於集合的元素可以藉助集合的相關方法來增加、刪除或清除的元素，表【8-2】說明之。

方法	說明（s 表示集合物件, x 資料項）
s.add(x)	將資料項 x 加入集合 s
s.clear()	清除集合 s 所有的元素
s.copy()	以淺複製回傳集合 s 的副本
s.discard(x)	從集合 s 移除資料項 x
s.pop()	從集合 s 隨機移除資料項 x
s.remove(x)	從集合 s 移除資料項 x

表【8-2】 集合相關方法

8.2.1 新增、移除元素

建立集合之後，可以使用方法 add() 新增元素。對於不可變的物件，如字串、Tuple 皆能成為集合的元素；可變的 List 物件就無法成為集合的新增對象。

例一：add() 方法新增元素。

```
num = {12, 14, 16, 18} # Set
num.add('Joe')
num.add(('Age', 25))
print(num)         # 輸出 {12, 14, 16, 'Joe', 18, ('Age', 25)}
len(num)           # 回傳 6
```

- 以 add() 方法新增元素，對於不變的字串、Tuple 皆無問題。
- 內建函式 len() 可以取得集合的長度。

同樣地，新增元素時，不能以 List 物件為對象，否則會引發錯誤「TypeError」。

```
num.add([22, 44])
Traceback (most recent call last):
  File "<pyshell#29>", line 1, in <module>
    num.add([22, 44])
TypeError: unhashable type: 'list'
```

要移除集合的項目可以使用方法 remove()、discard() 和 pop() 來移除其項目。pop() 方法無參數，通常是移除集合的第一個元素。remove() 方法若移除的項目不存在，會引發錯誤訊息。而方法 discard() 欲移除的項目不存在並不會引發異常訊息。

例二：移除元素。

```
num
{12, 14, 16, 'Joe', 18, ('Age', 25)}
num.remove(18)
num.discard(56)  # 無此項目
num.pop()
12
num.remove(11)  # 無此項目
Traceback (most recent call last):
  File "<pyshell#34>", line 1, in <module>
    num.remove(11)  # 無此項目
KeyError: 11
```

- 使用 discard() 方法刪除集合項目，即使項目不存在，它並不會有警示。
- pop() 方法沒有參數，它會隨機刪除項目之後並回傳其值。

8.2.2 集合與數學計算

Python 程式語言將數學的集合概念帶入；運用集合的元素進行聯集或交集的計算。使用的運算子列於表【8-3】。

運算子	說明
|	聯集（去除重複項目）產生新集合
&	交集，兩個集合之間共有的項目
-	差集，可以看作兩個集合相減
^(XOR)	相對差集，兩個集合相減所得再做聯集
in	成員運算子，用來判斷某個元素是否存在
not in	成員運算子，用來判斷某個元素是否不存在

表【8-3】 集合常用的運算子

集合中的某個元素，同樣可以使用運算子「in」或「not in」來判斷某個元素是存在或不存在。簡例：

```
word = set('Eric')      # 變成 {'r', 'c', 'E', 'i'}
if 'c' in word:         # 判斷字元 c 是否在 word 中
    print(True)         # 由於字元 c 存在，所以回傳 True
else:
    print(False)
```

除了使用運算子之外，亦可使用方法來做數學集合運算，所不同的是運算子是針對集合，而相關方法可接受可迭代物件為參數，表【8-4】列示。

方法	說明（s 元素，other 可迭代物件）
s.union(other, ...)	同 s | other，新建集合，去除重複元素
s.intersection(other, ...)	同 s & other，新建集合
s.difference(other, ...)	等同 s – other，以 s 為主來新建集合
s.symmetric_difference(other)	等同 s ^ other，新建集合，具有 s 和 t 的元素，但排除同時存在的元素
s.update(other, ...)	等同 s |= other，將 t 的元素加入 s 集合，去除重複項目，s 集合原地修改
s.intersection_update(other, ...)	等同 s &= other，s 集合原地修改
s.difference_update(other, ...)	等同 s -= other，s 集合原地修改
s.symmetric_difference_update(other, ...)	等同 s ^= other，s 集合原地修改

表【8-4】 數學集合的計算方法

8.2.3 聯集、交集運算

有兩個集合，要獲取所有的元素，可以使用「聯集」（Union）。

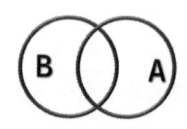

所謂「聯集」是將兩個集合的元素放到一起構成的新集合，不過重複的元素只會留一份，所以集合一和集合二都有重複的元素「23」和「24」只取一個，聯集形成的新集合如圖【8-2】所示。聯集時，運算子使用「|」或者方法 union()。

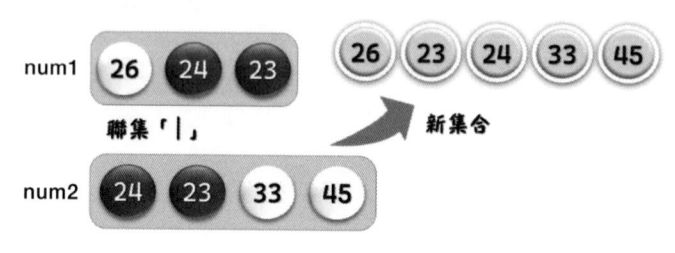

圖【8-2】 聯集運算

參考範例如下：

```
# 參考範例《CH0801.py》
num1 = {23, 24, 26}              # 準備集合 1
num2 = {23, 24, 33, 45}          # 準備集合 2
print(num1 | num2)               # 運算子 | 聯集計算
num1.union(num2)                 # num1 | num2
print(num1.union([11, 18, 15]))  # 以 List 為聯集對象
print(num1.union('One', ('Two', 25)))  # 可以多個參數
```

- num1、num2 做聯集運算，取重複元素「23」和「24」的一個，無論是使用運算子「|」或方法 union() 皆輸出相同結果 {33, 23, 24, 26, 45}。
- 以 List 物件為聯集對象，無重複元素，輸出 {11, 15, 18, 23, 24, 26}。
- 去除字串重複字元，輸出 {'e', 'n', 'Two', 23, 24, 25, 26, 'O'}。

所謂「交集」是找出兩個集合中共有的元素來新建一個集合。

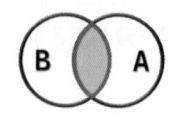

以圖【8-3】而言，集合一和集合二交集時，會把兩個集合裡共有的元素「23」和「24」來組成新集合。兩個集合交集時，運算子使用「&」或者方法 intersection()。

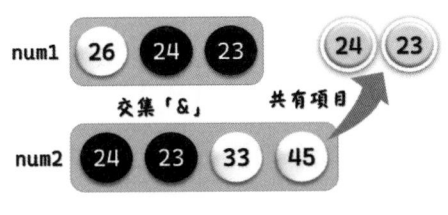

圖【8-3】 交集運算

參考範例如下：

```
# 參考範例《CH0802.py》
num1 = {23, 24, 26}              # 準備集合 1
num2 = {23, 24, 33, 45}          # 準備集合 2
print(num1 & num2)               # 運算子 & 交集計算
num1.intersection(num2)          # num1 & num2
print(num1.intersection((24, 33, 98)))   # 以 Tuple 為交集對象
```

- num1、num2 做交集運算，無論是使用運算子「&」或方法 intersection() 皆輸出 {24, 23}。
- intersection() 方法以 Tuple 為參數，輸出 {24}

除了以數字為集合的運算對象，也可以藉由 set() 函式把字串做聯集或交集的運算，簡例如下：

```
word = set('Monday') | set('Sunday')    # 聯集運算
print(word)      # 輸出 {'n', 'y', 'a', 'u', 'd', 'S', 'M', 'o'}
word = set('Monday') & set('Sunday')    # 交集運算
print(word)      # 輸出 {'a', 'y', 'd', 'n'}
```

- 使用 set() 函式把字串變成字元的集合，再以運算子「|」做聯集運算。除了重覆的字元 d、a、y、n 只取一個之外，再把兩個字串不重覆的字元「M、o、S、u」納入，就產生一個新集合。
- 使用 set() 函式把字串變成字元的集合，再以運算子「&」做交集運算。就是把兩個字串重覆的字元「d、a、y、n」組成新的集合。

8.2.4 差集、對等差集運算

所謂「差集」是將兩個集合相減,如果「A – B」的結果可以產生以 A 為主的新集合,或者以 B 為主的新集合。

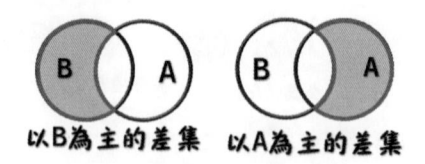

如圖【8-4】所示。同樣是兩個集合做差集運算,若以 A 集合為主,進行「A - B」的運算,去除不屬於 B 集合的元素,就只有元素「26」。

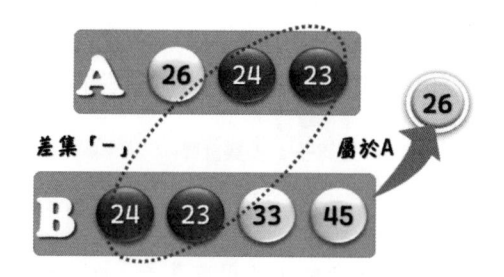

圖【8-4】 以集合 A 為主的差集運算

若差集運算是以 B 集合為主,執行「B – A」運算,去除不屬於 A 集合的元素,其結果就留下元素「33」和「45」,參考圖【8-5】。差集時,運算子使用「-」或者方法 difference()。

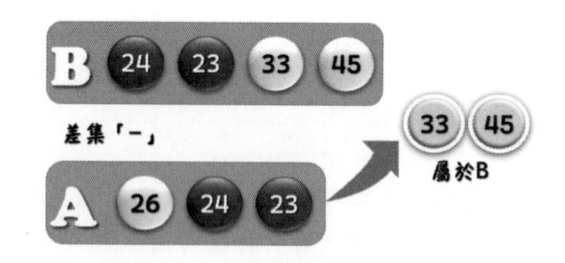

圖【8-5】 以集合 B 為主的差集運算

參考範例如下:

```
# 參考範例《CH0803.py》
num1 = {23, 24, 26}         # 準備集合1
num2 = {23, 24, 33, 45}     # 準備集合2
```

```
# 差集計算,輸出以 num1 為主的項目,所以是 {26}
print(num1 - num2)
# 差集計算,輸出以 num2 為主的項目,所以是 {33, 45}
print(num2 - num1)
print(num1.difference(num2))          # 輸出 {26}
print(num2.difference(num1))          # 輸出 {45, 33}
print(num1.difference([78, 26, 91]))      # 輸出 {24, 23}
print(num2.difference((33, 35, 21)))      # 輸出 {24, 45, 23}
```

◆ difference() 方法中的參數可以使用 List 或 Tuple。

所謂「對等差集」(XOR 互斥或) 是將兩個集合互減之後的所得,再做聯集運算。或者可以描述,想要取得集合 A 或集合 B 的元素,但是排除了同時屬於集合 A 與集合 B 的元素。

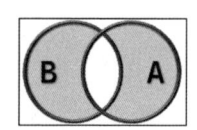

如圖【8-6】所示。對等差集時,運算子使用「^」或者方法 symmetric_difference()。

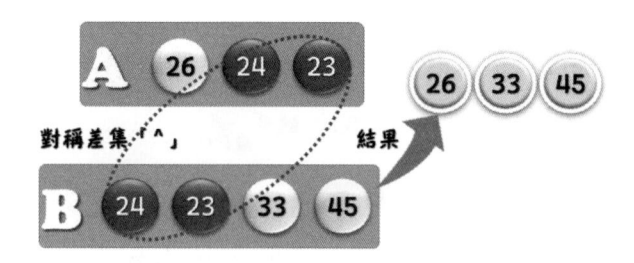

圖【8-6】 對等差集運算

參考範例如下:

```
# 參考範例《CH0804.py》
num1 = {23, 24, 26}        # 準備集合 1
num2 = {23, 24, 33, 45}    # 準備集合 2
print('集合 1', num1)
print('集合 2', num2)
# 對等差集計算,運算是 (num1 - num2) | (num2 - num1)
print('num1 ^ num2 = ', num1 ^ num2)
result = num1.symmetric_difference(num2)    # 輸出 {33, 26, 45}
print('對等差集運算', result)
print(num1.symmetric_difference([78, 24]))  # 去除共有元素 24
```

8-13

- 使用 difference() 方法做對等差集運算,num1 和 num2 共有的元素「23, 24」排除之後,再以 num1 和 num2 的元素組成新集合 {26, 33, 45}。
- 去除共有元素「24」之後,產生新集合 {26, 78, 23}。

8.3 集合相關方法

集合提供交集、聯集、差集相關運算,配合方法 update() 或以它為擴展的方法,能加強交集、聯集等的運算功能。此外,還能利用集合提供的方法對兩個集合做檢測。

8.3.1 增強計算

使用 update() 方法有增強計算之用,相關方法如果含有 update 字串表示此方法有增強作用。例如:加強交集運算的,除了呼叫 intersection_updat() 方法之外,還可以使用「&=」運算子。那麼 update() 方法呢?它等同增強聯集的運算;或者使用運算子「|=」,透過圖【8-7】做認識它。

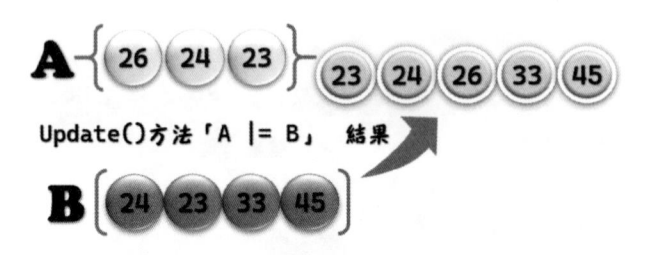

圖【8-7】 update() 方法增強聯集運算

所以 update() 方法可視為增加集合元素的方法。由於 set 本身屬可變物件,使用 add() 方法來加入另一個集合會發生錯誤。使用 update() 方法,它不會產生新集合而是原地修改呼叫此方法的集合,簡例如下:

```
# 參考範例《CH0805.py》
num1 = {23, 24, 26}         # Set
num2 = [23, 24, 33, 45]     # List
num1.update(num2)
print(num1)    # 輸出 {33, 45, 23, 24, 26}
```

- 使用 update() 方法時,num2 的元素會加入 num1 而排除重複的元素。

◆ 由於是 num1 集合呼叫了 update() 方法，所以 num1 自身的集合被改寫了，輸出時可以看到集合的項目增加了。

含有 update() 方法的第一個方法就是 intersection_updat()，它等同是加強版的交集運算，或者執行運算子「&=」來完成計算。範例：

```
# 參考範例《CH0806.py》
num1 = {11, 12, 13}                    # Set 物件
num2 = {22, 12, 13, 28}                # Set 物件
num1 &= num2                           # 加強版交集運算
num1.intersection_update(num2)         # 呼叫方法做加強版交集運算
print(num1)                            # 輸出 {12, 13}
```

◆ 表示取得 num1 和 num2 兩個集合的交集運算，由於是 num1 去呼叫加強版的交集運算，所以 num1 集合的項目被改寫了。

要留意的地方是兩個集合執行加強版的交集運算，若兩個集合沒有相同的元素可供運算，會以 set() 函式回傳。

```
A = {11, 12, 13}
B = {22, 24, 26}
A.intersection_update(B)
A
set()
```

◆ 如果兩個集合無交集，會以 set() 函式回傳，表示 A 是一個空集合。

含有 update() 方法的第三個方法 difference_update()，它等同是加強版的差集運算，以 num1 和 num2 兩個集合來說，它執行「num1 -= num2」計算。範例：

```
# 參考範例《CH0807.py》
num1 = {11, 12, 13, 15}                # Set 物件
num2 = {28, 15, 12, 14}                # Set 物件
num1.difference_update(num2)           # 加強版差集運算，呼叫方法
print(num1)                            # 以 num1 為主，輸出 {11, 13}
num1 = {11, 12, 13, 15}                # Set 物件
num2 = {28, 15, 12, 14}                # Set 物件
num2 -= num1                           # 加強版差集運算，使用「-=」運算子
print(num2)                            # 以 num2 為主，輸出 {28, 14}
```

◆ 呼叫 difference_update() 做增強差集計算，以 num1 為主和 num2 為主所得的結果會不同。

8-15

含有 update() 方法的第四個方法 symmetric_difference_update()，它等同是加強版的對等差集運算，以 num1 和 num2 兩個集合來說，它執行「st1 ^= st2」運算，所得結果會改寫 num1 的內容。例四：

```
# 參考範例《CH0808.py》
num1 = {11, 12, 13, 15}
num2 = {28, 15, 12, 14}
num1.symmetric_difference_update(num2)
print(num1)      # 輸出 {11, 13, 14, 28}
```

8.3.2 檢測集合

集合可以成為某個集合的子集合，或是父集合，除了使用運算子之外，亦可使用方法來判斷兩個集合之間的關係，列於表【8-5】。

運算子 / 方法	說明（s 集合，other 可迭代物件）
s > other	測試 s 集合是否為 other 的父集合
s < other	測試 s 集合是否為 other 的子集合
s.issuperset(other)	等同 s >= other，True 表示 other 為子集合
s.isdisjoint(other)	s 與 other 無共同元素時，回傳 True
s.issubset(other)	等同 s <= other，True 表示 other 為父集合

表【8-5】 父、子集合的相關方法

無論是使用運算子「>=」或方法 issuperset()，它會逐一比對 other 集合的每個元素是否也在 s 集合裡，如果比較屬實，則 s 為 other 的父集合。而使用運算子「<=」或方法 issubset() 也是採同等比較，s 集合的元素和 other 比較，如果無誤，表示 s 是 other 的子集合。範例如下：

```
# 參考範例《CH0809.py》
num1 = {11, 12, 13, 14}
num2 = {12, 13}
num1.issuperset(num2)    # num1 是否為 num2 父集合
print('num1 >= num2 >', num1 >= num2)

num1.issubset(num2)      # num1 是否為 num2 子集合
print('num1 <= num2 >', num1 <= num2)
```

- 集合 num1 非 num2 的子集合，所以回傳 False；但 num1 是 num2 的父集合，所以是 True。

方法 isdisjoint() 可以用來判斷兩個集合是否有共同元素否存?若元素確實共有,就以布林值 False 回傳。

```
# 參考範例《CH0810.py》
num1 = {11, 12}; num2 = {13, 14}; num3 = {12, 13}
# num1, num2 有無共同元素
print('num1, num2 有無共同元素? ', num1.isdisjoint(num2))
# num2, num3 有一個共同元素
num1.issubset(num2)
print('num2, num3 是否有共同元素? ', num2.isdisjoint(num3))
```

- 當 num1 和 num2 集合無共同元素時,使用 isdisjoint() 方法會回傳布林值 True。
- 當 num2 和 num3 集合有共同元素「13」時,使用 isdisjoint() 方法會回傳布林值 False。

範例《CH0811.py》

配合不同用途的運算子找出字典物件符合條件的項目。

STEP 01 撰寫如下程式碼。

```
01   student = {'Maya': {'Kaohsiung', 'female', 1988},
02              'Tomas':{'Taipei', 'male', 1989},
03              'Michelle': {'Kaohsiung', 'female', 1990},
04              'Steven': {'Taipei', 'male', 1988},
05              'Grace': {'Taichung', 'female', 1991} }
06   print(' 女學生 ', end = '-')
07   for name, pern in student.items():
08       if pern & {'female'}:    # & 運算子 交集運算
09           print(name, end = ', ')
10   print()
11   print(' 家住台北,非 1988 年出生: ', end = '')
12   for name, pern in student.items():
13       if 'Taipei' in pern and not pern &{1988}:
14           print(name)
15   # 儲存個人的相關訊息
16   maya = student['Maya']
17   tomas = student['Tomas']
18   michelle = student['Michelle']
19   steven = student['Steven']
20   grace = student['Grace']
21   # & - 交集,使用方法
22   print('Maya, Michelle 共同點: ',
23         maya.intersection(michelle))
```

8-17

```
24   # | - 聯集運算
25   print('Tomas, Steven基本資料 \n', tomas | steven)
26   # ^ 對等差集
27   print('Maya, grace 城市、出生年份不同 \n', maya ^ grace)
```

STEP 02 儲存檔案，解譯、執行按【F5】鍵。

```
= RESTART: D:/PyCode/CH08/CH0811.py
女學生-Maya, Michelle, Grace,
家住台北，非1988年出生：Tomas
Maya, Michelle共同點： {'female', 'Kaohsiung'}
Tomas, Steven基本資料
  {'Taipei', 1988, 1989, 'male'}
Maya, grace 城市、出生年份不同
  {1988, 'Kaohsiung', 1991, 'Taichung'}
```

【程式說明】

- 第 7~9 行：for 迴圈配合 if 敘述和 & 運算子做交集運算，找出女學生。
- 第 12~14 行：for 迴圈配合 if 敘述和成員運算子「in」，找出「家住台北，非 1988 年出生」的學生。
- 第 16~20 行：擷取 student（字典物件）的個人訊息，利用變數配合 [] 運算子來儲存。
- 第 22~23 行：執行交集計算，找出 Maya 和 Michelle 的共同點。
- 第 25 行：聯集運算，將 Tomas 和 Steven 產生新集合。

8.3.3 集合生成式

集合亦可使用生成式，它的語法如下：

```
{ 運算式 for item in iterable}
{ 運算式 for item in iterable if 條件運算式 }
```

如何產生集合生成式，範例如下：

```
# 參考範例《CH0812.py》
fruit = ['Banana', 'Apple', 'Morello',
    'Strawberry', 'Pineapple']    # List
# 產生集合生成式
num = {len(item) for item in fruit}
print('字串長度 ', num)
```

◆ fruit 是一個 List；再以集合生成式，len() 函式取得 fruit 的每個元素的長度，再以 for 迴圈讀取，以 set 物件輸出結果。

不過使用集合生成式時要考量集合本身是可變，而且是無序輸出，所以想要正確取得處理後結果，可以配合字典、List 或 Tuple 來產生字典生成式。利用集合的特性，去除重複性，配合生成式加速資料的處理。範例如下：

```
# 參考範例《CH0813.py》
word = 'initiative'
# 統計字元，加速資料的讀取
target = {single:word.count(single) for single in set(word)}
print('字元:', target)
# 統計字元，只顯示重複性高
target = {single:word.count(single) for single in set(word)
          if word.count(single) > 1}
print('字元:', target)
```

◆ 第一次的生成式，會把字元出現的次數統計出來，它輸出字元：{'t': 2, 'i': 4, 'a': 1, 'n': 1, 'e': 1, 'v': 1}。

◆ 第二次的生成式加入 if 敘述做判斷，字元重覆次數高於 1 者才顯示，它會輸出字元：{'t': 2, 'i': 4}。可以發現字串中，字元「i」出現了 4 次。

8.3.4　集合 frozenset

章節的開頭，介紹了集合（Set）屬於可變集合，而 frozenset 為不可變集合。要產生 frozenset 集合，就得藉助 frozenset() 函式。簡例如下：

```
num = 'One', 'Two', 'Three'    # Tuple 物件
data = frozenset(num)          # 轉為 Frozenset 物件
print(data)    # 輸出 frozenset({'One', 'Three', 'Two'})
```

◆ 輸出 Frozenset 物件時，會連同函式名稱 frozenset 一起輸出。

當然，Frozenset 物件也能使用 set() 函式將為可變集合物件，例二：

```
frozenset({'One', 'Three', 'Two'})
print(set(data))    # 輸出 {'One', 'Three', 'Two'}
```

Frozenset 物件一旦建立，內含的元素無法更改，所以新增元素的方法，例如 add() 或者移除元素的方法 removed() 等等，皆無法使用。但提供集合運算的方法和運算子等，則無問題。例三：

```
n1 = 11, 13, 15      # Tuple 物件
n2 = 13, 15, 17      # Tuple 物件
print(frozenset(n1) | frozenset(n2))    # 聯集運算
# 輸出 frozenset({17, 11, 13, 15})
print(frozenset(n1) & frozenset(n2))    # 交集運算
# 輸出 frozenset({13, 15})
```

重點整理

◆ 集合型別除了是無序的群集資料之外，同樣是以大括號 {} 建立集合並存放集合的元素。特色有：①使用成員運算子「in/not in」判斷某元素是否在集合內；②內建函式 len() 取得 set 物件的長度；③比對序列物件，刪除重覆的項目；④支援數學集合運算。

◆ 「雜湊」（Hashing）就是使用雜湊函式將檢索項目和雜湊值（產生檢索的索引）產生關聯，方便於日後可供檢索的雜湊表。

◆ 雜湊函式（Hash Function）或稱雜湊演算法（Hashing algorithms）是將任何型式的資料以小的「數位指紋」（Digital fingerprint）建立。

◆ 產生 set 有二種方式。第一種當然就是使用大括號來存放 set 物件的元素；第二種就是藉由內建函式 set()，以可迭代物件作為集合元素。

◆ 支援數學集合運算有：①「|」聯集來產生新集合；②「&」交集，兩個集合共有元素；③「-」差集，兩個集合相減；④「^（XOR）」相對差集，兩個集合相減所得再做聯集；⑤「>」測試左集合是否為右集合的父集合；⑥「<」測試左集合是否為右集合的子集合。

◆ frozenset 屬於為不可變集合，建立之後內含的元素就無法新增、修改或移除，但支援應用於數學集合運算的相關方法和運算子。

MEMO

09
CHAPTER

函式

學│習│導│引

- 認識 Python 提供的內建函式（BIF）
- 以 def 關鍵字建立自訂函式
- 參數機制，預設以位置參數為主，也能有預設參數和關鍵字引數
- 形式參數、實際引數配合 * 和 ** 運算子，更具彈性
- 簡介區域、lambda 和遞迴函式

Python

本章以自訂函式為學習重點，佐以 Python 的內建函式做通盤性了解。而定義函式和呼叫函式是兩件事。定義函式要有「形式參數」（Formal parameter）來接收資料，而呼叫函式要有「實際引數」（Actual arguments）做資料的傳遞。資料的接收和傳遞會以參數機制做討論；對於函式的運作有了基本概念後，進一步認識變數的適用範圍（scope）。

9.1 Python 的內建函式

大家一定使用過鬧鐘吧！無論是手機上的鬧鈴設定，或是撞針式的傳統鬧鐘，兩者的功能就是定時呼叫。只要定時功能沒有被解除，它會隨著時間的循環，不斷重覆響鈴的動作。以程式觀點來看鬧鐘定時呼叫的功能，就是所謂的「函式」（Function）或「方法」（Method）。兩者之差別在於「函式」則是結構化程式設計的用語，「方法」則從物件導向程式設計觀點而來，Python 程式語言中有函式，也有方法，執行時必須呼叫其名稱，依其執行程序回傳結果。

9.1.1 與數值有關的函式

Python 有那些內建函式（BIF）？表【9-1】介紹與數值運算有關的函式，它們的使用方法於第二章介紹過。

BIF	說明	參考章節
int()	整數或轉換為整數型別	《2.2.2》
bin()	轉整數為二進位，以字串回傳	《2.2.2》
hex()	轉整數為十六進位，以字串回傳	《2.2.2》
oct()	轉整數為八進位，以字串回傳	《2.2.2》
float()	浮點數或轉換為浮點數型別	《2.3.1》
complex()	複數或轉換為複數型別	《2.3.2》
abs()	取絕對值，x 可以是整數、浮點數或複數	
divmod()	a // b 得商，a % b 取餘，a、b 為數值	《2.4.3》
pow()	x ** y，(x ** y) % z	《2.4.1》
round()	將數值四捨五入	《2.3.3》

表【9-1】 與數值有關的內建函式

布林值通常用來做邏輯判斷，可配合相關函式，以表【9-2】簡介。

BIF	說明
bool()	布林值，參考章節《2.3.1》
all()	回傳布林值，判斷元素是否為 iterable，參考 Ex1 解說
any()	回傳布林值，判斷元素是否為 iterable，參考 Ex1 解說

表【9-2】 用來判斷的內建函式

範例：內建函式 all()、any() 的使用。

```
# 參考範例《CH0901.py》 -- all()和any()函式
# num 是 List，data 是 Tuple，source 是空字典
num = [11, 56]; data = ('one', 'two'); source = {}
print(all(num), all(data), all(source))
# 回傳 True, True, True
print(any(data), any(data), any(source))
# 回傳 True, True, False
```

◆ any() 函式有元素會回傳 True，無元素回傳 False。

◆ all() 函式，無論有無元素皆回傳 False。

9.1.2 字串的 BIF

表【9-3】列舉字串有關的函式，像是取得 ASCII 值的 ord() 函式，或者將 ASCII 值轉為單一字元的 chr() 函式。

BIF	說明	參考章節
str()	字串或轉為字串型別	《5.2.1》
chr()	將 ASCII 數值轉為單一字元	《5.2.1》
ord()	將單一字元轉為 ASCII 數值	《5.2.1》
ascii()	以參數回傳可列印的字串	
repr()	回傳可代表物件的字串	
format()	依據規則將字串格式化	《5.4.3》

表【9-3】 與字串有關的內建函式

9.1.3　序列型別相關函式

序列型別的資料與迭代器習習相關，表【9-4】與迭代器有關的內建函式，參數多半與迭代器有關。

BIF	說明	參考章節
iter()	回傳迭代器	《5.1.1》
next()	回傳迭代器的下一個	《5.1.1》
zip()	聚合兩個可迭代器	《6.3.3》
range()	回傳 range 物件	《4.1.2》
enumerate()	列舉可迭代者時加入索引	《5.2.1》
filter()	依其函式定義來過濾迭代器	《9.5.4》

表【9-4】　與迭代器有關的內建函式

表【9-5】列舉與序列型別有關的函式，例如：透過 list() 函式可將其他物件轉為 List。

BIF	說明	參考章節
list()	List 或轉換為 list 物件	《6.2.1》
tuple()	Tuple 或轉換為 tuple 物件	《6.1.1》
len()	回傳物件的長度	《5.1.4》
max()	找出最大的	《5.1.4》
min()	找出最小的	《5.1.4》
slice()	切片	
reversed()	反轉元素，以迭代器回傳	《6.2.2》
sum()	計算總和	《6.2.3》
sorted()	排序	《6.2.3》

表【9-5】　與序列型別有關的內建函式

表【9-6】的 BIF 與字典、集合有關。

BIF	說明	參考章節
dict()	字典或轉換為字典物件	《7.2.2》
set()	集合或轉換為集合物件	《8.1.3》
frozenset()	不可變的集合	《8.3.4》

表【9-6】 與字典、集合有關的內建函式

表【9-7】與物件有關的函式，例如，id() 函式可以取得每個物件的身份識別碼。

BIF	說明	參考章節
id()	回傳物件的識別碼	《2.1.3》
type()	回傳物件的型別	《2.2.1》
hash()	回傳物件的雜湊值	《8.1.1》
object()	建立基本的物件	
super()	回傳代理物件，委派方法呼叫父類別	《12.3.1》
issubclass()	判斷類別是否為指定類別的子類別	《8.1.1》
classmethod()	類別方法	《11.3.4》
staticmethod()	靜態方法	《11.3.4》
isinstance()	判斷物件是否為指定類別的實體	《6.3.4》
getattr()	取得物件的屬性項	《11.2.3》
setattr()	設定物件的屬性項	《11.2.3》
hasattr()	判斷物件是否有屬性項	《11.2.3》
delattr()	刪除物件的屬性項	《11.2.3》
property()	屬性	《12.3.3》
memoryview()	回傳「記憶體檢視」物件	

表【9-7】 與物件有關的內建函式

9.1.4 其他的 BIF

其他的內建函式，以下表【9-8】列示之。

BIF	說明	參考章節
bytearray()	可變的位元組陣列	《14.4.1》
bytes()	位元組	《14.4.1》
print()	輸出字串於螢幕	《1.4.4》
input()	取得輸入的資料	《1.4.4》
open()	開啟檔案	《14.3.1》
__import__()	用於底層的 import 敘述	
compile()	編譯原始碼	
eval()	動態執行 Python 運算式	《2.1.3》
exec()	動態執行 Python 敘述	
globals()	回傳全域命名空間字典	
locals()	回傳區域命名空間字典	
dir(object)	列示目前區域範圍的名稱	《10.1.3》
help()	啟動內建的文件系統	《1.2.3》

表【9-8】 與物件有關的內建函式

9.2 函式基本概念

那麼使用函式有何優點？列舉如下：

- 可以達到資訊模組化的功效。
- 函式或方法能重複使用，方便日後的除錯和維護。
- 從物件導向觀念來看，提供操作介面的方法可達到資料隱藏作用。

依其程式的設計需求，Python 概分三種：

- 系統內建函式（Built-in Function，簡稱 BIF），如：取得型別的 type() 函式，搭配 for 迴圈的 range() 函式（參考章節《4.1.2》）。

- Python 提供的標準函式庫（Standard Library）。就像匯入 math 模組時，會以類別 math 提供的類別方法；或者建立字串物件，實作其方法。
- 程式設計者利用 def 關鍵字自行定義函式。

無論是那一種函式，皆可以使用 type() 探查，例如：將內建函式的 sum() 來作為 type() 函式的參數，就會回傳「class 'builtin_function_or_method'」表示它是一個內建函式或方法。如果是自行定義的函式，會以「class 'function'」來回應。

```
type(msg)
<class 'function'>
type(list.append) #物件方法
<class 'method_descriptor'>
type(sum)
<class 'builtin_function_or_method'>
```

9.2.1 函式基礎

「定義函式」可能是單行或多行敘述（Statement）或者是運算式。它會依照函式名稱指定程序接收資料並取得控制權。當函式執行完畢時，若是運算式則回傳結果，再將控制權回轉給叫用它的程式碼。而從程式碼的位置叫用函式（Invoke function），稱為「呼叫函式」（Calling a function）。

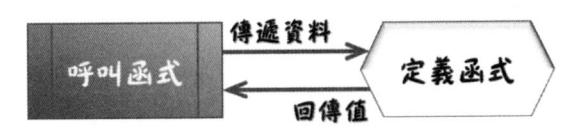

圖【9-1】 定義函式、呼叫函式

函式如何運作？先定義函式，再呼叫函式。所以「定義函式」和「呼叫函式」是兩件事。以圖【9-2】來說，total() 函式用來計算某個區間的數值之和。

- **定義函式**：先以「def」關鍵字定義 total() 函式及函式主體；它提供的是函式執行的依據。
- **呼叫程式**：從程式敘述中「呼叫函式」total()。

呼叫函式時，控制權會在「total()」函式身上，「實際引數」（Actual argument）將相關的資料傳給 total() 函式做計算；若有「回傳值」則交給 return 敘

述負責，並交給「呼叫函式」的變數「number」保存。此時程式碼的控制權由定義函式 total() 回到「呼叫函式」身上，繼續下一個敘述。

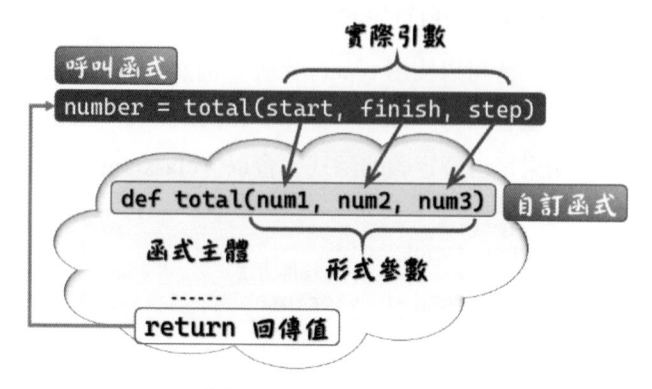

圖【9-2】 函式的運作機制

9.2.2 定義函式

首先，如何定義函式？Python 除了有 BIF 和物件 / 類別方法之外，還可以自訂函式來使用。定義函式的語法如下：

```
def 函式名稱 ( 參數串列 ):
    函式主體_suite
    [return 值]
```

- def 是關鍵字，用來定義函式，為函式程式區塊的開頭，所以尾端要有冒號「:」。
- 函式名稱：遵守識別字名稱的規範。
- 參數串列：或稱形式參數串列（format argument list）用來接收數值，其名稱亦適用於識別字名稱規則，可多個參數，也可以省略參數。
- 函式主體必須縮排，可以是單行或多行敘述。
- return：用來回傳運算後之值。如果無數值運算，return 敘述可以省略。

以幾個簡單例子說明自訂函式。例一：

```
def greet():
    print('Hello World')
```

- 以關鍵字「def」為自訂函式 greet() 的開端,沒有參數串列,但函式名稱 greet 的左、右括號 () 不能省略。
- 函式主體只有一行敘述,以 print() 函式輸出字串。

例二:有參數、回傳值的函式。

```
# 參考範例《CH0902.py》
def bigValue(x, y):        # 定義函式,有兩個參數
    if x > y:              # 找出 x, y 哪一個值最大
        result = x
    else:
        result = y
    return result          # 回傳最大值
```

- 關鍵字 def 自訂函式 gValue(),有兩個形式參數(formal parameter):x 和 y,用來接收「呼叫函式」所傳遞的引數。
- 函式主體:if/else 敘述判斷 x、y 兩個數值,如果 x 大於 y,表示最大值 x;如果不是就表示 y 是最大值。無論是那一個,都交給變數 result 儲存,再以 return 敘述回傳其結果。

9.2.3　呼叫函式

定義好的函式,如何呼叫?就跟我們使用的內建函式或者類別或物件提供的方法一樣,從程式碼的敘述裡直接呼叫函式名稱,如果函式有參數就必須帶入參數值,經由函式的執行回傳其結果。函式 greet() 和 bigValue() 是上一個章節所定義的函式如何使用這些定義好的函式?例一:呼叫無參數的函式 greet()。

```
greet()    # 呼叫自訂函式 greet()
```

- greet() 函式無任何參數,直接呼叫即可。

例二:呼叫有回傳值的函式。

```
# 參考範例《CH0902.py》
num1, num2 = 15, 10
large = bigValue(num1, num2)    # 呼叫函式,取得函式的回傳值
print('最大值', large)
```

- bigValue() 函式有 2 個形式參數,所以呼叫此函式要依序帶入 2 個實際引數 num1、num2;它們已設值為 15,10。

- 自訂函式 bigValue() 完成運算式之後,會由 return 敘述回傳結果,再由變數 large 儲存結果。
- 形式參數和實際引數必須有對應。定義函式時 2 個形式參數;呼叫函式時也要有 2 個實際引數做對應,否則會引發「TypeError」錯誤訊息,指出需要 1 個位置引數「y」。

```
large = bigValue(num1)
Traceback (most recent call last):
  File "<pyshell#8>", line 1, in <module>
    large = bigValue(num1)
TypeError: bigValue() missing 1 required positional argument: 'y'
```

9.2.4　回傳值

　　函式可以有回傳值,它們把函式運算的結果經由 return 敘述回傳。就先從 BIF 的 round() 說起。數值「128.269783」經由 round() 處理,指出輸出 4 位小數,所以得到結果「128.2697」,如圖【9-3】所示。

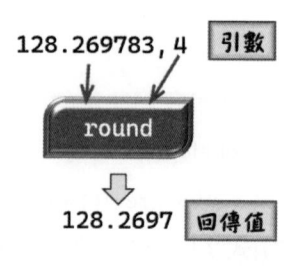

圖【9-3】 函式的回傳值

　　自訂函式要不要有回傳值可以下述幾種情形做討論。

(1)　自訂函式沒有參數,函式主體也無運算式,以 print() 函式輸出訊息即可。

```
# 參考範例《CH0903.py》
def message():
    info =  '''For most, a movie to the city usually
        means better jobs and greater opportunities.'''
    print(info)
message()      # 呼叫函式
```

- 自訂函式 message(),函式主體以 print() 函式輸出其訊息,所以直接呼叫函式名稱就能輸出相關訊息。

(2) 如果自訂函式有參數，而且函式主體有運算，就得以 return 敘述回傳運算後的結果，參考範例《CH0904.py》。

範例《CH0904.py》

定義函式 total()，含有 3 個參數，函式主體執行計算，以 return 敘述回傳結果；呼叫函式時可透過變數指派來儲存回傳值，或者直接以 print() 函式輸出。

STEP 01 撰寫如下程式碼。

```
01  def total(num1, num2, num3):          # 定義函式，有 3 個參數值
02      result = 0                        # 儲存計算結果
03      for item in range(num1, num2 + 1, num3):
04          result += item                # 儲存相加結果
05      return result
06
07  print('計算數值總和，輸入 -1 停止計算 ')
08  key = input('按 y 開始，按 n 停止 --> ')
09  while key == 'y':
10      start = int(input(' 輸入起始值:'))
11      finish = int(input(' 輸入終止值:'))
12      step = int(input(' 輸入間距值:'))
13      # 呼叫自訂函式 total
14      print(f' 數值總和:{total(start, finish, step):,}')
15      key = input('按 y 開始，按 n 停止 -> ')
```

STEP 02 儲存檔案，解譯、執行按【F5】鍵。

```
= RESTART: D:/PyCode/CH09/CH0904.py
計算數值總和，輸入-1停止計算
按y開始，按n停止-->y
輸入起始值:124
輸入終止值:67852
輸入間距值:33145
數值總和:99,807
按y開始，按n停止->n
```

【程式說明】

- 第 1~5 行：定義函式 total()，3 個形式參數，接收「呼叫函式」傳來的數字。
- 第 3~4 行：使用 for 迴圈配合內建函式 range()，將第 2 個參數加 1 來符合實際計算。
- 第 5 行：變數 result 儲存相加結果，以 return 敘述回傳。

- 第 10~12 行：當輸入字元為「y」就會進入 while 迴圈，分別以變數 start、finish、step 來儲存輸入的值。
- 第 14 行：呼叫函式 total()，3 個實際引數分別接收數字之後，再傳遞給 total() 函式，完成運算後 print() 函式輸出結果。

TIPS

參數和引數不同
- 參數（parameter）：定義函式時，用來接收資料。
- 引數（argument）：呼叫函式時，接收資料之後，還得進一步做傳遞動作。

(3) 如果回傳值有多個，return 敘述可以配合 Tuple 物件來表達，參考範例《CH0905.py》。

範例《CH0905.py》

return 敘述藉助 Tuple 物件回傳運算後的多個數值。

STEP 01 撰寫如下程式碼。

```
01  def answer(x, y):     # 定義函式
02      return x+y, x*y, x/y
03
04  numA = int(input('輸入第一個數值:'))
05  numB = int(input('輸入第二個數值:'))
06  data = answer(numA, numB)    # 呼叫函式，儲存回傳的值
07  # 以 f-string 做格式化處理
08  print(f'運算結果：{data[0]}, {data[1]:,},
09          {data[2]:,.10f}')
```

STEP 02 儲存檔案，解譯、執行按【F5】鍵。

```
= RESTART: D:/PyCode/CH09/CH0905.py
輸入第一個數值:123
輸入第二個數值:456
運算結果： 579, 56,088, 0.2697368421
```

【程式說明】

- 第 1~2 行：自訂函式 answer() 有 2 個形式參數，return 敘述接收這兩個形式參數之後做相加、相乘和相除運算；以 Tuple 儲存其結果並回傳。

- 第 6 行：呼叫函式 answer()，將 numA 和 numB 這二個實際引數所接收的數值以變數儲存。
- 第 8~9 行：使用 f-string 分別處理 Tuple 物件的元素，其中「,.10f」表示資料含有千位符號，並輸出含有 10 位小數的浮點數。

> **TIPS**
>
> 函式回傳值的作法，綜合歸納如下：
> - 回傳單一的值或物件。
> - 多個值或物件可儲存於 tuple 物件。
> - 未使用 return 敘述時，預設回傳 None。

9.3 參數基本機制

使用函式時，配合參數可做不同的傳遞和接收。學習它之前，先瞭解二個名詞：

- **實際引數（Actual argument）**：程式中呼叫函式時，將接收的資料或物件傳遞給自訂函式，以位置引數（Positional Argument）為預設。
- **形式參數（Formal parameter）**：定義函式時；用來接收實際引數所傳遞的資料，進入函式主體執行敘述或運算，預設以位置參數為主。

由於參數和引數在函式中所扮演的角色並不同，那麼定義函式、呼叫函式時，形式參數、實際引數除了以位置參數為主之外，還有那些呢？

- **預設參數值（Default Parameter values）**：讓自訂函式的形式參數採預設值方式，當實際引數未傳遞時，以「預設參數 = 值」做接收。
- **關鍵字引數（Keyword Argument）**：呼叫函式時，實際引數直接以形式參數為名稱，配合設定值做資料的傳遞。
- 使用 *（star）和 ** 運算式 / 運算子。配合形式參數，「*」星號運算式以 Tuple 組成，「**」運算式以字典相輔，它們可以收集實際引數。透過實際引數，「*」運算子可拆解可迭代物件；「**」運算子則能拆解映射物件，讓形式參數接收。

9.3.1 引數如何傳遞？

未討論形式參數前，先來了解呼叫函式時，實際引數如何做資料的傳遞？簡單來說就是「我丟」（呼叫函式，傳遞引數）「你撿」（定義函式，接收參數）的工作，它有順序性，而且是一對一。其他的程式語言會以兩種方式來傳遞引數：

- 傳值（Call by value）：若為數值資料，會先把資料複製一份再傳遞，所以原來的引數內容不會被影響。
- 傳址（Pass-by-reference）：傳遞的是引數的記憶體位址，會影響原有的引數內容。

那麼 Python 如何做引數傳遞？上述的二種方法皆可適用，也可以說不適用。因為 Python 依據的原則是：

- 不可變（Immutable）物件（如：數值、字串）：使用物件參照時會先複製一份再做傳遞。
- 可變（Mutable）物件（如：串列）：使用物件參照時會直接以記憶體位址做傳遞。

範例《CH0906.py》

配合 id() 函式來查看可變和不可變物件的傳遞有何不同？

STEP 01 撰寫如下程式碼。

```
01  def passFun(name, score):
02      print('自訂函式的形式參數')
03      print('<name>', id(name))
04      print('score >', id(score))
05
06  na = 'Mary'; sc = [75, 68]
07  passFun(na, sc)      # 呼叫函式
08  print('呼叫函式的實際引數')
09  print('<na>', id(na))      # 不可變物件
10  print('sc >', id(sc))      # 可變物件
```

STEP 02 儲存檔案，解譯、執行按【F5】鍵。

```
= RESTART: D:/PyCode/CH09/CH0906.py
自訂函式的形式參數
<name> 2689809797552
score > 2689778645376  ┄┐
呼叫函式的實際引數         ├ 記憶體位置相同
<na> 2689809797552       │
sc > 2689778645376    ┄┘
```

【程式說明】

- 字串 name 和 na 屬於不可變物件。呼叫函式 passFun()，實際引數 na 先行複製一份，再傳遞給形式參數 name，經由 id() 函式回傳的識別碼來看 name、na 分屬兩個不同的記憶體。
- 串列物件 score 和 sc 是可變物件。呼叫函式的實際引數 sc 和接收資料的形式參數 score 雖然是兩個不同的變數，卻回傳相同的識別碼，表示二者都指向相同的 list 物件位址。

範例《CH0907.py》

延續前一個範例，可變和不可變物件若被修改，對引數傳遞有何影響？通常，函式 passFun() 的 name 被修改時，不會影響外部的 na；而 passFun() 函式的 score 會保留所有的修改，同時也會影響外部的 sc 串列。

STEP 01 撰寫如下程式碼。

```
01  def passFun(name, score):     # 定義函式
02      # 只有內部的名字被改變
03      name = 'Tomas'
04      print('名字:', name)
05      score.append(47)    # 新增一個分數，也影響函式之外的串列
06      print('分數:', score)
07
08  na = 'Mary'; sc = [75, 68]
09  passFun(na, sc)     # 呼叫函式
10  print(na, '分數', sc)
```

STEP 02 儲存檔案，解譯、執行按【F5】鍵。

```
= RESTART: D:/PyCode/CH09/CH0907.py
名字: Tomas
分數: [75, 68, 47]
Mary 分數 [75, 68, 47]
```

【程式說明】

- 第 1~7 行：自訂函式 passFun()，2 個形式參數：不可變的字串 name 和可變的 List 物件。
- 第 3 行：重設 name 的值，但不會影響函式外的 na 之值。
- 第 5 行：以 append() 方法新增一個元素，同時也影響函式外的 sc 串列。
- 第 9 行：呼叫函式 passFun()，傳入 2 個實際引數。
- 觀看執行結果，函式之內變更 name 之值，只會影響函式內部；但新增 List 物件的元素會影響函式外部串列 sc 的元素個數。

> **TIPS**
>
> Python 的參數以可變和不可變物件來運作：
> - 不可變物件（Immutable Object）傳遞引數時，接近於「傳值」。
> - 可變物件（Mutable Object）：傳遞引數時以「傳址」處理。

9.3.2 位置參數有順序性

對於 Python 程式語言來說，參數傳遞機制以「位置參數」（Positional parameter）為主。當自訂函式宣告了 3 個參數，那麼呼叫函式時也必須傳遞 3 個引數，缺一不可，它具有順序性，不可錯亂，參考圖【9-4】的說明。

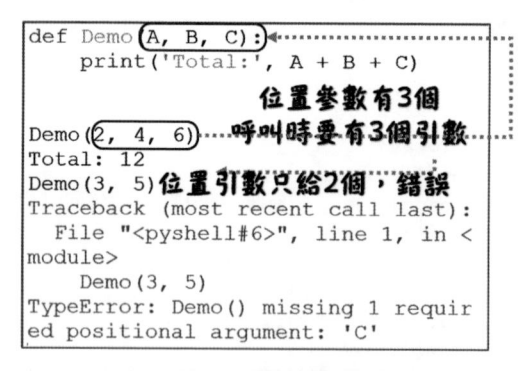

```
def Demo(A, B, C):
    print('Total:', A + B + C)

位置參數有3個
呼叫時要有3個引數

Demo(2, 4, 6)
Total: 12
Demo(3, 5)  位置引數只給2個，錯誤
Traceback (most recent call last):
  File "<pyshell#6>", line 1, in <module>
    Demo(3, 5)
TypeError: Demo() missing 1 required positional argument: 'C'
```

圖【9-4】 位置參數有對應性

當自訂函式有 3 個形式參數，呼叫函式時也必須依序傳入 3 個實際引數。當傳遞的引數太少或太多，皆會引發「TypeError」訊息。

9.3.3 預設參數值

預設參數值（Default Parameter values）是指自訂函式時，將形式參數給予預設值，當「呼叫函式」某個引數沒有傳遞資料時，自訂函式可以使用其預設值，使用語法如下：

```
def 函式名數(參數1, 預設參數2 = value2, ...,):
    函式主體_suite
```

- 形式參數的第一個必須是位置參數。
- 形式參數的第二個才是預設參數，並得同時設定其值。

使用「預設參數值」能讓實際引數傳遞時更具彈性，但須遵守下列規則：
- 若有位置參數加入，它必須放在預設參數值之前。
- 預設參數值對於可變和不可變物件會有不同的執行結果。

定義函式時，形式參數若只有「預設參數值」不會有任何問題！如果要加入位置參數，則要放在「預設參數值」之前，不然會發生如圖【9-5】的錯誤，參考範例《CH0908.py》做說明。

```
def Demo(A, B = 7, C = 11):      # 定義函式
    return A ** B // C            # 回傳計算結果

# 呼叫函式，只傳入一個引數，千位符號為逗號
print(f'一個引數：{Demo(6):,}')
# 呼叫函式，只傳入三個引數，千位符號為_底線字元
print(f'三個引數：{Demo(11, 12, 13):_}')
```

- 定義 Demo() 函式，第一個是位置參數，第二、三個是預設參數，return 敘述回傳計算結果。
- 呼叫 Demo() 函式時，只傳遞一個位置引數「6」，其餘就以預設參數值；第二次呼叫函式時傳遞 3 個引數，則第 2、3 個引數值會取代原有的預設值。

函式若使用的參數，若含有預設值，它無法放在第一個位置。把含有預設值的參數放在位置前頭，也會產生「SyntaxError」異常，如圖【9-5】所示。

```
def Error(rate = 0.12, price):
SyntaxError: non-default argument
follows default argument
```

圖【9-5】 預設參數值之後不能有位置參數

- 自訂函式的形式參數，雖然位置參數和預設參數能同用，但第 1 個參數不能使用預設參數值，它會產生「SyntaxError」訊息。
- 第一個參數使用位置參數；第二個參數才設定預設參數，這才是聰明作法。

範例《CH0909.py》

以字典 key/value 的特性，配合預設參數，能得到不同的結果，透過圖【9-6】來認識預設值參數。

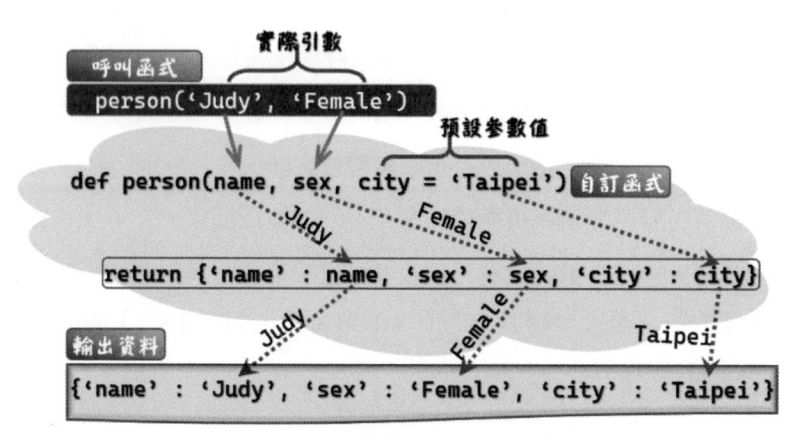

圖【9-6】 形式參數採用預設參數

STEP 01 撰寫如下程式碼。

```
01  def person(name, sex, city = 'Taipei'):
02      return {'name' : name, 'sex' : sex, 'city' : city}
03  # 呼叫函式
04  print('基本資料 :', person('Judy', 'Female'))
05  print('基本資料 :', person('Steven', 'Male', 'Kaohsiung'))
```

STEP 02 儲存檔案，解譯、執行按【F5】鍵。

```
= RESTART: D:/PyCode/CH09/CH0909.py
基本資料: {'name': 'Judy', 'sex': 'Female', 'city': 'Taipei'}
基本資料: {'name': 'Steven', 'sex': 'Male', 'city': 'Kaohsiung'}
```

【程式說明】

- 第 1 行：自訂函式 person() 有 3 個形式參數，第 1、2 個是位置參數可接收資料，第 3 個是預設參數值。
- 第 2 行：return 敘述回傳字典物件。
- 第 4 行：呼叫 person() 函式；第 1 個引數「Judy」取代第 2 行敘述字典的 name(value)，第 2 個引數「Female」取代 sex(value)。
- 第 5 行：同樣是呼叫 person() 函式，有 3 個引數，第 3 個引數會取代原有的預設參數。

將焦點放在「不可變」和「可變」物件身上；預設參數值若為不可變物件，只會執行一次的運算。當形式參數為「預設參數值」，無論是字串或運算式（不可變物件），皆會被實際引數所傳遞的物件所取代。不過形式參數指派的是可變物件，如：list 物件，它會累積內容，可能產生意想不到的結果。

```
# 參考範例《CH0910.py》
def number(A, B = []):
    B.append(A)
    print(B)
# 呼叫函式
number(2)     # 輸出 [2]
number(5)     # 輸出 [2, 5]
number(12)    # 輸出 [2, 5, 12]
```

呼叫 number() 函式時，只要實際引數傳遞的值都會被保留，以串列的元素列示函式的執行結果。所以 B 串列只有第一次執行時才是空串列，如果希望每一次執行時都由空串列開始，範例《CH0911.py》做一些改良。

範例《CH0911.py》

函式 getColor() 的第 2 個形式參數為空的 List，配合 is 運算子判斷串列 color 是否為 None。每次被呼叫而新增元素時由空的 List 開始。所以第一次執行時，只有 White 顏色；第二次執行時，重新輸入「Red, Blue, Green」表示 color 依然由空的串列來填入元素，原來的 White 就不會保留了。

STEP 01 撰寫如下程式碼。

```
01  def getColor(item, color = None):
02      if color is None:    # 用 is 運算子判別 color 是否為 None
03          color = []
04      color.append(item)    #append() 方法新增 list 元素
05      print('顏色：', color)
06  # 主要敘述
07  key = input('y 繼續..'n 結束廻圈..:')
08  while key == 'y':
09      wd = input('輸入顏色：')
10      getColor(wd) # 呼叫函式
11      key = input('y繼續..'n結束廻圈...:')
```

STEP 02 儲存檔案，解譯、執行按【F5】鍵。

```
= RESTART: D:/PyCode/CH09/CH0911.py
y 繼續..,  n 結束廻圈..:y
輸入顏色：White
顏色： ['White']
y繼續..,  n結束廻圈...:y
輸入顏色：Green, Blue, Red
顏色： ['Green, Blue, Red']
y繼續..,  n結束廻圈...:y
輸入顏色：Yellow, Black
顏色： ['Yellow, Black']
y繼續..,  n結束廻圈...:n
```

【程式說明】

- 第 1~5 行：自訂函式 getColor()，有兩個參數：item、「color = []」（空的串列）；item 參數接收輸入的資料，再以 append() 方法加入 color 串列中。

- 第 2~3 行：if 敘述配合 is 運算子判斷 color 是否為 None，此處的 None 用來保留 List 的預設位置。

- 第 8~11 行：利用 while 廻圈來判斷是否輸入資料，如果是「y」就輸入顏色名稱。其中的自訂函式「getColor()」會將輸入的顏色名稱做傳遞。

TIPS

Python 的 None 不太一樣：
- 使用布林值判斷會回傳 False。
- 用來保留物件的位置，可以使用 is 運算子做判斷，所以它非「空」（Empty）的物件。

```
one = None
'Yes' if one is None else 'No'
'Yes'
```

9.3.4 關鍵字引數

呼叫函式時不想依序做一對一的引數傳遞時，關鍵字引數（Keyword Argument）就能派上用場。它會直接以定義函式的形式參數為名稱，不需要依其位置來指派其值，語法如下：

```
functionName(kwarg1 = value1, ...)
```

◆ 呼叫函式時，直接以函式所定義的參數為引數名，並設定其值做傳遞動作。

呼叫函式時，關鍵字引數可隨意指定，但要指出形式參數的名稱，簡例中定義了函式 calc()，它有兩個形式參數 x、y。

```
def calc(a, b):
    return a ** 2 + b //3
calc(b = 124, a = 16)
297
```

◆ 呼叫函式時，關鍵字引數可隨意指名並設值，它一樣順利回傳計算後的結果。

函式中使用關鍵字引數，形式參數和實際引數的名稱須相同，否則會引發「TypeError」異常。

```
def calc(a, b):
    return a ** 2 + b //3

calc(y = 124, x = 16)
Traceback (most recent call last):
  File "<pyshell#26>", line 1, in <module>
    calc(y = 124, x = 16)
TypeError: calc() got an unexpected keyword argument 'y'
```

此外，呼叫函式時，第一個實際引數若以「位置」為主，它的傳遞對象是「a」，就得注意順序性；下述簡例是呼叫函式 calc() 時所引發的錯誤。

```
calc(12, 69)
167
calc(69, a = 9)
Traceback (most recent call last):
  File "<pyshell#31>", line 1, in <module>
    calc(69, a = 9)
TypeError: calc() got multiple values for argument 'a'
```

- 呼叫函式 calc() 第一個引數 (a) 以位置為主，第二個引數採用「關鍵字引數」卻還是「a = 9」，就會產生「TypeError」訊息。

呼叫函式時，第一個引數 (a) 以「位置」為主，第二個引數 (b) 為「關鍵字引數」能正確回傳其運算結果。若位置順序不對，依然會引發異常。

```
calc(12, b = 57)
163
calc(b = 57, 12)
SyntaxError: positional argument fo
llows keyword argument
```

- 函式第一個引數 (b) 為「關鍵字引數」，第二個引數 (b) 以「位置」為主時會發出「SyntaxError」訊息。

那麼使用關鍵字引數，有何益處？定義函式時，若有多個形式參數，可以在呼叫函式時，直接以形式參數的名稱指派其值，省卻了位置參數一一對應的順序，讓呼叫函式時更有彈性，參考範例《CH0912.py》：

```python
# 函式使用關鍵字引數
def pern(name, sex, age, city):
    print('名稱 ', name, '\n性別 ', sex,
          '\n年齡 ', age, '\n居住地 ', city)
# 呼叫函式
pern(city = '台中', age = 27, name = '李大同', sex = 'Male')
```

- 定義函式 pern() 有 4 個參數：name、sex、age、city。
- 呼叫函式 pern()，實際引數直接以形式參數的名稱指派其值並傳遞。

範例《CH0913.py》

定義函式計算階乘，並以 return 敘述回傳結果。

STEP 01 撰寫如下程式碼。

```
01   def factorial(port, begin):
02       result = begin # 階乘的開始值
03       for item in port:
04           result *= item # 讀進數值並相乘
05       return result
06
07   # 呼叫函式，指派引數
08   outcome = factorial(port = [3, 5, 7, 11], begin = 1)
09   print(f'數值 3, 5, 7, 11 相乘結果:{outcome:,}')
```

STEP 02 儲存檔案，解譯、執行按【F5】鍵。

```
= RESTART: D:/PyCode/CH09/CH0913.py
數值 3, 5, 7, 11 相乘結果:1,155
```

【程式說明】

- 第 1~5 行：自訂函式 factorial，依據傳入數值計算階乘，再以 return 敘述回傳結果。第一個形式參數是可迭代物件，第二個形式參數設定階乘起始值。
- 第 3~4 行：for 迴圈依序讀取可迭代物件並相乘，變數 result 儲存結果。
- 第 8 行：以「關鍵字引數」指定第 1 個引數為串列，第 2 個引數設定階乘起始值為 1。

9.4 可長短的參、引數列

定義函式的形式參數和呼叫函式的實際引數，以位置為主，才能依序對應。為了讓形式參數和實際引數更靈活應用，可前綴 * 和 ** 字元來搭配使用。定義函式時，以運算式呈現，「*」星號和 Tuple 組合；「**」雙星則與字典合作，收集多餘的實際引數。呼叫函式時，針對實際引數，* 運算子拆解可迭代物件，** 運算子以映射物件為拆解對象。

9.4.1 形式參數的 * 星號運算式

「*」運算式通常用來做乘法運算。它在自訂函式的形式參數中，扮演運算式的角色，利用它來收集位置引數，語法如下：

```
def 函式名數 (參數1, 參數2, ..., 參數N, *tp):
    函式主體_suite
```

- *tp：* 星號運算式要配合 tuple 物件來收集額外的實際引數。

通常要解開一個可迭代物件來取出若干元素時，可使用「* 星號運算式」（start expression）；範例：

```
參考範例《CH0914.py》
pern = ('David', 'Male', 95, 68, 72)    #Tuple
name, sex, *score = pern     # Tuple 拆解用法
print(name)       # 輸出 'David'
print(score)      # 輸出 [95, 68, 72]
```

9-23

- 利用 Tuple 的 Unpacking 運算，所以 name 之值指向「David」，sex 之值指向「Male」。
- *score 就是「星號運算式」，它會接收 pern 中其他的元素。

對於「星號運算式」基本用法了解後，用於函式時，它可以搭配 Tuple 來收集多餘的實際引數，以範例說明其用法。

```
# 參考範例《CH0915.py》
def calcu(*value):
    result = 1
    for item in value:
        result *= item
    return result
# 呼叫函式
print('1 個引數:', calcu(7))           # 1 個引數
print('3 個引數:', calcu(2, 3, 5))     # 3 個引數
```

- 自訂函式中 calcu()，只有一個形式參數 value，為星號運算式，呼叫此函式所傳遞的引數皆會放入 value 中，以 Tuple 輸出元素。
- 發現沒？呼叫函式時，實際引數無論是傳遞 1 個或 3 個，形式參數 value 變成 star expression 後，完全接收位置引數。
- for 迴圈讀取接收的位置參數，以 result 儲存乘積，由 return 敘述回傳結果，其運作以圖【9-7】示意。

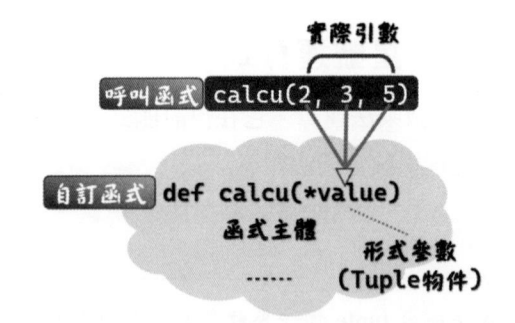

圖【9-7】　前綴 * 字元的形式參數接收多個實際引數

簡例：當位置引數不足時，會引發異常。

```
def func(n1, n2, n3, *t):
    print(n1, n2, n3, *t)


func(14, 18)
Traceback (most recent call last):
  File "<pyshell#37>", line 1, in <module>
    func(14, 18)
TypeError: func() missing 1 required positional argument: 'n3'
```

◆ 自訂函式 func() 有 3 個位置參數，再加一個以 t 字元為主的星號運算式。呼叫函式時，實際引數只以 2 個位置引數傳遞，引發錯誤。

函式的參數，能進一步在「*tuple」物件之後加入關鍵字引數，所以呼叫函式 func() 時，可直接將參數「k」以關鍵字引數來傳遞。但要記得實際引數「k」不能以位置引數傳遞資料，那會發生錯誤。例二：

```
def func(n1, n2, *t, k):
    print(n1, n2)   # 位置參數
    print(k, t)     # 關鍵字引數和Tuple物件


func('Peter', 'score', 75, 82, k = True)
Peter score
True (75, 82)
```

定義函式，配合呼叫函式的關鍵字引數，用來接收特定對象；此時 * 運算式可放在關鍵字引數的前面。例三：

```
def staff(name, *, pay):         # 定義函式
    print(name, '薪資', pay)
staff('趙明', pay = 32500)        # 呼叫函式，輸出 趙明 薪資 32500
```

◆ 定義函式 staff() 有三個形式參數：第 2 個參數只有 * 字元，表示它不具名，所以也不會收集多餘的實際引數，第三個則用來接收關鍵字引數。
◆ 呼叫函式時要有兩個實際引數，第 2 個必須是指定其值的關鍵字引數。

範例《CH0916.py》

函式裡，包含形式參數、位置參數、星號運算式，還有預設參數等來完成其定義；呼叫函式時能給予不同引數。

STEP 01 撰寫如下程式碼。

```
01   def student(name, *score, subject = 4):    # 定義函式
02       if subject >= 1:
03           print('名字：', name)
04           print('共有 ', subject, ' 科, 分數：', *score)
05       total = sum(score) # 合計分數
06       print(f'總分：{total}, 平均：{total/subject:.4f}')
07   # 呼叫函式
08   student('Peter', 78, 65, 93, 81)
09   student('Wanda', 65, 90, 57, subject = 3)
```

STEP 02 儲存檔案，解譯、執行按【F5】鍵。

```
= RESTART: D:\PyCode\CH09\CH0916.py
名字： Peter
共有 4 科, 分數： 78 65 93 81
總分：317, 平均：79.2500
名字： Wanda
共有 3 科, 分數： 65 90 57
總分：212, 平均：70.6667
```

【程式說明】

- 第 1~6 行：定義函式 student()，有 3 個形式參數；第 1 個位置參數、第 2 個星號運算式，第 3 個是預設參數。
- 第 8 行：呼叫函式 student()，引數中第 1 個位置引數傳入名字，位置引數第 2~5 個會被 *score 參數收集，成為 Tuple 的元素。
- 第 9 行：呼叫函式 student()，引數中 1 個位置引數，3 個會被 *score 參數收集，第 3 個採用「關鍵字引數」來取代函式中的第 3 個預設參數值。

9.4.2　** 運算式與字典合作

宣告函式的形式參數中，除了使用「* 星號運算式」來搭配 tuple 物件之外；也可以使用字典物件配上雙星運算式「**」，以它來收集關鍵字引數，語法如下：

```
def 函式名稱(**dict):
    函式主體_suite
```

- 單一形式參數，使用 ** 雙星運算式，配合空的字典物件接收關鍵字引數。
- 呼叫函式時，關鍵字引數會以「實際引數＝值」做傳遞。

以一個簡單範例說明「**」雙星運算式的用法。

```
# 參考範例《CH0917.py》
def score(**value):     # 定義函式，** 收集關鍵字引數
    print('成績', value)
score(eng = 52, comp = 93, math = 62)    # 呼叫函式
# 輸出 成績 {'eng': 52, 'comp': 93, 'math': 62} ( 字典物件 )
```

- 自訂函式 score() 非常簡單，形式參數 value 為雙星運算式。
- 呼叫函式時必須使用關鍵字引數做傳遞。3 個關鍵字引數「eng, comp, math」傳遞時會變成字典的「key」；「56, 93, 62」傳遞之後會成為字典之「value」。

定義函式時，** 雙星運算式之前也可以加入位置參數，其語法如下：

```
def 函式名數(參數1, 參數2, ..., 參數N, **dict):
    函式主體_suite
```

- 位置參數必須放在字典物之前，否則會發生「SyntaxError」的錯誤。
- **dict：** 雙星運算式，接收的關鍵字引數皆會放入字典物件中。

函式裡如何含有位置參數和雙星運算式！參考範例《CH0918.py》：

```
def stud(name, **dt):
   print('Name:', name)
   print('Score:', dt)
stud('Mary')    # 呼叫函式 - 1 個位置引數

# 呼叫函式 - 1 個位置引數，3 個關鍵字引數
stud('Tomas', eng = 65, math = 71, chin = 83)
```

- 自訂函式 stud()；1 個位置參數，另一個參數是 ** 雙星運算式，以字典接收關鍵字引數，並以「key : value」輸出字典項目。
- 第一次呼叫函式，輸出「Name : Mary」,「Score {}」。
- 第二次呼叫 stud() 函式，以關鍵字引數「key = value」來產生，第一行輸出「Name: Tomas」，以圖【9-8】做說明。

```
                    位置引數        關鍵字引數
       呼叫函式
               stud('Tomas', eng = 65, chin = 81, math = 61)

       自訂函式
               def stud(name, **dict)

               函式主體      形式參數
```

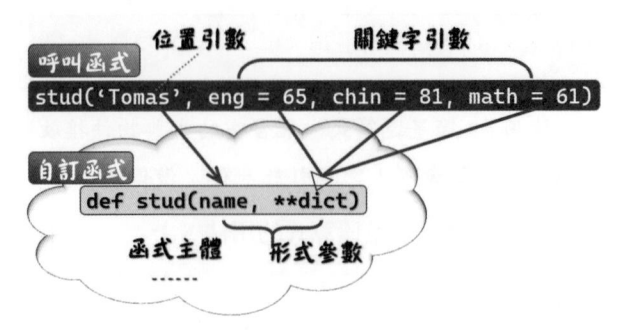

圖【9-8】 ** 雙星運算式接收關鍵字引數

呼叫函式雖然使用兩個引數做傳遞，若第 2 個引數未採用關鍵字引數，還是有錯誤。

```
def Demo(num, **dict):
    print(num, dt)


Demo(45, 18)
Traceback (most recent call last):
  File "<pyshell#3>", line 1, in <
module>
    Demo(45, 18)
TypeError: Demo() takes 1 position
al argument but 2 were given
```

範例 《CH0919.py》

使用 ** 運算子配合字典生成式來取得某個特定範圍的資料。

STEP 01 撰寫如下程式碼。

```
01   def student(msg, **pern):       # 定義函式，參數使用 ** 運算式
02       print(msg, ' 以學生名字排序 ')
03       for key in sorted(pern):
04           print(f'{key:8s} {pern[key]}')
05       print('-' * 20)
06       # 使用生成式找出分數低於 60
07       low60 = {k : v for k, v in pern.items() if v < 60}
08       count = len(low60) # 取得個數
09       print(' 分數低於 60 名單有 ', count, ' 人 ')
10       print(low60)
11   # 呼叫函式
12   student('111 學年 ', Mary = 90, Steven = 45, Eric = 75,
13           John = 55, Ivy = 75, Tomas = 87,
14           Ford = 41, Helen = 88)
```

STEP 02 儲存檔案，解譯、執行按【F5】鍵。

```
= RESTART: D:/PyCode/CH09/CH0919.py
111學年   以學生名字排序
Eric      75
Ford      41
Helen     88
Ivy       75
John      55
Mary      90
Steven    45
Tomas     87
--------------------
分數低於60, 名單有3人
{'Steven': 45, 'John': 55, 'Ford': 41}
```

【程式說明】

- 第 1~10 行：定義函式 student()，形式參數中第 1 個是位置參數，第 2 個是 ** 雙星運算式，用來收集關鍵字引數傳遞的項目。

- 第 3~4 行：for 迴圈讀取 pern（字典物件），配合 sorted() 函式將學生名字做遞增排序。

- 第 7 行：字典生成式，items() 方法取得字典項目。透過 if 敘述，取得字典項目中 value 低於 60 者，放入另一個字典物件 low60。

- 第 8 行：利用內建函式 len() 取得分數低於 60 分有幾個。

- 第 12~14 行：呼叫 student() 函式，除了第一個是位置引數之外，其他皆為關鍵字引數，傳遞給函式時，會被 pern 形式參數接收。

定義函式時，形式參數中的「*」星號運算式配合 tuple 物件，能收集多餘的位置引數；「**」雙星運算式則在字典配合下，多餘的關鍵字引數納入麾下，語法如下：

```
def 函式名稱 (*tuple, **dict):
    函式主體_suite
```

- 形式參數有二個：第一個是 * 星號運算式，收集位置引數；** 雙星運算式，放入多餘的關鍵字引數。

自訂函式的形式參數若是有位置參數，必須放在 * 和 ** 運算式之前，語法如下：

```
def 函式名數 (參數1, 參數2, ..., 參數N, *tuple, **dict):
    函式主體_suite
```

簡例：同時使用 * 和 ** 運算式。

```
def func(*name, **value):
    print('顏色', name)
    print(value)

func('紅', '綠', '藍', r = (255, 0, 0),
     g = (0, 255, 0), b = (0, 0, 255))
顏色 ('紅', '綠', '藍')
{'r': (255, 0, 0), 'g': (0, 255, 0), 'b': (0, 0, 255)}
```

◆ 呼叫函式時，傳入 3 個位置引數，它會被形式參數的 name 放入 Tuple；而 3 個關鍵字引數會由形式參數 value 所接收，成為字典項目。

範例《CH0920.py》

定義函式，參數含有 * 和 ** 運算式，所以形式參數依序是位置參數，* 運算式「*score」收集位置引數傳遞的值，資料排序後以格式化輸出。

STEP 01 撰寫如下程式碼。

```
01  def student(name, *score, StdNo, **pern):
02      print('名字:', name, ' 學號:', StdNo,)
03      for item in sorted(pern):
04          print(f'{item:8s}{pern[item]:<}')
05      print('成績:', sorted(score))
06  # 呼叫函式
07  student('Tomas', 65, 78, 71, StdNo = '108HJ2501',
08          Year = 111, have = '必修', Subject = 'Computer')
```

STEP 02 儲存檔案，解譯、執行按【F5】鍵。

```
= RESTART: D:/PyCode/CH09/CH0920.py
名字: Tomas   學號: 108HJ2501
Subject Computer
Year    111
have    必修
成績 : [65, 71, 78]
```

【程式說明】

◆ 第 1~5 行：自訂函式 student()，形式參數依序是位置參數，* 運算式「*score」收集位置引數傳遞的值，StuNo 採關鍵字引數，** 運算式「**pern」則以 dict 物件收集關鍵字引數傳遞的項目。

- 第 3~4 行：for 迴圈將接收的字典項目，以內建函式 sorted() 做排序。
- 第 7~8 行：呼叫函式 student()，傳入相關的引數。
- 程式碼中，自訂函式時「*」和「**」運算式同時並用。

9.4.3　* 運算子拆解可迭代物件

　　定義函式的形式參數使用 * 和 ** 運算式。呼叫函式時，實際引數傳遞資料時，同樣能使用 * 運算子來拆解「可迭代物件」；而形式參數會以位置參數來接收這些可迭代物件的元素。先由範例做來了解：

```
# 參考範例《CH0921.py》
def number(n1, n2, n3, n4, n5):
    print('Number:',n1, n2, n3, n4, n5)

# 呼叫函式，使用 * 運算子拆解「可迭代物件」
print(' 後 2 個是可迭代物件 ')
number(11, 12, *range(13, 16))
```

- 自訂函式 number()，形式參數有 5 個，皆為位置參數。

　　呼叫函式時，數值 11 和 12 是位置引數，range() 函式可提供可迭代物件「13, 14, 15」，使用 * 運算子解開後，共有 5 個實際引數。所以執行時會輸出「11, 12, 13, 14, 15」，參考圖【9-9】的說明。

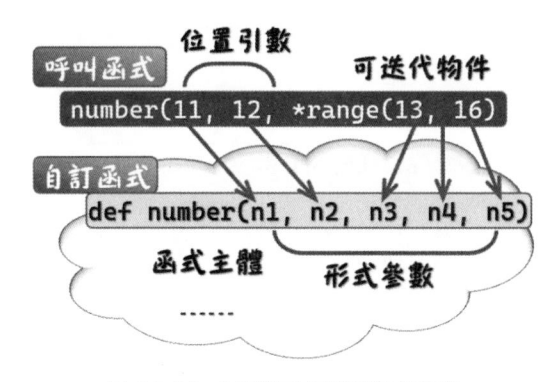

圖【9-9】　* 運算子拆解可迭代物件

呼叫 demo() 函式時只傳遞 4 個引數（2 個數值，range() 函式提供 2 個可迭代物件）；傳遞的引數不足，依然會引發異常。簡例：

```
def demo(n1, n2, n3, n4, n5):
    print(n1, n2, n3, n4, n5)


demo(13, 15, *range(2))#引數不足
Traceback (most recent call last):
  File "<pyshell#34>", line 1, in <module>
    demo(13, 15, *range(2))#引數不足
TypeError: demo() missing 1 required positi
onal argument: 'n5'
```

呼叫 demo() 函式將可迭代物件放在位置引數前面。例二：

```
def demo(n1, n2, n3, n4, n5):
    print(n1, n2, n3, n4, n5)


demo(*range(3), 12, 18)
0 1 2 12 18
```

◆ 有無發現？用於實際引數的 * 運算子是將 range() 函式提供的 3 個可迭代物件拆解之後，分別傳遞給形式參數的 n1~n3 來接收。

範例《CH0922.py》

函式的參數接收資料後，算出總分和平均值。

STEP 01 撰寫如下程式碼。

```
01  def score(name, n1, n2, n3):
02      print(name)
03      print('分數:', n1, n2, n3)
04      total =  n1 + n2 + n3
05      average = total/3
06      print(f'總分:{total} 平均:{average:.4f}')
07  number = [78, 94, 35]
08  # 呼叫函式 -- number 串列物件，可迭代
09  score('Toams', *number)
```

9-32

STEP 02 儲存檔案，解譯、執行按【F5】鍵。

```
= RESTART: D:/PyCode/CH09/CH0922.py
Toams
分數： 78 94 35
總分： 207  平均：69.0000
```

【程式說明】

- 第 1~6 行：自訂函式 score()，需要 4 個形式參數；將接收 n1、n2 和 n3 相加並計算平均值，再以 format() 方法設定浮點數輸出 4 個小位數。
- 第 9 行：呼叫函式，傳入可迭代物件 number（本身是串列物件），以 * 運算子拆解後再傳遞給函式。

9.4.4　** 運算子拆解字典物件

上一個章節《9.4.3》介紹過拆解映射「**」（Mapping unpacking）可用來拆解映射物件（還記得是字典 dict 嗎？）。呼叫函式時，拆解映射運算子「**」（Mapping unpacking operator）可拆解映射型別的相關物件；通常以字典為主。解開字典項目時，「key」要作為形式參數的名稱，用它來接收字典物件的「value」；先以簡例做解說。

```
# 參考範例《CH0923.py》
data = {'x':78, 'y':56, 'z':92}    # 定義 dict
# 自訂函式 -- 形式參數的 x、y、z 來自 dict 的 key
def student(n1, n2, n3, x, y, z):
    print(f'{n1:>6s}{x:3d}')
    print(f'{n2:>6s}{y:3d}')
    print(f'{n3:>6s}{z:3d}')
# 呼叫函式 -- 第 4 個實際引數為字典物件，使用 ** 運算子
student('Eric', 'Tom', 'Ivy', **data)
```

- data 為字典物件，大括號 {} 的項目由「key : value」組成。其中的 key「x、y、z」由 ** 運算子拆解後轉化為定義函式的形式參數，成為 3 個位置參數，再加上其他 3 個位置參數，共有 6 個形式參數。
- 呼叫函式時，實際引數中須以字典物件「data」為關鍵字引數名稱，配合 ** 運算子，才能傳遞字典物件的 value。
- 輸出時字典 key 所對應的 value 就可取得，其運作參考圖【9-10】說明。

```
                    位置引數
呼叫函式  ┌─────────────┐
    student('Eric', 'Tom', 'Ivy', **data)
                                    字典物件
自訂函式                    字典的key
    def student(n1, n2, n3, x, y, z)
        函式主體
        ......

    data = {'x' : 78, 'y' : 56, 'z' : 92}
```

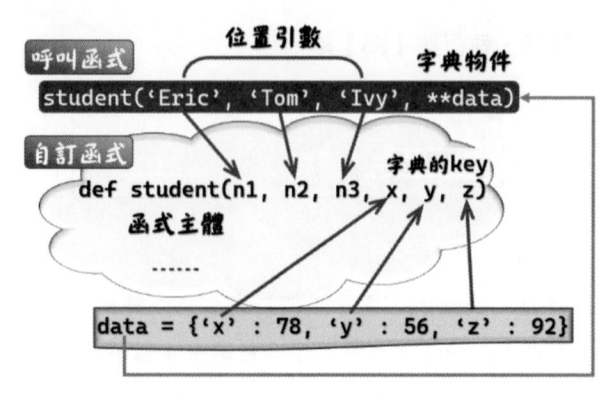

圖【9-10】 關鍵引數使用 ** 運算子拆解字典項目

呼叫 student() 函式所傳遞的位置引數只有 2 個「'One', 'Two'」，引數不足會發生錯誤。

```
student('One', 'Two', **data)
Traceback (most recent call last):
  File "<pyshell#40>", line 1, in <module>
    student('One', 'Two', **data)
TypeError: student() missing 1 required positional argument: 'n3'
```

定義函式 student() 時未把字典的「key」放入形式參數中或者設錯名稱；呼叫函式時還是會發生錯誤。

```
score = {'A':78, 'B':52, 'C':84}
def student(n1, n2, n3, A, B, c):
    print(n1, A)
    print(n2, B)
    print(n3, C)

student('One', 'Two', 'Three', **score)
Traceback (most recent call last):
  File "<pyshell#44>", line 1, in <module>
    student('One', 'Two', 'Three', **score)
TypeError: student() got an unexpected keyword argument 'C'
```

呼叫函式時，必須以字典物件名稱為「score」為關鍵引數，如果不是則會發生「NameError」。

Chapter 09 函式

```
score = {'A':78, 'B':52, 'C':84}
def student(n1, n2, n3, A, B, C):
    print(n1, A)
    print(n2, B)
    print(n3, C)

student('One', 'Two', 'Three', **value)
Traceback (most recent call last):
  File "<pyshell#48>", line 1, in <module>
    student('One', 'Two', 'Three', **value)
NameError: name 'value' is not defined. Did
you mean: 'False'?
```

範例 《CH0924.py》

自訂函式 student()，它有 6 個形式參數，後 3 個位置參數名稱是來自字典物件的三個 key「x、y、z」，接收字典物件解開後的 value。

STEP 01 撰寫如下程式碼。

```
01  def student(n1, n2, n3, x, y, z):       # 定義函式
02      print(f' {n1:4s}{x:4d}')
03      print(f' {n2:4s}{y:4d}')
04      print(f' {n3:4s}{z:4d}')
05      print('-'*15)
06      print(f' 總分 {(x + y + x):4d}')
07  # 定義字典
08  data = {'x':78, 'y':56, 'z':92}
09  # 呼叫函式 -- 第 3 個實際引數為字典物件，前綴 **
10  student('1st', '2nd', '3rd', **data)
```

STEP 02 儲存檔案，解譯、執行按【F5】鍵。

```
= RESTART: D:/PyCode/CH09/CH0924.py
 1st   78
 2nd   56
 3rd   92
---------------
 總分  212
```

【程式說明】

- 第 1~6 行：自訂函式 student()，用來接收字典物件解開後的 value。
- 第 8 行：建立字典物件，以「key：value」來配對。其中的 key 須成為函式 student() 形式參數的位置參數。

9-35

- 第 10 行：呼叫函式 student()，共有 4 個實際引數。其中的 data 使用 ** 運算子來解開字典物件的 key 並傳遞給函式。

範例《CH0954.py》

呼叫函式時，實際引數使用 * 和 ** 運算子來解開串列元素和字典物件的 key 和 value。

STEP 01 撰寫如下程式碼。

```
01   def student(n1, n2, n3, n4, n5,              # 定義函式
02              One, Two, Three, Four, Five):
03       s1 = '分數'; s2 = '總分:'
04       re1 = sum(One)
05       print('%7s'%n1, s1, One, s2, re1)
06       re2 = sum(Two)
07       print('%7s'%n2, s1, Two, s2, re2)
08       re3 = sum(Three)
09       print('%7s'%n3, s1, Three, s2, re3)
10       re4 = sum(Four)
11       print('%7s'%n4, s1, Four, s2, re4)
12       re5 = sum(Five)
13       print('%7s'%n5, s1, Five, s2, re5)
14   # name 為串列 score 字典物件
15   name = ['Mary', 'Tomas', 'Francis', 'Judy', 'Rudolf']
16   score = {'One':(78, 92, 56, 81),
17            'Two': (47, 92, 81, 90),
18            'Three': (91, 87, 72, 61),
19            'Four': (95, 82, 55, 67),
20            'Five':(65, 84, 97, 78)}
21   student(*name, **score)     # 呼叫函式
```

STEP 02 儲存檔案，解譯、執行按【F5】鍵。

```
= RESTART: D:\PyCode\CH09\CH0925.py
   Mary 分數 (78, 92, 56, 81) 總分: 307
  Tomas 分數 (47, 92, 81, 90) 總分: 310
Francis 分數 (91, 87, 72, 61) 總分: 311
   Judy 分數 (95, 82, 55, 67) 總分: 299
 Rudolf 分數 (65, 84, 97, 78) 總分: 324
```

【程式說明】

- 第 1~13 行：定義函式 student()，有 10 個形式參數，前 5 個用來接收串列的元素，後 5 個是字典物件的 key，用來接收其 value。

- 第 4 行：使用 BIF 的 sum() 函式來統計字典物件 value「One」（本身是 tuple 物件）之和。
- 第 15 行：建立 List 儲存名稱。
- 第 16~20 行：dict 物件，以 value 儲存每個人的成績（本身是 Tuple）。
- 第 21 行：呼叫函式 student()，2 個實際引數，第 1 個是配合 * 運算子；第 2 個是配合 ** 運算子。

9.5 更多函式的討論

無論是變數或者是函式，對於 Python 而言皆有適用範圍（Scope）。變數依其適用範圍可分下述三種：

- **全域（Global）範圍**：適用於整個檔案（*.py）。
- **區域（Local）範圍**：適用於所宣告的函式或流程控制的程式區塊，離開此範圍就會結束其生命週期。
- **內建（Built-in）範圍**：由內建函式（BIF）透過 builtins 模組來建立所使用範圍，於該模組中使用的變數，會自動被所有的模組所擁有，它可以在不同檔案內使用。
- 可匯入 builtins 模組，再以指令「dir（builtins）」來查看其模組所提供的內容，包含先前所介紹的內建函式。

```
import builtins
dir(builtins)      # 輸出如下訊息
['ArithmeticError', 'AssertionError', 'AttributeError', 'BaseException',
'BlockingIOError', 'BrokenPipeError', 'BufferError', 'BytesWarning',
'ChildProcessError',
...
'ZeroDivisionError', '__build_class__', '__debug__', '__doc__', '__import__', '__loader__', '__name__', '__package__', '__spec__',
...
'min', 'next', 'object', 'oct', 'open', 'ord', 'pow', 'print', 'property',
'quit', 'range', 'repr', 'reversed', 'round', 'set', 'setattr', 'slice',
'sorted', 'staticmethod', 'str', 'sum', 'super', 'tuple', 'type', 'vars',
'zip']
```

通常 Python 程式語言依其適用範圍,可以建立四種函式:全域函式、區域函式、lambda 函式和方法。

- **全域函式(Global)**:表示整個檔案皆可適用,也就是一般用來定義的函式皆是。
- **lambda() 函式**:以運算為主的匿名函式(Anonymous function),可用來取代小函式。
- **區域函式(Local function)**:函式中再定義的函式。
- **方法(method)**:泛指類別或物件所使用的方法,像前面使用 math 類別的方法,或建立 list 物件之後所使用的 append() 方法來新增元素;或者自訂類別或物件所產生的方法。

9.5.1 適用範圍

通常內建範圍是最大的命名空間(Namespace),再來是較小的全域範圍,最小的區域範圍。當程式碼中有全域、區域變數和內建範圍三種不同範圍,範例:

```
# 參考範例《CH0926.py》
def total(name, n1, n2, n3, n4):
    result = 0              # result 區域變數
    result = sum(price)     # sum 內建範圍
    print(name, '$', result)
# 建立可迭代物件 -- 序列物件
price = [78, 92, 65, 55]    # price 全域變數
total('早餐', *price)
```

- 變數 result 在函式中宣告,表示它是一個區域變數,適用範圍只能在函式區塊中。在函式區塊以外的地方若使用 result 變數,會以訊息「NameError: name 'result' is not defined」來告知。
- 內建函式 sum() 在函式區塊內使用,建立了內建範圍。
- List 物件 price 屬於全域變數,表示整個檔案皆是它的適用範圍。

指派了變數之後,執行程式時如何知道變數的適用範圍!通常由內(小)向外(大),先從最小的區域找起,再來是全域,最後才是內建範圍。如何判別變數的適用範圍?以第一次宣告時所在地來表示其適用範圍。不過,當宣告的位置不對,可能無法求得想要的結果;例一:說明全域變數和迴圈內的區域變數。

```
score = [78, 65, 84, 91]  # score 為全域變數
for item in score:
    total = 0              # 區域變數，儲存加總結果
    total += item          # 每次 total 的值都從 0 開始，無法累計
print(total)
```

- score 儲存串列元素，為全域變數，任何位置呼叫它皆可以。
- total 宣告於 for/in 迴圈，離開迴圈區塊就結束其生命週期。
- print（total）時，此時 total 變數已離開迴圈，所以無法輸出加總結果。

例二：使用區域變數 total。

```
score = [78, 65, 84, 91]  # score 為全域變數
total = 0                  # 全域變數，儲存加總結果
for item in score:
    total += item          # 儲存累計值
print(total)
```

- 變數 total 為全域變數時，才能累計儲存。

變數宣告於函式程式區塊之外，是全域變數。已定義的函式若要使用此全域變數的值是可行的，例三：

```
def Demo():
    print('最愛的水果', fruit)


Demo()  #呼叫函式帶入全域值
最愛的水果 Orange
```

- fruit 為「全域」變數，所以適用範圍是整個檔案。呼叫函式 favorite() 時可以帶入全域變數 fruit 的值來輸出。

當區域和全域變數的名稱，可能一個不小心，把二者都使用相同的名稱。那麼會發生什麼窘況？範例中呼叫函式 Demo() 引發了錯誤！為什麼？

```
# 參考範例《CH0927.py》改變全域變數的值
fruit = 'Orange'    # global 變數
def Demo():         # 定義函式
    print('最愛的水果', fruit)
    fruit = 'Watermelon'  # 改變全域的值
    print('夏天水果', fruit)
Demo()  # 呼叫函式，發生錯誤
```

- 位於自訂函式 Demo() 之外的 fruit 為全域變數；位於 Demo() 函式之內的 fruit 是區域變數，其值做了變更。

```
Traceback (most recent call last):
  File "D:/PyCode/CH09/CH0928.py",
line 8, in <module>
    Demo()
  File "D:/PyCode/CH09/CH0928.py",
line 3, in Demo
    print('最愛的水果', fruit)
UnboundLocalError: local variable '
fruit' referenced before assignment
```

- 區域變數在指派之前已給值，全域和區域變數造成混亂！

同樣是自訂 Demo() 函式，全域和區域變數同名，但程式碼做小幅修改。

```
# 參考範例《CH0928.py》設區域變數的值
fruit = 'Orange'           # global 變數
def Demo():                # 定義函式
    fruit = 'Watermelon'   # 區域變數
    print('夏天水果', fruit)
Demo()      # 呼叫函式
```

- 呼叫 Demo() 函式時，系統會先範圍較小的區域變數找起，由程式區塊再擴外去找出是否有全域變數！
- 位於自訂函式 Demo() 的區域變數 fruit 會優先輸出「夏天水果 Watermelon」，所以不會有錯誤發生。

為了讓 Python 的直譯器識別那一個是全域變數？那一個是區域變數？可以在使用全域變數的同時，加上「global」關鍵字。

```
# 參考範例《CH0929.py》
fruit = 'Orange' # global 變數
def Demo():      # 定義函式
    global fruit
    print('最愛水果', fruit)
    fruit = 'Watermelon' # 區域變數
    print('夏天水果', fruit)
Demo() # 呼叫函式
```

當全域變數和區域變數同名稱，又同時要在自訂函式中使用，為了不讓彼此之間起衝突，可以在函式內將全域變數冠上「global」這個關鍵字（不是好方法，還

是避用同名稱的變數）。如此一來，全域和區域的變數值皆可以順利輸出。所以，直譯器如何在區域、全域和內建範圍運作，歸納如下：

- 變數可用於不同適用範圍內，若是同名稱，區域變數的優先權高於全域變數，而全域範圍則高於內建範圍。
- 第一次名稱建立之處，代表它的適用範圍；執行時，範圍由小而大，由區域、再全域而內建範圍。

9.5.2 函式是第一等公民

無論是數字、字串或者是序列的 List 和 Tuple，對 Python 來說皆是物件。一般來說，定義函式後可以把它指派給變數，取得回傳值；或者把它當作引數傳給其他函式，先以一個簡單的例子來解說 Python 將函式視為第一等公民的作法。

```
def show(): #無參數函式
    print('Hello Python!')

def greeter(info): # 含一個形參的函式
    info() #呼叫函式

greeter(show)
Hello Python!
```

- 定義 show() 函式，無參數值，只會輸出訊息「Hello Python」。
- 定義 greeter() 函式，只有一個形式參數；函式主體只有一行敘述，用來呼叫函式。
- 呼叫函式 greeter()，引數 show（無括號）會去呼叫 show() 函式而輸出其訊息「Hello Python」。

要注意的地方是，函式中的引數只能使用「show」名稱，Python 會視它為物件，若使用「show()」是函式，呼叫函式反而會引發「TypeError」的錯誤。

```
greeter(show())
Hello Python!
Traceback (most recent call last):
  File "<pyshell#20>", line 1, in <module>
    greeter(show())
  File "<pyshell#18>", line 2, in greeter
    info() #呼叫函式
TypeError: 'NoneType' object is not callable
```

9-41

範例：同樣是 B 函式去呼叫 A 函式，並傳入兩個數值做運算。

```
# 參考範例《CH0930.py》
def multip(num1, num2):          # 函式一
    print('兩數相乘 ', num1 * num2)
def handle(func, one, two):      # 函式二有 3 個參數
    func(one, two)
handle(multip, 4, 7)             # 呼叫函式
```

- 定義第一個函式 multip() 有二個引數，接收資料後會相乘。
- 定義第二個函式 handle()，有三個形式參數：func 用來呼叫函式，one 和 two 用來接收數值。
- 呼叫函式 handle()，第 1 個實際引數為函式名 multip，第 2、3 個引數則是帶入數值做傳遞。它會呼叫 multip() 函式並傳遞 4 和 7 這兩個數值，完成計算並輸出結果；所以輸出「兩數相乘 28」。

範例《CH0931.py》

定義兩個函式；第一個函式 sum() 把接收的多科分數算出總分。第二個函式 getScore() 會去呼叫第一個函式 sum() 並取得總分，再以 return 回傳。

STEP 01 撰寫如下程式碼。

```
01  def student(*score):      # 函式一
02      return sum(score)
03  # 第二個函式，三個參數，第 2 個以函式為物件，第 3 個接收多個引數
04  def getScore(name, func, *one):
05      print(name, ' 總分 :', end = '')
06      return func(*one)  # 回傳函式及參數
07  # 呼叫第二個函式
08  print(getScore('Tomas', student, 78, 65, 92))
09  print(getScore('Vicky', student,
10                 95, 74, 45, 84))
```

STEP 02 儲存檔案，解譯、執行按【F5】鍵。

```
= RESTART: D:/PyCode/CH09/CH0931.py
Tomas 總分:235
Vicky 總分:298
```

【程式說明】
- 第 1~2 行：第一個函式 student()，形式參數 score 為 * 運算式可接收多個引數。
- 第 4~6 行：第二個函式 getScore()，有三個參數，第 2 個參數以接收函式名，第 3 個參數同樣是 * 星號運算式，接收多個實際引數。
- 第 8~10 行：呼叫函式時，傳入長度不一的引數。

9.5.3 區域函式與 Closure

Python 程式語言中，可以在函式中定義其他函式時，稱為「內部函式」或是「區域函式」（Local function）或巢狀函式（Nested function）。參考範例《CH0932.py》：說明區域函式。

```
def exter(x, y):         # 函式中有函式
    def internal(a, b):
        #BIF divmod() a//b, a % b
        return divmod(a, b)
    return internal(x, y)
print(exter(25, 7))      # 呼叫函式
```

- 第一個函式 exter() 有二個形式參數：x、y。利用 return 敘述回傳 internal() 函式。
- 第二個函式 internal() 也有二個形式參數：a、b。呼叫內建函式 divmod() 完成運算後，再以 return 敘述回傳。
- 這種函式中有函式，即是區域函式。所以呼叫 exter() 函式時，引數 25 和 7 會傳給 exter() 函式的 x 和 y 接收，並呼叫內部函式 internal()，再把 x、y 所接收的值傳給 a 和 b。完成運算（25 // 7, 25 % 7）後得到結果「(3, 4)」。

Python 能把接受多個參數的函式，改為接受單一參數的函式。執行函式 exter() 時，它會經由回傳的函式物件所定義的參數 (x、y) 去呼叫另一個函式 internal()，這就是函式「鞣製」（Curry）的概念。簡單來說，它就像是把兩個函式鞣製在一起。範例《CH0933.py》：

```
def Outer(num1):         # 函式中有函式
    def Inner(num2):
        return num1 ** num2
    return Inner
result = Outer(5)(3)     # 呼叫函式必須兩個參數都給，儲存計算結果
print(result)
```

- 定義第一個函式 Outer() 只有一個形式參數 num1，而函式主體回傳第二個函式 Inner 的計算結果。
- 定義第二個函式 Inner() 也只有一個形式參數 num2，函式主體則把 num2 作為 num1 的乘冪方，並以 return 敘述回傳結果。
- 由於使用區域函式，能直接存取其外部函式（Outer()）的參數，呼叫函式時引數的傳遞就能簡化。

通常呼叫函式 Outer() 時，其引數「5」的生命週期本來會隨其呼叫而結束。由於函式 Outer() 和 Inner() 形成區域函式，為了讓 Inner() 函式能存取 Outer() 函式所建立的區域變數「num1」，Outer() 函式會形成了「Closure」（中文譯成閉包）。只要還有變數被 Inner() 函式存取，其變數值（引數 5）就會被保存。

所謂的「Closure」是一種由其他函式主動產生的函式，例如 Outer() 函式所扮演的角色。它能直接參照包裹該函式（inner）所定義的區域變數（num2）。而變數 num2 並不會因為離開該 outer() 函式範圍而結束其生命週期。

範例《CH0934.py》

使用區域函式的作法，加 nonlocal 關鍵字，讓 oneFun() 函式能讀取外部的 total 變數，運算式「total += item」的指派動作才能持續。

STEP 01 撰寫如下程式碼。

```
01  def allNums(total):              # 定義函式
02      def oneFun(item, step):      # 定義函式的函式
03          nonlocal total
04          print('數值 :', end = '')
05          for item in range(1, item + 1, step):
06              print(f'{item:3d}', end = '')
07              total += item
08          print()
09          return total             # 回傳加總結果
10      return oneFun                # 回傳函式物件
11  star = allNums(0) #total = 0     # 呼叫函式
12  # 呼叫函式 oneFun，變數 star 配合 range(1, 20, 3) 函式做加總
13  print('合計 :', star(20, 3))
```

STEP 02 儲存檔案，解譯、執行按【F5】鍵。

```
= RESTART: D:/PyCode/CH09/CH0934.py
數值 :   1   4   7  10  13  16  19
合計 : 70
```

【程式說明】

- 第 1~10 行：第一個函式 allNums()，只有一個形式參數 total，return 敘述回傳函式物件 oneFun。
- 第 2~9 行：第二個函式 oneFun()，兩個形式參數：item、step。
- 第 3 行：如果 total 變數前未加 nonlocal 關鍵字，則程式執行時就會出現「UnboundLocalError」之異常。
- 第 5~7 行：for 迴圈配合 range() 函式，依據形式參數 item 和 step 來作為終止值和間距值，以 total 回傳加總結果。
- 第 11 行：呼叫第一個函式 allNums()，傳遞引數為 0 的值，以 star 變數儲存結果。
- 第 13 行：呼叫第二個函式 oneFun()，透過 star() 傳遞兩個引數：20 和 3。

為什麼不加關鍵字「nonlocal」會顯示異常？

```
Traceback (most recent call last):
  File "D:/PyCode/CH09/CH0934.py",
line 18, in <module>
    print('合計:', star(20, 3))
  File "D:/PyCode/CH09/CH0934.py",
line 5, in oneFun
    total
UnboundLocalError: local variable '
total' referenced before assignment
```

- 因為 oneFun() 函式只能讀取外部的 total 變數，運算式「total += item」的指派動作無法持續。
- 加入 nonlocal 關鍵字之後，表示它是屬於 allNums() 的變數，才能在 oneFun() 函式內重派其值，儲存累加結果。

> **TIPS**
>
> 當函式中還定義另一個函式時，原有的內建、全域、區域的適用範圍必須再加上「外圍」（Enclosing）適用範圍。如此一來區域函式才能存取外部函式的變數名稱。此乃依據 Python 的 LEGB 所定規則：
> - Local（function）；區域函數的名稱空間。
> - Enclosing function locals；外部函式的名稱空間。
> - Global（module）；函式定義所在模組的名稱空間。
> - Builtin（Python）；Python 內建模組的名稱空間。

9.5.4 Lambda 函式

lambda() 函式，又稱 lambda 運算式，它沒有函式名稱，只會以一行敘述來表達其敘述，語法如下：

```
lambda 參數串列, ... : 運算式
```

- 參數串列使用逗點隔開，運算式之前的冒號「:」不能省略。
- lambda() 函式只會有一行敘述。
- 運算式不能使用 return 敘述。

那麼自訂函式與 lambda() 有何不同？先以一個簡例做解說。

```
def calc(x, y): #自訂函式
    return x**y
calc = lambda x, y : x ** y  #lambda() 函式
```

- 自訂函式時，函式名稱 calc，可作為呼叫 lambda() 函式的變數名稱。所以自訂函式有名稱，lambda() 函式無名稱，須藉助設定的變數名稱。
- 函式有 2 個形式參數：x 和 y，亦為 lambda 的參數。

運算式「x ** y」在 calc() 函式中以 return 敘述回傳；lambda() 的運算結果由變數 calc 儲存。所以定義函式時，函式主體有多行敘述，可以是敘述，也可以是運算式；lambda() 函式只能有一行運算式。藉由圖【9-11】做了解。

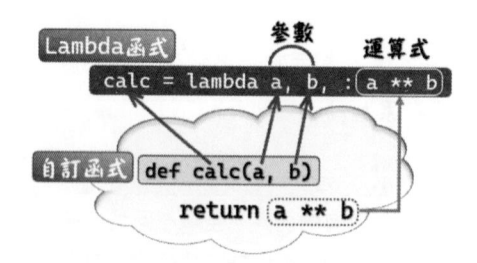

圖【9-11】 自訂函式和 lambda() 函式

簡例：了解 lambda() 函式的運作方式。

```
calc = lambda a, b : a ** b
print(calc(7, 3))     # 輸出 343
```

- lambda() 函式須指定一個變數來儲存運算結果，再以變數名 calc 來呼叫 lambda() 函式，依其定義傳入參數。

例二：須以變數儲存 lambda 運算後的結果。

```
lambda a, b : a ** b
<function <lambda> at 0x0000022ED10
8B400>
lambda a, b : return a ** b
SyntaxError: invalid syntax
result = lambda a, b : a ** b
type(result)
<class 'function'>
```

- lambda() 函式若未指定變數儲存其結果，表示未有物件參照，會顯示「function <lambda> ...」而被記憶體回收。
- lambda() 函式如果加入 return 敘述，會顯示「SyntaxError」。
- 使用 type() 函式查看儲存 lambda() 函式運算結果的變數，會發現它是一個「function」類別。

例三：以 lambda() 函式先定義再呼叫指定的變數 result。

```
result = lambda a, b : a ** b    # 表示 lambda 有二個參數
result(4, 7)    # 傳入兩個數值讓 lambda() 函式做運算
```

範例 《CH0935.py》

配合 lamdba() 函式來設定 sort() 方法，其中的 key 參數，當資料有二個以上欄位，可使用 lambda() 函式來指定排序的欄位。

STEP 01 撰寫如下程式碼。

```
01  pern = [('Mary', 1988, 'Taipei'),
02          ('Davie', 1992, 'Kaohsiung'),
03          ('Andy', 1999, 'Taichung'),
04          ('Monica', 1987, 'Hsinchu'),
05          ('Cindy', 1996, 'Taipei')]
06  st = lambda item: item[0]    # 定義 sort() 方法參數 key
07  pern.sort(key = st)
08  print('依名字排序：')
09  for name in pern:
10      print('{:6s},{},{:10s}'.format(*name))
11  #直接在 sort() 方法帶入 lamdba() 函式
12  pern.sort(key = lambda item: item[2], reverse = True)
13  print('依出生地遞減排序：')
14  for name in pern:
15      print('{:6s},{},{:10s}'.format(*name))
```

STEP 02 儲存檔案，解譯、執行按【F5】鍵。

```
= RESTART: D:/PyCode/CH09/CH0935.py
依名字排序：
Andy   ,1999, Taichung
Cindy  ,1996, Taipei
Davie  ,1992, Kaohsiung
Mary   ,1988, Taipei
Monica,1987, Hsinchu
依出生地遞減排序：
Cindy  ,1996, Taipei
Mary   ,1988, Taipei
Andy   ,1999, Taichung
Davie  ,1992, Kaohsiung
Monica,1987, Hsinchu
```

【程式說明】

- 第 1~5 行：建立一個含有 Tuple 的 List，每個元素有 3 個欄位：第 1 個欄位（索引值 [0]）為名字；第 2 個欄位是出生年份，第 3 個欄位則是出生地。

- 第 6~7 行：使用 lambda() 函式，將欄位以 item 變數表達，指定第 1 個欄位「item[0]」（以索引編號 [0] 表示）為排序依據，也就是利用名字的第一個字母為排序依據。

- 第 12 行：將 lambda() 函式內嵌於 sort() 方法的 key 參數，以第 3 個欄位（出生地）為排序依據。

Python 提供一些有趣的函式，像是前文介紹的 lambda() 函式，再來看另一個內建函式 filter()，它的語法如下：

```
filter(function, iterable)
```

- function：表示要定義一個函式或是使用 lambda() 函式取代。
- iterable：表示迭代器的可迭代元素。

filter() 函式可以將迭代器的元素依據參數「function」的設定做過濾，它會取得回傳 True 的元素，並以序列型別（List、String、Tuple）來組成；同樣地，它會剔除回傳 False 的元素。範例：

```
# 參考範例《CH0936.py》
def getNums(n):      # 定義函式
    return n > 2
ary = range(10)      # 產生可迭代物件，0~9 數值
# 使用 list() 將為 List 物件才能顯示結果。
print(list(filter(getNums, ary)))
```

- 先定義一個函式 getNums()，回傳大於 2 的數值。
- 使用 range() 函式產生一個可迭代的元素 0~9，再給 ary 儲存。
- 使用 filter() 函式，參數帶入前二者所設定的 getNums 和 ary。那麼 0~9 數值，大於 2 才會回傳，所以是「[3, 4, 5, 6, 7, 8, 9]」。

當然！filter() 函式的 function 函式可以使用 lambda() 函式來取代，再以第二個簡單例子說明。

```
# 參考範例《CH0937.py》
ary = range(1, 16) # 數值 1~15
# 被 3 整除者放入 result 變數
result = list(filter(lambda x : x % 3 == 0, ary))
print(result)      # 輸出「3, 6, 9, 12, 15」
```

- filter() 函式第一個參數將 lambda() 函式被 3 整除數值以 True 回傳，無法整除就回傳 False。

範例《CH0938.py》

函式中，Tuple 收集位置引數，

STEP 01 撰寫如下程式碼。

```
01  from random import randint
02  def addNum(*data):     # 函式, *data - 將位置引數以 tuple 收集
03      result = 0
04      print('index value')
05      print('-'*12)
06      # 以 emumerate() 函式回傳 index 和元素，再以 sorted() 排序
07      for i, j in enumerate(sorted(data)):
08          print(f'{i:^6d}{j:>4d}')
09          result += j
10      return result
11  numbers = [] # 空的 list
12
13  for item in range(9):     # 隨機產生 9 個 1~99 的數值
14      numbers.append(randint(1, 99))
15  outcome = list(filter(lambda n: n % 2 == 0, numbers))
16  even = tuple(outcome)    # 轉為 tuple 物件
17  # 呼叫函式 *even 將 tuple 元素拆解傳遞給函式
18  print('1~99 隨機數 ')
19  total = addNum(*even)
20  print('-'*12)
21  print(' 偶數和 :', total)
```

STEP 02 儲存檔案，解譯、執行按【F5】鍵。

```
= RESTART: D:/PyCode/CH09/CH0938.py
1~99 隨機數
index value
------------
   0      18
   1      54
   2      66
------------
偶數和: 138
```

【程式說明】

- 第 1 行：匯入亂數模組。
- 第 2~10 行：定義函式 addNum()，形式參數只有一個 * 星號運算式，將接收的多個資料放入 tuple 物件「data」。
- 第 7~9 行：配合內建函式 enumerate() 來讀取 data 序對的元素，配合 sorted() 函式，輸出有索引編號並依序遞增的元素。result 變數儲存元素累加。
- 第 10 行：return 敘述回傳計算結果。
- 第 11 行：建立空的 List 物件「number」，存放隨機產生的整數亂數。
- 第 13~14 行：以 randint() 函數產生 1~99 之間的亂數，for 迴圈配合 range() 函式來讀取，並以 append() 方法加到 number 串列中。
- 第 15 行：filter() 函式取得偶數，配合 lambda() 函式來判斷亂數中若能被 2 整除就回傳 True，就能加入 outcome 物件。
- 第 19 行：呼叫 addNum()，只有一個實際引數。* 運算子配合 tuple 物件「even」，拆解元素後再傳遞給函式 addNum() 的形式參數接收。

9.5.5 遞迴

所謂的遞迴（Recursion），就是利用函式，自己呼叫自己。以最常列舉的階乘來說，正整數「階乘」（factorial）是所有小於及等於該數的正整數的積，所以 Python 的 math 模組提供了 factorial() 方法，只要傳入參數值就可得到計算結果。

```
import math
math.factorial(6)
720
```

- 表示匯入 math 模組之後,就可以計算。
- 「math.factorial(6)」表示是「6*5 * 4 * 3 * 2 * 1」得到「720」。

那麼階乘是如何運作!定義階乘時,可以如此看待:

```
factorial(N) = N!
   = N * (N-1)!
   = N * (N-1) * (N-2)!
   . . .
   = N * (N-1) * (N-2) ... * 3 * 2 * 1
```

- 表示「階乘 0 或 1」是 1。
- 階乘大於或等於 2 才是「N! = N * (N-1)!」

以函式觀點來定義階乘時,可以如此撰寫:

```
# 參考範例《CH0939.py》-- 定義計算階乘的函式
def fact(x):
    upshot = 1           # 儲存階乘計算結果
    for item in range(1, x+1):
        upshot *= item   # 累積相乘結果
    return upshot
print(f'{fact(8):_}')    # 呼叫函式,回傳 40_320
```

- 變數 upshot 儲存階乘計算結果。
- for 迴圈配合 range() 函式來讀取階乘的每個數值,累積相乘結果。

如果以遞迴來撰寫階乘,敘述如下:

```
# 參考範例《CH0940.py》一肘遞迴定義計算階乘的函式
def factR(num):
   if num <= 1 : # 0! = 1! = 1
      return 1    # 基本情況,終止遞迴
   # 如果階乘是 2(含) 以上,自己呼叫本身的函式
   else:
      return (num * factR(num - 1)) # 遞迴
print(factR(6))
```

- 定義函式 factR();函式主體使用 if/else 敘述做判斷。
- 當數值大於或等於 2 時才會進行遞迴動作,呼叫本身的函式來讓數值減 1,直到 1 時才終止。

由於使用遞迴函式會用掉較多的資源,所以它有兩種情形:

- 「基本情況」(Base case):用來終止遞迴的呼叫。以上述階乘來說,當形式參數的 x 的值小於或等於 1 時,會執行 if 敘述,回傳 1。
- 「遞迴情況」(Recursive base):呼叫自己函式,進行遞迴。

介紹另一個使用遞迴方法就是著名的費氏數列(Fibonacci)。其數列由 0 和 1 開始,之後的費氏數列就由之前的兩數相加,產生的數列如下:

```
1、1、2、3、5、8、13、21、34、55、89......
```

依據其特性,可以將費氏數列定義如下:

```
當 F0 = 0 或 F1 = 1 可以 fib(n) 表示
當 Fn = Fn-1 + Fn-2 可以 fib(n-1) + fib(n2) 表示
```

如何以迭代方式來定義費氏數列,撰寫如下:

```
# 參考範例《CH0941.py》--  定義函式
def fiboA(num):
    result = []      # 儲存費氏數列
    a, b = 0, 1
    while b < num:
        result.append(b)
        a, b = b, a + b
    return result
print('Fibonacci:', fiboA(10))    # 呼叫函式
```

範例《CH0942.py》

使用遞迴,設定好基本情況和遞迴情況來產生費氏數列。

STEP 01 撰寫如下程式碼。

```
01   def fibon(x):
02       if x <= 1:    # 基本情況
03           return x
04       else:
05           return fibon(x - 1) + fibon(x-2)    # 遞迴情況
06   # 呼叫函式
07   outcome = []    # 空串列
08   for item in range(10):
09       outcome.append(fibon(item))
10   print('遞迴:', outcome)
```

9-52

STEP 02 儲存檔案，解譯、執行按【F5】鍵。

```
= RESTART: D:/PyCode/CH09/CH0942.py
遞迴: [0, 1, 1, 2, 3, 5, 8, 13, 21, 34]
```

【程式說明】

- 第 1~5 行：定義費氏數列的遞迴函式。由於費氏數列由 0 或 1 開始，所以 if 敘述為「基本」狀況，它會回傳 0 或 1 來中止遞迴。
- 第 4~5 行：「遞迴」狀況由 else 敘述來處理，當費氏數列大於或等於 2 時會將前面的數值相加。所以開始呼叫本身的函式，將相加所得以 return 敘述回傳。
- 第 8~9 行：for 迴圈配合 range() 函式來產生費氏數列。

重點整理

◆ 定義函式和呼叫函式是兩件事。定義函式要有「形式參數」（Formal parameter）來接收資料，而呼叫函式要有「實際引數」（Actual arguments）做資料傳遞。

◆ 定義函式使用 def 關鍵字，作為函式程式區塊的開頭，尾端要有冒號「:」來產生 suite。函式名稱以識別字名稱為規範；可依據需求在括號內可放入形式參數串列（format argument list）。

◆ 函式回傳值有三種：①函式無參數，函式主體也無運算式，print() 函式輸出訊息。②函式有參數，函式主體有運算，以 return 敘述回傳。③回傳值有多個，return 敘述配合 Tuple 物件來表達。

◆ 呼叫函式時，實際引數（Actual argument）將資料或物件傳遞給自訂函式，預設採位置引數。形式參數（formal parameter）則是定義函式時；用來接收實際引數所傳遞的資料，預設以位置參數為主。

◆ Python 引數傳遞原則：①不可變（Immutable）物件會先複製一份再做傳遞。②可變（Mutable）物件會直接以記憶體位址做傳遞。

◆ 定義函式時，採用預設參數值（Default Parameter values）是將形式參數給予預設值，當「呼叫函式」某個引數沒有傳遞資料時，可以使用其預設值。

◆ 關鍵字引數（Keyword Argument）用於呼叫函式。它會直接以定義函式的形式參數為名稱，不需要依其位置來指派其值。

◆ 定義函式的形式參數，「*t」表示它是一個 * 星號運算式配合 Tuple，用來收集位置引數。使用 ** 雙星運算式則以字典物件（dict）搭配，收集關鍵字引數。* 星號運算式和 ** 雙星運算式並用，收集相關引數。

◆ 呼叫函式以實際引數傳遞資料時，使用 * 運算子拆解「可迭代物件」；拆解映射運算子「**」可將字典物件的「key」，拆解分配給形式參數為名稱來接收數目相同的「value」。

◆ 無論是變數或是函式，對於 Python 而言有三種適用範圍：①全域（Global）範圍：適用整個檔案（*.py）。②區域（Local）範圍：適用於所宣告函式或流程控制的程式區塊。③內建（Built-in）範圍：內建函式（BIF）所使用的範圍。

◈ Python 程式語言中，可以在函式中定義其他函式時，稱為「內部函式」或是「區域函式」（Local function）或巢狀函式（Nested function）。

◈ lambda() 函式又稱 lambda 運算式，它沒有函式名稱，只會以一行敘述來表達其敘述。

◈ 所謂的遞廻（Recursion），就是利用函式，自己呼叫自己。它有兩種情形：①「基本情況」（Base case）：用來終止遞廻的呼叫。②「遞廻情況」（Recursive base）：呼叫自己函式，進行遞廻。

MEMO

10
CHAPTER

模組與函式庫

學 | 習 | 導 | 引

- sys.argv 接收命令列引數串列
- 如何使用 from/import 敘述匯入 Python 模組
- time 模組取得時間戳，datetime 模組處理日期和時間
- 認識第三方套件 wordcloud、pyinstaller

Python 提供功能強大的標準函式庫，它們大部份可透過 import 敘述來使用。本章很簡單地介紹 sys、time、datetime 這些模組的用法。

10.1 匯入模組

當程式變得龐大，內容趨於複雜，Python 允許設計者透過邏輯性的組織，把程式打包或者分割成好幾個檔案，而彼此之間能共生共用。這些分置於不同檔案的程式碼，可能是類別組成，或者是收集多個已定義好函式。一般來說，將多個模組組合在一起還能產生套件（Package）。

10.1.1 import/as 敘述

對於 Python 來說，所謂模組（Module），其實就是一個「*.py」檔案。模組內包含可執行的敘述和定義好的函式。那麼如何區別一般的 py 檔案和用於模組的檔案？很簡單，一般我們撰寫的 py 檔案，要透過直譯器才能執行。若是模組則要透過 import 敘述將檔案匯入供其使用。如何匯入模組，語法如下：

```
import 模組名稱1, 模組名稱2, ...., 模組名稱N
import 模組名稱 as 別名
```

- 利用 import 敘述可以匯入多個模組，不同模組可用逗點隔開。
- 當模組較長時，允許使用 as 子句給予別名。

例如：同時匯入 Python 標準模組的數學和亂數模組。

```
import math, random
```

由於匯入亂數模組的名稱較長，可給予一個簡短名稱。例二：

```
import random as rd
```

那麼要把 import 敘述置於程式碼何處？習慣將它放在程式的開端。由於模組本身就是一個類別，使用時還要加上類別名稱，再以「.」（半形 Dot）存取，例三：

```
import math          # 滙入數學模組
math.pi              # 圓周率，回傳 3.141592653589793
math.pow(6, 3)       # 等同 6*6*6，回傳 216.0
```

10.1.2　from/import 敘述

通常載入模組時，其相關的屬性和方法也會載入。為了節省資源，加上 from 敘述為開頭來指定其物件名，語法如下：

```
from 模組名稱 import 物件名
from 模組名稱 import 物件名1, 物件名2, ..., 物件名N
from 模組名稱 import *
```

◆ 使用 * 字元表示匯入一切非私有套件。

from 敘述配合模組名稱，再以 import 敘述指定其屬性和方法。同樣地，若要指定多個物件，可以逗點來隔開；簡例如下：

```
# 一般使用「類別.方法」
import math          # 匯入數學模組
math.fmod(15, 4)  # 取得餘數，回傳 3.0
```

◆ 要呼叫 fmod() 方法時，由於是 math 類別提供的方法，必須使用「.」（dot）運算子，以「類別.方法()」來使用。

例二：只滙入模組中的某個方法。

```
# from/import 敘述
from math import factorial, ceil
factorial(5)        # 回傳計算階乘的結果 120 (1*2*3*4*5)
ceil(2.58)          # 無條件進位之後，取整數
```

◆ 指定匯入 math 模組的 factorial() 和 ceil() 方法之後，就可以直接呼叫方法名稱來使用。

使用「from/import」敘述是個不錯的選擇，若要使用模組其他物件，在未指明的情形下，會引發「NameError」錯誤。例三：

```
from math import ceil, factorial
print(ceil(15.1133))              # 正確輸出
print(math.floor(13.879))         # 引發 NameError 錯誤
```

10.1.3　名稱空間和 dir() 函式

要使用模組就得了解其名稱空間（Namespace），但必須配合 BIF 的 dir() 函式。如何使用函式 dir()？先認識其語法：

```
dir([object])
```

- object：選擇性參數，回傳有效的屬性，以 List 表示。

第九章定義函式時，介紹過「適用範圍」（Scope）；配合 Python 的執行環境，就會有「名稱空間」的存在。可把名稱空間視為容器，從使用模組就已建立，它會隨著物件的產生，而有不同的名稱空間存在。一般來說，內建函式 dir() 有兩種方式：

- 無參數 dir() 函式會找出目前範圍已定義的名稱。
- 有參數「object」時用來查看某個模組已定義的名稱。

例一：使用無參數的 dir() 函式，它會帶出 __builtins__、__name__ 等這些屬性。

```
dir()
['__annotations__', '__builtins__', '__doc__', '__file__', '__loader__', '__name__', '__package__', '__spec__', 'student']
```

例二：新增了 tuple 物件和字串，再使用 dir() 函式時，顯示目前範圍已加入兩個新的名稱。

```
num = 'One', 'Two', 'Three' #Tuple
word = 'Python'
dir()
['__annotations__', '__builtins__', '__doc__', '__file__', '__loader__', '__name__', '__package__', '__spec__', 'num', 'student', 'word']
```

例三：有參數的 dir() 函式。

```
import math  # 滙入math模組
dir(math)  # 以math為參數
['__doc__', '__loader__', '__name__', '__package__', '__spec__', 'acos', 'acosh', 'asin', 'asinh', 'atan', 'atan2', 'atanh', 'ceil', 'comb', 'copysign', 'cos', 'cosh', 'degrees']
```

- dir() 函式以 math 模組為參數時，它會列舉 math 模組的相關屬性和方法。

10.2 自行定義模組

使用 import 敘述載入標準模組之外，使用者也可以自行定義模組檔案，再載入來執行。不過，載入自訂模組之前可透過 sys 模組 path 屬性來查看其路徑是否已載入，有了執行路徑才有辦法讓自訂模組發揮功效。

10.2.1 模組路徑

使用 import 敘述載入某個模組時，Python 直譯器會如何處理？第一步先以該模組名稱搜尋內建模組。第二步再去找 sys.path 所存放的模組搜尋路徑。通常 sys.path 將環境變數「PYTHONPATH」做初始化動作，它由 List 組成，元素由相關路徑組成，以字串表示，涵蓋：

- 執行 Python 檔案的所在目錄；如果是空字串「''」表示目前路徑尚未加入，只要使用直譯器解譯某個檔案就會自動加入。
- 安裝軟體的預設路徑。
- Python 標準函式庫。

藉由 sys 模組的屬性 path，認識模組搜尋路徑究竟載入那些？簡例：

```
import sys  # 滙入sys模組
sys.path
['', 'C:\\Users\\LSH\\AppData\\L
ocal\\Programs\\Python\\Python31
0\\Lib\\idlelib', 'C:\\Users\\LS
H\\AppData\\Local\\Programs\\Pyt
hon\\Python310\\python310.zip',
```

- 這些路徑放在 list 物件中，第一個元素就是 Python 執行檔案所在目錄。
- 其他包含 Python 的標準函式庫和 Python 軟體的安裝路徑。

其實，只要呼叫這些已匯入模組名稱，就可以查看它們的路徑。不過 sys 模組是例外，它只會顯示「built-in」（內建模組）。

```
import sys
sys
<module 'sys' (built-in)>
import math
math
<module 'math' (built-in)>
```

- 匯入模組後，直接輸入該模組名稱，顯示它是「built-in」。

10-5

已經知道 Python 直譯器會以 PYTHONPATH 環境變數所提供的路徑中尋找 .py 或 .pyc 模組檔案。如果要加入某一個路徑，可使用 append() 方法。

```
import sys
sys.path.append('D:\\PyCode\\CH10')
```

- append() 方法原是 list 物件用來新增元素的方法，所以要提供完整路徑才會加入，成為 path 串列的最後一個元素。

10.2.2　滙入自定模組

要確認儲存範例的路徑已加入 sys.path 的模組搜尋路徑，才能以 import 敘述匯入。如果沒有欲匯入範例的路徑，就會出現 ImportError 的錯誤。

```
import CH0942
Traceback (most recent call last):
  File "<pyshell#1>", line 1, in <module>
    import CH0942
ModuleNotFoundError: No module named 'CH0942'
```

範例《CH1001.py》

說明自訂模組的用法。在 Python 互動交談模式下，配合 import 敘述匯入範例檔案執行相關敘述。

STEP 01 撰寫如下程式碼。

```
01  from random import randint, randrange   # 滙入模組 random
02  def numRand(x, y):      # 定義函式，產生某個區間的隨機整數
03      cout = 1 # 計數器
04      while cout <= 10:
05          number = randint(x, y)
06          print(number, end = ' ')
07          cout += 1
08      print()
09
10  def numRand2(x, y):
11      cout = 1
12      result = [] # 存放亂數
13      while cout <= 10:
14          number = randint(x, y)
15          result.append(number)
16          cout += 1
17      return result
```

10-6

STEP 02 儲存程式碼，按 F5 鍵確定無任何錯誤即可。

STEP 03 利用 import 敘述匯入此檔案，觀看結果。

```
= RESTART: D:\PyCode\CH10\CH1001.py
import CH1001
CH1001.numRand(10, 50)
32 34 43 49 50 30 25 17 26 13
```

STEP 04 Python 互動模式下，還可以使用「from/import」敘述。

```
from CH1001 import numRand, numRand2
numRand(100, 160)
134 102 121 103 143 102 144 102 147 121
numRand2(60, 80)
[63, 61, 68, 65, 80, 63, 75, 70, 77, 78]
```

【程式說明】

- 第 1 行：使用「from/import」敘述匯入指定方法『randint、randrange』來產生某個區間的整數隨機值。
- 第 2~8 行：定義 numRand() 函式，取得參數 x、y 來作為 randint() 方法產生某個範圍的依據。
- 第 4~7 行：配合計數器，以 while 迴圈來產生 10 個亂數值。
- 第 10~17 行：定義 numRand2() 函式，將產生的亂數以 List 存放，再以 return 敘述回傳。

使用 import 敘述時實際上載入「CH1001.py」檔案，Python 直譯器會把它編譯成位元碼（Byte code），它以「*.pyc」格式儲存。若原始程式碼「CH1001.py」的內容未做變更，載入此檔案時，就會直接呼叫「CH1001.pyc」檔案，提高執行的效率。

載入「CH1001.py」的同時，也會以此檔案名稱建立名稱空間。所以存取時要前置模組名稱，如「CH1001.numRand」才能看見其值。

10.2.3 屬性 __name__

先前使用 dir() 函式查詢模組的屬性。每個模組都會有「__name__」屬性，以字串存放模組名稱。如果直接執行某個 .py 檔案，則 __name__ 屬性會被設為「__

main__」名稱,表示它是主模組。如果是以 import 敘述來匯入此檔案,則屬性 __name__ 會被設定為模組名稱。

```
import CH1001
CH1001.__name__
'CH1001'

= RESTART: D:\PyCode\CH10\CH1001.py
__name__
'__main__'
```

- 如果是匯入檔案「CH1001」,由於是模組,__name__ 屬性會顯示檔案名稱,如果是執行此檔案,__name__ 則回傳「__main__」。

範例《CH1002.py》

配合滙入的模組,認識屬性 __name__ 的用法。

STEP 01 撰寫如下程式碼。

```
01   from random import randint
02   number = randint(10, 100)    # 產生 10~100 的整數隨機值
03   if __name__ == '__main__':
04       print('我是主程式')
05   print('隨意數值:', number)
```

STEP 02 儲存檔案,解譯、執行按【F5】鍵。

```
= RESTART: D:\PyCode\CH10\CH1002.py
我是主程式
隨意數值: 17
```

【程式說明】

- 第 3~4 行:使用 if 敘述判斷屬性 __name__ 是否為「'__main__'」;確實是的話就執行此程式,它會輸出「我是主程式」訊息。如果是以模組來匯入檔案,就不會顯示「我是主程式」之訊息。

範例《CH1004.py》

將範例《CH1003.py》作為模組讓其他程式來載入使用。

STEP 01 撰寫如下程式碼。

```
01   from CH1003 import number    # 匯入模組，範例 CH1003.py
02   count = 1          # 統計次數
03   guess = 0          # 儲存輸入數值
04
05   while guess != number :
06       guess = int(input(' 輸入 1~100 之間的數字 ->'))
07       if guess == number:     # if/elif 敘述來反應猜測狀況
08           print(' 第 {0} 次猜對，數字：{1}'.format(
09               count, number))
10       elif guess >= number:
11           print(' 數字太大了 ')
12       else:
13           print(' 數字太小了 ')
14       count += 1
```

STEP 02 儲存檔案，解譯、執行按【F5】鍵。

```
=RESTART: D:/PyCode/CH10/CH1004.py
輸入1~100之間的數字->33
數字太小了
輸入1~100之間的數字->68
數字太小了
輸入1~100之間的數字->75
數字太小了
輸入1~100之間的數字->91
數字太大了
輸入1~100之間的數字->82
數字太大了
輸入1~100之間的數字->84
數字太大了
輸入1~100之間的數字->83
數字太大了
輸入1~100之間的數字->78
第8次猜對，數字：78
```

【程式說明】

- 第 1 行：匯入模組 CH1003 的屬性 number。
- 第 5~14 行：使用 while 迴圈來猜測以亂數產生的數值，以變數 count 來統計花了幾次才猜對數值。
- 第 7~13 行：使用 if/elif 敘述來提示使用者輸入的數值是太大或太小。

10.3 取得時間戳 time 模組

一般來說，要處理日期和時間有多個模組可供使用，簡介如下：

- **time**：取得時間戳記（timestamp）。
- **calendar**：取得日曆，例如：顯示整個年份的日期或是某個年份的日曆。
- **datetime**：用來處理日期和時間。

10.3.1 取得目前時間

要表示一個絕對時間，可找 time 模組；它通常是從某個時間點開始做秒數的計算。先認識幾個 time 模組常見的專有名詞：

- **epoch**：中文譯為「紀元」，以 Unix 平台來說，它是從 1970 年 1 月 1 日開始算起的秒數。
- **UTC**（Coordinated Universal Time）：是「世界標準時間」；早先時會稱它為「格林威治標準時間」或稱 GMT。
- **DST**（Daylight Saving Time）：是夏令時間，會在某個時期以當地時間做調整。

time 模組常用方法以下表【10-1】表示。

方法	說明
time()	以浮點數回傳自 1970/1/1 之後的秒數值
sleep(secs)	讓執行緒暫時停止執行的秒數
asctime([t])	以字串回傳目前的日期和時間，由 struct_time 轉換
ctime([secs])	以字串回傳目前的日期和時間，由 epoch 轉換取得
gmtime()	取得 UTC 日期和時間，可以 list() 函式轉成數字
localtime()	取得本地日期和時間，可以 list() 函式轉成數字
strftime()	將時間格式化
strptime()	依指定格式回傳時間值

表【10-1】 time 模組提供的方法

先來看看 time() 方法取得的 epoch 值。簡例：

```
import time
seconds = time.time()# 儲存epoch值
seconds # float表示秒數
1650576444.296109
time.ctime(seconds)#顯示目前時間
'Fri Apr 22 05:27:24 2022'
```

- time() 方法取得的秒數是從 1970 年 1 月 1 日 00:00:00 開始。
- ctime() 方法則是把 epoch 值（秒數）轉為目前的日期和時間，共 24 個字元的字串。

要取得目前的時間，有兩種方式：

- 以字串回傳時，使用 asctime() 方法或 ctime() 方法。
- 以時間結構來回傳，可使用 gmtime() 或 localtime() 方法。

使用 asctime() 或 ctime() 方法皆會以字串回傳一個具有 24 個字元的字串。當 asctime() 方法未傳入參數時，會以 localtime() 取得的時間結構（struct_time）為參數值做轉換，而 ctime() 方法在未給予參數的情形下則是以 epoch 為基準，利用「time.time()」取得的時間戳（秒數）來轉換。例二：

```
import time    # 滙入時間模組
print(time.ctime())
print(time.asctime())
```

- 不含參數時，兩個方法會回傳時間值「Fri Apr 22 05:52:10 2022」（星期 月份 日期 時:分:秒 年份）。

取得目前時間的第二種方法有：

- gmtime() 方法會以 UTC 時間來回傳時間結構。
- localtime() 方法回傳當地時間的時間結構。

使用 gmtime() 或 localtime() 方法。例三：

```
print(time.gmtime())
time.struct_time(tm_year=2022,
tm_mon=4, tm_mday=21, tm_hour=2
2, tm_min=10, tm_sec=19, tm_wda
y=3, tm_yday=111, tm_isdst=0)
```

- gmtime() 方法取得 UTC 時間，localtiem() 方法回傳當地時間，其回傳值是由時間結構（struc_time）組成，看起來有些許奇怪。

配合 list() 或 tuple() 函式，以串列或序對物件回傳是比較好的方法。例四：

```
list(time.gmtime())  # UTC時間
[2022, 4, 21, 22, 48, 25, 3, 111, 0]
tuple(time.localtime())#當地
(2022, 4, 22, 6, 48, 52, 4, 112, 0)
```

- 配合 list() 或 tuple() 函式，依據時間結構 struc_time 回傳「年份 月份 日期 時分秒 月的週數 年的天數 是否設 DST（夏令時間）」。
- 方法 localtime() 是取得當地時間，與方法 gmtime() 是格林威治時間，兩者會有時區而有不同的時間值。

依據 List 或 Tuple 物件回傳的時間元素，共有 9 個，為 struct_time 所建立的時間結構，依其索引值，表【10-2】簡介。

索引值	屬性	值 / 說明
0	tm_year	1993；西元年份
1	tm_mon	range[1, 12]；1~12 月
2	tm_mday	range[1, 31]；月天數 1~31
3	tm_hour	range[0, 23]；時數 0~23
4	tm_min	range[0, 59]；分 0~59
5	tm_sec	range[0, 59]；秒 0~59
6	tm_wday	range[0, 6]；週 0~6；0 開始是星期一
7	tm_yday	range[1, 366]；一年的天數 0~366
8	tm_isdst	0, -1, 1 來表達是否為夏令時間

表【10-2】 struct_time 屬性

10.3.2 時間結構和格式轉換

取得的時間值要如何處理？方法 strftime() 會把時間值為 struct_time 配合格式化方式回傳？方法 strptime() 則把時間值視為字串者以時間結構回傳。先認識方法 strftime()，語法如下：

```
strftime(format[, t])
```

- format 是格式化字串，請參考表【10-3】。
- 參數 t 可配合 gmtime() 或 localtime() 方法來取得時間。

與時間有關的格式參數，表【10-3】列示。

時間屬性	轉換指定形式	說明
年	%y	以二位數表示年份 00 ~ 99
	%Y	以四位數表示年份 0000 ~9999
	%j	一年的天數 001 ~ 366
月	%m	月份 01~12
	%b	簡短月份名稱，Ex：Apr
	%B	完整月份名稱，Ex：Aprial
日期	%d	月份的某一天 0~31
時	%H	24 小時制 0 ~ 23
	%I	12 小時制 01 ~ 12
分	%M	分鐘 00 ~ 59
秒	%S	秒數 00 ~ 59
星期	%a	簡短星期名稱
	%A	完整星期名稱
	%U	一年的週數 00 ~ 53，由星期天開始
	%W	一年的週數 00 ~ 53，由星期一開始
	%w	星期 0 ~ 6，星期第幾天
時區	%Z	當前的時區名稱
其他	%c	本地日期和時間，「年 / 月 / 日 時：分：秒」
	%p	表示本地時間所加入的 A.M. 或 P.M.
	%x	本地對應的日期，以「年 / 月 / 日」表示
	%X	本地對應時間，以「時：分：秒」表示

表【10-3】 時間指定轉換形式

使用 strftime() 方法時，其格式化形式可依據實際需求來表達時間。參考範例《CH1005.py》：

```
from time import strftime, localtime
special = localtime()                                # 取得當地時間
d1 = strftime('%Y-%m-%d %H:%M:%S', special)          # 輸出日期和時間
print('目前日期，時間', d1)
print(strftime('%A, 第%j天', special))               # 星期完整名，年的天數
d2 = strftime('%x', localtime())
print('日期', d2)                                    # 顯示簡短日期
tm = strftime('%X %p', localtime())                  # 顯示時間是 AM 或 PM
print('時間', tm)
```

- 配合格式化字串，它會以字串回傳不同格式的時間。
- strftime() 方法的第二個參數 t 使用 localtime() 方法來取得目前的日期和時間。
- 格式化字元「%A %j」會輸出「Friday, 第 112 天」。
- 格式化字元「%x」輸出目前的日期，而格式化字元「%X %p」則輸出含有 AM 或 PM 的時間「07:48:06 AM」。

strptime() 方法和 strftime() 方法相反，它會把已格式化的時間值以 struct_time 回傳，語法如下：

```
strptime(string[, format])
```

- string：欲指定格式的日期和時間，以字串表達。

  format：格式化字串，參考表【10-3】。

  參考範例《CH1006.py》：

```
special = '2022-04-22 07:48:06'
target = time.strptime(special, '%Y-%m-%d %H:%M:%S')
print(target)  # 以時間結構回傳
```

- 變數 special 儲存的是日期和時間。
- 使用 strptime() 方法時，第二個參數所指定的格式化字串要能配合變數 tm 的日期和時間，才能正確回傳 struct_time 的時間結構。

使用 strptime() 方法第二個參數指定的格式無法對應參數一的日期和時間就會回傳錯誤訊息。

```
strptime(special, '%Y-%m %H:%M:%S')
Traceback (most recent call last):
  File "<pyshell#31>", line 1, in <module>
    strptime(special, '%Y-%m %H:%M:%S')
NameError: name 'strptime' is not defined
```

10.4 datetime 模組

datetime 模組顧名思義是用來處理日期和時間，它有兩個常數：

- datetime.MINYEAR：表示最小年份，預設值「MINYEAR = 1」。
- datetime.MAXYEAR：表示最大年份，預設值「MAXYEAR = 9999」。

由於 datetime 模組能支援日期和時間的運算，其有關類別簡介如下：

- **date** 類別：用來處理日期問題，所以就與年（Year）、月（Month）、日（Day）有關。
- **time** 類別：以時間來說，它可能是某個特定日期的某個時段，所以它包含了時（Hour）、分（Minute）、秒（Second），還有更細的微秒（Microsecond）。
- **datetime** 類別：由於包含了日期和時間，所以 date 和 time 類別有關的皆包含在內。
- **timedelta** 物件：表示時間的間隔，可用來計算兩個日期、時間之間的差異。

10.4.1 處理日期 date 類別

date 類別用來表示日期，也就是包含了年、月、日。通常類別皆有建構式來實體化物件，date 類別的建構式語法如下：

```
date(year, month, day)
```

- year：必要參數，範圍是 1~9999。
- month：必要參數，範圍是 1~12。
- day：必要參數，範圍則依據 year、month 來做決定。

簡例：date() 建構式取得日期。

```
print(date(2022, 3, 5))      # 輸出 2022-03-05
```

- 使用 date() 建構式時，3 個參數缺一不可，否則會出現「TypeError」的錯誤訊息。

date 類別會提供類別和物件方法，使用類別方法，要直接呼叫 date 名稱，表【10-4】先介紹其常用的類別方法和屬性。

10-15

date 屬性、方法	說明
day	回傳整數天數
year	回傳年份
month	回傳月份
today()	無參數，回傳當前的日期
fromordinal(ordinal)	依據天數回傳年、月、日
fromtimestamp(timestamp)	參數配合 time.time() 可回傳當前的日期

表【10-4】 date 類別常用的屬性和類別方法

date 類別亦提供一些物件方法，使用時得指派物件；簡介如表【10-5】。

物件方法	說明
ctime()	以字串回傳「星期 月 日 時:分:秒 年」
replace(y, m, d)	重設參數中年（y）、月（m）、日（d）來新建日期
weekday()	回傳星期值，索引值 0 表示週一
isoweekday()	回傳星期值，索引值 1 表示週一
isocalendar()	序對物件回傳，如（year，month，day）
isoformat()	以字串回傳其格式；如 'YYYY-MM-DD'
strftime(format)	將日期格式化
timetuple()	回傳 time.struct_time 的時間結構

表【10-5】 date 物件常用的屬性和方法

建構式 date() 可依據其年、月、日來指定新的日期，而 replace() 方法可以依據參數的年（year）、月（month）、日（day）來重新指派其值。語法如下：

```
date.replace(year = self.year, month = self.month,
             day = self.day)
```

◆ 參數 year、month、day 分別代表年、月、日。

例二：replace() 方法重新指定日期。

```
from datetime import date
today = date(2022, 3, 21)   # 指定日期
print(today.replace(month = 5, day = 12))
2022-05-12
```

- 先以建構式 date() 指派一個日期之後，以物件 today 儲存。
- 再以 replace() 方法重設月份和日期再以 print() 方法輸出。

方法 today() 會以建構式 date() 來回傳其時間值，以（年、月、日）顯示；更好的方式是以 print() 函式輸出，就能取得正常的日期值。例三：

```
date.today()  # 回傳今天日期
datetime.date(2022, 4, 22)
print(date.today())  # 一般格式
2022-04-22
getDay = date.today()#儲存今天日期
getDay.year  # 屬性：年
2022
getDay.month, getDay.day  # 月和日
(4, 22)
```

- 藉由變數 getDay 再配合相關屬性：year、month、day 來取得年、月、日之值。

方法 isocalendar() 由「Named tuple」（附名元組）物件以 year、week 和 weekday 三部分組成。其中的 ISO 是表示「格里曆」（Gregorian calendar）。例四：

```
special = date(2021, 10, 15)
print('星期', special.weekday() + 1)      # 輸出星期 5
print('星期', special.isoweekday())        # 輸出星期 5
print('日期', special.isocalendar())
print('日期', special.isoformat())         # 輸出 日期 2021-10-15
```

- 由於 weekday() 方法是由索引值 0 開始，所以加 1；而 isoweekday() 方法的索引值由 1 開始。
- 方法 isocalendar() 以 Name tuple 物件輸出，格式為「日期 datetime.IsoCalendarDate(year=2021, week=41, weekday=5)」。
- isoformat() 則以慣常用的日期格式來輸出。

兩個日期之間存有時間差，日常生活常見就是距離某個特定的日子還有幾天？如何計算？最簡單的方式就是設定基準，例如 today() 方法取得今天日期，特定日期則以 datetime 類別的 date() 建構式指定，兩者相減所得天數就能取得。

範例《CH1007.py》

計算當前日期到父親節還有幾天？利用兩個日期來取得相差的天數。

STEP 01 撰寫如下程式碼。

```
01  from datetime import *
02  td = date.today()      # 先取得當前日期
03  fatherDay = date(td.year, 8, 8)
04  result = fatherDay - td
05  print('到父親節還有 ', result)
06  print('到父親節還有 {:4d} 天 '.format(result.days))
```

STEP 02 儲存檔案，解譯、執行按【F5】鍵。

```
= RESTART: D:/PyCode/CH10/CH1007.py
到父親節還有 108 days, 0:00:00
到父親節還有 108天
```

【程式說明】

- 第 3 行：以 today() 方法取得今天的日期。
- 第 4 行：配合建構式 date() 來設定其父親節的年、月、日。
- 第 5、6 行：配合屬性 days 輸出的結果有些許不同。

範例《CH1008.py》

同樣是利用兩個日期相減來取得天數之後，再以 timedelta() 建構式來取得工作年份。

STEP 01 撰寫如下程式碼。

```
01  from datetime import date, timedelta
02  tody = date.today()              # 今天日期
03  work = date(2004, 7, 12)         # 到職日期
04  diff = tody - work
05  # 輸出工作天數
06  print(f' 工作天數：{diff.days:,} 天 ')
07  result = diff/timedelta(days = 365)
08  print(f'{result:.2f} 年 ')
```

STEP 02 儲存檔案，解譯、執行按【F5】鍵。

```
= RESTART: D:/PyCode/CH10/CH1008.py
工作天數：6,494天
17.79年
```

【程式說明】

- 第 3 行：以建構式 date() 設定到職日期給變數 work 儲存。
- 第 4 行：以今天日期減去到職日，再以 diff 變數儲存。
- 第 7、8 行：將 diff 除以 timedelta() 建構式所指定的天數之後會得到年份，配合 format() 方法做格式化輸出。

10.4.2　time 類別取得時間值

datetime 模組中，處理日期以 date 類別為主，那麼時間呢？毫無意外就是 time 類別。組成時間資料不外乎是時（Hour）、分（Minute）、秒（Second）和更小的微秒（Microsecond），其建構式的語法如下：

```
time(hour = 0, minute = 0, second = 0, microsecond=0,
     tzinfo = None)
```

- time() 建構式的參數皆以零為預設值，亦可依實際需求，設其參數值。
- tzinfo：時區訊息。

簡例：time() 建構式取得時間值。

```
print(time())                          # 輸出 00:00:00
print(time(hour = 8, second = 35))     # 輸出 08:00:35
```

- time() 建構式的參數具有選擇性，即使未下任何參數，也會顯示「00:00:00」（0 時 0 分 0 秒）。

既然是時間值，它有限定值：

- 時（**hour**）：<= 24。
- 分（**minute**）：<= 60。
- 秒（**second**）：<= 60。
- 微秒（**microsecond**）：<= 1000000。

time 類別也包含了 max（最大）和 min（最小）值，能分別取得時間最大和最小值。例二：

```
import datetime
print(datetime.time.max)    # 輸出 23:59:59.999999
print(datetime.time.min)    # 輸出 00:00:00
```

10-19

date 類別的 replace() 方法可指定其參數來取代已宣告物件的年、月、日。同樣地，time 類別也有 replace() 方法，依其指定參數來取代已宣告物件的時、分、秒，語法如下：

```
replace([hour[, minute[, second[, microsecond[,
    tzinfo]]]]])
```

- 四個參數分別表示時、分、秒和微秒，依其需求指定新值。

例三：

```
tm = time(15,20,30)                # 建構式指定時、分、秒
print(tm.replace(hour = 17))       # 輸出 17:20:30
```

- 先以 time 類別的建構式 time() 指定時、分、秒之參數值。
- 再以 replace() 方法中的參數指定欲改變的參數。

10.4.3　datetime 類別組合日期、時間

datetime 模組亦有提供另一個物件 datetime，利用它可以將日期和時間組合在一起，或者用來表達特定的時間，其建構式的語法如下。

```
datetime(year, month, day, hour = 0, minute = 0,
    second = 0, microsecond = 0, tzinfo = None)
```

- 表示參數中的年、月、日必須指定；與時間有關的參數由於採用了預設值，可彈性選擇。

使用 datetime() 建構式，依據不同需求設定參數。參考範例《CH1009.py》：

```
from datetime import date, datetime
print(datetime(2022, 3, 12))        # 輸出日期 2022-03-12 00:00:00
print(datetime(2022, 3, 12, hour = 8))
# 輸出日期/時間 2022-03-12 08:00:00
print(datetime(2022, 3, 12, 8, 42, 27))
# 輸出簡短的日期，時間含有時、分、秒 2022-03-12 08:42:27
```

- datetime() 建構式參數中，年、月、日必須指定；或者日期再以參數名指定所需的時間；或者將日期和時間依序指定。

由於 datetime 類別本身包含了日期和時間，所以屬性包含：year、month、day、hour、minute、second、microsecond。而 datetime 類別所具有的類別、物件方法和 date、time 類別所提供的大同小異，以表【10-6】做簡介。

類別方法	說明
today()	取得今天的日期和時間，等同 datetime.fromtimestamp(time.time())
now(tz = None)	取得當前的系統和時間
utcnow()	回傳 UTC 目前的日期和時間
combine()	就是把日期和時間結合在一起
strptime(date_string, format)	格式化 datetime 類別的日期和時間

表【10-6】 datetime 類別常用方法

datetime 類別的 now() 或是 today() 方法皆會回傳當下的日期和時間。先以 now() 方法取得目前的日期和時間，了解它的相關屬性。參考範例《CH1010.py》：

```
from datetime import date, datetime
now = datetime.now()   # 取得目前的日期和時間
print('目前 ', now)
special = now.year, now.month, now.day   # 取得年、月、日屬性
print(f'日期 {special[0]}-{special[1]}-{special[2]}')
tm = now.hour, now.minute, now.second   # 取得時、分、秒屬性
print(f'時間 {tm[0]}:{tm[1]}:{tm[2]}')
```

- now() 方法會回傳當前的日期和時間。
- 配合相關的屬性可以取得年、月、日和時、分、秒。

例二：兩個日期相減。

```
from datetime import date, datetime
d1 = datetime.today()                # 今天日期
d2 = datetime(2022, 5, 14)           # 指定日期的年、月、日
diff = d2 - d1
print(f'母親節還有 {diff.days} 天 ')   # 輸出 母親節還有 20 天
```

- datetime 類別允許設定兩個日期再相減，利用 timedelta 類別的屬性 days，把取得的值轉成天數。

datetime 類別亦提供 replace() 方法來產生新的 datetime 物件，語法如下：

```
replace([year[, month[, day[, hour[, minute[,
    second[, microsecond[, tzinfo]]]]]]]])
```

- tzinfo：時區訊息。

使用 replace() 方法時要先建立一個日期基準，再依據這個日期基準，呼叫 replace() 來設定新值，例三：

```
from datetime import datetime
dt = datetime.today()           # 取得今天的日期
dm = dt.replace(day = 10)       # 日期變成第 10 天
print(dm)       # 輸出 2022-04-10 16:50:58.316067
```

- 先以變數 dt 儲存 today() 方法所取得的今天日期。
- 再透過物件 dt 呼叫 replace() 方法，指定「day = 10」表示是第 10 天，所以會輸出某個月份的第 10 天。

例四：使用 replace() 方法取代月份。

```
d1 = datetime(2021, 9, 12)
print(d1.replace(month = 7))
```

- 物件 d1 呼叫 replace() 方法，指定參數「month = 7」是表示所指定日期的 7 月份。

有時候需要將日期和物件結合在一起時可藉助 combine() 方法，語法如下：

```
combine(date, time)
```

- date：日期物件。
- time：時間物件。

參考範例《CH1011.py》：

```
from datetime import datetime, date, time
dt = date(2022, 2, 12)                    # 日期，取自 date() 建構式
tm = time(14, 50)                         # 時間，取自 time() 建構式
print(datetime.combine(dt, tm))           # 輸出 2022-02-12 14:50:00
print(datetime.combine(dt, tm).strftime(
    '%Y-%m-%d %H:%M:%S'))                 # 輸出 2022-02-12 14:50:00
```

- 變數 dt 儲存的內容是取自於 date 類別的建構式；而 tm 變數則是儲存來自 time 類別的建構式。

- 變數 dt 和 tm 的內容再以 datetime 類別的 combine() 方法組成新的日期和時間。
- 輸出時可呼叫 strftime() 方法做格式設定。

10.4.4　timedelta 類別計算時間間隔

如果要表達某個特定的日期，或者將日期做運算，則可以透過 timedelta 類別，配合 date 和 time 類別指定日期或時間值，建構式的語法如下：

```
timedelta(days = 0, seconds = 0, microseconds = 0,
  milliseconds = 0, minutes = 0, hours = 0, weeks = 0)
```

由於 timedelta 可以配合建構式來指定日期和時間，做時間格式轉換。簡例：

```
from datetime import datetime, timedelta
job = datetime(2012, 4, 1)    # 開始工作日
tdy = datetime.today()        # 取得目前日期
work = tdy - job              # 算出時間間隔
workYear = work.days // 365
print(workYear)               # 輸出 10 年
```

- 變數 word 所儲存的「datetime.timedelta(days = 3674, seconds = 70554, microseconds = 709184)」。
- 由於有屬性 days，才能以「work.days // 365」求得年數。

對於 timedelta() 建構式有了基本認識，兩個日期亦能相加。參考範例《CH1012.py》：

```
from datetime import datetime, timedelta
d1 = timedelta(days = 3, hours = 6)
d2 = timedelta(hours = 3.2)
dr = d1 + d2      # 將兩個日期和時間相加
print(dr.days, '天')
print(f'9.2時 = {dr.seconds:,} 秒')      # 輸出 33120 秒
print(f'3天9.2時 = {dr.total_seconds():,}秒')
```

- timedelta 類別具有的屬性有 days、seconds 和 microseconds。所以變數 dr 會分別就 days 和 sceconds 來顯示結果。
- 方法 total_seconds() 則是會把 dr 的天數和時間全部轉換成秒數，所以輸出「292320.0」秒。

運用 timedelta 的特色可以將日期和時間做加、減、乘、除的運算。參考範例《CH1013.py》：

```
from datetime import datetime, timedelta
d1 = datetime(2015, 7, 8)
print('日期：', d1 + (timedelta(days = 7)))
d2 = datetime(2022, 3, 25)
d3 = timedelta(days = 105)
dt = d2 - d3 # 將兩個日期相減
print('日期二：', dt.strftime('%Y-%m-%d'))
print('以年、週、星期回傳', dt.isocalendar())
```

- 先以 datetime() 建構式設定日期之後，再以 timedelta() 建構式指定天數，將兩者相加之後可以得到一個新的日期，它會輸出「2015-07-15 00:00:00」。
- 同樣以 datetime()、timedelta() 建構式設定日期，兩者相減之後，得到日期「2021-12-10」。
- 以 strftime() 函式設定輸出格式，以 isocalendar 表示「2016, 12, 10」，表明此日期是 2021 年，第 49 週，星期五。

範例《CH1014.py》

使用 timedelta 類別計算時間間隔的特性，以一個日期為基準來找出另一個日期。

STEP 01 撰寫如下程式碼。

```
01  from datetime import datetime, timedelta
02  # 建立儲存星期的 list 物件
03  weeklst = ['Monday', 'Tuesday', 'Wednesday',
04             'Thursday', 'Friday', 'Saturday', 'Sunday']
05  def getWeeks(wkName, beginDay = None):
06      if beginDay is None:# 未傳入 beginDay 之日期，就以今天為主
07          beginDay = datetime.today()
08      # weekday() 方法回傳取得星期的索引值，Monday 索引值為 0
09      indexNum = beginDay.weekday()
10      target = weeklst.index(wkName)
11      lastWeek = ( 7 + indexNum - target) % 7
12      if lastWeek == 0:
13          lastWeek = 7
14      # timedelta() 建構式取得天數
15      lastWeek_Day = beginDay - timedelta(days = lastWeek)
```

```
16         return lastWeek_Day.strftime('%Y-%m-%d')
17  # 只傳入一個參數
18  print('今天的上週二：', getWeeks('Tuesday'))
19  # 傳入二個參數
20  dt = datetime(2016, 3, 5)
21  print('2016/3/5 的上週六：', getWeeks('Saturday', dt))
```

STEP 02 儲存檔案，解譯、執行按【F5】鍵。

```
= RESTART: D:\PyCode\CH10\CH1014.py
今天的上週二： 2022-04-19
2022/3/23 的上週六： 2022-03-19
```

【程式說明】

- 第 5~16 行：定義函式，依據傳入的星期名稱，找出對應的日期。
- 第 6~7 行：使用 if 敘述來判斷第二個參數是否為 None；如果是就以 datetime() 建構式來取得今天的日期為參數。
- 第 9~11 行：將第二個參數透過 weekday() 方法，取得由 0 開始的星期數值，和存放星期名稱的索引值做運算；以所得餘數作為星期判斷天數的依據。
- 第 12~13 行：若 lastweek 的餘數為零，表示與指定日期相差 7 天。
- 第 15 行：將第二個參數指定的日期減去相差天數就能獲得上週指定星期的日期。

10.5 自遠方來的「套件」

先前所介紹的模組皆來自於 Python 的標準函式庫（Standard Library）。什麼是標準函式庫？學習時，為了讓學習者更貼近 Python 程式語言，會把撰寫好的程式打包之後，稱為「標準函式庫」（Standard Library）或稱類別庫、模組（Module）供我們使用；由於它們內建於 Python 環境中，使用時必須以「import」敘述來匯入這些模組。

此外，經由協力廠商所開發的第三方函式庫（Third-party）或稱第三方套件、第三方模組，這些開發好的應用程式，同樣要在 Python 環境下執行。這些套件五花八門，應用廣泛。不過，它們來自外部環境，使用時必須透過「pip」指令安裝。

為了有所區隔，來自於 Python 標準函式庫，稱「模組」，來自外部要經由指令安裝者，稱「第三方庫」或簡稱「套件」。

10.5.1 有趣的詞雲

什麼是詞雲？它也稱「文字雲」，它把文字資料中出現頻率較高的「關鍵詞」進行渲染來產生視覺映象，形成了像雲一樣的彩色圖，讓閱讀的人望一眼就能領略文字資料想要表達的重要意涵。Python 提供的第三方庫 WordCloud，可以利用它建立詞雲，一起透過它來體驗文字之妙。

- 下載網站：https://www.lfd.uci.edu/~gohlke/pythonlibs/ 。
- 軟體下載版本「wordcloud-1.8.1-cp310-cp310-win_amd64.whl」。
- Document 網址：https://amueller.github.io/word_cloud/

如何下載適用版本？例如筆者的視窗作業系統是 64 位元，安裝了 Python 3.10，就找出「cp310」，cp 接續的數字為版本，310 就是「3.10」，39 就是「3.9」，其版本如上列所示。

安裝《WordCloud》

STEP 01 啟動命令提示字元視窗；【視窗鍵 + R】叫出「執行」交談窗，輸入「cmd」指令並按下「確定」鈕。

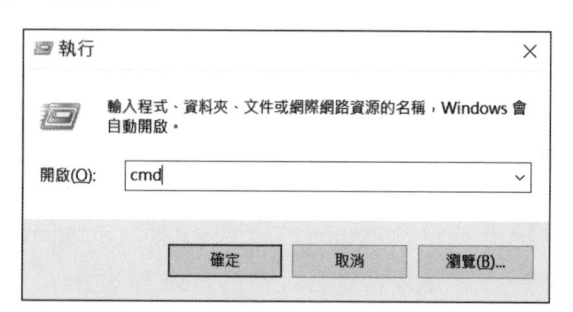

STEP 02 執行指令「pip install wordcloud」若無法安裝，則前往前列網站找到「Wordcloud」軟體，進行下載。

```
Wordcloud: a little word cloud generator.
    wordcloud-1.8.1-pp38-pypy38_pp73-win_amd64.whl
    wordcloud-1.8.1-pp37-pypy37_pp73-win_amd64.whl
    wordcloud-1.8.1-cp310-cp310-win_amd64.whl
    wordcloud-1.8.1-cp310-cp310-win32.whl
    wordcloud-1.8.1-cp39-cp39-win_amd64.whl
    wordcloud-1.8.1-cp39-cp39-win32.whl
    wordcloud-1.8.1-cp38-cp38-win_amd64.whl
```

STEP 03　將下載的軟體直接存放在「C:\Users\ 使用者名稱」資料夾之下。在命令字元下進行安裝，指令「pip install wordcloud-1.8.1-cp310-cp310-win_amd64.whl」；要記得給予完整名稱，包括副檔名都不能缺少。

```
C:\WINDOWS\system32\cmd.exe                         安裝完整指令              —    □    ×
C:\Users\LSH>pip install wordcloud-1.8.1-cp310-cp310-win_amd64.whl
Processing c:\users\lsh\pip install wordcloud-1.8.1-cp310-cp310-win_amd64.whl
Requirement already satisfied: matplotlib in c:\users\lsh\appdata\l
ocal\programs\python\python310\lib\site-packages (from wordcloud==1
.8.1) (3.5.1)
Requirement already satisfied: numpy>=1.6.1 in c:\users\lsh\appdata
\local\programs\python\python310\lib\site-packages (from wordcloud=
=1.8.1) (1.22.3)
Requirement already satisfied: six>=1.5 in c:\users\lsh\appdata\loc
al\programs\python\python310\lib\site-packages (from python-dateuti
l>=2.7->matplotlib->wordcloud==1.8.1) (1.16.0)
Installing collected packages: wordcloud
Successfully installed wordcloud-1.8.1     安裝成功
```

STEP 04　安裝成功後，在 Python Shell 交談窗，執行「import wordcloud」指令，若無任何錯誤訊息，代表 wordcloud 可以使用。

先認識 wordcloud 的相關方法，列表【10-7】。

方法	說明
WordCloud(< 參數 >)	建立詞雲物件，參數可省略
generate(text)	載入文字資料產生詞雲物件
fit_words(frequencies)	使用單詞和頻率產生詞雲
to_file(filename)	將詞雲物件製成圖像

表【10-7】　wordcloud 相關方法

建構函式 WordCloud() 可以省略參數，但也可以進行設定，介紹常用參數，列表【10-8】。

WordCloud()	說明
height	指定詞雲圖片的高度，預設值 400 像素
width	指定詞雲圖片的寬度，預設值 200 像素
min_font_size	設詞雲為最小號字級
max_font_size	設詞雲為最大號字級

10-27

WordCloud()	說明
font_path	設定文件字體的路徑，預設 None
max_words	設定詞雲的最大單詞量，預設值 200
stop_words	不在詞雲裡顯示的單詞
mask	設定詞雲的形狀，預設為矩形
background_color	設定詞雲的背景色

列表【10-8】 wordcloud() 建構式的常用參數

簡例：

```
import wordcloud
show = wordcloud.WordCloud(background_color = 'white',
      width = 300, height = 300)
```

- 產生 300×300，背景為白色的詞雲物件。

方法 fit_words() 是字典為對象產生詞雲物件，語法如下：

```
fit_words(frequencies)
```

- frequencies：字典物件。

有了詞雲套件後，三個步驟完成一個簡單的詞雲圖片：

(1) 建立詞雲物件，使用「wordcloud.WordCloud()」。

(2) 載入文字資料放入詞雲裡，呼叫方法 fit_words() 或 generate()。

(3) 產生詞雲圖片，方法 to_file() 指定圖片的輸出格式，如 JPEG 或 PNG 等。

範例《CH1015.py》

以字典物件配合 fit_words() 方法來產生詞雲。分數高者，字較大，分數低者，字會變小。

STEP 01 撰寫如下程式碼。

```
01   import wordcloud        # 滙入詞雲
02   sample = {'Tomas' : 92, 'Edward' : 75,
03            'Charles' : 92, 'Madeleine' : 83,
04            'Lucia' : 62, 'Stavro' : 53,
```

```
05              'Peter' : 48, 'Sam' : 62}
06     # 1.建立詞雲物件,背景為白色
07     show = wordcloud.WordCloud(background_color = 'white',
08             width = 200, height = 200, margin = 2)
09     show.fit_words(sample)     # 2.詞雲裡放入單詞和頻率
10     show.to_file('Demo.png')   # 3.產生詞雲圖片
```

STEP 02 儲存檔案,解譯、執行按【F5】鍵。

【程式說明】

- 第 7~8 行:產生 200×200,背景為白色的詞雲物件。
- 由於 Tomas、Charles 的分數最高,所以字最大,而 Stavro、Peter 的分數不高,所以字就變更小。

範例《CH1016.py》

使用 generate() 方法自動統計文字來製作詞雲。

STEP 03 撰寫如下程式碼。

```
01   import wordcloud    # 滙入詞雲
02   sample = '''With the proliferation of data in the past
03            decade, Python emerged as a viable language
04            for data processing and analysis.
05            Its simple syntax and powerful toolbox
06            and libraries make Python the standard
07            language for data.'''
08   # 1.建立詞雲物件,背景為透明
09   show = wordcloud.WordCloud(mode = 'RGBA',
10           background_color = None, width = 350,
11           height = 250, margin = 2)
12   show.generate(sample) # 2.詞雲裡放入文字資料
13   show.to_file('Demo02.png')# 3.產生詞雲圖片
```

10-29

STEP 04 儲存檔案,解譯、執行按【F5】鍵。

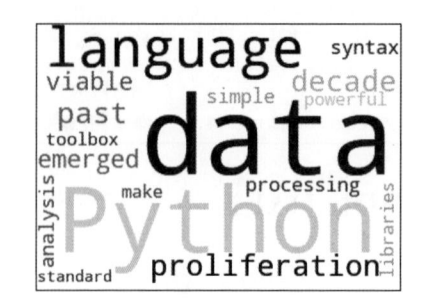

【程式說明】

- 第 9~11 行:WordCloud() 方法中,設參數「mode = 'RGBA'」,再把「background_color = None」,詞雲形成的圖片,其背景會是透明。

10.5.2 封裝程式的 Pyinstaller

Python 程式須在其環境下才能執行。能否讓 Python 程式經過封裝(或者打包)形成「*.EXE」執行檔,未安裝 Python 軟體下也能獨立執行。介紹第二個第三方套件 Pyinstaller,它能封裝 Python 程式。

安裝《Pyinstaller》

STEP 01 使用「cmd」指令,進入「命令提示字元視窗」。

STEP 02 指令「pip install pyinstaller」安裝此套件。

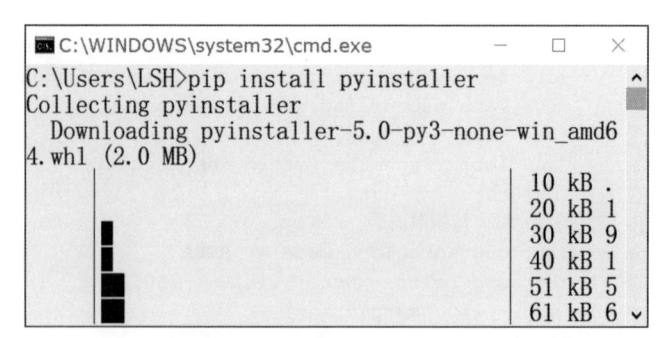

Chapter 10 模組與函式庫

如何以 pyinstaller 封裝程式？指令如下：

```
pyinstaller -F <*.py>
```

- -F：打包程式使用的參數。

要把程式封裝，同樣要在「命令提示字元」視窗中進行。例如：把 CH1013.py 進行封裝。

封裝《CH1013.py》

STEP 01 啟動「命令提示字元」視窗，切換到欲封裝程式的目錄下，執行如下指令：

```
pyinstaller -F CH1013.py
```

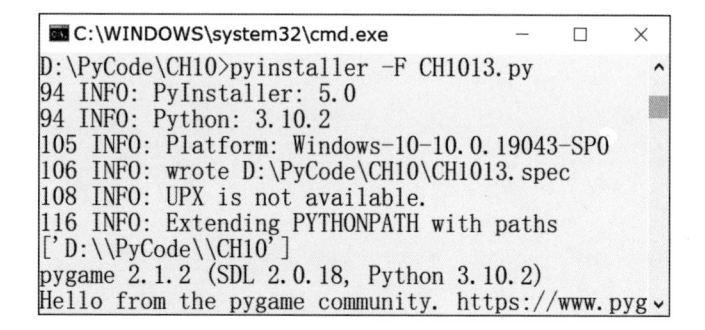

STEP 02 程式進行封裝。

```
C:\WINDOWS\system32\cmd.exe
D:\PyCode\CH10>pyinstaller -F CH1013.py
94 INFO: PyInstaller: 5.0
94 INFO: Python: 3.10.2
105 INFO: Platform: Windows-10-10.0.19043-SP0
106 INFO: wrote D:\PyCode\CH10\CH1013.spec
108 INFO: UPX is not available.
116 INFO: Extending PYTHONPATH with paths
['D:\\PyCode\\CH10']
pygame 2.1.2 (SDL 2.0.18, Python 3.10.2)
Hello from the pygame community. https://www.pyg
```

STEP 03 Python 程式經過封裝後，會產生相關資料夾。

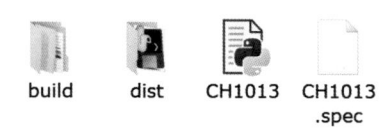

build　　dist　　CH1013　　CH1013.spec

STEP 04 封裝後程式放在「dist」資料夾之下。

名稱	修改日期	類型
CH1013.exe	2022/4/25 下午 01:48	應用程式

10-31

封裝程式有哪些常用參數？表【10-9】說明。

參數	說明
-h	尋求協助
--clean	清理封裝過程中的臨時文件
-D, --onedir	預設值，產生 dist 資料夾
-F, --onefile	在 dist 資料夾中會產生獨立的封裝檔案
-i< 圖示檔案 .ico>	封裝時加入圖示（icon）

表【10-9】 封裝程式常用參數

重點整理

◆ 所謂模組（Module），其實就是一個「*.py」檔案。模組內可包含可執行的敘述和定義好的函式。

◆ Python 執行環境會隨著物件的產生加入不同的「名稱空間」。內建函式 dir() 無參數時回傳目前區域範圍，加入參數「object」可查看某個物件的屬性項。

◆ 使用 import 敘述匯入模組時，Python 直譯器會以「路徑搜尋」去尋找；有那些搜尋路徑？藉由 sys 模組屬性 path 就可取得。

◆ 直接執行某個 .py 檔案，__name__ 屬性設為「__main__」名稱表示它是主模組。以 import 敘述來匯入此檔，則屬性 __name__ 會被設定為模組名稱。

◆ time 模組可表示一個絕對時間；它通常從某個時間點開始做秒數計算。比較特別的是它是 Unix 時間，從 1970 年 1 月 1 日開始算起，稱為「epoch」值。

◆ 取得目前時間，time 模組有兩種：①以字串回傳，使用 asctime() 方法或 ctime() 方法。②以時間結構來回傳，使用 gmtime() 或 localtime() 方法。

◆ datetime 模組用來處理日期和時間，有兩個常數：① datetime.MINYEAR：表示最小年份，預設值「MINYEAR = 1」。② datetime.MAXYEAR：表示最大年份，預設值「MAXYEAR = 9999」。

◆ 詞雲也稱「文字雲」，把文字資料中出現頻率較高的「關鍵詞」進行渲染來產生視覺映象，形成了像雲一樣的彩色圖，讓閱讀的人望一眼就能領略文字資料想要表達的重要意涵。

◆ 要封裝程式可以安裝第三方套件「pyinstaller」，把程式變成可執行檔。

MEMO

11
CHAPTER

認識物件導向

學 | 習 | 導 | 引

- 從物件導向程式設計的觀點來認識類別和物件
- 如何定義類別？如何實體化物件？對於 Python 而言，建構和初始化是兩件事
- 認識裝飾器，函式可為裝飾器，類別亦能當作裝飾器來使用
- 重載運算子，包含基本的加、減、乘、除；比較大小等。

對於 Python 語言來說，物件導向技術建構了 Python 語言的骨幹，它涵蓋了 OOP 的主要特性，包含了繼承、封裝與多型。隨著物件導向程式語言的腳步，走一趟以物件運作的 Python 世界。

11.1 物件導向概念

所謂「物件導向」（Object Oriented）是將真實世界的事物模組化，主要目的是提供軟體的再使用性和可讀性。

- **1960 年**：Simula 提出最早的物件導向程式設計（Object Oriented Programming，簡稱 OOP），它導入和「物件」（Object）有關的概念。

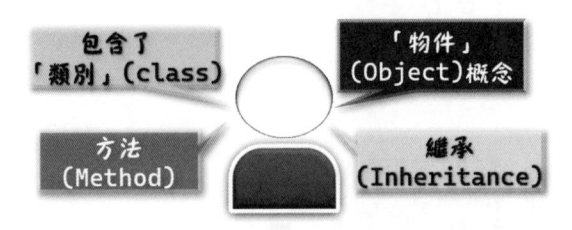

包含了「類別」(class)　「物件」(Object)概念　方法(Method)　繼承(Inheritance)

- **1970 年**：資料抽象化（data abstraction）被提出探討，而衍生出「抽象資料型別」（Abstract data type）概念，這也包含「資訊隱藏」（Information hiding）功能。
- **1980 年**：Smalltalk 程式語言對於物件導向程式設計發揮最大作用。它除了匯集 Simula 的特性之外，也引入「訊息」（message）。

在物件導向的世界裡，通常是透過物件和傳遞的訊息來表現所有動作。簡單來說，就是「將腦海中描繪的概念以實體方式表現」。

11.1.1 物件具有屬性和方法

何謂物件？以我們生活的世界來說，人、車子、書本、房屋、電梯、大海和大山…等，皆可視為物件。舉例來說，想要購買一台電視，品牌、尺寸大小、外觀和功能可能是購買時的考量因素。品牌、尺寸和外觀皆可用來描述電視的特徵；以物件觀點來看，它具有「屬性」（Attribute）。如果以「犬類」這個名詞描述狗狗，

可能只有模模糊糊的印象，但是說牠是一隻拉不拉多犬，就會有較具體的描繪：體型高大、短毛，毛色可能是黃白或黑。上述這些特徵的描述，可視為物件的屬性。真實世界當然包含各種大大小小、形形色色的犬隻；這也說明以物件導向技術來模擬真實世界過程中，系統是多元的，它由不同的物件組成。

物件具有生命，表達物件內涵還包含了「行為」（Behavior）。一隻貓「跳」上了桌，卻不慎打翻了一杯水！所以「行為」是動態表現。以手機來說，就是它具有的功能，隨著科技的普及，照像、上網、即時通訊等相關功能，一般手機皆具有；以物件觀點來看，就是方法（Method）。屬性表現了物件的靜態特徵，方法則是物件動態的特寫。

物件除了具有屬性和方法外，還要有溝通方式。人與人之間藉由語言的溝通來傳遞訊息。那麼物件之間如何進行訊息的傳遞？以提錢的 ATM 來說，放入提款卡，輸入密碼才能跟 ATM 做進一步的溝通。如果將 ATM 視為物件，輸入密碼就是與 ATM 溝通的方法。輸入數字按下「正確」鈕之後，會把這些數字傳送出去，讓提款機制建立。進一步來說，「輸入密碼」方法中傳遞的參數就是這些密碼！如果訊息正確無誤，才能獲取提款的畫面；以方法做參數傳遞，必須要有回傳值。

11.1.2　類別是物件藍圖

物件導向應用於分析和系統設計時，稱為「物件導向分析」（Object Oriented Analysis）和「物件導向設計」（Object Oriented Design）。

從前面的章節一路走來，Python 是不折不扣的物件導向程式語言，想要認識它的魅力所在就從物件導向開始著手。一般來說，類別（Class）提供實作物件的模型，撰寫程式時，必須先定義類別，設定成員的屬性和方法。例如，蓋房屋之前要有規劃藍圖，標示座落位置，樓高多少？何處要有大門、陽台、客廳和臥室。藍圖規劃的主要目的就是反映出房屋建造後的真實面貌。因此，可以把類別視為物件原型，產生類別之後，還要具體化物件，稱為「實體化」（Instantiation），經由實體化的物件，稱為「執行個體」（Instance）或實體。類別能產生不同狀態的物件，每個物件也都是獨立的實體。

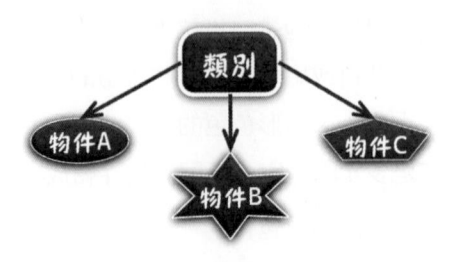

圖【11-1】 類別可產生不同物件

11.1.3　抽象化是什麼？

　　若要模擬真實世界，必須把真實世界的東西抽象化為電腦系統的資料。在物件導向世界裡是以各個物件自行分擔的功能來產生模組化，基本上包含三個基本元素：資料抽象化（封裝）、繼承和多型（動態繫結）。

　　資料抽象化（Data Abstraction）是以應用程式為目的來決定抽象化的角度，基本上就是「簡化」實體功能。如果要描述一位朋友：身高可能是 170 公分，體型高瘦，短髮，臉上戴一副眼鏡。這就是資料抽象化的結果，針對一些易辨認的特徵將這個人的外觀素描進行資料抽離。資料抽象化的目的是方便於日後的維護，當應用程式的複雜性愈高，資料抽象化做得愈好，愈能提高程式的再利用性和閱讀性。

　　日常生活中使用的手機也是如此。撥打電話可能按錯數字；資料抽象化之後，手機的操作介面只有數字、正確和取消鍵，將顯示數字的屬性和操作按鍵的行為結合起來就是「封裝」（Encapsulation）。對於使用手機的人來說，並不需要知道數字如何顯示，確保按下正確的數字鍵就好。操作模組在規範下，按下數字 5 不會變成數字 8；使用手機，只能透過操作介面使用它的功能，外部無法變更它的按鍵功能，如此一來就能達到「資訊隱藏」（Information hiding）的目的。

　　建立抽象資料型別時包含兩種存取範圍：公有和私有。在公有範圍所定義的變數皆能自由存取，但是在私有範圍定義的變數只適用它本身抽象資料型別。由於外部無法存取私有範圍的變數，這就是資訊隱藏的一種表現方式。

　　若想要進一步了解物件的狀態須透過其「行為」，這也是「封裝」（Encapsulation）概念的由來。在物件導向技術裡，物件的行為通常是利用「方法」（method）來表示，它定義了物件接收訊息所對應的程序。

11.2 類別與物件

對於物件導向的觀念有所認識之後,要以 Python 程式語言的觀點來深入探討類別和物件的實作,配合物件導向程式設計(OOP)的概念,瞭解類別和物件的建立方式!依據 Python 的官方說法,其類別機制是 C++ 以及 Modula-3 的綜合體。所以它的特性有:

- Python 所有的類別(Class)與其包含的成員都是 public,使用時不用宣告該類別的型別。
- 採多重繼承,衍生類別(Derived class)可以和基礎類別(base class)的方法同名稱,也能覆寫(Override)其所有基礎類別(base class)的任何方法(method)。

11.2.1 認識類別和其成員

類別由類別成員(Class Member)組成,類別使用之前要做宣告,語法如下:

```
class ClassName:
    # 定義初始化內容
    # 定義 methods
```

- class:使用關鍵字建立類別,配合冒號「:」產生 suite。
- ClassName:建立類別使用的名稱,同樣必須遵守識別字的命名規範。
- 定義 method 時,跟先前介紹過的自定函式一樣,須使用 def 敘述。

簡例:建立一個空類別。

```
class student:
    pass
```

- 使用關鍵字 class 來定義類別 student。
- 未進一步初始化類別的成員,使用 pass 敘述是表示什麼事都不做。

通常建立類別之後,會以類別名稱產生獨特的名稱空間,使用內建函式 dir() 做查看。

```
dir()
['__annotations__', '__builtins__
', '__doc__', '__file__', '__loader
__', '__name__', '__package__', '_
_spec__', 'student']
```

- 使用內建函式 dir() 查看時，可以發現多了一個名稱空間「student」。

那麼 Python 類別的特性又有什麼不一樣？簡介如下：

- **每個類別皆可以實體化多個物件**：經由類別產生的新物件，皆能獲得自己的名稱空間，能獨立存放資料。
- **經由繼承擴充類別的屬性**：自訂類別之後，可建立名稱空間的階層架構；在類別外部重新定義其屬性來擴充此類別，定義多項行為時更優於其他工具。
- **運算子重載（overload）**：經由特定的協定來定義類別的物件，回應內建型別（Built-in type）的運算。例如：切片、索引等。

類別也會有成員，可能是屬性、或者是物件方法，所以方法它是：

- 它只能定義於類別內部。
- 只有產生實體（物件）才會被呼叫。

一般來說，「繫結」（Binding）會牽引著方法的使用；簡單地說，當實體去呼叫方法時才有繫結的動作。依據 Python 程式語言使用的慣例，定義方法的第一個參數必須是自己，習慣上使用 self 做表達，它代表建立類別後實體化的物件。self 類似其他語言中的 this，指向物件自己本身。

類別中如何定義方法？它跟定義函式相同，使用 def 敘述為開頭；方法中的第一個參數必須 self 敘述，類似其他程式語言的 this。

此外，定義的方法使用了一個特別的字 self（此處以 self 敘述來稱呼它）。但 self 敘述不做任何引數的傳遞，藉由此敘述的加入，它們成了物件變數，能讓方法之外的物件來存取。例二：

```
class Motor:       # 定義類別
    def buildCar(self, name, color):
        self.name = name
        self.color = colorpass
```

- 類別 Motor 中，定義一個方法 buildCar，第一個參數必須是 self。

所以將參數 name 的值傳給「self.name」，會讓一個普通的變數轉變成物件變數（也就是屬性），並由物件來存取。當然，無論是定義的 Motor 類別或是其實體化的物件，皆能由內建函式 type() 來查看！

```
type(Motor)
<class 'type'>
car1 = Motor()
type(car1)
<class '__main__.Motor'>
car1
<__main__.Motor object at 0x000001B5BF637550>
```

◆ 使用內建函式 type() 查看 Motor 類別和其物件 car1，會得到它是類別和物件的訊息。

範例《CH1101.py》

定義類別並產生兩個物件方法，實作的物件會呼叫這些方法。

STEP 01 撰寫如下程式碼。

```
01   class Motor:          # 定義類別
02      def buildCar(self, name, color):# 方法一：取得名稱和顏色
03         self.name = name
04         self.color = color
05      def showMessage(self):    # 定義方法二：輸出名稱和顏色
06         print(f' 款式 :{self.name:>6s}, \
07            顏色 :{self.color:4s}')
08   car1 = Motor()        # 物件 1
09   car1.buildCar('Vios', '極光藍 ')
10   car1.showMessage()    # 呼叫方法
11   car2 = Motor()        # 物件 2
12   car2.buildCar('Altiss', '炫魅紅 ')
13   car2.showMessage()
```

STEP 02 儲存檔案，解譯、執行按【F5】鍵。

```
= RESTART: D:\PyCode\CH11\CH1101.py
款式:   Vios, 顏色:極光藍
款式:Altiss, 顏色:炫魅紅
```

11-7

【程式說明】

- 第 1~7 行：建立 Motor 類別，定義了二個方法。
- 第 2~4 行：定義第一個方法，用來取得物件的屬性。如果未加 self 敘述，則以物件呼叫此方法時會發生 TypeError。
- 第 3、4 行：方法 buildCar() 將傳入的第二、第三參數 name、color 能作為物件的屬性。由於它們定義於方法內，屬於區域變數，離開此適用範圍（Scope）就結束了生命週期。
- 第 5~7 行：定義第二個方法 showMessage() 輸出物件的相關屬性。
- 第 8~10 行：實體化類別 Motor，產生物件並呼叫其方法。

> **TIPS**
>
> 方法中的第一個引數 self
> - 定義類別時所有的方法都必須宣告它。
> - 當物件呼叫方法時，Python 直譯器會將它傳遞。

要將類別實體化（Implement）就是產生物件，有了物件可進一步存取類別裡所定義的屬性和方法；其語法如下：

```
物件 = ClassName(引數串列)
```

- 實體化所產生的物件，其類別的左、右括號不能省略。

例三：類別實體化。

```
class Motor:
   pass
car1 = Motor()    # 物件 1
car2 = Motor()    # 物件 2
```

- 類別實體化時，不會只有一個物件。

例三中產生的物件可視為「建立 Motor 類別的實體，並將該物件指派給區域變數 car1 和 car2」。有了物件之後，才能進一步存取其成員，可能是屬性或方法，語法如下：

```
物件.屬性
物件.方法()
```

- 使用「.」(半形 Dot) 運算子做存取。
- 物件名稱同樣得遵守識別字的規範;引數串列可依據物件初始化做選擇。

例三:

```
car1 = Motor()                          # 物件 1
car1.buildCar('Vios', '極光藍')         # 呼叫方法
```

此外,Python 採動態型別,還能依據需求,以不同的物件傳入型別不同的資料。參考範例《CH1102.py》:

```
class Student:           # 定義類別
    def message(self, name):      # 方法一
        self.data = name
    def showMessage(self):        # 方法二,輸出物件屬性
        print(self.data)
s1 = Student()                    # 第一個物件,以字串做傳遞
s1.message('James McAvoy')        # 呼叫方法時傳入字串
s1.showMessage()                  # 回傳 James McAvoy
s2 = Student()                    # 第二個物件,以浮點數為參數值
s2.message(78.566)                # 呼叫方法時傳入浮點數值
s2.showMessage()                  # 回傳 78.566
```

- 定義 message() 方法,藉由 self 將傳入的參數 name 設為物件的屬性。
- 物件 s1 是以字串做傳遞;物件 s2 是以浮點數為參數值。

同樣,定義類別時,也能藉由其方法來傳入參數,完成計算返回其值,參考範例《CH1103.py》:

```
class Student:                              # 定義類別
    def score(self, s1, s2, s3):            # 成員方法
        return (s1 + s2 + s3) / 3
Tomas = Student()                           # 物件
print(Tomas.score(92, 83, 62))              # 輸出 79.0
```

- 建立 Student 類別,只定義一個方法,傳入 3 個參數值,計算後回傳其平均值。
- 產生 Tomas 物件,呼叫 score() 方法,設定 3 個成績以引數傳入。

11.2.2 先建構再初始化物件

通常定義類別的過程中可將物件做初始化,其他的程式語言會將建構和初始化以一個步驟來完成,通常採用建構函式(Constructor)。對於 Python 程式語言則有些許不同,它維持兩個步驟來實施:

(1) 呼叫特殊方法 __new__() 來建構物件。

(2) 再呼叫特殊方法 __init__() 來初始化物件。

通常建立物件時，會以 __new__() 方法呼叫 cls 類別建構新的物件，先來看看它的語法：

```
object.__new__(cls[, ...])
```

- object：類別實體化所產生的物件。
- cls：建立 cls 類別的實體，通常會傳入使用者自行定義的類別。
- 其餘參數可作為建構物件之用。

__new__() 方法可以決定物件的建構，如果第一個參數回傳的物件是類別實例，則會呼叫 __init__() 方法繼續執行（如果有定義的話），它的第一個參數會指向所回傳的物件。如果第一個參數未回傳其類別實例（回傳別的實例或 None），則 __init__() 方法即使已定義也不會執行。

由於 __new__() 本身是一個靜態方法，它幾乎已涵蓋建立物件的所有的要求，所以 Python 直譯器會自動呼叫它。但是物件初始化，Python 會要求重載（Overload）__init__() 方法；認識其語法。

```
object.__init__(self[, ...])
```

- object 為類別實體化所產生的物件。

使用 __init__() 方法的第一個參數必須是 self 敘述，接續的參數可依據實際需求來覆寫（override）此方法。值得留意之處，定義類別時，方法 __new__() 與 __init__() 須具相同個數的參數；若兩者的參數不相同，同樣會引發 TypeError。

> **TIPS**
>
> 何謂重載（overload）？
> - 定義函式時，名稱相同但參數不同，解譯時由 Python 直譯器會依據參數的多寡來決定所要呼叫的函式。

範例 《CH1104.py》

說明方法 __new__() 和 __init()__ 兩者之間的連動變化。藉由定義 __new__() 方法認識物件如何建構物件與初始化。由於物件 y 帶入參數，__new__() 方法回傳的第一個參數是類別實例，就會繼續執行 __init__() 方法。

STEP 01 撰寫如下程式碼。

```
01  class newClass:       # 定義函式
02      def __new__(Kind, name):      # __new__() 建構物件
03          if name != '' :
04              print(" 物件已建構 ")
05              return object.__new__(Kind)
06          else:
07              print(" 物件未建構 ")
08              return None
09      def __init__(self, name):     # __init__() 初始化物件
10          print(' 物件初始化 ...')
11          print(name)
12
13  x = newClass('')        # 產生物件
14  print()
15  y = newClass('Second')
```

STEP 02 儲存檔案，解譯、執行按【F5】鍵。

```
= RESTART: D:/PyCode/CH11/CH1104.py
物件未建構

物件已建構
物件初始化...
Second
```

【程式說明】

- 第 2~8 行：定義 __new__() 方法。參數「Kind」用來接收實體化的物件，參數「name」則是建構物件時傳入其名稱。

- 第 3~8 行：使用 if/else 敘述做條件判斷，若生成的物件有傳入字串才會顯示訊息。

- 第 9~11 行：定義 __init()__ 方法，第二個參數「name」必須與 __new__() 的第二個參數相同。

◆ 第 13、15 行：有 x、y 兩個物件，物件 x 的參數為空字串，所以會回傳 None，顯示「物件未建構」，而物件 y 則傳入字串，所以它呼叫了 __new__() 建構物件之後繼續執行 __init__() 方法。

物件要經過初始化程序才能運作。範例《CH1101》並未使用方法 __new__() 和 __init__()，要如何初始化物件？很簡單！當實體化類別（產生物件）時，Python 直譯器會自動呼叫它；就如同其他程式語言自動呼叫預設建構函式的道理是相同的。如果要將範例《CH1101.py》加入 __init__() 初始化物件，可將範例改寫如下：

```
# 參考範例《CH1105.py》
    def __init__(self, name, color):
        self.name = name
        self.color = color
car = Motor('Vios', '極光藍')
```

◆ 把範例《CH1101》所定義的 buildCar() 方法須使用的參數，變更成 __init__() 方法的參數，它能完成物件的初始化程序。

◆ 由於 __init__() 方法要有兩個參數，所以實體化物件時就得傳入 name、color 兩個參數值。若未加入這兩個參數，會引發「TypeError」錯誤。

對於類別有了較為粗淺的認識之後，繼續思考「為什麼要使用有類別？」如果有一個圓形要計算相關內容時，可能要把函式定義寫成這樣：

```
# 參考範例《CH1106.py》
import math
def calcPerimeter(radius):      # 算出圓周長
    return 2 * radius * math.pi
def roundArea(radius):          # 算出圓面積
    return radius * radius * math.pi
print(f'圓周長：{calcPerimeter(15):4f}')
print(f'圓面積：{roundArea(15):4f}')
```

範例《CH1107.py》

範例《CH1106》以類別來改寫，將計算圓周長和圓面積的函式變更成類別的方法即可。

STEP 01 撰寫如下程式碼。

```
01  import math
02  class Circle:      # 定義類別
03      '''
04          定義類別的方法
05          calcPerimeter  : 計算圓周長
06          roundArea      : 計算圓面積
07          __init__()     : 自訂物件初始化狀態
08      '''
09      def __init__(self, radius = 15):    # 把物件初始化
10          self.radius = radius
11      def calcPerimeter(self):    # 定義方法計算圓周長
12          return 2 * self.radius * math.pi
13      def roundArea(self):    # 定義方法計算圓面積
14          return self.radius * self.radius * math.pi
15  # 產生物件
16  r1 = Circle(12)
17  print('圓的半徑:', r1.radius)
18  periphery = r1.calcPerimeter()
19  print('圓周長:', periphery)
20  area = r1.roundArea()
21  print('圓面積:', area)
```

STEP 02 儲存檔案，解譯、執行按【F5】鍵。

```
= RESTART: D:/PyCode/CH11/CH1107.py
圓的半徑: 12
圓周長: 75.39822368615503
圓面積: 452.3893421169302
```

【程式說明】

- 第 3~8 行：長行註解文字，必須存放在類別的範圍內，可藉由屬性 __doc__ 讀取；「print（類別名稱.__doc__）」。

- 第 9~10 行：定義 __init__() 方法將物件初始化，表示建立 Circle 類別的物件時要傳入第二個參數「圓的半徑值」。若未傳入參數值就以預設參數值 15 為主。如果有傳入半徑值，就透過 self 敘述指派成物件的屬性。

- 第 11~12 行：定義方法來計算圓周長。定義時第一個參數是 self 敘述，不過呼叫時 self 不會接收任何參數，所以不傳入參數。

- 第 13~14 行：定義方法來計算圓面積，第一個參數同樣要加入 self 敘述。

- 第 16、17 行：建立物件時傳入圓的半徑值（參數）；並進一步設定圓的屬性（radius）。
- 第 18~21 行：呼叫方法來計算圓的周長和其面積。

建立的類別也能在 Python Shell 交談窗中執行，繼續範例《CH1107》的物件旅程。

(1) 產生物件。

```
import math  # 匯入math模組
globular = Circle() # 產生物件，採預設值
globular.calcPerimeter() # 算圓周長
94.24777960769379
```

(2) 利用屬性 __doc__ 取得類別範圍內的註解文字。

```
print(globular.__doc__)
        定義類別的方法
        calcPerimeter  ：計算圓周長
        roundArea      ：計算圓面積
        __init__()     ：自訂物件初始化狀態
```

11.2.3　設定、檢查物件屬性

對於 Python 來說，物件屬性（Attribute）充滿了驚奇和創意。除了利用 __init__() 配合 self 參數來設定屬性之外，還能產生物件之後，動態自訂屬性。例如：新增一個屬性 subject 為 List，再以 append() 方法加入一個科目名稱。參考範例《CH1108.py》：

```
Tomas.subject = []          # 自訂屬性
Tomas.subject.append('math')
print(Tomas.subject)        # 輸出 ['math']
```

- 使用「Tomas.subject」再按下「.」（Dot）之後，與 List 有關的方法會以列示清單呈現。

若以 dir() 函式查看 Tomas 物件屬性，有兩個特殊的屬性：__dict__ 和 __class__。

- 屬性 __dict__：由字典組成，只要是新增於某個物件的屬性皆可由屬性 __dict__ 列示。通常屬性名會轉為 key，屬性值以 value 呈現。

- 屬性 __class__：回傳它是一個類別實體。

範例：繼續設定類別 Student 物件的相關屬性。

```
# 參考範例《CH1108.py》續
Tomas.birth = '2003/9/12'
Tomas.subject[0] = 72
print(Tomas.__dict__)
# 以字典物件輸出 {'subject': [72], 'birth': '2003/9/12'}
print(Tomas.__class__)    # 輸出 <class '__main__.Student'>
```

由上述的範例中，可以得知：

- 定義類別的方法第一個參數要使用 self 敘述，而 self 是指向實體化的物件本身。
- 實體化物件就如同呼叫函式一般，所以可產生多個物件；產生了物件之後，還能動態增加物件的屬性。

所以，物件就像是個內含記錄的資料；而類別則是處理這些資料的程序。

除了定義類別時可自行定義類別屬性之外，還可以利用 Python 提供的內建函式來存取這些屬性，以表【11-1】做簡介。

BIF	說明（參數 obj 為物件，name 為屬性名）
getattr()	存取物件的屬性
hasattr(obj, name)	檢查某個屬性是否存在
setattr()	設定屬性，如果此屬性不存在，會新建一個屬性
delattr(obj, name)	刪除一個屬性

表【11-1】 與類別屬性有關的 BIF

內建函式 getattr() 可以存取物件屬性，認識其語法：

```
getattr(object, name[, default])
```

- object：物件
- name：屬性名稱，必須是字串型別。
- default：若無此訊息，可利用此參數輸出相關訊息。

簡例：方法 getattr() 取得屬性值。

```
getattr(p1, 'name')              # 取得 name 的屬性值
getattr(p1, 'sex', 'None')       # 若無 sex 屬性值，以 None 表示
```

另一個 BIF 的 setattr() 函式用來設定新增或重設屬性值，語法如下：

```
setattr(object, name, value)
```

- **object**：物件。
- **name**：屬性名稱，以字串表示。
- **value**：屬性值。

例二：先建立一個空類別 Student()，再產生一個物件。藉此了解這些內建函式的用法。

```
class Student:              # 定義函式
    pass
Joson = Student()           # 物件
setattr(Joson, 'age', 23)            # 新設屬性
print(getattr(Joson, 'age'))         # 取得屬性值 23
delattr(Joson, 'age')                # 刪除屬性
print(hasattr(Joson, 'age'))         # 檢查是否有此屬性，回傳 False
```

- 先呼叫 setattr() 函式，新增一個屬性 age 並設其值。
- 呼叫 getattr() 函式來回傳 age 屬性值。
- 當 delattr() 函式刪除 age 屬性時，hasattr() 函式會回傳 false，表示此屬性不存在。

11.2.4 處理物件的特殊方法

Python 除了提供建構、初始化物件的方法之外，定義類別時尚有一些殊的方法提供實體的支援，以表【11-2】簡介之。

特殊方法	說明
__del__()	也叫解構器，用來清除物件
__str__()	定義字串的格式，呼叫 BIF 的 str()、format() 和 print() 時皆可輸出
__repr__()	呼叫 repr() 時，重建符合此格式的字串物件做回傳
__format__()	呼叫 format() 時，字串物件以格式化字串來回傳

特殊方法	說明
__hash__()	呼叫 hash() 函式,計算雜湊值
__getattr__()	在正常的地方無法找到屬性項時會呼叫此方法
__setattr__()	呼叫此方法來設定屬性項
__delattr__()	呼叫此方法來刪除某個屬性項
__getattribute__()	任何情況下皆可呼叫此方法做屬性項的尋找
__dir__()	回傳含有物件屬性項之 list 物件
__class__	屬性,用來指向實體的型別

表【11-2】 類別實體化相關的特殊屬性和方法

這些特殊的方法如同 __init__() 方法,可以定義類別時重載(Overloading)這些方法,先來認識與字串物件有關的特殊方法。

一般來說,print() 函式只能印出字串,不過若參數並非字串時,由 print() 函式來印出內容就顯得較為吃力。下述這些特殊方法的回傳值均為字串,可藉助它們做更有內容的輸出,其語法如下:

```
object.__repr__(self)
object.__str__(self)
object.__format__(self, format_spec)
```

- object:物件。
- format_spce:格式化字串。

__str__() 方法配合 print() 函式輸出可以閱讀的字串,無此方法時其輸出會如何?簡例:

```
class people:
    def __init__(self, city):
        self.city = city

addr = people('Kaohsiung')
print(addr)
<__main__.people object at 0x000001AC37A17520>
```

- 定義類別 people,沒有利用方法 __str__(),建立的物件 addr 所傳入的引數,輸出時只會顯示它是一個 object。

11-17

把上述簡例做一些小小修改，定義類別時加入方法 __str__()。例二：

```
class people:
    def __init__(self, city):
        self.city = city
    def __str__(self):
        return f'{self.city:-^16}'

addr = people('Kaohsiung')
print(addr)
---Kaohsiung----
```

◆ 把方法 __str__() 覆寫，給予格式化字串「:-^16」，設欄寬16，以 - 字元填充，而字串本身會置中對齊。

範例《CH1110.py》

說明方法 __str__() 和 __repr__() 的用法。

STEP 01 撰寫如下程式碼。

```
01  class Birth():              # 定義函式
02      def __init__(self, name, y, m, d):   # 初始化
03          self.title = name
04          self.year = y        # 年
05          self.month = m       # 月
06          self.date = d        # 日
07      def __str__(self):
08          print('Hi!', self.title)
09          yr = 'Birth - {}年'.format(str(self.year))
10          mo = '{}月'.format(str(self.month))
11          return yr + mo + f'{str(self.date)}日'
12      def __repr__(self):
13          return '{}年 {}月 {}日'.format(
14              self.year, self.month, self.date)
15  # 產生物件
16  p1 = Birth('Grace', 1987, 12, 15)
17  print(p1)
18  print(p1.title, 'birth day: ', repr(p1))
```

STEP 02 儲存檔案，解譯、執行按【F5】鍵。

```
= RESTART: D:\PyCode\CH11\CH1110.py
Hi! Grace
Birth - 1987年12月15日
Grace birth day:  1987年 12月 15日
```

【程式說明】

- 第 2~6 行：__init__() 方法取得輸入參數轉為物件屬性。
- 第 7~11 行：__str__() 方法將年、月、日相關屬性以 str() 函式轉為字串。由於字串很長，沒有使用「\」字元做折行，設兩個變數 yr、mo 儲存加入控制格式的年和月，使用 return 回傳時，再以「+」符號串接。
- 第 12~14 行：__repr__() 方法呼叫字串的 format() 方法將年、月、日做格式化輸出。
- 第 16~18 行：實體化物件 p1 利用 print() 函式可輸出 __str__() 方法所定義的字串；或者使用 repr() 函式也能達到相同效果。

一般來說，Python 提供垃圾自動回收機制，也就是某個物件沒有參照對象時（內建型別和實體化的物件）就會被定期清除，釋放記憶體空間。物件如何被回收？Python 提供了一個特殊方法 __del__() 來清除物件。藉由此方法讓物件具有回收的資格，也就是參考至物件的變數計數為 0 的時候。通常 __del__() 方法是物件被回收前才會執行（因為回收物件的時間不一定，不建議用在要求立即性的情況）。

參考範例《CH1111.py》：

```
class RemoveAt():     # 定義函式
   def __init__(self, x = 0, y = 0):
      self.x = x
      self.y = y
   def __del__(self): # destructor - 用來清除物件
      number = self.__class__.__name__
      print('已清除 ', number)
one = RemoveAt(15, 20) # 產生物件
two = one  # 兩個物件同時指向一個參照
print(f'one = {id(one)} \ntwo = {id(two)}')
del one; del two     # 清除物件
```

- 定義 __del__() 方法，表示呼叫解構式來清除物件；此處「__class__.__name__」用來取得類別的實體物件。
- 利用內建函式 id() 來查看識別碼，會發現 one 和 two 都取得相同識別碼。
- 使用 del 敘述刪除 t1 物件時，才會去呼叫特殊方法 __del__() 做物件清除的動作。何時清除此物件，由 Python 系統自行決定。

11.3 類別與裝飾器

除了將類別實體化之外，自訂類別時本身也能定義類別變數，搭配裝飾器來產生類別方法。裝飾器本身就是一個函式，它以 @ 為前綴字元，它可以傳遞函式，也能傳遞類別。此外，先前介紹的是以物件屬性為主，類別也有屬性，就從它展開本小節的內容。

11.3.1 類別也有屬性

已經知道建立類別之後，實體化物件可呼叫定義於函式的屬性和方法。所以，定義於 __init__() 方法內為物件變數（Instance variable），在此之外就屬於類別變數（Class variable），它為所有物件所共享。此外 Python 亦提供一些特殊唯讀屬性，簡介如下：

- __doc__：可取得類別範圍內的註解文字，等同使用「__func__.__doc__」。
- __name__：方法名稱，等同使用「__func__.__name__」。
- __module__：定義方法時所在的模組名稱，如果沒有則為 None。
- __dict__：由字典組成，儲存屬性。
- __bases__：包含基礎類別所產生的 Tuple。

範例《CH1112.py》

將範例《CH1106》做修改，加入類別變數（屬性），用來統計產生的物件。由於類別變數和物件變數兩者並不相同。類別變數為所有物件所共享，而物件變數則為個別物件所擁有。

STEP 01 撰寫如下程式碼。

```
01  class Circle:           # 定義類別
02      cnt = 0             # 類別變數
03      def __init__(self, radius = 15):    # 初始化物件
04          self.radius = radius
05          Circle.cnt +=1
06  # 省略部份程式碼
07  oneR = Circle()         # 產生物件 1
08  print('圓的半徑：', oneR.radius)
```

```
09    twoR = Circle(13)       # 產生物件 2
10    print('圓的半徑 :', twoR.radius)
11    print('產生了 {0} 個物件'.format(Circle.cnt))
12    print('Circle.__name__ : ', Circle.__name__)
13    print('Circle.__doc__ : ', Circle.__doc__)
14    print('Circle.__module__ : ', Circle.__module__)
```

STEP 02 儲存檔案，解譯、執行按【F5】鍵。

```
= RESTART: D:/PyCode/CH11/CH1112.py
圓的半徑：15
圓的半徑：13
產生了2個物件
Circle.__name__   :  Circle
Circle.__doc__    :  None
Circle.__module__ :  __main__
```

【程式說明】

- 第 2 行：先設定一個類別變數 cnt。
- 第 5 行：類別變數 cnt 來統計初始化物件。使用類別變數時要加入類別名稱。
- 第 11 行：輸出類別變數。由於只產生了二個物件 oneR 和 twoR，所以會輸出數值「2」。
- 第 14~16 行：利用類別名稱來輸出這些唯讀屬性。不過要注意的是屬性「__doc__」只會輸出長文件註解內容（存放在前後有 3 個單或雙引號的文字）；如果沒有就以 None 輸出。

11.3.2 認識裝飾器

什麼是裝飾器（Decorator）？本身可以是經過定義的函式或類別，Python 程式以「@decorator」語法來支援裝飾器。以函式來說，Python 可以把函式當作參數放在另一個函式內執行的，而且也可以用變數指向一個函式。假設有購物金額，以函式來定義。簡例：

```
def Entirely():     # 定義函式
    return 555.0
print('金額', Entirely())
```

11-21

如果購物金額超過 500 元可以打九折，不想改變原有函式，再定義另一個函式。參考範例《CH1113.py》：

```
def Entirely():      # 購物金額
   return 455.0
def discount(price):    # 將金額打 9 折
   if price() >= 500.0:
      return lambda: price() * 0.9
   else:
      return lambda: price()
Entirely = discount(Entirely)    # 呼叫函式
print('合計：', Entirely())
```

- 函式 discount() 所接受的參數 price 是函式物件，函式主體使用 lamdba 函式做九折計算。

範例《CH1113.py》呼叫 Entirely() 函式，可視為「將函式當作引數傳遞給另一個函式」，再回傳給函式。所以，discount() 函式會以函式物件 Entirely 來回傳（或者將 Entirely() 函式當作變數來使用），取得打折後的金額。

購物金額欲打 9 折就是原有的函式 Entirely() 沒有改變，另行定義函式 discount()。第二種處理方法便是使用裝飾器來處理 9 折的問題，參考範例《CH1114.py》：

```
def discount(price):      # 定義裝飾器函式
   if price() >= 500.0:
      return lambda: price() * 0.9
   else:
      return lambda: price()
@discount                 # 裝飾器
def Entirely():           # 購物金額
    return 455.0
print('合計：', Entirely())
```

- 使用裝飾器時首先得定義裝飾器函式。
- 使用 @ 前導字來產生裝飾器。
- 呼叫裝飾器的函式。

再來看看使用裝飾器的第二個例子。假設有兩個數值可以進行相加和相減，使用函式將其功能定義如下：

```
參考範例《CH1115.py》
def plusNumbers(x, y):     # 兩數相加
    return x**2 + y**2
def minusNumbers(x, y):    # 兩數相減
    return x**2 - y**2
a, b = eval(input('Two numbers:'))
print('兩數平方和:', plusNumbers(a, b))
print('兩數平方差:', minusNumbers(a, b))
```

- 內建函式 eval() 來取得 x、y 兩個輸入值，再去呼叫計算和、差的兩個函式。

範例《CH1116.py》

先定義一個函式 outerNums() 為裝飾器，呼叫其他函式作為參數；再以此函式為裝飾器。

STEP 01 撰寫如下程式碼。

```
01  def outerNums(func):       # 定義函式為裝飾器
02      def inner(x, y):       # 接收參數
03          x, y = eval(input('Two numbers:'))
04          return func(x, y)
05      return inner
06  @outerNums                 # 裝飾器
07  def plusNumbers(x, y):
08      return x**2 + y**2
09  @outerNums
10  def minusNumbers(x, y):
11      return x**2 - y**2
12  a, b = 0, 0
13  print('平方和:', plusNumbers(a, b))
14  print('平方差:', minusNumbers(a, b))
```

STEP 02 儲存檔案，解譯、執行按【F5】鍵。

```
= RESTART: D:/PyCode/CH11/CH1116.py
Two numbers:122, 62
平方和: 18728
Two numbers:122, 62
平方差: 11040
```

【程式說明】

- 第 1~5 行：定義 outerNums() 函式，以它為裝飾器。它以函式為引數來作為傳遞的對象。
- 第 2~4 行：內部函式 inner() 接收參數，並以內建函式 eval() 來接收輸入值。通常，裝飾器會以 inner() 函式為回傳值。
- 第 6~8 行：以 outerNums 為裝飾器，形成「plusNumbers = outerNums（plusNumbers）」。而 plusNumbers() 函式就變成內部函式 inner() 的變數。
- 第 9~11 行：同樣以 outerNums 為裝飾器，形成「minusNumbers = outerNums（minusNumbers）」。

裝飾器可以加入參數，簡述：

```
@decorator(deco_args)
def func():
    pass
# 以函式為變數的觀點來看
func = decorator(deco_args)(func)
```

先來看第三個簡例，定義一個取得當前日期和時間的函式。

```
import time
def Atonce():
    return time.ctime()
```

假設要增強 Atonce() 函數的功能，譬如呼叫函式時可自動列印，但又不希望修改 Atonce() 函數的內容時，就可藉助裝飾器來修飾 Atonce() 函式。

呼叫函式的裝飾器時，為了避免函式引發相關的異常，會藉助 functools 模組的三個函式做處理，簡述如下：

- **partial()** 函式：利用包裝手法來「重新定義」函式的簽名，由於函式可視為物件，藉由預設參數來呼叫其對象並回傳。它能凍結部份函式的位置參數或關鍵字引數。

- **update_wrapper()** 函式：主要用於裝飾器函式中，用來取得包裝函式而不是原始函式。它可以把被封裝函式的屬性 __name__、module、__doc__（屬於模組層的常數 WRAPPER_ASSIGNMENTS）和 __dict__（模組層級常數

WRAPPER_UPDATES）都複製給封裝函數。當 partial() 所呼叫的函式物件沒有屬性 __name__ 和 __doc__ 時會以預設值為主。

- wraps() 函式：簡便函式，簡單地說就是呼叫 partial() 函式將 update_wrapper() 函式內容物做封裝。

先認識 wraps() 函式的語法：

```
wraps(wrapped, assigned = WRAPPER_ASSIGNMENTS,
   updated = WRAPPER_UPDATES)
```

- assigned：就是將屬性 __name__ 、 module 、 __doc__ 做複製。
- update：將屬性 __dict__ 予以複製。

範例 《CH1117.py》

由於函式 Records() 本身是裝飾器，它會以函式來回傳。只不過 Atonce() 函式雖然存在，但是藉由同名稱變數的指派，指向了新的函式；所以呼叫 Atonce() 函式，卻是由 Records() 函式執行，並由內部的 wrapper() 函式負責輸出和函式的呼叫。

STEP 01 撰寫如下程式碼。

```
01  import time, functools
02  def Records(some_func):      # 定義裝飾器，以函式為傳入值
03      @functools.wraps(some_func)
04      def inner(*args, **kw): # 回傳函式
05          print(f'Hi! 呼叫了 {some_func.__name__}()')
06          return some_func(*args, **kw)
07      return inner
08  @Records  # 裝飾器
09  def Atonce():
10      # 將取得時間做格式化動作
11      return time.strftime('%Y-%b-%d %H:%M:%S',
12          time.localtime())
13  print('登入時間:', Atonce())    # 呼叫函式
```

STEP 02 儲存檔案，解譯、執行按【F5】鍵。

```
= RESTART: D:/PyCode/CH11/CH1117.py
Hi! 呼叫了Atonce()
登入時間: 2022-Apr-27 13:22:31
```

【程式說明】

- 第 2~7 行：巢狀函式。第一層 Records() 是裝飾器，以函式為傳入值。第二層函式 inner()，「*agrs」接收位置引數，「**kw」收集關鍵字引數，所以可以接收任意參數，並回傳函式 Atonce()，由於函式本身亦是物件，利用屬性 __name__ 來取得函式名稱。
- 第 3 行：呼叫了 functools 模組的裝飾器函式 wraps，如此才能將原始函式的屬性 __name__ 複製到 inner() 函式中，否則「Atonce.__name__」是取得 inner() 函式而不是自己本身。
- 第 8 行：以 @ 為前導的裝飾器。
- 第 9~12 行：定義函式 Atonce()。配合 time 模組取得當前的日期和時間，再呼叫 strftime() 函式做格式化輸出。

對於 wraps() 函式來配合裝飾器的用法有了初步概念之後，靠近一點點來了解含有參數的裝飾器。將前述範例做一些修改，原有的兩層函式變成三層的巢狀函式。所以含有參數的裝飾器，會是這樣：

```
Atonce = Records('Jason')(Atonce)
```

雖然是以 Records('Jason') 來執行，回傳的是 Person() 函式。若繼續呼叫此函式，則會以 Atonce() 函式為參數，不過最後回傳的是 wrapper() 函式。

範例《CH1118.py》

三層的巢狀函式，繼續討論位於第三層的 wrapper() 函式，它可以接收任意參數，並回傳函式 Atonce()。若探查「Atonce.__name__」時，會發現所得結果是 wrapper() 函式。

STEP 01 撰寫如下程式碼。

```
01  import time, functools
02  def Records(name):  # 定義裝飾器函式
03      def Person(some_func):
04          #@functools.wraps(some_func)
05          def inner(*args, **kw):
06              print(f'Hi! {name}, 呼叫了 {some_func.__name__}()')
07              return some_func(*args, **kw)
```

```
08         return inner    # 回傳函式
09     return Person
10 @Records('Joson')         # 含有參數的裝飾器
11 # 省略部份程式碼
```

STEP 02 儲存檔案，解譯、執行按【F5】鍵。

```
= RESTART: D:/PyCode/CH11/CH1118.py
Hi! Joson, 呼叫了Atonce()
登入時間：2022-Apr-27 13:39:14
```

【程式說明】

- 第 2~9 行：巢狀函式。第一層 Records() 是裝飾器，傳入參數。第二層 Person() 以函式為引數；第三層函式 wrapper()，它可以接收任意參數，並回傳函式 Atonce()。
- 第 10 行：帶有參數的裝飾器。

11.3.3 類別裝飾器

對於裝飾器的使用有了較清楚的用法之後，同樣也可以把類別包裝成裝飾器來使用，先以簡例說明：

```
@decorator          # 裝飾器
class myClass:      # 定義類別
    pass
myClass = decorator(myClass)
```

表示類別裝飾器是以接收類別為主，並以類別回傳。

範例《CH1119.py》

以函式做裝飾器，包裹著類別。

STEP 01 撰寫如下程式碼。

```
01 def Car(status):      # 裝飾器，以類別來傳入
02     class Motor:
03         def __init__(self, name):    # 初始化物件
04             self.title = name         # 車款
05             self.obj = status()       # 取得傳入的實體化物件
```

```
06             print('車款:', self.title)
07         def tint(self, opt):         # 取得顏色
08             return self.obj.tint(opt)
09         def power(self, rmp):        # 取得排氣量
10             return self.obj.power(rmp)
11     return Motor
12
13 @Car       # 裝飾器, Equip = Car(Equip)
14 class Equip:
15     def tint(self, opt):
16         match opt:
17             case 1: hue = '炫魅紅'
18             case 2: hue = '極光藍'
19             case 3: hue = '雲河灰'
20         return hue
21     def power(self, rmp):
22         if rmp == 4:
23             return 1600
24         elif rmp == 5:
25             return 1800
26 op1, op2 = eval(input(
27     '選擇顏色:1..紅, 2.藍色, 3.灰色 \n' +
28     '排氣量:4.1600, 5.1800...'))
29 hybrid = Equip('Yaris')
30 color = '你選擇的顏色:{} '.format(hybrid.tint(op1))
31 print(color + f'排氣量 {hybrid.power(op2)} c.c')
```

STEP 02 儲存檔案，解譯、執行按【F5】鍵。

```
= RESTART: D:/PyCode/CH11/CH1119.py
選擇顏色:1..紅, 2.藍色, 3.灰色
排氣量:4.1600, 5.1800...2, 4
車款: Yaris
你選擇的顏色:極光藍, 排氣量 1600 c.c
```

【程式說明】

- 第 1~11 行：定義裝飾器，用它來裝飾類別。

- 第 2~10 行：定義 Motor 類別，傳入名稱做初始化動作。

- 第 7~10 行：定義兩個方法：tint() 和 power()；它們必須與裝飾器之後所定義類別的方法同名稱，傳遞相同名稱的參數，不然會引發「AttributeError」或「NameError」的錯誤訊息。

- 第 14~25 行：定義類別 Equip，它會被裝飾器傳遞，所以方法 tint() 和 power() 必須與裝飾器函式所包裹的類別，有相同名稱的方法和參數。

除了以函式為裝飾器來包裹類別之外，也能使用類別來定義修飾器。不過，在此之前，先簡單認識物件的另一個特殊方法 __call__()，語法如下：

```
object.__call__(self[, args...])
```

- args 表示位置參數可以是一個到多個，皆可以接收。

簡單來說，如果一個物件上具有 __call__() 方法，則其實例可以使用圓括號來傳入引數，此時會呼叫實例 __call__() 方法，簡例說明。

```
# 參考範例《CH1120.py》
class Motor:
   def __call__(self, *args):
      for arg in args:
         print(arg, end=' ')
      print()
# *args 收集位置引數，所以參數可長可短
vehicle = Motor()# 產生物件
vehicle('Yaris')
vehicle('Altis', 1800)
vehicle('Hybrid', 2000, '極緻黑')
```

- 呼叫 __call__ 方法，其中的參數 args 可接收長短不一的資料；for 迴圈將接收的資料輸出。

範例《CH1121.py》

將前述簡例做修改，將 Motor 類別變更成類別裝飾器，並加入初始化物件的 __init__() 方法。

STEP 01 撰寫如下程式碼。

```
01   class Motor: # 以類別為裝飾器
02      def __init__(self, func):
03         self.func = func
04      def __call__(self, *args):
05         for arg in args:
06            print(arg, end=' ')
07         print()
08   @Motor  # 下面敘述等同於 Motor = Equip(Motor)
09   def Equip(arg):
10      pass
11   veh1 = Equip('Yaris') # 呼叫 __call__() 方法
12   veh2 = Equip('Altis', 1800)
13   veh3 = Equip('Hybrid', 2000, '極緻黑')
```

11-29

STEP 02　儲存檔案，解譯、執行按【F5】鍵。

```
= RESTART: D:/PyCode/CH11/CH1121.py
Yaris
Altis 1800
Hybrid 2000 極緻黑
```

【程式說明】

- 第 1~7 行：以類別為裝飾器，定義了兩個方法：__init__() 和 __call__()。__init__() 以函式為參數來接收函式物件。
- 第 8 行：使用類別裝飾器。
- 第 9~10：定義一個什麼都沒做的類別 Equip。
- 第 12~13：實體化物件時，加入可長可短的參數；其實就是呼叫 __call__()，以它的執行結果和範例《CH1120》相同。

範例《CH1122.py》

以類別為裝飾器，它會實作物件，所以 __call__() 方法會去呼叫另一個類別的物件並傳遞。

STEP 01　撰寫如下程式碼。

```
01  class machine:       # 以類別為裝飾器
02      def __init__(self, func):
03          self.func = func
04      def __call__(self):
05          class Motor:
06              def __init__(self, obj):
07                  self.obj = obj
08              def tint(self, opt):
09                  return self.obj.tint(opt)
10              def power(self, rmp):
11                  return self.obj.power(rmp)
12          return Motor(self.func())
13  @machine # 裝飾器
14  class Equip:
15  # 省略部份程式碼
16  hybrid = Equip()
```

STEP 02 儲存檔案，解譯、執行按【F5】鍵。

```
= RESTART: D:/PyCode/CH11/CH1122.py
選擇顏色：1..紅，2.藍色，3.灰色
排氣量：5.1600, 6.1800...1, 6
你選擇的顏色：炫魅紅 排氣量 1800 c.c
```

【程式說明】

- 第 1~12 行：定義類別裝飾器 machine。
- 第 2~3 行：初始化時取得函式物件。
- 第 4~12 行：定義 __call__() 方法，定義了另一個 Motor 類別，它呼叫 __init__() 方法做初始化，並定義其他方法。當類別被回傳時，會去呼叫定義於類別內的方法而以物件來回傳相關屬性值。
- 第 13 行：呼叫類別裝飾器。
- 第 16 行：建立 Equip 類別的物件 hybrid，不帶任何參數，卻以類別裝飾器來取得物件的屬性值。

11.3.4 類別方法和靜態方法

定義類別中使用 self 會指向物件本身，也介紹過類別的屬性，它為實體化的物件所共享。那麼類別的方法呢！它會影響整個類別，當類別有修改時，同樣也會影響所有物件。Python 提供兩個內建函式：

- **staticmethod()**：將函式轉為靜態方法，不會以 self 來作為第一個參數。
- **classmethod()**：將函式轉為類別方法，第一個參數是類別本身，習慣使用 cls。

定義類別時若希望某個方法，它並非物件所繫結時，可透過裝飾器 @classmethod 做修飾。此外，@staticmethod 所修飾的靜態方法亦可在類別中使用，它們的語法如下。

```
classmethod(cls, function)
staticmethod(function)
```

- @classmethod 會修飾函式成為類別方法，接受類別 cls 為第一個隱性參數（如同 self）。
- @staticmethod 則回傳一個靜態方法。

類別方法和物件方法有何不同？先以範例說明 classmethod() 函式的用法。

```
# 參考範例《CH1123.py》
class Motor:           # 定義類別
    @classmethod       # 將 equip() 方法修飾為類別方法
    def equip(cls, name, seats):
        print('車款', name, '座位數', seats)
car = Motor()#產生物件
Motor.equip('SUV', 7)     # 以類別呼叫類別方法
car.equip('altis', 4)     # 以物件呼叫物件方法
```

- 以 @classmethod() 函式為裝飾器，所以 equip() 是一個類別方法。
- equip() 方法的第一個參數 cls 是指向類別本身，不會做參數傳遞。
- 使用類別 Motor 或者物件 car 來呼叫 equip() 方法皆為可行。

如何產生靜態方法？搭配函式 staticmethod()，參考範例《CH1124.py》：

```
class Motor:           # 定義類別
    @staticmethod      # 將 equip() 方法修飾為靜態方法
    def equip(name, seats):
        print('車款', name, '座位數', seats)
car = Motor()             # 產生物件
Motor.equip('SUV', 7)     # 以類別呼叫類別方法
car.equip('altis', 4)     # 以物件呼叫物件方法
```

- 將 @staticmethod() 函式作為修飾器，所以 equip() 方法就轉為靜態方法。
- 雖然類別 Motor 和其物件 car 皆能呼叫 equip() 方法；比較好的方式是以類別來呼叫靜態方法。

TIPS

定義類別時
- 定義實體方法時，第一個參數須使用 self，呼叫時才做繫結（Binding）。
- 使用類別方法要以 @classmethod 為裝飾器，它的第一個參數 cls 是指向類別本身。
- 靜態方法：使用 @staticmethod 為裝飾器，儘可能以類別來呼叫此方法。
- 無論是類別方法或是靜態方法，皆為整個類別的物件所共享。

範例《CH1125.py》

分別以 @classmethod 為裝修器來定義類別方法，而以 @staticmethod 為裝飾器產生靜態方法。

STEP 01 撰寫如下程式碼。

```
01  class Motor:
02      count = 0                       # 類別屬性統計物件
03      def __init__(self):
04          Motor.count += 1            # 計算物件個數
05      @classmethod                    # 類別方法
06      def equip(cls, rmp, seats):     # cls 為類別本身
07          print('排氣量 ', rmp, '座位數 ', seats)
08      @staticmethod                   # 靜態方法
09      def display():
10          print('有 ', Motor.count, '個物件 ')
11
12  car = Motor()                       # 產生第 1 個物件
13  car.equip(1500, 4)                  # 以物件呼叫方法
14
15  hybird = Motor()                    # 第 2 個物件
16  hybird.equip(2000, 7)
17  juddy = Motor()                     # 第 3 個物件
18  Motor.equip(1800, 5)                # 類別呼叫方法
19  Motor.display()                     # 統計物件數
```

STEP 02 儲存檔案，解譯、執行按【F5】鍵。

```
= RESTART: D:/PyCode/CH11/CH1125.py
排氣量 1500 座位數 4
排氣量 2000 座位數 7
排氣量 1800 座位數 5
有 3 個物件
```

【程式說明】

- 第 3~4 行：當物件初始化時就會以 count 做計數。
- 第 5~7 行：以 @classmethod 為裝修器，所定義的 equip() 為類別方法。
- 第 8~10 行：以 @staticmethod 為裝飾器，所定義的 display() 方法為靜態方法，顯示物件數的訊息。

11.4 重載運算子

　　Python 允許使用者利用一些特別的方法將運算子重載（Operator overloading），此章節以兩大類做一些簡單的介紹。

- 用於基本算術運算，例如：__add__()、__sub__()、__mul__() 等等。
- 用來處理邏輯值或比較大小，例如：__and__()、__or__() 等。

11.4.1 重載算術運算子

哪些特殊方法與算術運算有關！先以表【11-3】介紹這些運算子有關的方法。

方法	說明
operator.__add__(a, b)	回傳 a + b 的結果
operator.__sub__(a, b)	回傳 a – b 的結果
operator.__mul__(a, b)	回傳 a * b 的結果
operator.__pow__(a, b)	回傳 a ** b 的結果
operator.__floordiv__(a, b)	回傳 a // b 的結果
operator.__mod__(a, b)	回傳 a % b 的結果

表【11-3】 運算子有關的方法

範例《CH1126.py》

認識 __add__() 和 __sub__() 方法的使用。物件初始化時傳入數值，它會呼叫 __add__() 和 __sub__() 方法並重載，再回傳其結果。

STEP 01 撰寫如下程式碼。

```
01  class Arithm:
02      def __init__(self, num):
03          self.value = num
04      def __add__(self, num): # 相加
05          return Arithm(self.value + num)
06      def __sub__(self, num): # 相減
07          return Arithm(self.value - num)
08  one = Arithm(255)
09  result = one + 20
10  print('相加：', result.value)
11  result = one - 144
12  print('相減：', result.value)
```

STEP 02 儲存檔案，解譯、執行按【F5】鍵。

```
相加：275
相減：111
```

【程式說明】

- 第 4~5 行：定義 __add__() 方法，將傳入的參數跟原有的數值相加並以 return 敘述回傳其結果。

- 第 6~7 行：定義 __sub__() 方法，將傳入的參數跟原有的數值相減並以 return 敘述回傳其結果。

11.4.2 對重載加法運算子更多了解

在類別裡定義 __add__() 方法時，它傳入的參數是物件還是數值是否有所不同？究竟是一視同仁，還是會大小眼？其實，當兩個運算元實施「a + b」的運算時，實際上跟它相呼應的除了 __add__() 方法之外，尚有 __iadd__() 和 __radd__() 兩個方法。

- __iadd__(a, b) 方法：也稱「原地加法」() 若有 a、b 兩個參數時，就是實施「a += b」的算法。

- __radd__(self, other)：為物件方法，也稱「右側加法」。當「a + b」做運算時，a 並非實體（物件）時 Python 會呼叫此方法。

如何呼叫 __add__()？如何將運算子重載（Overloading）？先以範例認識 __add__() 方法。

```
# 參考範例《CH1127.py》
class Increase:        # 定義類別
    def __init__(self, num = 0):    # 初始化物件
        self.value = num
    def __add__(self, num):         # 兩數相加
        return self.value + num
```

- 定義 __add__() 方法，讓傳入的參數可以和原有的數值相加，此時它會回傳一個新的實體。

11-35

類別定義之後，在 Python Shell 互動模式中了解 __add__() 方法的運作。簡例：

```
n1= Increase(17) # 建立物件, 傳入參數
n1 + 25  # 物件可以與數值相加
42
33 + n1  # 33非物件
Traceback (most recent call last):
  File "<pyshell#2>", line 1, in <module>
    33 + n1  # 33非物件
TypeError: unsupported operand type(s) for +: 'int' and 'Increase'
```

- 執行「n1 + 25」可以順利取得相加結果。
- 執行「33 + n1」卻因為左側的運算元並非物件而是數值引發錯誤。

依據前述範例，__add__() 方法計算時，左側遇見了非物件就會發生問題！所以把 __radd__() 方法再納進來，看看這兩個方法是否有所不同！參考範例《CH1128.py》：

```
class Increase:               # 定義類別
    def __radd__(self, num):  # 允許左側元可以是數值
        return num + self.value
```

- 定義了 __radd__() 方法，讓它傳入數值參數也能做相加動作。

再由 Python Shell 來驗證一下所定義的 __radd__() 方法。例二：

```
num = Increase(122)  # 產生物件
num + 28  # 呼叫 __add__() 方法
150
141 + num  # 呼叫 __radd__() 方法
263
```

為了更清楚了解 __add__() 和 __radd__() 方法的兩者的不同處，分別在這兩個方法之中加入一行敘述：

```
# 參考範例《CH1128.py》續
class Increase:  # 定義類別
    def __add__(self, num):    # 兩數相加
        print('add is {} + {}'.format(self.value, num))
    def __radd__(self, num):   # 允許左側元可以是數值
        print('radd is {} + {}'.format(self.value, num))
```

- 當 __add__() 方法被呼叫就會輸出傳入的參數。

11-36

例三：繼續以 Python Shell 呼叫 __add__()、__radd__() 做運算。

```
A = Increase(62)#產生物件
A + 12
Add is 62 + 12
74
B = Increase(37)#物件2
12 + B
radd is 37 + 12
49
```

◆ 執行「A＋12」當然是呼叫 __add__() 方法；「12＋B」則呼叫了 __radd__() 方法。

例四：繼續以 Python Shell 執行「A＋B」會如何？

```
A + B
Add is 62 + <__main__.Increase
object at 0x00000280A1FC75B0>
radd is 37 + 62
99
```

◆「A＋B」兩個皆是物件，Python 雖然呼叫了 __add__() 方法，卻認為 B 是物件而再一次呼叫了 __radd__() 做計算而輸出結果。

那麼要如何去解決當前的問題！也就是傳入參數給 __add__() 或 __radd__() 方法之前先判斷它是否為物件，就得找函式 isinstance() 協助。

範例《CH1129.py》

以 BIF 的 isinstance() 函式判斷運算元是否為物件。

STEP 01 撰寫如下程式碼。

```
01  class Increase: # 定義類別
02      def __init__(self, num = 0):      # 初始化物件
03          self.value = num
04
05      def __add__(self, num):           # 兩數相加
06          if isinstance(num, Increase):
07              num = num.value
08          return Increase(self.value + num)
09  # 省略部份程式碼
```

STEP 02 儲存檔案，解譯、執行按【F5】鍵。

```
= RESTART: D:/PyCode/CH11/CH1129.py
Two Numbers: 122, 13
122 + 35 = 157
13 + 127 = 140
```

【程式說明】

- 第 6~7 行，以 if 敘述加上內建函式 isinstance() 來判斷參數是否為 Increase 類別的物件，如果是物件才取得其內容。

將兩數相加的第三個方法是 __iadd__()，也稱它是原地加法，先了解它的運算式，呼叫函式「a = iadd（a, b）」相當於做指派運算「a += b」，以範例認識它的運作方式。

```
# 參考範例《CH1130.py》
class Increase:                              # 定義類別
    def __init__(self, num = 0):             # 初始化物件
        self.value = num
    def __add__(self, num):                  # a += b
        self.value += num
        return self
n1, n2 = eval(input('Two number:'))          # 產生物件
A = Increase(n1)
A += n2
print('A +=', n2, '結果：', A.value)
```

- 定義 __iadd__() 方法，將傳入的參數以指派運算子「+=」做運算。

例五：繼續以 Python Shell 了解 __iadd__() 函式的運作狀況。

```
one = Increase(15)
one += 13
one.value
28
```

- 建立物件之後，以指派運算子做原地相加的運算。

上面這些例子是讓大家了解，每個重載運子都有類似的方法來支援。例如：可以讓兩數相減的 __sub__()，表示它也有 __rsub__() 方法來施實右側減法，也有 __isub__() 來進行原地相減的運算。

11.4.3 重載比較大小的運算子

將兩個物件比較大小時，定義類別時可利用表【11-4】這些方法。

方法	說明
operator.__lshift__(a, b)	以 b 值將 a 左移（a << b）
operator.__rshift__(a, b)	以 b 值將 a 右移（a >> b）
operator.__and__(a, b)	回傳 a & b 的結果
operator.__or__(a, b)	回傳 a	b 的結果
operator.__xor__(a, b)	回傳 a ^ b 的結果
operator.__eq__(a, b)	是否 a == b
operator.__ne__(a, b)	是否 a != b
operator.__gt__(a, b)	是否 a > b
operator.__ge__(a, b)	是否 a >= b
operator.__lt__(a, b)	是否 a < b
operator.__le__(a, b)	是否 a <= b

表【11-4】 比較物件大小的相關方法

範例《CH1131.py》

在類別 Comp 定義相關方法來比較物件的大小。

STEP 01 撰寫如下程式碼。

```
01   class Comp:     # 定義類別
02       data = 743
03       def __gt__(self, value):    # x > y
04           return self.data > value
05       def __lt__(self, value): # x < y
06           return self.data < value
07       def __eq__(self, value): # x == y
08           return self.data == value
09   A = Comp()     # 產生物件
10   print('回傳值:', A > 8865)
11   print('回傳值 ', A < 253)
12   print('回傳值 ', A == 743)
```

STEP 02 儲存檔案，解譯、執行按【F5】鍵。

```
= RESTART: D:\PyCode\CH11\CH1132.py
回傳值: False
回傳值 False
回傳值 True
```

【程式說明】

- 第 3~4 行：定義 __gt__() 方法，檢查物件是否大於傳進來的參數。
- 第 5~6 行：定義 __lt__() 方法，檢查物件是否小於傳進來的參數。
- 第 7~8 行：定義 __eq__() 方法，檢查物件是否等於傳進來的參數。

重點整理

◆ 1960 年，Simula 提出物件導向程式設計（Object Oriented Programming，簡稱 OOP），導入和「物件」（Object）有關的概念。1980 年的 Smalltalk 程式語言除了匯集 Simula 的特性之外，也引入「訊息」（message）。

◆ 我們生活的世界，人、車子、書本、房屋、電梯…等，皆可視為物件。以物件觀點來看，物件具有生命，除了「屬性」（Attribute）外，「行為」（Behavior）表達物件內涵。

◆ 撰寫程式時，必須先定義類別，設定成員的屬性和方法。有了類別，還要具體化物件，稱為「實體化」（Instantiation），經由實體化的物件，稱為「執行個體」（Instance）或實體。類別能產生不同狀態的物件，每個物件也都是獨立的實體。

◆ 定義類別時還能加入屬性和方法（Method），再以物件做存取。所以方法只能定義於類別內部；藉由產生的實體（物件）才能呼叫。

◆ 物件有兩個特殊的屬性：__dict__：由字典組成，儲存物件屬性；屬性名會轉為 key，屬性值以 value 呈現。__class__ 則回傳它是一個類別實體。

◆ 定義類別的過程中可將物件做初始化，其他的程式語言會將建構和初始化以一個步驟來完成，通常採用建構函式（Constructor）。Python 程式語言維持兩個步驟來實施：①呼叫特殊方法 __new__() 來建構物件；②再呼叫特殊方法 __init__() 來初始化物件。

◆ 檢查或存取物件屬性，可由這些內建函式提供協助：① getattr() 存取物件屬性；② hasattr() 檢查某個屬性是否存在；③ setattr() 設定屬性；④ delattr() 刪除屬性。

◆ print() 函式只能印出字串，若參數並非字串時，特殊方法 __str__()、__repr__()、__format__() 的回傳值均為字串，藉助它們做更有內容的輸出。

◆ Python 提供垃圾自動回收機制，特殊方法 __del__() 可清除物件。當參考至物件的變數計數為 0 時，物件就具有回收資格而等待被清除。

◆ 類別變數（Class variable）也稱類別屬性，為所有物件所共享。類別也有一些特殊唯讀屬性：① __doc__：取得類別範圍內的註解文字；② __name__ 取得方法名稱；③ __module__ 定義方法時所在的模組名稱；④ __dict__ 由字典組成，儲存屬性；⑤ __bases__ 包含基礎類別所產生的 Tuple。

◆ 裝飾器（Decorator）本身可以是經過定義的函式或類別，Python 程式以「@decorator」語法來支援裝飾器。

◆ Python 提供兩個內建函式：① staticmethod()：將函式轉為靜態方法，不會以 self 來作為第一個參數。② classmethod()：將函式轉為類別方法，第一個參數是類別本身，習慣使用 cls。

◆ Python 允許使用者利用一些特別的方法將運算子重載（Operator overloading）：①用於基本算術運算，例如：__add__()、__sub__()、__mul__() 等；②處理邏輯值或比較大小，例如：__and__()、__or__() 等。

12
CHAPTER

淺談繼承機制

學｜習｜導｜引

- 從物件導向觀點，繼承關係的 is_a（是什麼）、has_a（組合）的不同
- 從單一繼承到多重繼承，而子類別如何覆寫父類別的方法
- 介紹抽象類別的定義和實作，討論多型的作法

物件導向程式設計的三個主要特性：繼承（Inheritance）、封裝（Encapsulation）和多型（Polymorphism）。究竟它們的特別之處在那裡？一起來認識它們。

12.1 認識繼承

物件導向另一個很重要的機制就是繼承。當衍生類別繼承了基底類別之後，除了讓程式碼再用的機會大大的提昇之外，也能物盡其用，縮短開發的流程。Python雖然採用多重繼承機制，但會以單一繼承為重點，了解特化和通化，繼承的「is_a」和「has_a」。

12.1.1 繼承的相關名詞

有了類別當然可以衍生其他的類別，未介紹類別之前，先介紹一些與繼承有關的專有名詞。

- 「基底類別」（Base Class）也稱父類別（Super class），表示它是一個被繼承的類別。
- 「衍生類別」（Derived Class）也稱子類別（Sub class），表示它是一個繼承他人的類別。

本章節內容會混用這些相關名詞，有時稱父類別，有時也稱基底類別。

12.1.2 繼承概念

繼承（Inheritance）是物件導向技術中一個重要的概念。繼承機制是利用現有類別衍生出新的類別所建立的階層式結構。透過繼承讓已定義的類別能以新增、修改原有模組的功能。利用 UML 表示類別之間的繼承關係，如圖【12-1】所示。

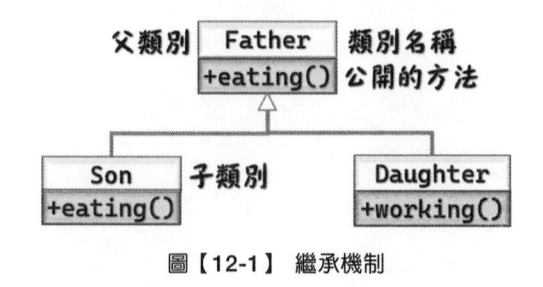

圖【12-1】 繼承機制

在 UML 圖形中，白色空心箭頭會指向父類別，表示 Son 和 Daughter 類別繼承了 Father 類別。Father 類別是一個「基底類別」（Base Class）而 Son、Daughter 則是「衍生類別」（Derived Class）。Father 有一個公開的方法：eating() 由子類別 Son 來繼承，而子類別 Daughter 自行定義其方法 working()。

由於 Python 提供動態型別，配合物件導向的機制，有三種繼承模式：內建繼承、多重繼承、多型與鴨子型別。

12.1.3　特化和通化

就繼承概念而言，衍生類別是基底類別的特製化項目。當兩個類別建立了繼承關係，表示衍生類別會擁有基底類別的屬性和方法。【圖 12-1】中基底類別和衍生類別是一種上下的對應關係，此處的基底類別（Father）是衍生類別 Son 和 Daughter 類別的「通化」（Generalization）。另一方面 Son 和 Daughter 類別則是 Father 類別的「特化」（Specialization）。

一般來說，衍生類別除了繼承基底類別所定義的資料成員和成員方法外，還能自行定義本身使用的資料成員和成員方法。從 OOP 觀點來看，在類別架構下，層次愈低的衍生類別，「特化」（Specialization）的作用就會愈強；同樣地，基底類別的層次愈高，表示「通化」（Generalization）的作用也愈高。

「通化」表達了基底類別和衍生類別「是－什麼」（is_a; is a kind of 簡寫）關係，依據圖【12-2】可以說「咖啡是飲料的一種」，「飲料」是通稱，「咖啡」是特定的。所以，繼承的衍生類別還能夠進一步闡述基底類別要表現的模型概念。因此依據白色箭頭來讀取，咖啡「是」飲料的一種。

圖【12-2】　特化與通化

繼承的關係可以繼續往下推移，表示某個繼承的衍生類別，還能往下衍生出子類別。當衍生類別繼承了基底類別已定義的方法，還能修改基底類別某一部份特性，這種青出於藍的方法，稱為「覆寫」（override）。

12.1.4　組合

另一種繼承關係是組合（composition），稱為 has_a 關係。在模組概念中，物件是其他物件模組的一部份，例如電腦是一個物件，如圖【12-3】，它是由主機、螢幕、鍵盤等物件組合而成。

圖【12-3】　組合概念

組合概念中，比較常聽到的 whole/part，它表達一個 " 較大 " 類別之物件（整體）是由另一些 " 較小 " 類別之物件（組件）組成。

12.2　繼承機制

Python 採「多重繼承」（multiple inheritance）機制。繼承關係中，如果基底類別同時擁有多個父類別，稱為「多重繼承」機制，簡單說，子類別可能在雙親之外尚有義父或義母。相反的情況，如果子類別只有一位父親或母親（單親），就是「單一繼承」機制。我們會先從單一繼承機制談起，再介紹多重繼承的概念。

12.2.1　產生繼承

對 Python 來說要繼承另一個類別，只要定義類別時指定某個已存在的類別名稱即可，先說明其語法。

```
class DerivedClassName(BaseClassName):
    <statement-1>
    .
    .
    .
    <statement-N>
```

- DerivedClassName：欲繼承的類別名稱，稱衍生類別或子類別，其名稱必須遵守識別字的規範。
- BaseClassName：括號之內是被繼承的類別名稱，稱基底類別或父類別。

參考範例《CH1201.py》：類別之間如何產生繼承關係。

```
class Father:              # 基礎類別
    def walking(self):
        print('多走路有益健康!')
class Son(Father):         # 衍生類別
    pass
# 產生子類別實體
Joe = Son()                # 子類別實體（即物件）
Joe.walking()
```

- 定義父類別（或基底類別）Father，內含方法 walking()。
- 定義了另一個子類別（或稱衍生類別）Son，括號內是另一個類別名稱 Father，表示 Son 類別繼承了父類別。
- 產生子類別物件，可以呼叫父類別的方法 walking()。

衍生類別可以擴展父類別的方法而非完全取代它，將範例《CH1201》修改如下：

```
# 參考範例《CH1202.py》
class Father:                      # 基礎類別
    # 與範例《CH1201》相同
class Son(Father):                 # 衍生類別
    def walking(self):
        Father.walking(self)       # 呼叫父類別的方法
        print('飯後要多多散步')
Steven = Father()                  # 父類別物件
Joe = Son()                        # 子類別物件
```

- 子類別中方法 walking()，除了引用父類別的方法外，它額外以 print() 函式多了一行敘述。
- 分別產生了父、子類別的物件 Steven、Joe。

使用 Python Shell 交談模式來檢視父、子類別的互動，簡例：

```
Steven.walking()
多走路有益健康！
Tom = Son()    # 子類別物件
Tom.walking()
多走路有益健康！
飯後要多多散步
```

- 父類別實體 Steven 當然是呼叫自己的方法 walking()。
- 子類別實體 Tom 也是呼叫自己的方法 walking()，不過 walking() 方法中引入了父類別同名稱的方法，所以連同父類別方法所定義的內容也隨著呼之所出。

簡例應用到概念是覆寫（Override），可以參考章節《12.2.2》有更多的討論。當然，衍生類別除了擁有基底類別的屬性和方法之外，也能自訂自己的屬性和方法，下述範例做說明。

範例《CH1203.py》

先定義父類別 Motor，再由子類別 Hybrid 繼承其方法，產生子類別物件也能獲取父類別的方法。

STEP 01 撰寫如下程式碼。

```
01   class Motor:  # 基礎類別 或 父類別
02      def __init__(self, name, price = 65, capacity = 1500):
03         self.name = name
04         self.price = price
05         self.capacity = capacity
06      def equip(self, award):        # 配備加給
07         self.price = self.price + award
08      def __repr__(self):            # 設定輸出格式
09         msg = '{0:8s} {1:7.2f} {2:8,}'
10         return msg.format(self.name,
11              self.price, self.capacity)
12   class Hybrid(Motor):              # 衍生類別 或 子類別
13      def equip(self, award, cell = 2.18):
14         Motor.equip(self, award + cell)
15      def tinted(self, opr):
16         if opr == 1: return '極緻藍'
17         elif opr == 2: return '魅力紅'
18
19   stand = Motor('standard')         # 建立父類別物件
```

```
20    print('{:^8s}{:^8s}{:12s}{:5s}'.format(
21          '車款', '定價（萬）', '排氣量(c.c)', '配給'))
22    print('-' * 38)       # 設定標頭
23    apollo = Motor('Apollo', price = 65.2, capacity = 1795)
24    print(apollo, format(' 不含電子鎖 ', '>7s'))
25    apollo.equip(1.2)    # 配給加價 1.2 萬
26    inno = Hybrid('Innovate', 114.8)       # 建立子類別物件，有引數
27    inno.equip(1.1)      # 配給加價 1.1 萬
28    print(f'Hybrid {inno.tinted(2):>20}{" 含電子鎖 ":>5s}')
29    print()
30    print(format(' 三種車款售價 ', '-^22'))
31    for item in (stand, apollo, inno):
32        print(item)
```

STEP 02 儲存檔案，解譯、執行按【F5】鍵。

```
== RESTART: D:\PyCode\CH12\CH1203.py =
   車款    定價(萬)   排氣量(c.c)      配給
--------------------------------------
Apollo    65.20      1,795      不含電子鎖
Hybrid                          魅力紅 含電子鎖

--------三種車款售價--------
standard   65.00      1,500
Apollo     66.40      1,795
Innovate   118.08     1,500
```

【程式說明】

- 第 8~11 行：重載（overload）特殊方法 __repr__()，設定輸出格式。

- 第 12~17 行：定義子類別，它繼承了 Motor 類別，方法 equip() 與父類別同名稱，自己還定義了 tined() 方法，並進一步以父類別名稱來呼叫其方法。

- 第 19~25 行：建立父類別 Motor 的兩個實體，依 __init__() 方法傳入參數。

- 第 26 行：產生子類別 Hybrid 物件 inno，由於承襲了父類別，所以必須傳入參數。

- 第 31~32 行：利用 for 迴圈來讀取這三個不同的物件。

呼叫類別中的方法時，通常會這樣做：

```
instance.method(args...)
```

Python 直譯器會自動轉換成：

```
class.method(instance, args...)
```

所以範例《CH1203》在子類別定義與父類別相同名稱的方法時，直接以父類別來呼叫它所定義的方法「Motor.equip（self, award + cell）」，而子類別本身的方法名稱雖然與父類別相同，但卻多了一個參數要傳遞，表示子類別擴展了父類別的方法。

12.2.2　多重繼承機制

由於 Python 採多重繼承（子類別能有多個父類別），所以衍生類別同時擁有多個基底類別是可行的，它的語法如下：

```
class DerivedClassName(Base1, Base2, Base3):
    <statement-1>
    . . .
    <statement-N>
```

- DerivedClassName 為衍生類別或子類別，同樣要遵守識別字的規範。
- 括號之內的 Base1、Base2 代表基底類別的名稱，可依據繼承需求同時指定多個。

由於多重繼承引發的問題較為複雜，此處不會進行更多的討論，以參考範例《CH1204.py》了解 Python 的多重繼承的作法。

```
class Father:          # 基礎類別一
    def walking(self):
        print('多走路有益健康！')
class Mother:          # 基礎類別二
    def riding(self):
        print('I can ride a bike!')
class Son(Father, Mother):  # 衍生類別
    pass
Joe = Son()            # 產生子類別實體，能同時呼叫兩個父類別的方法
Joe.walking()          # 回傳 多走路有益健康！
Joe.riding()           # 回傳 I can ride a bike!
```

- 定義兩個父類別 Father、Mother，各類別裡亦有不同的方法。
- 衍生類別 Son 同時繼承了基底類別 Father 和 Mother，但什麼事也沒做。

上述兩個簡例說明 Python 是多重繼承機制，繼承的子類別同時擁有父類別的方法，並且以自己的實體去呼叫兩個基底類別的方法是可行的。

12.2.3 繼承有順序，搜尋有規則

對於 Python 來說，在多重繼承機制下，其搜尋規則是從本身（子類別）開始，接著是往上一層的父類別由左至右搜尋，再向上一層到父父類別由左至右搜尋，直到達到頂層為止。先以範例表達其繼承機制。

```
# 參考範例《CH1205.py》
class Parent():  # 父類別有兩個方法
    def show1(self):
        print("Parent method one")
    def show2(self):
        display("Parent method two")
class Son(Parent):     # 子類別一
    def display(self):
        print('Son method')
class Daughter(Parent):   # 子類別二
    def show2(self):
        print('Daugher method one')
    def display(self):
        print('Daughter method two')
class Grandchild(Son, Daughter):    # 有兩個父類別
    def message(self):
        print('Grandchild method')

eric = Grandchild()     # 子子類別物件
eric.message()      # 先找到自己的方法
eric.display()      # 依順序 Grandchild > Son
eric.show2()        # Grandchild > Son > Daughter
eric.show1()        # Grandchild > Son > Daughter > Parent
```

三代同堂的繼承機制下，範例《CH1205.py》的繼承架構如圖【12-4】所示。

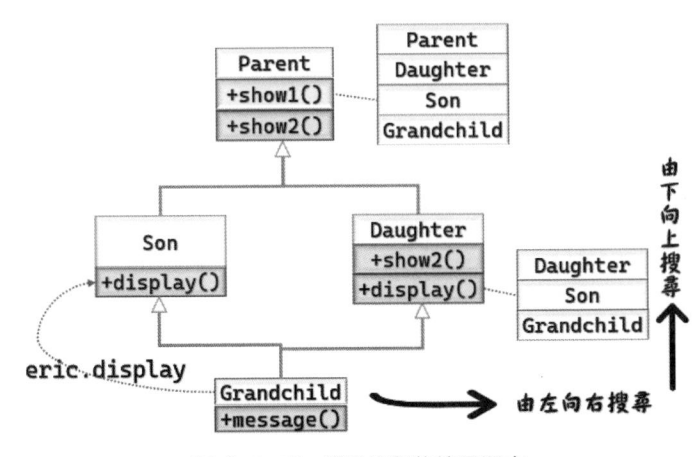

圖【12-4】 繼承機制的搜尋順序

依據圖【12-4】的示意，當 Grandchild 類別的物件 eric 呼叫 message() 方法，依據搜尋規則，先由本身的類別找起。再由左而右，由下而上，由於本身有此方法，直接輸出訊息即可。所以，在 Python Shell 交談模式中，與 Grandchild 類別的物件 eric 有關的方法皆會列示。依搜尋規則，往上的 Son 類別的 display() 方法、往右的 Daughter 類別的 show2() 方法，再往上 Parent 類別的 show1() 都包含其中。

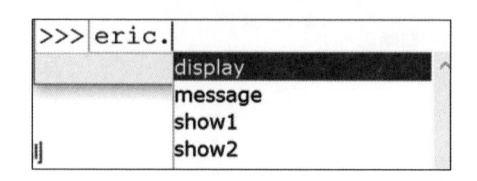

```
>>> eric.
         display
         message
         show1
         show2
```

所以，敘述「eric.message()」就直接輸出訊息即可。

```
>>> eric.message()
Grandchild method
```

Grandchild 類別的物件 eric 呼叫 display() 方法時，搜尋時還是先由本身類別再向上找，由於同時繼承了 Son、Daughter 類別，右側的 Son 類別的 display() 方法會先找到而輸出訊息。

```
>>> eric.display()  # 來自Son類別
Son method
```

Grandchild 類別的物件 eric 呼叫 show1() 方法時，搜尋時還是先由本身類別再向上找 Son、Daughter 類別，它們無法方法，再上一層的 Parent 類別找到方法 show1y() 而輸出訊息。

```
>>> eric.show1()  # Son, Daughter, Parent類別
Parent method one
```

12.3 子類別覆寫父類別

對於 Python 來說，繼承子類別可以覆寫父類別的方法。何謂覆寫（Override）？簡單地說，就是「青出於藍」。在繼承機制下，子類別如何重新改寫父類別中已定義的方法。簡述如下：

- 使用 BIF 的 super() 函式：子類別去呼叫父類別的方法。
- 類別的特殊屬性 __bases__，它能記錄所繼承的父類別。

12.3.1　使用 super() 函式

在繼承機制下，子類別和父類別的方法名稱相同，呼叫此方法，究竟呼叫了誰的方法？透過範例做了解。

```
# 參考範例《CH1206.py》
class Mother():      # 父類別
   def display(self, pay):
      self.price = pay
      if self.price >= 30000:
         return pay * 0.9

class Son(Mother):            # 子類別
   def display(self, pay):    # 覆寫 display 方法
      self.price = pay
      if self.price >= 30000:
         print('8折:', end = ' ')
         return pay * 0.8

Joe = Son()      # 建立物件
print(Joe.display(35000))
```

- 父類別的方法 display()，傳入參數 pay，超過 30000 打 9 折。
- 子類別的方法與父類別方法同名稱，同樣傳入參數，同樣條件是打 8 折。

使用 Python Shell 交談模式來呼叫父、子類別的方法，簡例：

```
Liz = Mother()  # 父類別物件
Tom = Son()  # 子類別物件
Liz.display(32555)  # 9折
29299.5
Tom.display(32555)  # 8折
8折: 26044.0
```

- 父類別或子類別的實體皆能呼叫自己所定義的方法。

當父、子類別的方法名稱相同，若子類別要呼叫父類別所定義的方法，該如何？就得藉助內建函式 super() 來協助，先認識它的語法：

```
super([type[, object-or-type]])
```

- 由於使用中括號，表示參數是可以省略。

範例 《CH1207.py》

使用 super() 函式來呼叫父類別的方法。

STEP 01 撰寫如下程式碼。

```
01   class Mother():       # 父類別
02      def display(self, pay):
03         self.price = pay
04         if self.price >= 30000:
05            self.price *= 0.9
06         else: self.price
07         print(f' = {self.price:,}')
08   class Son(Mother):              # 子類別
09      def display(self, pay):      # 覆寫 display 方法
10         self.price = pay
11         super().display(pay)
12         if self.price >= 30000:
13            self.price *= 0.8
14         else:
15            self.price
16         print(f'8折 {self.price:,}')
17   Liz = Mother()      # 基礎類別物件
18   print('40000 * 9折 ', end = '')
19   Liz.display(40000)
20   Joe = Son()         # 建立子類別物件
21   print('35000 * 9折 ', end = '')
22   Joe.display(35000)
```

STEP 02 儲存檔案，解譯、執行按【F5】鍵。

```
= RESTART: D:\PyCode\CH12\CH1207.py
40000 * 9折 = 36,000.0
35000 * 9折 = 31,500.0
8折 25,200.0
```

【程式說明】

- 第 8~16 行：定義子類別 Son，它繼承了 Mother 類別。它亦宣告了一個方法 display()，名稱與參數皆與基底類別相同。
- 第 11 行：方法 display() 同時也以內建函式 super() 呼叫了父類別的方法 display()。
- 第 17、19 行：基底類別的物件 Liz 呼叫了 display() 方法，做 9 折計算。

- 第 20、22 行：基底類別的物件 Joe 呼叫了 display() 方法時，由於方法中亦呼了內建函式 super()，會同時執行 9 折和 8 折的計算。

呼叫 super() 函式來獲取父類別的方法，對於子類別來說，即使在 __init__() 方法內同樣適用，範例：

```
# 參考範例《CH1208.py》
class Parent():        # 父類別
    def __init__(self):   # 做初始化
        print('I am parent')
class Child(Parent):  # 子類別
    def __init__(self, name):
        super().__init__()   # 呼叫父類別 __init__() 方法
        print(name, 'is child')
tom = Child('Tomas')  # 子類別實體
# 輸出 I am parent
# 輸出 Tomas is child
```

- 定義父類別 Parent，呼叫 __init__() 做初始化動作。
- 定義子類別 Child()，以 __init__() 初始化物件時，要傳入一個參數。方法內利用函式 super() 去呼叫父類別的 __init__() 方法。
- 產生子類別實體時，依 __init__() 方法傳入參數。

12.3.2 屬性 __base__

類別有一個特殊的屬性 __bases__，它可以透過子類別記錄所繼承的父類別，也能經由動態指派來變更父類別的記錄，以範例來認識它。

範例《CH1209.py》

認識特殊屬性 _bases__，它能記錄父類別。

STEP 01 撰寫如下程式碼。

```
01  class Father():;# 父類別一
02      def display(self, name):
03          self.name = name
04          print('Father name is', self.name)
05  class Mother():;# 父類別二
06      def display(self, name):
07          self.name = name
```

12-13

```
08        print('Mother name is', self.name)
09   class Child(Father, Mother):    # 子類別繼承 Father, Mother
10       pass
11   class Son(Father):       # 子類別繼承 Father
12       pass
13   print(Child.__name__, '類別，繼承兩個基礎類別')
14   for item in Child.__bases__:
15       print(item)
16   Tom = Son()      # 子類別實體，只有一個父類別
17   Tom.display('Eric')
18   print(Son.__name__, '類別，一個父類別')
19   print(Son.__bases__)
20   Son.__bases__ = (Mother,)
21   Tom.display('Judy')
```

STEP 02 儲存檔案，解譯、執行按【F5】鍵。

```
= RESTART: D:\PyCode\CH12\CH1209.py
Child 類別，繼承兩個基礎類別
<class '__main__.Father'>
<class '__main__.Mother'>
Father name is Eric
Son 類別，一個父類別
(<class '__main__.Father'>,)
Mother name is Judy
```

【程式說明】

- 第 9~10 行：子類別 Child 同時繼承兩個類別：Father 和 Mother，不過什麼事都沒做。

- 第 11~12 行：子類別 Son 只繼承 Father 類別，同樣是什麼事都不做。

- 第 14~15 行：for 迴圈讀取 Child 子類別的屬性 __bases__，可以很清楚看到它有兩個父類別。

- 第 16、17 行：子類別 Son 的實作物件只繼承了 Father 類別，呼叫 display() 方法時，會去執行父類別的 display() 方法。

- 第 19~21 行：首次存取子類別 Son 的 __bases__ 時是「Father」，經過動態指派後會變成「Mother」，所以它會執行父類別 Mother 的 display() 方法。

12.3.3 以特性存取屬性

通常類別要對一個不公開的屬性做存取，最簡單的作法就是以特性（Property）來處理。究竟如何做？參考範例《CH1210.py》如下：

```
class Student:
    def __init__(self, birth):
        self.birth = birth
tom = Student('1998/5/21')
print('Tom 生日 ', tom.birth)
```

類別 Student 儲存學生 Tom 的生日，假如很多地方都要使用生日的相關資料，就得進一步修改。先檢查它傳入的參數是否為空字串，再者生日資料不對外公開，須經過特定方法存取，避免資料被竄改。將生日資料變更為「私有屬性」，所以把程式修改如下：

```
# 參考範例《CH1211.py》
class Student:         # 父類別
    def __init__(self, birth):
        if birth == None:
            raise ValueError(' 不能是空字串 ')
        self.__birth = birth    # __birth: 私有屬性
    def getBirth(self):         # 取得 __birth 屬性值
        return self.__birth
    def setBirth(self, birth):
        self.__birth = birth
tom = Student('1998/5/21')
print('Tom 生日 ', tom.getBirth())
tom.setBirth('1998/5/21')
```

- 屬性 __birth 表示它是一個私有屬性，外部無法存取。
- getBirth() 方法用來取得 __birth 屬性值。
- setBirth() 方法用來設定 __birth 屬性值。

> **TIPS**
>
> 對 Python 而言，類別所定義的屬性和方法皆是公開。如果不想公開此屬性或方法，其他的程式語言會以修飾詞 private，Python 使用前綴 _（單底線）或 __（雙底線）來表示此方法或屬性是不公開，外部無法存取。

想一想範例《CH1211》！如果不想這麼大費周章，Python 提供內建函式 Property() 作為屬性的設定。對於 Python 而言，屬性和方法皆是公開，為了要讓某些屬性不公開卻又希望它能間接存取，透過 Python 提供的特性（Property）編寫相關的 getter、setter 是個可行方式，先認識它的語法：

```
class property(fget = None, fset = None, fdel = None,
    doc = None)
```

- fget：getter（存取器）；fset 為 setter（設定器）。
- fdel 為 delete（刪除器）；doc 代表 docstring（文件字串）。

再將範例《CH1211》以「特性」改寫。先在類別中產生 property() 函式所需的三個方法，再進一步呼叫 property() 函式。

```
# 參考範例《CH1211.py》
class Student:        # 定義類別
   def __init__(self, birth):
      if birth == None:
         raise ValueError('不能是空字串')
      self.__birth = birth        # __birth: 私有屬性
   def getBirth(self):             # 取得私有屬性 __birth
      return self.__birth
   def setBirth(self, birth):      # 設定私有屬性 __birth
      self.__birth = birth
   def delBirth(self):
      del self.__birth             # 刪除私有屬性 __birth
   birth = property(getBirth, setBirth,
                    delBirth, 'birth 特性說明')
tom = Student('1998/5/21')         # 建立物件
print('Tom 生日 ', tom.birth)
tom.birth = '1998/5/21'
```

- 設私有屬性「__birth」，再以方法 setBirth() 設定資料、getBirth() 取得內容等。
- 這些相關屬性呼叫 BIF 的 property() 函式予以編寫。

大家一定有些眼熟，如果將 property() 函式以裝飾器做裝修，應該會更好。所以再將範例《CH1212》變更成裝飾器的作法。應該記憶猶新吧！由於修飾器本身是一個函式，它的引數是一個函式或方法，而且會回傳一個「經過修飾的」（decorated）版本。所以存取 birth 屬性時，它會轉發呼叫 property() 函式所對應

的 getBirth、setBirth、delBirth 所參照的方法,對於 Student 類別來說,並不用作出修改,亦可以達到控制存取目的。

範例《CH1213.py》

將 property() 函式以裝飾器做裝修。要注意屬性 birth 須透過 @property 先建立特性,才能進一步定義「@birth.setter」和「@birth.deleter」等裝飾器。

STEP 01 撰寫如下程式碼。

```
01   class Student:
02       def __init__(self, birth):
03           if birth == None:
04               raise ValueError('不能是空字串')
05           self.__birth = birth      # __birth: 私有屬性
06       @property              # getter 為 birth 建立一個特性
07       def birth(self):
08           return self.__birth
09       @birth.setter          # 附加 setter 設定器
10       def birth(self, birth):
11           self.__birth = birth
12       @birth.deleter         # 附加 deleter 刪除器
13       def birth(self):
14           del self.__birth
15   tom = Student('1998/5/21')  # 建立物件
16   print('Tom 生日 ', tom.birth)
17   tom.birth = '1998/5/21'
```

STEP 02 儲存檔案,解譯、執行按【F5】鍵。

【程式說明】

- 第 6 行:getter(存取器),利用 property() 函式為 birth 建立特性。使用 @property 的效果如同以一個 getter 方法為引數來呼叫 property()。
- 第 9 行:setter(設定器),附加選擇到 birth 特性上。
- 第 12 行:deleter(刪除器),同樣是附加選擇到 birth 特性上。

若要讓繼承的子類別也能使用特性,該如何處理?

範例《CH1215.py》

把範例《CH1213》去除第 15~17 行的程式碼，另存《CH1214.py》以模組方式滙入讓範例《CH1215》使用。

STEP 01 撰寫如下程式碼。

```
01  from CH1214 import Student
02  class Person(Student):
03      @property #getter 為 birth 建立一個特性
04      def birth(self):
05          return super().birth
06      @birth.setter # 附加 setter 設定器
07      def birth(self, value):
08          super(Person, Person).birth.__set__(self, value)
09      @birth.deleter # 附加 deleter 刪除器
10      def birth(self):
11          super(Person, Person).birth.__delete__(self)
12  eric = Person('1998/5/21') # 建立物件
13  print('Eric 生日 ', eric.birth)
```

STEP 02 儲存檔案，解譯、執行按【F5】鍵。

【程式說明】

- 第 3 行：getter（存取器），利用 property() 函式為屬性 birth 建立特性。
- 第 6~8 行：setter（設定器），附加選擇到 birth 特性上。以 super() 函式去呼叫父類別 birth 屬性並配合物件方法 __set__() 做屬性設定。
- 第 9~11 行：deleter（刪除器），同樣是附加選擇到 birth 特性上。以 super() 函式去呼叫父類別 birth 屬性並配合物件方法 __delete__() 做屬性刪除。

12.4 抽象類別與多型

這裡介紹的抽象類別並須呼叫 abc 模組才能成行。此外，簡單介紹多型的作法，並以粗淺的方式來說明繼承的另一個「組合」，讓大家對於它們不會這麼陌生。

12.4.1 定義抽象類別

第十一章介紹過資料抽象化概念，進一步探討物件導向的抽象類別（Abstract Class）。那麼抽象類別是什麼？簡單地講，就是由子類別實作父類別所定義的抽象方法。定義類別的過程，可將本身的資料抽象化，將某些方法透過子類別具體實現。不過對 Python 來說，無法自行定義抽象類別的規範，必須匯入 abc（Abstract Base Classes）模組，使用 ABCMeta class 來定義抽象類別並呼叫 abstractmethod() 方法作為裝飾器定義抽象方法，進而達到抽象類別規範的要求。

先以一個範例認識抽象類別是如何定義！

```
# 參考範例《CH1216.py》
from abc import ABCMeta, abstractmethod
class Person(metaclass = ABCMeta):     # 抽象類別
    @abstractmethod                     # 裝飾器 - 須定義抽象方法
    def display(self, name):            # 抽象方法
        pass            # 表示什麼事都不用做，交給子類別即可
    def pay(self):      # 一般方法
        self.display(self.name, self.salary)
```

- 定義抽象類別要匯入 abc 模組。
- 定義抽象類別 Person 時，括號裡須以「metaclass = ABCMeta」指明其繼承類別，才能定義抽象類別相關規範。
- 裝飾器 @abstractmethod，說明底下定義的方法 display() 是抽象方法，所以「pass」敘述表示什麼事都沒做。
- pay() 方法是一般方法，它會呼叫抽象方法 display() 並傳遞兩個參數。

若嘗試為此抽象類別產生物件，會發生錯誤。

```
Tom = Person()  # 建立物件
Traceback (most recent call last):
  File "<pyshell#6>", line 1, in <module>
    Tom = Person()  # 建立物件
TypeError: Can't instantiate abstract class Person with abstract method display
```

範例《CH1216.py》續

實作範例《CH1216.py》先前所定義的抽象類別和抽象方法。

STEP 01 撰寫如下程式碼。

```
01  # 省略部份程式碼
02  class Clerk(Person):
03    def __init__(self):
04      self.name = 'Steven'
05      self.salary = 28000
06    def display(self, name, salary):
07      print(name, 'is a Clerk')
08      print(f'薪水：{salary:,}')
09  #建立物件，呼叫抽象類別的一般方法pay()
10  steven = Clerk()
11  steven.pay()
```

STEP 02 儲存檔案，解譯、執行按【F5】鍵。

```
= RESTART: D:\PyCode\CH12\CH1216.py
Setven is a Clerk
薪水： 28000
```

【程式說明】

- 第3~5行：初始化物件，設定兩個屬性name和salary。
- 第6~8行：實作display()方法，其接收的參數必須與抽象類別的pay()方法相同，否則會引發錯誤。
- 如果呼叫子類別Clerk的display()方法，或者父類別Person的pay()方法中所呼叫的方法，兩者之間的參數無法對應時會產生錯誤。
- 子類別Clerk初始化時屬性沒有與呼叫的display()方法有對應，也會引發錯誤。
- 若繼承的子類別Clerk未實作抽象類別的display()方法，則Clerk類別依然是個抽象類別，這個必須注意。

> **TIPS**
>
> Python程式語言中，物件是類別的實體，而類別是type的實體，使用可以設計方法來改變type建立實體與初始化的過程，這是metaclass最初淺的概念。
>
> Python將metaclass視為協定，指明metaclass的類別時，Python直譯器會在剖析完類別定義後，以指定的metaclass進行類別的建構與初始化。

12.4.2 多型

Python 經由鴨子型別（Duck typing）來闡述多型（Polymorphism）的作用。也就是 Python 可以讓子類別的物件以父類別來處理，稱為鴨子型別（Duck typing），它秉持的作法是「如果它走起路來像鴨子，或游水像鴨子，它就是鴨子。」也就是不在乎它是否是鴨子（繼承），只要它能走路或游水。

如何撰寫多型程式？就以範例《CH1217.py》先定義一個父類別 Motor 和兩個子類別 sportCar、Hybrid。

```
# 參考範例《CH1217.py》
class Motor():                      # 父類別
   def __init__(self, name, price):
      self.name = name
      self.price = price
   def equip(self):
      return self.price
   def show(self):
      return self.name
class sportCar(Motor):              # 子類別 1
   def equip(self):
      return self.price * 1.15
class Hybrid(Motor):                # 子類別 2
   def equip(self):
      return self.price *1.2
```

- 定義父類別 Moter，內含兩個方法：equip()、show()。
- 定義子類別 sportCar，繼承 Motor 類別，覆寫 equip() 方法。
- 定義子類別 Hybrid，繼承 Motor 類別，再一次覆寫 equip() 方法。

滙入範例《CH1217.py》為模組，繼續撰寫範例《CH1218.py》：

```
# 參考範例《CH1218.py》
from CH1217 import Motor, sportCar, Hybrid
altiz = Motor('Altiz', 487500)           # 父類別物件
print(f'{altiz.show():8s} 定價 {altiz.equip():10,}')
inno = sportCar('Innovate', 638000)      # 子類別物件
print(f'{inno.show():8s} 定價 {inno.equip():12,}')
suv = Hybrid('SUV', 1150000)             # 子類別物件
print(f'{suv.show():8s} 定價 {suv.equip():12,}')
```

- 產生父類別 Motor 物件 altiz，呼叫 show() 和 equip() 方法。
- 子類別物件 inno、suv 皆能存取父類別 equip() 方法，這就是多型的基本用法，三個不同類別能呼叫作法不同的 equip() 方法。

範例《CH1219.py》

採用「鴨子定型」（Duck typing）作法，定義一個類別 Vehicle，不過它與前述範例的 Motor、sportCar 和 Hybrid 類別無任何關聯。

STEP 01 撰寫如下程式碼。

```
01  from CH1217 import Motor, sportCar, Hybrid
02  class Vehicle():      # 與 Motor、sportCar 和 Hybrid 類別無關聯
03      def equip(self):
04          return 2500
05      def show(self):
06          return 'Qi 無線充電座'
07  def unite(article):   # 定義函式來輸出各物件
08      print(f'{article.show():10s} {article.equip():11,}')
09
10  # 設定標頭
11  print(f'{"品項":^10s}{"售價":^10}')
12  print('*' * 24)
13  altiz = Motor('Altiz', 487500)    # 產生範例 <CH1217> 物件
14  unite(altiz)
15  inno = sportCar('Innovate', 638000)
16  unite(inno)
17  suv = Hybrid('SUV', 1150000)  # 子類別物件
18  unite(suv)
19  car = Vehicle()#Vehicle 物件
20  unite(car)
```

STEP 02 儲存檔案，解譯、執行按【F5】鍵。

```
= RESTART: D:\PyCode\CH12\CH1219.py
   品項        售價
************************
Altiz        487,500
Innovate     733,700.0
SUV        1,380,000.0
Qi無線充電座      2,500
```

【程式說明】

◆ 第 1 行：將範例《CH1217》視同模組般來匯入。

◆ 第 2~6 行：依據鴨子定型的作法，定義一個 Vehicle 類別，同樣也內含兩個方法：show() 和 equip()。

- 第 7~8 行：定義函式 unite()，以實體為參數，它會去呼叫 show() 和 equip() 方法。
- 第 13~18 行：產生範例 <CH1217> 父類別 Motor 的物件 altiz，子類別 sportCar、Hybrid 的兩個物件 inno 和 suv，將它們作為方法 unite() 的參數。

12.4.3 組合

組合（composition）在繼承機制中是 has_a 的關係，例如學校是由上課的日期、學生和教室組合而成，就利用這個概念配合 Python 的程式碼，撰寫一個組合的程式。

範例《CH1220.py》

把類別 Student、Room 組合類別 School，再以其方法 Display() 輸出相關訊息。

STEP 01 撰寫如下程式碼。

```
01  from datetime import date
02  class Student:       # 學生
03      def __init__(self, *name):
04          self.name = name
05  class Room:          # 教室
06      def __init__(self, title, tday):
07          self.title = title
08          self.today = tday
09          print('上課日期:', self.today)
10          print('上課教室:', self.title)
11  class School:        # 學校
12      def __init__(self, student, room):
13          self.student = student
14          self.room = room
15      def display(self):
16          print('Student:', self.student.name)
17  tday = date.today()          # 取得今天日期
18  eric = Student('Eric', 'Vicky', 'Emily')    # Student 物件
19  abc123 = Room('Abc123', tday)               # 上課教室
20  tc = School(eric, abc123)                   # School 實體
21  tc.display()# 呼叫方法
```

12-23

STEP 02 儲存檔案，解譯、執行按【F5】鍵。

```
= RESTART: D:\PyCode\CH12\CH1220.py
上課日期： 2022-04-28
上課教室： Abc123
Student: ('Eric', 'Vicky', 'Emily')
```

【程式說明】

- 第 2~4 行：定義 Student 類別，傳入學生名稱，參數 *name 表示可以接收多個位置引數。
- 第 5~10 行：定義 Room 類別，可以傳入教室名稱和日期。
- 第 11~16 行：定義 School 類別，傳入 Student、Room 類別的物件。
- 第 15~16 行：display() 方法輸出相關訊息，此處要取得學生名稱時要使用「self.student.name」。

重點整理

◆ 繼承（Inheritance）是物件導向技術重要概念。繼承機制是利用現有類別衍生出新的類別建立的階層式結構。透過繼承讓已定義的類別能以新增、修改原有模組的功能。

◆ 類別架構下，層次愈低的衍生類別，「特化」（Specialization）的作用就會愈強；同樣地，基底類別的層次愈高，表示「通化」（Generalization）的作用也愈高。

◆ 「通化」表達了基底類別和衍生類別「是－什麼」（is_a; is a kind of 簡寫）關係，另一種是組合（composition），稱為 has_a 關係。在模組概念中，物件是其他物件模組的一部份。

◆ Python 採「多重繼承」（multiple inheritance）機制。在繼承關係中，如果基底類別同時擁有多個父類別，稱為「多重繼承」機制。

◆ Python 採多重繼承，其搜尋順序是從子類別開始，接著是同一階層父類別由左至右搜尋，再至更上層同一階層父類別由左至右搜尋，直到達到頂層為止。

◆ Python 中，繼承的子類別可覆寫父類別的方法。何謂覆寫（Override）？在繼承機制下，子類別可重新改寫父類別中已定義的方法。

◆ 子類別要呼叫父類別所定義的方法，得藉助內建函式 super() 來協助；特殊屬性 __bases__，它可以透過子類別記錄所繼承的父類別，也能經由動態指派來變更父類別的記錄。

◆ 對於 Python 而言，屬性和方法皆是公開，要讓某些屬性不公開卻又希望它能間接存取，透過 Python 提供的特性（Property）編寫相關的 getter、setter 是個可行方式。

◆ 對 Python 來說，無法自行定義抽象類別規範，須匯入 abc（Abstract Base Classes）模組，使用 ABCMeta class 來定義抽象類別並呼叫 abstractmethod() 方法作為裝飾器而定義其抽象方法，進而達到抽象類別規範的要求。

MEMO

13
CHAPTER

異常處理機制

學│習│導│引

- 解說異常處理的概念，並介紹 Python 提供的異常處理型別
- 引發異常時，可利用 try/except 敘述做處理
- 使用 try/finally 敘述讓產生異常的程式完成程序
- 使用 raise、assert 敘述讓程式丟出異常

Python

Python 提供那些異常（Exception）處理機制？簡介如下：

- **try/except**：捕捉 Python 或程式碼可能引發的錯誤。
- try/finally：無論是否發生異常行為，皆會執行清理動作。
- raise：以手動方式處理程式碼產生的異常。
- assert：有條件的處理程式碼的異常。

最後以自訂異常處類別來完成本章的討論。

13.1 什麼是異常？

何謂異常（Exception）？當程式執行時產生了非預期的結果，Python 直譯器會接手管理來終止程式的運作。發生異常時 Python 提供「異常處理機制」（Exception handling）來捕捉程式的錯誤。

> **TIPS**
> 與 exception 有關的二、三事。
> - exception：中文可譯為「異常」、「例外」，內文會以「異常」來解說各種情形。
> - raise：以中文「引發」來貫全文。
> - try/except 敘述：處理異常情形會以「捕捉」來說明。

13.1.1 程式錯誤

撰寫 Python 程式會發生的兩種常見的錯誤：語法錯誤（syntax errors）或者程式產生異常（Exception）。語法錯誤有可能是撰寫程式時，不小心所造成。例如定義函式或使用流程結構相關的敘述忘記加「:」來形成 suite。

顯示「SyntaxError: expected ':'」。簡例：

```
a, b = 15, 25
if a < b
SyntaxError: expected ':'
```

◆ if 敘述的末端未加「:」字元產生的語法錯誤。

13.1.2 引發異常

Python 直譯器會對執行中的程式予以偵測，若有錯誤就會引發異常。什麼情況下會引發異常（Exception）？讓程式無法繼續執行。通常丟出異常的原因比較複雜。例如：宣告了 List，存取元素指定索引時卻超出界值。通常 Python 的直譯器會顯示「Traceback ....」並指出錯誤訊息是「IndexError: list assignment index out of range」。

由於 List 的索引是 0~3，無索引 4，所以引發了索引超出界限的訊息。

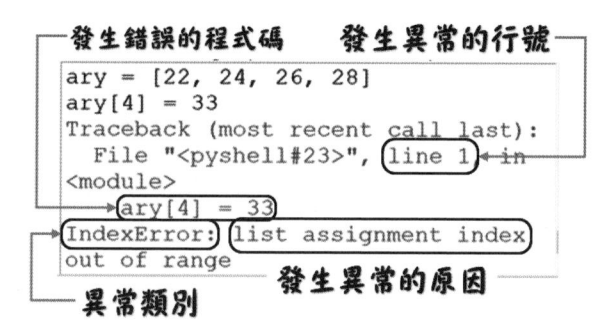

圖【13-1】 索引超出界限引發的異常

圖【13-1】表明了「ary[4] = 33」程式碼發生錯誤，只有一行程式，所以發生錯誤的行號是「line 1」。

執行程式時，潛藏其中的錯誤如果我們把它忽略了，Python 預設的異常處理行為會讓程式停止執行，發出錯誤訊息。為了不讓執行的程式中斷，就得利用「異常處理常式」來捕捉錯誤。當程式有錯誤發生時，它會跳到「異常處理器」（An exception handler）嘗試錯誤的捕捉並讓程式繼續往下執行。

引發異常之後，要有對應的處理機制，就是所謂的「異常處理機制」。它的作用是在程式碼產生異常之處進行捕捉，並以另一段程式碼做處理。對於 Python 來說，所有的型別皆以物件來處理，所以 Python 提供異常處理的型別，也存放不同的錯誤種類。

13.1.3 內建的 Exception 型別

通常引發這些「Traceback」的錯誤訊息是由 Python 的內建例外處理型別所提供。它們以 BaseException 為基礎類別，有四個衍生類別，圖【13-2】做說明。

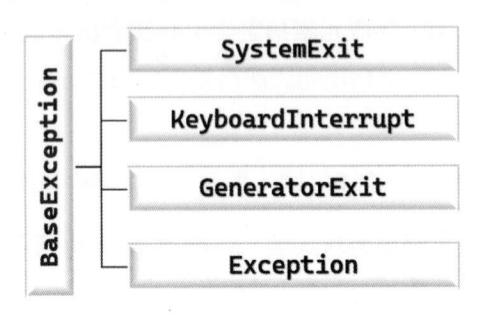

圖【13-2】 例外處理型別的繼承架構

內建異常型別採用了類別的繼承架構，稱 Exception hierarchy。針對 BaseException 的衍生類別，先做簡單說明：

- **SystemExit** 型別：呼叫 sys 模組 exit() 方法所引發。
- **KeyboardInterrupt** 型別：以圖【13-3】來說，由於 while 形成無窮盡迴圈，按下【Ctrl + C】鍵（稱中斷鍵）中斷某個正在執行的程式就會引發此異常。

```
Traceback (most recent call last):
  File "<pyshell#27>", line 3, in
<module>
    print(a)
KeyboardInterrupt
```

圖【13-3】 中斷正在執行的程式引發的異常

- **GeneratorExit** 型別：呼叫 generator 或 coroutine 物件的 close() 方法所引發。
- **Exception** 型別：所有內建、非系統引發的異常，皆可以處理，圖【13-4】列示 Exception 和其衍生型別，色塊較深表示還有衍生類別。

```
                    Exception
    ┌───────────────────┼───────────────────┐
    StopIteration       StopAsyncIteration
    ArithmeticError     AssertionError
    AttributeError      BufferError
    EOFError            ImportError
    LookupError         MemoryErro
    NameError           OSError
    ReferenceError      RuntimeError
    SyntaxError         SystemErro
    TypeError           ValueError
    Warning
```

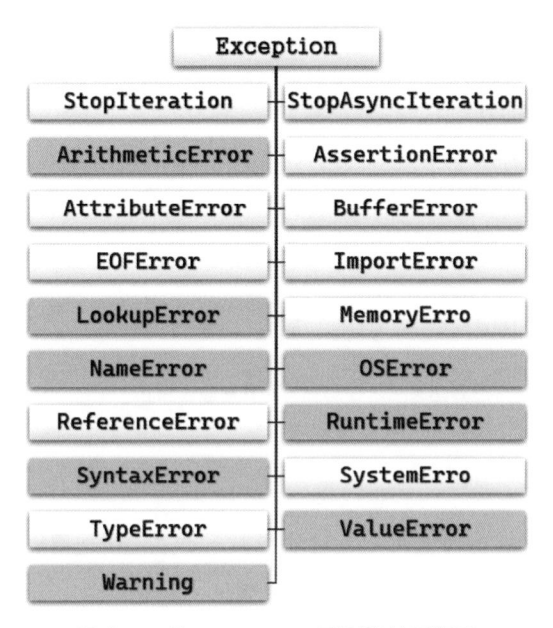

圖【13-4】 Exception 型別和其子類別

位於 Exception 類別下的衍生類別繁多，就常見的異常型別做通盤性認識：

- **ArithmeticError**：未將數值運算做妥善處理所引發，它為 OverflowError、ZeroDivisionError、FloatingPointError 的基礎類別。例如：運算式「1/0」是不允許，所以會發出 ZeroDivisionError。

```
1 / 0
Traceback (most recent call last):
  File "<pyshell#28>", line 1, in <
module>
    1 / 0
ZeroDivisionError: division by zero
```

- **LookupError**：當映射或序列型別的鍵或索引無效時所引發，所以它有兩個衍生類別：IndexError 和 KeyError。

- **NameError**：它只有一個衍生類別：UnboundLocalError。何種情形下會引發此異常？例如：呼叫函式時，函式裡某個名稱並未定義，就會引發 NameError。

```
def func():        # 定義函式
    print('Hello', name)

func()
Traceback (most recent call last):
  File "<pyshell#32>", line 1, in <module>
    func()
  File "<pyshell#31>", line 2, in func
    print('Hello', name)
NameError: name 'name' is not defined
```

變數未在適用範圍內宣告，引發的異常。簡例：

```
total = 0         # 儲存運算結果，未在迴圈設定就會發生錯誤
for item in range(5):
    total += item
print(total)      # 0~4 加總
```

- total 變數在 for 迴圈內使用，為區域變數。卻在 for 迴圈之外輸出 total 累加的結果，就會產生異常如圖【13-5】的異常。

```
Traceback (most recent call last):
  File "D:/PyCode/CH13/CH1301.py", line 6, in <module>
    total += item
NameError: name 'total' is not defined
```

圖【13-5】 異常 NameError

- **OSError**：操作系統函式發生錯誤時所引發，其中的衍生類別 ConnectionError 尚有 4 個衍生類別，其繼承架構如圖【13-6】所示。

```
                        OSError
        ConnectionError              BlockingIOError
BrokenPipeError    ConnectionAbortedError
ConnectionRefusedError  ConnectionResetError
    ChildProcessErro                 FileExistsError
    FileNotFoundError                InterruptedError
    IsADirectoryError                NotADirectoryError
    PermissionError                  ProcessLookupError
    TimeoutError
```

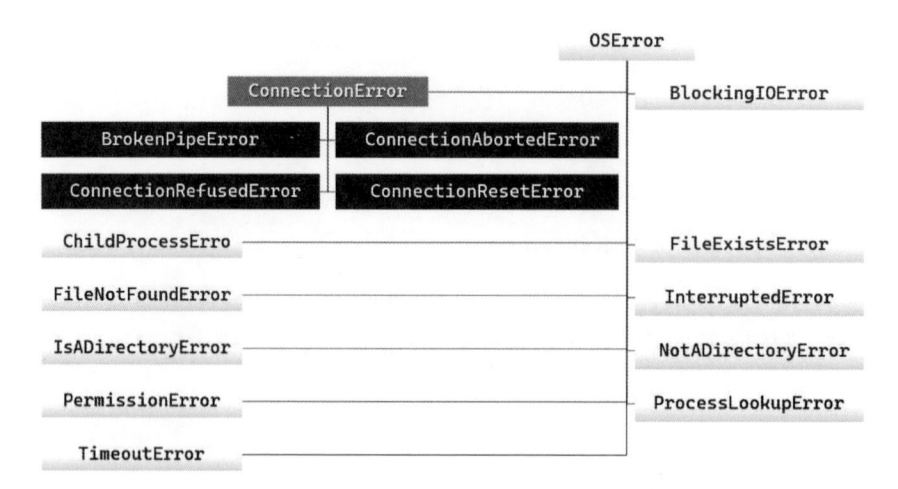

圖【13-6】 OSError 和其衍生類別

- **RuntimeError**：偵測的異常不屬於任何類別時引發；它有兩個衍生類別：NotImplementedError 和 RecursionError。
- **SyntaxError**：Python 直譯器無法理解要解譯的程式碼會引發此異常，它有一個衍生類別：IndentationError，而其下有衍生類別：TabError。

```
x, y = eval(input(
    '輸入兩個數值, 以逗號隔開 -> '))
輸入兩個數值, 以逗號隔開 -> 25 63
Traceback (most recent call last):
  File "<pyshell#34>", line 1, in
<module>
    x, y = eval(input(
  File "<string>", line 1
    25 63
     ^^
SyntaxError: invalid syntax
```

- **ValueError**：使用內建函式時，參數中的型別正確，但值不正確，使用像 IndexError 無法精確的描繪時，就引發此異常，其衍生類別參考圖【13-7】。簡例中使用 input() 函式來接收資料，並以 int() 函式轉為數值，輸入時卻是字串，就會引發異常。

```
age = int(input('輸入年齡 -> '))

輸入年齡 -> twenty
Traceback (most recent call last):
  File "<pyshell#35>", line 1, in
<module>
    age = int(input('輸入年齡 -> '))
ValueError: invalid literal for in
t() with base 10: 'twenty'
```

- **Warning**：當程式中有異常時用來發出警告；它的衍生類別有：DeprecationWarning、PendingDeprecationWarning、RuntimeWarning、SyntaxWarning、UserWarning、FutureWarning、ImportWarning、UnicodeWarning、BytesWarning、ResourceWarning。

ValueError 的衍生類別如圖【13-7】所示。

```
                              ┌── UnicodeDecodeError
ValueError ── UnicodeError ───┼── UnicodeEncodeError
                              └── UnicodeTranslateError
```

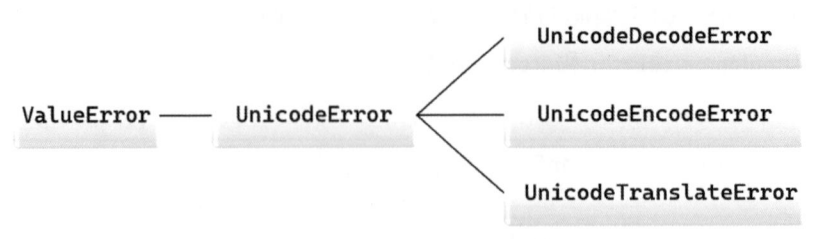

圖【13-7】 ValueError 的衍生類別

13.2 異常處理情況

　　產生異常情形，為了不讓程式中斷執行，可以使用 try/exception 設定捕捉器來截取異常，讓程式進行相關處理。

13.2.1 設定捕捉器

　　已經知道 Python 程式若發生錯誤引發（Raise）異常，Python 直譯器會丟出異常事件。如果程式沒有進行攔截，它會向外丟出至執行環境，顯示追蹤回溯（Trace back）並中斷程式。想要處理異常，則可以使用 try/except 敘述，先了解它的完整語法：

```
try:
      敘述
except 例外型別名:        # 只處理所列示的例外
      處理狀況一
except (例外型別名1, 例外型別名2, ...):
      處理狀況二
except 例外型別名 as 名稱:
      處理狀況三
except :      # 處理所有例外情形
      處理狀況四
else :
     # 未發生異常的處理
finally :
     # 無論如何，最後一定執行 finally 敘述
```

- try 敘述之後要有冒「：」來形成 suite，列示可能引發異常的敘述。
- except 敘述配合「異常型別」，用來截取或捕捉 try 敘述區段內引發異常的處理。同樣地，敘述之後要給予冒號「：」形成 suite。

- else 敘述則是未發生異常時所對應的區段。
- 無論有無異常引發，finally 敘述所形成的區段一定會被執行。

發生異常時，Python 會如何處理？相關程序藉圖【13-8】做簡單說明。

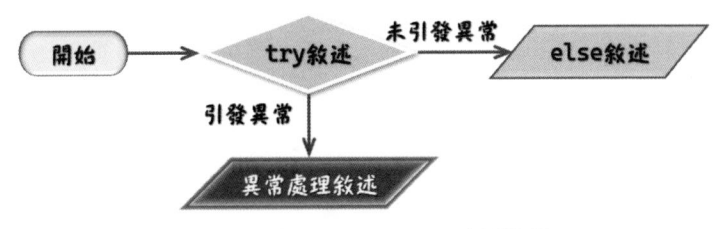

圖【13-8】 try/exception 處理流程

依圖【13-8】的示意，try 敘述捕捉到異常時，會開始查看異常處理器，依次檢查 exception 敘述子句，直到找到匹配的敘述。若未發生異常，可執行 else 敘述。因此，except 也可以分成兩方面來討論：

- **空的 except 敘述**：也就是 except 敘述之後不加任何異常的處理型別，表示它能捕捉 try 敘述所列示的任何異常狀況。
- **except 配合異常處理型別**：可依據 try 敘述來列示相關的異常處理型別。

except 敘述不加入任何異常處理型別，也能針對 try 敘述截取的異常做處理，參考範例《CH1301.py》如下：

```
number = 25, 67, 12          # Tuple，3 個元素
try:
    print(number[3])         # 捕捉 Tuple 的索引是否有誤，已走出界限
except:
    print('索引超出界值')     # 有異常就輸出此訊息
```

- try 敘述區段中，用來捕捉 tuple 元素使用索引是否有超出界限值。
- except 敘述區段。如果 try 敘述捕捉到索引超出界限值，就輸出相關訊息。

此處 except 敘述由於未加任何的異常處理型別，表示它是一個空的 except 敘述，這樣的特性能讓它大小通吃，捕捉所有的異常。不過它的方便性也有可能攔截到與程式碼無關而與系統有的異常。為了避免這類麻煩，卻又無法確實掌握處理異常的型別，選擇 Exception 型別是個不錯的方法。參考範例《CH1302.py》：

```
number = 25, 67, 12    # Tuple,索引 0~2
try:
    print(number[3])
except Exception:
    print('索引超出界值')
```

- except 敘述之後加入 Exception 型別,它可以捕捉大部份的異常。

使用 except 敘述配合異常處理型別所形成的異常處理器,除了直接以 print() 函式輸出相關訊息之外,也可以利用 as 敘述給予異常型別別名,再輸出此物件的異常訊息。參考範例《CH1303.py》:

```
number = 25, 67, 12    # Tuple,索引 0~2
try:
    print(number[3])   # 錯誤,超出界限
except Exception as err:
    print(f'錯誤:{err}')
```

- 將 Exception 類別以 as 敘述給予別名 err。
- 若有異常發生,使用 print() 函式輸出訊息「錯誤:tuple index out of range」。

除此之外,也可以使用 format() 方法,以發生異常的物件為參數輸出相關訊息。範例:

```
# 參考範例《CH1304.py》
number = 25, 67, 12, 64    # Tuple
def getIndex(index):       # 定義函式
    try:        #try/except 敘述
        return (number[index])
    except IndexError as ex:
        print("錯誤:{0}".format(ex))
x = 0
x = int(input('輸入索引回傳元素:'))
print('Tuple Element:', getIndex(x))
```

- 使用 Exception 類別的子子類別 IndexError,並以 as 敘述給予別名「ex」,當 try 敘述捕捉到索引界值超出時就會輸出此異常訊息。
- format() 方法輸出其異常訊息。

檢視範例《CH1304.py》發生異常的狀況:

```
= RESTART: D:\PyCode\CH13\CH1304.py
輸入索引回傳元素:7
錯誤: tuple index out of range
Tuple Element: None
```

這些異常型別皆是類別，可以其屬性「__builtins__」做探查。

```
NameError
<class 'NameError'>
__builtins__.NameError
<class 'NameError'>
```

◆ 直接輸入「NameError」或者利用內建範圍屬性「__builtins__」，皆會回傳它屬於類別（class）。

13.2.2 Try 敘述究竟是如何運作

對於 try/except 敘述如何進行異常的捕捉有了基本認識之後，對於它們的運作可以多做些認識。

- 如果程式中並無異常發生，會將 try 敘述執行完畢而忽略 except 敘述。
- 若 try 敘述執行過程中發生異常，會跳過該區段的其他敘述，並且搜尋 except 敘述之後是否有符合的異常型別名稱。有找到符合者，則執行 except 敘述，然後繼續執行 try 之後的敘述。

如果異常型別與 except 敘述所列無法符合時，會將訊息傳遞給上一層的 try 敘述；還是沒有找到處理此異常的程式碼，就形成一個未處理異常，程式會被終止而列示相關的 Traceback。

本來 IndexError 要來捕捉 try 敘述中當索引界限超出範圍，卻無法捕捉而引發另一個錯誤。範例：

```
# 參考範例《CH1305.py》
number = 25, 67, 12    # Tuple, index 0~2
try:
    print(number(3))   # 應用方括號[]，卻使用括號()
except IndexError as err:
    print('錯誤：', err)
```

程式執行後發生錯誤：

```
= RESTART: D:\PyCode\CH13\CH1305.py
Traceback (most recent call last):
  File "D:\PyCode\CH13\CH1305.py",
line 5, in <module>
    print(number(3)) #應用方括號numbe
r[3], 卻使用括號number(3)
TypeError: 'tuple' object is not ca
llable
```

13-11

使用 try/except 敘述可以視實際需求，指定多個不同的異常型別，但只有一個 except 子句的處理常式被執行。以範例《CH1305.py》來說，異常處理常式只針對了某一個異常做出相對措施，無法顧及同一個 try 子句的其他的異常。解決方式，可以在 except 敘述之後以 Tuple 方式來列舉多個異常型別，範例做說明。

```
# 參考範例《CH1306.py》
number = 25, 67, 12   # Tuple, index 0~2
try:
    print(number(3)) # 應用中括號 []，卻使用了括號 ()
except (IndexError, TypeError) as err:
    print('錯誤：', err)
```

- except 敘述之後以 Tuple 來列舉異常型別，再以 err 物件輸出異常訊息。

執行 except 敘述之前，與異常有關的詳細資訊會被 sys 模組的三個物件所接收，它包含：

- sys.exc_type 接收標示異常的物件。
- sys.exc_value 接收異常的參數。
- sys.exc_traceback 接收一個追蹤回溯物件。

它們會指示程式中異常發生的點，而這些詳細資訊也可以通過 sys.exc_info() 方法得到，它會以 tuple 物件回傳上述物件的相關訊息。參考範例《CH1307.py》：

```
import sys
number = 25, 67, 12   # Tuple, index 0~2
try:
    print(number[3])   # 應用中括號 []，卻誤用括號 ()
except IndexError as err:
    print('錯誤：', err)
except:  # 可攔截取所有異常，放在所有 except 敘述的最後
    print('錯誤：{0[0]}\n {0[1]}\n {0[2]}'.format(
        sys.exc_info()))
```

- 不加任何異常型別的 except 敘述放在加入異常型別的 except 敘述之後。
- 使用 sys 模組的 exec_info() 方法來輸出 except 所處理的異常訊息。

13.2.3　try/else 敘述

為什麼 try/except 敘述之後要加上 else 敘述？一般來說，try/except 區段會盡責來處理發生異常的部份，卻無法清楚得知流程走向，但是加上 else 敘述可以讓

未引發異常的程式碼如期繼續。try/except 敘述有了 else 敘述的延續，讓異常處理常式處理節奏更為明確。

範例《CH1308.py》

程式執行時，輸入的數值正常的話，就執行 else 敘述，輸出兩數相除結果。若「被除數為零」，就會引發異常而被 try 敘述捕捉，再以 except 敘述輸出錯誤的訊息。

STEP 01 撰寫如下程式碼。

```
01   num1, num2 = eval(input('請輸入兩個數值，用逗點隔開：'))
02   try:
03       result = num1 / num2
04   except ZeroDivisionError as err:
05       print('Error:', err)
06   else:
07       print('相除結果：', result)
```

STEP 02 儲存檔案，解譯、執行按【F5】鍵。

```
請輸入兩個數值，用逗點隔開：125, 32
相除結果： 3.90625

= RESTART: D:\PyCode\CH13\CH1308.py
請輸入兩個數值，用逗點隔開：6, 0
Error: division by zero
```

【程式說明】

- 第 1 行：利用內建函式 eval() 取得兩個輸入的數值。
- 第 2~3 行：try 敘述構成的 suite，用來捕捉運算式可能產生的異常。
- 第 4~5 行：exception 敘述產生的 suite，捕捉了異常之後，用來顯示異常物件的訊息。
- 第 6~7 行：else 敘述形成的 suite，若無異常產生，輸出運算式結果。

13.2.4　try/finally 敘述

try 敘述之後還可以加入 finally 敘述；無論 try 敘述的異常是否被引發，finally 敘述的區段一定會被執行。所以，finally 子句具有清理善後的功能。參考範例《CH1309.py》：

```
def func(num1, num2):
    try:
        result = num1 // num2
        print('Result:', result)
    finally:
        print(' 完成計算 ')      # 若有異常會如何？
func(151, 12)                    # 可得結果
func(1, 0)                       # 引發異常
```

- finally 區塊只有一行敘述也就是完成計算會輸出，如果發生異常呢？
- 第一次呼叫函式 func()，並傳入參數 151、12，如常完成運算。
- 但第二次呼叫函式所傳入的參數並不正確，finally 區塊依然會執行並丟出異常訊息。

```
= RESTART: D:\PyCode\CH13\CH1309.py
Result: 12
完成計算
完成計算
Traceback (most recent call last):
  File "D:\PyCode\CH13\CH1309.py",
line 11, in <module>
    func(1, 0)   #引發異常
  File "D:\PyCode\CH13\CH1309.py",
line 5, in func
    result = num1 // num2
ZeroDivisionError: integer division
or modulo by zero
```

依據上述範例，可以將 try/finally 敘述綜合如下：

- try 敘述未有異常時，finally 敘述會被執行，再執行其他敘述。
- try 敘述若有異常發生，還是會執行 finally 敘述，然後去尋找異常處理器，終止程式的執行。

所以，無論有無異常發生，finally 敘述皆會被執行。當然也可以將 try/exception/finally 敘述搭配在一起使用。

範例《CH1310.py》

把 try/exception/finally 敘述搭配在一起進行異常的捕捉，即使是「1/0」也能把程式執行完畢。

STEP 01 撰寫如下程式碼。

```
01  def demo(num1, num2):
02      try:
03          result = divmod(num1, num2)
04      except ZeroDivisionError as err:
05          print('錯誤', err)
06      else:
07          print('計算結果', result)
08      finally:
09          print('完成計算')
10  one, two = eval(input('請輸入兩個數值，用逗點隔開：'))
11  demo(one, two)
```

STEP 02 儲存檔案，解譯、執行按【F5】鍵。

```
請輸入兩個數值, 用逗點隔開：25, 3
計算結果 (8, 1)
完成計算

= RESTART: D:\PyCode\CH13\CH1310.py
請輸入兩個數值, 用逗點隔開：1, 0
錯誤 integer division or modulo by zero
完成計算
```

【程式說明】

- 第 2~3 行：try 區塊，用來捕捉運算時可能發生的錯誤。
- 第 4~5 行：except 區塊，發生異常時顯示其訊息。
- 第 6~7 行：else 區塊，未發生異常時，顯示計算結果。
- 第 8~9 行：無論有無異常發生，皆會執行的區塊。

13.3 以程式丟出異常

除了 Python 的內建型別來捕捉異常之外，還能在程式裡利用 raise 或 assert 敘述重新引發異常。

13.3.1 raise 敘述引發異常

如何在程式使用 raise 敘述丟出異常，程式碼中有三種處理方式。第一種作法是直接呼叫內建異常型別或物件，語法簡介如下：

`raise 內建異常型別名稱 | 異常物件`

簡例：

```
raise Exception(1/0)
Traceback (most recent call last):
  File "<pyshell#0>", line 1, in <module>
    raise Exception(1/0)
ZeroDivisionError: division by zero
raise NameError('Python')
Traceback (most recent call last):
  File "<pyshell#1>", line 1, in <module>
    raise NameError('Python')
NameError: Python
```

- 第一個敘述是呼叫 Exception，第二個是 NameError，它們皆會引發異常。
- 可以在異常型別名稱內傳入參數，讓捕捉異常時有更充分的訊息。

範例《CH1311.py》

如何在程式碼中以 raise 敘述呼叫內建異常型別！透過定義的函式即可。

STEP 01 撰寫如下程式碼。

```
01  import math
02  def calcArea(radius):      # 定義函式
03      if radius < 0:
04          raise RuntimeError(" 不能輸入負值 ")
05      else:
06          area = radius * radius * math.pi
07          return area
08  value = float(input(' 請輸入數值：'))    # 呼叫函式
09  circleArea = calcArea(value)
10  print(' 圓面積 ', circleArea)
```

STEP 02 儲存檔案，解譯、執行按【F5】鍵。

```
請輸入數值：24
圓面積 1809.5573684677208

= RESTART: D:\PyCode\CH13\CH1311.py
請輸入數值：-13
Traceback (most recent call last):
  File "D:\PyCode\CH13\CH1311.py",
line 14, in <module>
    circleArea = calcArea(value)
  File "D:\PyCode\CH13\CH1311.py",
line 7, in calcArea
    raise RuntimeError("不能輸入負值")
RuntimeError: 不能輸入負值
```

【程式說明】

- 第 2~7 行：定義一個計算圓面積的函式。
- 第 4 行：若輸入負值，利用 raise 敘述來捕捉異常。
- 所以若輸入的數值是負值，就會由 raise 來引發異常。

第二種情形要在程式捕捉到異常並做處理，又不希望程式中斷執行，就可以利用 try/except 敘述再加上 raise 敘述，參考範例《CH1312.py》。

```
try:
    raise Exception('引發錯誤')
except Exception as err:
    print(err)
else:
    print('沒有錯誤')
```

- 表示在 try 區塊中以 raise 敘述引發錯誤。
- except 區塊必須配合 raise 敘述來使用相同型別。

範例 《CH1313.py》

raise 敘述第二種；呼叫函式時使用 try/except 敘述是更好的處理方式。

STEP 01 撰寫如下程式碼。

```
01  def demo(data, num):      # 定義函式
02      try:
03          data[num]
04      except IndexError as err:
05          print(err)
06          raise IndexError('索引超出界值')
07      else:
08          print(data[num])
09  ary = ['Tom', 'Vicky', 'Steven']    #List
10  demo(ary, 1)
11  demo(ary, 3)
```

STEP 02 儲存檔案，解譯、執行按【F5】鍵。

```
Vicky
list index out of range
Traceback (most recent call last):
  File "D:\PyCode\CH13\CH1313.py",
line 4, in demo
    data[num]
IndexError: list index out of range
```

【程式說明】

- 第 1~8 行：定義一個函式，使用 try/except 敘述來檢查索引是否會超出界值。
- 第 6 行：使用 raise 敘述，它搭配的內建異常別必須與 except 要異常處理常式要相同。
- 當 List 物件的索引超出界值就會引異常。

　　第三種情形是 raise 敘述也可以加上 from 子句來表達另一個異常類別或物件，通常它會附加到引發異常的 __cause__ 屬性。當然！異常若沒有被捕捉，Python 直譯器會把異常視為錯誤訊息的一部份而輸出。它的敘述如下：

```
raise exception from otherexception
```

　　解說 raise 敘述配合 from 子句。簡例：

```
try:
    print(1 / 0)
except Exception as err:
    raise TypeError('錯誤') from err
```

13.3.2　assert 敘述

　　同樣地，assert 敘述也能引發異常。它的語法如下：

```
assert 運算式1, 運算式2
```

　　使用 assert 敘述所引發的異常，可結合了 if 和 raise 敘述，簡例如下：

```
if __debug__:
    if not 運算式1:
        raise AssertionError(運算式2)
```

- __debug__ 是個內建常數，啟動 Python 直譯器時會把它指派。

　　是否引發異常，視運算式的邏輯值做決定。

- 運算式 1 所得為 False，就會引發異常；運算式 2 是異常的附加資料。當引發的異常 AssertionError 未被捕捉時就會中斷程式的執行。
- 運算式 1 所得為 True，但 __debug__ 加上參數「-O」時也會變成 False，assert 敘述就不會被執行。

所以也有人稱它是簡化版的 raise 敘述。但它與 raise 敘述稍許不同，它必須配合條件敘述，以一個簡例做說明。

```
ary = []  # 空的List
assert ary[0]
Traceback (most recent call last):
  File "<pyshell#1>", line 1, in <module>
    assert ary[0]
IndexError: list index out of range
```

◆ 建立一個空的 list 物件，以 assert 敘述去讀取有索引的 list 物件就會引發異常。

範例《CH1314.py》

定義一個 demo 函式，將 list 物件的元素做加總。使用 assert 判斷元素的值，小於 60 就丟出異常。

STEP 01 撰寫如下程式碼。

```
01  data = [82, 67, 78]
02  def demo(data):      # 定義函式
03      total = 0
04      for item in data:
05          assert item > 60, '輸入的值要大於零'
06          total += item
07      return total
08  print('合計：', demo(data))
```

STEP 02 儲存檔案，解譯、執行按【F5】鍵。

```
Traceback (most recent call last):
  File "D:\PyCode\CH13\CH1314.py", line 11, in <module>
    print('合計：', demo(data))
  File "D:\PyCode\CH13\CH1314.py", line 7, in demo
    assert item > 60, '輸入的值要大於零'
AssertionError: 輸入的值要大於零

= RESTART: D:\PyCode\CH13\CH1314.py
合計： 227
```

【程式說明】

◆ 第 5 行：assert 敘述用來檢查值是否大於 60。如果 List 的元素皆大於 60 就能完成加總程序。只要有一個元素小於 60 就會丟出異常。

13-19

13.3.3 使用者自訂例外處理

除了 try/except 敘述，也可以自訂異常處理型別，不過它必須繼承 Exception 型別來產生自己所需的異常型別。

範例《CH1315.py》

STEP 01 撰寫如下程式碼。

```
01  class MyError(Exception):      # 定義類別，繼承 Exception
02      def __init__(self, radius):
03          self.radius = radius
04      def __str__(self):
05          return repr(self.radius)
```

STEP 02 儲存檔案，按【F5】鍵解譯無任何錯誤訊息。

【程式說明】

- 第 1~5 行：定義一個類別，它繼承了 Exception 類別。
- 第 2~3 行：初始化時接收傳入的半徑值。
- 第 4~5 行：呼叫 __str__() 方法回傳半徑值。

STEP 03 第二個程式，用來呼叫自訂異常型別，範例名稱《CH1316.py》。

```
01  import math
02  from CH1315 import MyError      # 滙入自訂異常處理的模組
03  class Circular:                 # 定義模組
04      def __init__(self, radius):
05          self.setR(radius)
06      def getR(self):             # 取得半徑值
07          return self._radius     # _radius 私有屬性
08      def setR(self, radius):     # 設定半徑值
09          if radius > 0:
10              self._radius = radius
11          else:
12              raise MyError(radius)
13      def periphery(self):        # 計算圓周長
14          return 2 * self._radius * math.pi
15      def calcArea(self):         # 計算圓面積
16          return self._radius * self._radius * math.pi
```

```
17      def __repr__(self):           # 設定輸出格式
18          da1 = '圓周長:{:4.3f}'.format(self.periphery())
19          return da1 + '圓面積:{:4.3f}'.format(self.calcArea())
20  try:
21      one = Circular(15)            # 物件 1
22      print(one)
23      two = Circular(-11)           # 物件 2
24      print(two)
25  except MyError as err:
26      print()
27      print('引發異常，錯誤值:', err.radius)
```

STEP 04 儲存檔案，解譯、執行按【F5】鍵。

```
= RESTART: D:\PyCode\CH13\CH1316.py
圓周長:94.248圓面積:706.858

引發異常，錯誤值: -11
```

【程式說明】

- 第 2 行：匯入先前自行定義的異常類別 MyError 類別。
- 第 6~7 行：將取得的半徑值，以 getR() 方法設為私有屬性「_radius」。
- 第 8~12 行：以方法 setR() 設定半徑值，if/else 敘述來判斷半徑值是否大於零，如果沒有，則以 raise 敘述去呼叫自訂異常型別，並傳入半徑值。
- 第 13~16 行：如果半徑值沒有問題就呼叫 periphery()calc 和 Area() 方法做圓周長和圓面積的計算，再呼叫 __repr__() 方法來輸出資料。
- 第 20~27 行：try/except 敘述，捕捉 Circular 類別的實體傳入的半徑值是否有問題。發生異常時，except 區塊就會去呼叫自訂異常型別，發出異常通知。

重點整理

- 何謂異常（Exception）？程式執行產生了非預期結果，Python 直譯器會終止程式的運作並提供「異常處理機制」（Exception handling）來捕捉程式的錯誤。
- 為了不讓執行的程式中斷，得利用「異常處理常式」捕捉錯誤。發生錯誤時，它會跳到「異常處理器」（An exception handler）嘗試錯誤捕捉並讓程式繼續執行。
- 產生異常情形，為了不讓程式中斷執行，可以使用 try/exception 設定捕捉器來截取異常，讓程式進行相關處理。
- try/except 敘述加上 else 敘述能讓未引發異常的敘述順利執行，讓 try/except 敘述異常處理常式更為明確。
- 空的 except 敘述不加入任何異常處理型別，這樣的特性能讓它大小通吃，捕捉所有的異常。為了防止攔截到與程式碼無關異常，可加入 Exception 型別。
- 發生異常，執行 except 敘述之前，與異常有關的詳細資訊會被 sys 模組的三個物件所接收，它包含：① sys.exc_type 接收標示異常物件。② sys.exc_value 接收異常的參數。③ sys.exc_traceback 接收一個追蹤回溯物件。
- try 敘述之後還可以加入 finally 敘述；無論 try 敘述的異常是否被引發，finally 敘述的區段一定會被執行。所以，finally 子句具有清理善後的功能。
- 如何在程式使用 raise 敘述丟出異常，程式碼中有三種處理方式。方法一：直接呼叫內建異常型別或物件；方法二：在程式捕捉到異常並做處理，又不希望程式中斷執行，可利用 try/except 敘述再加上 raise 敘述；方法三：raise 敘述加上 from 子句來表達另一個異常類別或物件。
- assert 敘述所引發的異常會結合了 if 和 raise 敘述，所以也有人稱它是簡化版的 raise 敘述。

14

CHAPTER

資料流與檔案

學｜習｜導｜引

- 認識 Python 的檔案路徑與 io 模組
- 介紹檔案的新建和寫入與 open() 函式的使用
- with/as 敘述和環境管理器的關係
- 檔案格式 CSV 和 JSON

與資料流有關的不外乎是輸入與輸出，而 Python 的 io 模組亦是當仁不讓。而資料來自於四面八方，文字檔案並非只有文字，它也包含 csv、json 格式。格式不同，處理的方式也會不一樣，無論是新建和讀取檔案，open() 函式一定會用到。與這些有關的是資料如何取得！檔案路徑與資料夾的操作少不了。

14.1 認識檔案與目錄

要取得檔案，得了解它的儲存位置；檔案的相對路徑和絕對路徑必須了解。

14.1.1 不能不知道的檔案路徑

存取檔案要有路徑，才能知道位置所在。以本書演示的範例，它們皆儲存於 D 碟的「PyCode」的目錄下，再把範例依各章節的目錄來存放。所以「CH14」代表存放著跟此章節有關的 Python 程式，例如「CH1402.py」，如圖【14-1】所示。

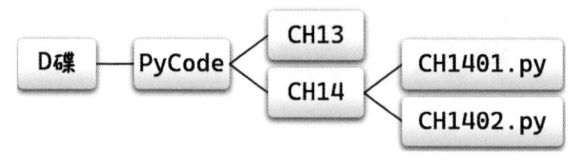

圖【14-1】 檔案路徑

所以，想要「CH1402.py」的檔案路徑是「D:\PyCode\CH14\CH1402.py」；要獲取「CH1402.py」的儲存位置是位於「D:\PyCode\CH14\」目錄之下。而作業系統對於檔案路徑有兩種表達方式：

- **相對路徑**：目前的儲存目錄所指的目錄或檔案，會隨著所在目錄不同而改變。例如討論第 14 章的範例，它的相對路徑就是「CH14」，指的就是此目錄下的不同檔案。

- **絕對路徑**：或稱是完整路徑，它不會隨著當前目錄來變更。例如「CH1402.py」的絕對路徑是「D:\\PyCode\\CH14\\CH1402.py」。

表示路徑時須用「\\」（雙斜線）或「/」（習慣稱倒斜線）字元；使用雙斜線的作用為了避免以「\」為前導字的脫逸字元混淆。利用「.」能查看所在目錄的檔案；「../」回到目前所在目錄的上一層目錄。以絕對路徑是「D:\\PyCode\\CH14\\

CH1402.py」來說，若位於「CH14」目錄下，所以「.」能檢視 CH14 下的所有檔案；而「../」表示回到了「PyCode」目錄。

14.1.2　取得路徑找 os.path 模組

對於檔案路徑有了初步認識之後，想一想！Python Shell 交談模式的所在位置究竟在哪裡？可以滙入 os 模組的 getcwd() 方法來取得目前的目錄。

```
import os
os.getcwd()
'C:\\Users\\LSH\\AppData\\Local\\Programs\\Python\\Python310'
```

其實這個檔案位置就是第一章安裝 Python 軟體預設的檔案位置。不過，若解譯過 Python 程式，那麼它就有可能轉向此檔案的當前位置。

```
import os
os.getcwd()
'D:\\PyCode\\CH14'
```

聰明的讀者是否有發現！os 模組的 getcwd() 方法的回傳值是「絕對路徑」。所以還可以進一步利用 os.path 模組 abspath() 方法做更多檔案路徑的探尋。簡例：

```
import os
# 取得目前目錄的絕對路徑
os.path.abspath('.')
'D:\\PyCode\\CH14'
os.path.abspath('./')
'D:\\PyCode\\CH14'
# 取得目前目錄上一層目錄的絕對路徑
os.path.abspath('..')
'D:\\PyCode'
os.path.abspath('../')
'D:\\PyCode'
```

檢查路徑下目錄或檔案是否存在的方法，語法列示如下：

```
os.path.exists(path)    # 檢查已存在的目錄或打開的檔案
os.path.isabs(path)     # 檢查絕對路徑
os.path.isdir(path)     # 檢查目錄
os.path.isfile(path)    # 檢查檔案
```

◆ path：檔案路徑。

這些檢查目錄或檔案的方法，若查核屬實，以 True 回傳，不存在就是 False。
例二：

```
os.path.exists('CH13')  # 是否有CH13這個資料夾
False
os.path.exists('data')  # 是否有data這個檔案
True
os.path.isfile('data')  # 是否有data這個檔案
True
os.path.isfile('/CH13/CH1301.py')
False
os.path.isdir('D:\\PyCode\\CH13')
True
os.path.isdir('D:/PyCode/CH13')
True
```

- 由於處在「CH14」資料夾之下，所以方法 exists() 去檢查 CH13 資料夾當然不存在，所以回傳 False。
- 方法 isfile() 用來檢查檔案，若給予的路徑不正確，就無法取得正確的結果。
- 方法 isdir() 檢查目錄時可以用絕對路徑表示，也可以用倒斜線「/」表示。

os.path.getsize() 方法還能進一步取得檔案的大小。例三：

```
import os
os.chdir('D:/PyCode/CH13')
os.path.getsize('CH1301.py')
186
```

- os 模組的 chdir() 方法切換到指定目錄。
- os.path.getsize() 方法進一步取得某個檔案的大小。

14.2 資料流與 io 模組

使用電腦接觸最頻繁的輸入和輸出，也就是 I/O（Input/Output）。而撰寫程式時，無論是程式的編輯、儲存和執行，也需要有 I/O 介面。

程式設計使用 I/O，資料流（Stream）是一個很重要的概念。可以將 Stream 想像成一條管子，資料如同管子裡的水，只能單向流動。

- Input Stream 是把資料從外部（磁碟、網路）流進記憶體。
- Output Stream 則是資料從記憶體流向外部。

Python 如何支援資料流，從 io 模組談起，探討其 open() 方法如何配合參數來建立、讀取檔案。

14.2.1　檔案物件與 io 模組

什麼是檔案物件（File object）？儲存檔案要有媒體（如磁碟），資料流會以檔案為主，呼叫相關方法（write()、read() 或其它方法）來建立。所以檔案物件與資料流有關，Python 有三種檔案物件，要透過 Python 的 io 模組來定義，簡介如下：

- 原始的二進位檔案。
- 具有緩衝區功能的二進位檔案。
- 文字資料檔案。

要產生檔案物件很簡單，一律呼叫 open() 函式。此外對於 Python 來說，檔案物件也能泛指資料流或「類檔案物件」（File-like object）。既然檔案物件有三種，對照 Python 的 io 模組也有三種型別，提供介面輸出入的處理：

- **text I/O**：指的是文字檔案物，基本上以 str 物件為主，由 TetxIOBase 類別提供相關的實作方法。
- **binary I/O**：又稱緩衝（Buffered）I/O，採二進位方式來儲存資料，也就是具有緩衝區功能的二進位檔案。它以位元組（Bytes）物件為實體，不做編碼、解碼或換行動作，透過 BufferedIOBase 類別提供相關的實作方法。
- **raw I/O**：也稱非緩衝 I/O，用來處理低階的文字和二進位資料，也就是原始的二進位檔案，它由 RawIOBase 類別提供相關的實作方法。

```
                          檔案物件
        ┌─────────────────────┴─────────────────────┐
     文字檔案            原始二進位檔案         具緩衝區的二進位檔案
    ┌────────┐          ┌────────┐              ┌────────┐
    │text I/O│          │raw I/O │              │binary I/O│
    ├────────┤          ├────────┤              ├────────┤
    │TetxIOBase│        │RawIOBase│             │BufferedIOBase│
    └────────┘          └────────┘              └────────┘
                    Python io模組的基礎類別
```

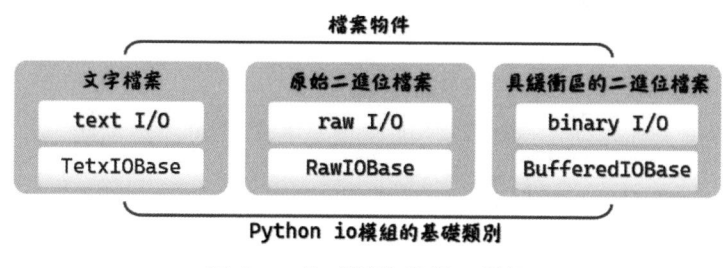

圖【14-2】　檔案物件與 io 模組

Python 提供的 io 模組中，以 IOBase 為抽象類別繼承它的有：RawIOBase、BufferedIOBase 和 TextIOBase，圖【14-3】做簡單說明。

```
                ┌─ RawIOBase ─────┬─ FileIO
                │                 │
                │                 ├─ BufferedWriter
                │                 │
         IOBase ├─ BufferedIOBase ├─ BufferedReader
                │                 │
                │                 ├─ BufferedRWPair
                │                 │
                │                 └─ BytesIO
                │
                │                 ┌─ TextIOWrapper
                │                 │
                └─ TextIOBase ────┼─ StringIO
                                  │
                                  └─ IncrementalNewlineDecoder
```

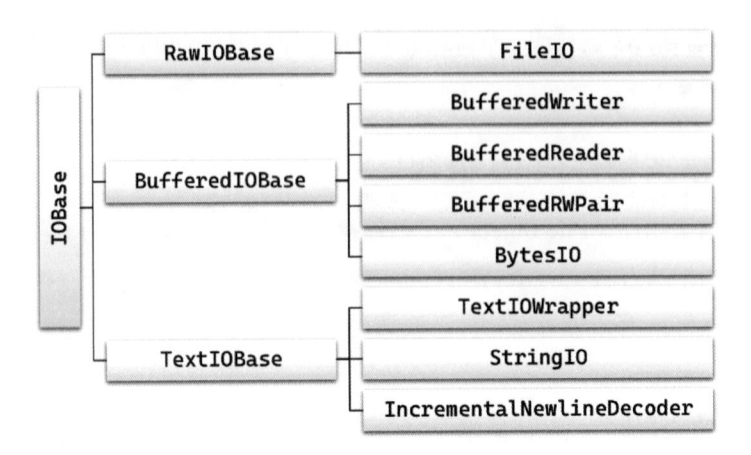

圖【14-3】 IOBase 與繼承的類別

先認識基礎類別 IOBase 所提供的屬性或方法，表【14-1】列示之。

屬性或方法	說明
close()	清除緩衝區並關閉檔案
closed	屬性，是否已關閉檔案，已關閉回傳 True
flush()	清除寫入緩衝區的資料
fileno()	如果有會回應檔案的描述字元（數值）
isatty()	若為互動模式則回傳 True
readable()	若為可讀，回傳 True，False 則引發 OSError
readline(size=-1)	讀取 1 行為主，指定 size 時，以它為讀取字元數
readlines(hint =-1)	以 hint 值為讀取行數
seek()	以偏移量來作為位置的改變
seekable()	是否支援隨機存取
tall()	回傳檔案目前的位置
truncate(size=None)	重設大小來作為縮減或擴增的依據
writable()	若為可寫，回傳 True
writelines(lines)	寫入多行

表【14-1】 IOBase 類別提供的屬性或方法

14.2.2　檔案與 open() 函式

io 模組提供的不是檔案的實體裝置，還以「檔案物件」（File Object）為實體，其他尚有資料流（Stream）和類檔案物件（file-like object）。這些物件基本上是存取介面，什麼情形下能讀、能寫，或者只能讀無法寫入，這些都得依賴背後的裝置或傳輸介面。前文已經提及，無論是那一種檔案物件，皆須以 open() 函式來建立，了解其語法：

```
io.open(file, mode = 'r', buffering = -1,
   encoding = None, errors = None, newline = None,
   closefd = True, opener = None)
```

相關參數參考表【14-2】。

參數	預設值	說明
file		以字串來指定欲開啟檔案的路徑和名稱
mode	參考表【14-3】	以字串指定開啟檔案的存取方式
buffering	-1	設定緩衝區大小 容量是 4096 或 8192 位元組（bytes） 值為 0 表示關閉緩衝區，要以二進位做處理 值為 1 則以文字做處理。 值大於 1 表示緩衝區的大小固定，
encoding	None	開啟文件是一般文字時所採用的文字編碼
errors	None	錯誤處理原則，不能以二進制來處理 當指定的編碼和解碼發生錯誤時； 「strict」表示發生錯誤，引發異常「ValueError」；「ignore」為忽略；「replace」置換成其他字元。
newline	None	處理新行，只適用於一般文字，不同的作業系統以不同字元來代表換行動作，而 Python 採用「通用新行」(universal newline) 機制。 讀取模式，即使已使用預設值 None，還能依據讀取動作做轉換，「\n」表示新行。若是「''」會有判斷但不做轉換。保留「\r」、「\r\n」、「\n」為新行但不做轉換 寫入文字時，預設值 None 的作用是把「\n」轉換成「os.linesep」之回傳值為新行
closefd	True	檔案描述字元，關閉檔案時是否也關閉檔案描述
opener	None	負責開啟檔案描述字元

表【14-2】　函式 open 相關參數

一般而言，開啟檔案是讀或寫，有不同的存取方式，表【14-3】說明。

mode	說明
r	讀取模式（預設值）
w	寫入模式，建立新檔或覆蓋舊檔（覆蓋舊有資料）
a	附加（寫入）模式，建立新檔或附加於舊檔尾端
x	寫入模式，檔案不存在建立新檔，檔案存在則有錯誤
t	文字模式（預設）
b	二進位模式
r+	更新模式，可讀可寫，檔案須存在，從檔案開頭做讀寫
w+	更新模式，可讀可寫，建新檔或覆蓋舊檔內容，檔案開頭做讀寫
a+	更新模式，可讀可寫，建立新檔或從舊檔尾端做讀寫

表【14-3】 檔案的存取模式

14.2.3 TextIOBase 類別與檔案處理

TextIOBase 類別說明它與檔案處理有關，表【14-4】列示相關的屬性和方法。

屬性或方法	說明
encoding	文字編碼
errors	錯誤處理原則
newlines	新行，可能是 None、Tuple、字串
buffer	二進位制的緩衝區
read(size)	以所訂 size 來讀取字元數
readline(size=-1)	回傳單一字元表示是新行或檔案尾（EOF），若是 EOF 則以空白字元回傳
seek()	參考表【14-1】的 seek() 方法
write(s)	寫入字串

表【14-4】 TextIOBase 提供的屬性和方法

想要把一串文字以類檔案物件（File-like object）來讀取，StringIO 類別便能派上用場，它繼承了 TextIOBase 類別，了解其建構式的語法：

```
io.StringIO(initial_value = '', newline = '\n')
```

◆ newline：換行字元，讀取資料時可以決定何時加入換行字元。

範例《CH1401.py》

使用 StringIO() 建構式把現有的字串包裹於檔案中，字串與字串之間加入換行字元，方法 read() 能指定欲讀取的字元數。

STEP 01 撰寫如下程式碼。

```
01   from io import StringIO
02   flo = StringIO('Though leaves are many,' +
03                  '\nthe root is one;' +
04                  '\nThrough all the lying days of my youth!')
05   print('讀取17個字元:', flo.read(17))
06   print('第一行未讀取:', flo.read())
07   while True:      # 從 the root ... 讀起
08       msg = flo.readline()#讀取整行
09       if msg == '':
10           break
11       print(msg.strip())
```

STEP 02 儲存檔案，解譯、執行按【F5】鍵。

```
= RESTART: D:\PyCode\CH14\CH1401.py
讀取17個字元: Though leaves are
第一行未讀取:  many,
the root is one;
Through all the lying days of my youth!
```

【程式說明】

- 第 2~4 行：建構式 StringIO() 配合 read() 方法，先讀取第一行的 17 個字元，再持續讀取第一行所餘字元。

- 第 5 行：read() 方法若指定字元數時，第二次呼叫 read() 方法就會讀取第一行未讀的字元。

- 第 7~11 行：while 廻圈讀取未被讀取的字串，並呼叫字串的 strip() 方法去除換行字元，輸出時分成兩列輸出。

TIPS

「類檔案物件」有別於檔案物件，它可以模仿正常的檔案。想要測試一個檔案時，就可以使用 StringIO 來建立一個內含測試的類檔案物件，然後傳入可處理檔案的函式。

14-9

14.2.4 檔案指標

讀取檔案時，可以透過檔案指標來獲得讀取的內容是否讀完了？或者移到某一行正要繼續讀取。表【14-1】有三個方法：tell()、truncate()、seek()，而 TextIOBase 類別也有 seek() 和 tell() 方法。若同一時間呼叫此三個方法，則彼此之間會互有影響。先認識它們：

- truncate() 方法會從檔案的首行首個字元做截斷 n 個字元；若未指定 n 值，表示從目前位置進行截斷；字串被截斷之後，n 值之後的所有字元被刪除。
- tell() 方法利用指標方式，它會指出檔案或文件所停留的位置。
- seek() 方法會依據偏移量來更改位置。

雖然 tell() 方法能指出指標停留的位置，除了 truncate() 方法之外，它會受到 seek()、readline()、read()、readlines() 這些方法的影響。為什麼要使用 tell() 方法？換個較通俗的說法。編輯文字文件時，通常會使用「插入點」在字元與字元之間移動。如果將插入點移向文件的開頭，使用 tell() 方法可能會回傳 0，而插入點移向文件開頭或文件結尾，則由 seek() 方法來決定。

認識 seek() 方法的語法：

```
seek(offset, whence = SEEK_SET)
```

- offset：偏移量。
- whence：決定偏移量的位置。

如何定偏移量則由參數 whence 來決定！它有三個常數值。

- **SEEK_SET 或 0**：從起始位置移動。
- **SEEK_CUR 或 1**：從當前位置移動。
- **SEEK_END 或 2**：從尾端移動。

範例《CH1402.py》

為了避免檔案被覆寫，得先清空舊檔內容，作法就是把 open() 方法的 mode 參數變更為「w+」(更新模式)。此外，認識 seek() 和 tell() 方法。

STEP 01 撰寫如下程式碼。

```
01    fo = open('../Demo/demo1402.txt', 'w+')
02    show = 'Though leaves are many\n'
03    print('字串長度:', len(show))
04    fo.write(show)
05    print('文件目前位置:', fo.tell())
06    fo.seek(3, 0)      # 從檔案開頭，移動 3 個字元
07    print('文件目前位置:', fo.tell())
08    fo.close()
```

STEP 02 儲存檔案，解譯、執行按【F5】鍵。

```
= RESTART: D:\PyCode\CH14\CH1402.py
字串長度: 23
文件目前位置: 24
文件目前位置: 3
```

【程式說明】

- 第 1 行：open() 方法的參數 mode 值「'w+'」表示新的內容會覆蓋舊的內容。而「'../Demo/'」表示由「CH14」目錄回到上一層目錄「PyCode」再進入它的下一個子目錄「Demo」；此處路徑的表示使用「/」（倒斜線）字元。

- 第 4、5 行：以 write() 方法寫入檔案之後，再呼叫 tell() 方法，它會停留在檔案結尾（包括換行符號），所以顯示的結果會與 len() 的回傳值不同。

- 第 6 行：呼叫 seek() 方法移動位置後，再呼叫 tell() 方法，指向檔案位置也會不同。這說明方法 seek() 和 tell() 若配合使用，seek() 方法會影響 tell() 方法。

14.3 文字檔案的讀、寫

文字檔案除了讀取和編輯之外，還有它的編碼格式。Python 仿照 Unix 系統，讓檔案的輸入和輸出變得很簡單，要新建或開啟檔案，open() 方法扮演重要角色。認識了 io 模組之後，應該知道檔案物件（File Object）是一個提供存取的介面，並非實際的檔案。開啟檔案之後，得藉由「檔案物件」做讀（Read）或寫（Write）的動作。就從文字檔案著手吧！

14.3.1 檔案和指定模式

以文字編寫檔案之後，可以使用 write() 方法全部讀取，或者分段讀取。而 print() 函式也能輸出檔案內容；先認識 write() 方法語法。

```
fo.write(s)
```

◆ 以資料流方式將字串 s 寫入檔案。

先由 Python Shell 交談模式來新建檔案，write() 方法會回傳寫入文字的字元數（長度），一起來看看！簡例：

```
prose = '''
I made my song a coat
Covered with embroideries '''
len(prose)   # 取得字串長度
49
fo = open('f1421.txt', 'wt')
fo.write(prose)
49
fo.close()   # 關閉檔案，輸出緩衝區內容
```

◆ 使用 open() 建立檔案，「wt」模式說明它是以文字寫入檔案『f1421.txt』。
◆ 利用內建函式 len() 取得 prose 的字串長度是 49。
◆ 內建函式 open() 建立新檔並指定給檔案物件 fo，再以 fo 呼叫 write() 方法並傳入參數時，也會回傳數值 49；它告訴我們已取得字串 prose 之內容。

為什麼要呼叫 close() 方法來關閉檔案？此時可去查看建立的檔案「f1421.txt」並無內容；直到呼叫 close() 方法時才會將原本位於緩衝區的資料寫入檔案中，而且關掉檔案之後才能釋放資源。

使用長串文字配合 write() 方法寫入另一個目錄的檔案，最後以 close() 方法關閉檔案。參考範例《CH1403.py》如下：

```
yeats = '''
Where the wandering water gushes
From the hills above Glen-Car,
In pools among the rushes
That scarce could bathe a star,
We seek for slumbering trout
Give them uniquiet dream;
'''
# 建立新檔，以文字模式寫入
```

```
fn = open('../Demo/demo1403.txt', 'wt')
fn.write(yeats)          # 將字串寫入檔案
fn.close()               # 關閉檔案
```

- 以長文字（使用 3 個單或雙引號）建立字串內容。
- 使用 open() 函式時必須指定給檔案物件（File Object）變數 fn 做儲存。第一個參數是欲建立的檔案名稱，此處使用文字檔，第二個參數 mode 為 wt（以字串方式）表示「以文字寫入」。
- 使用 open() 函式建立檔案路徑，由於採用「/」（倒斜線來建立目錄），會有下拉清單供選擇。

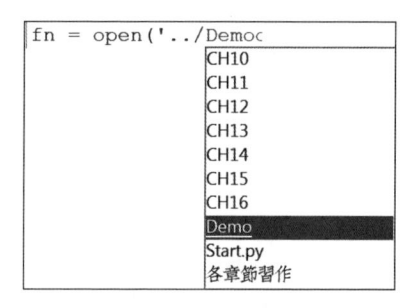

```
fn = open('../Democ
              CH10
              CH11
              CH12
              CH13
              CH14
              CH15
              CH16
              Demo
              Start.py
              各章節習作
```

- 以 fn（檔案物件）呼叫 write() 方法並傳入參數。
- 以 fn 呼叫 close() 方法來關閉檔案，如此才能將位於緩衝區的內容全部寫入檔案；未使用此方法會讓建立的檔案是空的。

除了呼叫 write() 方法來寫入檔案之外，也可以使用內建函式 print()。很多情形下，print() 函式大部份都是輸出字串物件為主，偶而配合參數「end = ''」取消換行動作。複習一下 print() 函式語法：

```
print(*objects, sep=' ', end='\n', file = sys.stdout,
      flush = False)
```

- file：預設是系統標準輸出，可以使用 file 指定至其它的輸出，例如檔案物件，它可以是支援檔案介面的媒體裝置，也有可能是標準資料流的輸出入裝置，皆能使用。
- sep：分隔字元，預設值是空白字元。
- end：結尾字串，預設值是可以換行的「\n」。

簡例：print() 函式中，參數「sep」能加入的換行符號。

```
print('Hello',
      'Python', 'World', sep = '')
HelloPythonWorld
print('Hello',
      'Python', 'World', sep = '\n')
Hello
Python
World
```

- 若參數 sep 的參數值變更成沒有空白字元，三個字串就會手手相連緊接著一個字串來輸出。
- 若參數 sep 的參數值變更成換行符號，三個字串就分成三行輸出。

使用 print() 函式時是把物件轉成字串後，再傳入標準輸出的檔案物件，也就是螢幕上所看到。所以，使用的鍵盤（輸入）或者是螢幕（輸出），它們都是檔案物件。與標準資料流有密切關係，它們分別模組 sys 的 stdin 與 stdout 所支援。例二：

```
import sys
show = 'When you are old - '
len(show)   # 字串長度
19
sys.stdin.read(6)   # 讀6個字元
When you are old
'When y'
sys.stdout.write(show)   # 取得字元數
When you are old - 19
```

- 互動模式中呼叫檔案物件 write() 方法，它會回傳字元數是否和此處的 write() 有同工之妙！

所以，要讓檔案內容藉由 print() 函式做寫入動作，為了維持字串設定的原貌，把參數 set 和 end 的預設值改為無字元狀態。參考範例《CH1404.py》：

```
prose = '''
I made my song a coat
Covered with embroideries '''
fo = open('D:\\PyCode\\Demo\\demo1404.txt', 'wt')
print(prose, file = fo, sep = '', end = '')
fo.close()   # 關閉檔案
```

- open() 函式建立檔案的位置採用絕對路徑。
- 呼叫 print() 函式時，其中的參數 file 設成檔案物件 fo，而 sep、end 的參數值皆以空字串做處理。

若打開了檔案 demo1404.txt 並查看它的內容,會發現它和 f1421.txt 並無軒輊。或者換個方式呼叫 print() 函式時,參數給予字串和檔案物件即可,看看是否有所不同!

範例《CH1405.py》

使用 write() 方法亦能把來源分段寫入,這裡採用的是字串切片的作法。

STEP 01 撰寫如下程式碼。

```
01  # 省略 prose 字串
02  fo = open('../Demo/demo1405.txt', 'wt')
03  amount = len(prose) # 取得字串數
04  separate, mass = 0, 200
05  # prose[start: end] 做切片
06  while True:
07      if separate > amount:
08          break
09      fo.write(prose[separate : separate + mass])
10      separate += mass
11  fo.close()
```

STEP 02 儲存檔案,解譯、執行按【F5】鍵。

【程式說明】

- 第 6~10 行:以 while 迴圈讀取字串內容,而 if 敘述來判斷讀取的字串數 separate 是否大於字串長度;若為 True 就中斷迴圈的讀取(表示字串無法再做切片)。

若為了避免原來已有檔案的內容被覆寫,可將 open() 函式的 mode 參數變更為「xt」。若檔案已存在,就會丟出 FileExistsError 異常。

```
fo = open('f1421.txt', 'xt')
Traceback (most recent call last):
  File "<pyshell#31>", line 1, in <module>
    fo = open('f1421.txt', 'xt')
FileExistsError: [Errno 17] File exists: 'f1421.txt'
```

14-15

更好的作法是配合 try/except 敘述來避免程式擲出異常，範例如下：

```
# 參考範例《CH1406.py》
try:
   with open('../Demo/demo1406.txt', 'xt') as fo:
       fo.write('暫停一下!!')
except FileExistsError:
    print('已有此檔案，不能覆寫')
```

- 使用 with/as 敘述的語法，可以讓開啟的檔案關閉，如同執行 try/finally 敘述的效果。也就是在 with/ as 區塊中若發生了異常，系統一定會讓程式執行完畢並關閉檔案物件。對於 with/as 敘述的說明，參考章節《14.3.2》。

14.3.2　with/as 敘述

通常使用 open() 函式開啟檔案之後，必須使用 close() 方法關閉才能讓系統將資源釋放。使用 with/as 敘述則可以讓開啟的檔案自動關閉，使用者不會忘記檔案關閉而頭大；先了解 with/as 敘述的語法：

```
with expression [as variable]:
    # with 敘述區塊
```

- expression 運算式。
- as variable：使用 as 敘述指定變數，之後要加上「:」形成 with 敘述的區塊。

開啟檔案時，必定會消耗資源，所以完成程序後得進一步做清除或釋放資源的動作。實際上，Python 提供了環境管理協定（Context Management Protocol，或稱上下管理協定），讓物件自主管理。以 with 敘述來作為進入與離開的標示，也讓物件在適當時刻自行做清理收尾的動作。而環境管理員（Context Manager）支援環境管理協定，必須實作 __enter__() 與 __exit__() 兩個方法。

with 敘述一旦開始執行，就會呼叫 __enter__() 方法，所回傳的物件可藉由 as 敘述指定給變數（如果有的話），再進入 with 區塊，語法如下：

```
__enter__() 方法
```

若 with 區塊中的程式碼引發異常，會執行 __exit()__ 方法，語法如下：

```
__exit__(exc_type, exc_val, exc_tb)
```

- exc_type：例外的類型。
- exc_val：例外訊息。
- exc_tb：traceback 物件。
- 當 __exit__() 方法傳回 False，異常會重新丟出。

如果 with 區塊中沒有發生例外而執行完畢，同樣也會呼叫 __exit__() 方法，但此方法的三個參數都接收到 None。

範例《CH1407.py》

使用 with/as 敘述自動執行檔案的開啟和關閉。

STEP 01 撰寫如下程式碼。

```
01  class AutoClose:
02      def __init__(self, msg):
03          self.show = msg
04          print('開啟 ' + msg)
05      def __enter__(self):
06          print('進入with區塊 ')
07          return self.show
08      def __exit__(self, type, value, tb):
09          if type is None:
10              print('檔案自動關閉 ')
11          else:
12              print('引發異常！' + str(type))
13          return False
14  with AutoClose('../Demo/demo1407.txt') as file:
15      for line in file:
16          print(line, end = '')
```

STEP 02 儲存檔案，解譯、執行按【F5】鍵。

```
= RESTART: D:\PyCode\CH14\CH1407.py
開啟D:/PyCode/Demo/demo1407.txt
進入with區塊
D:/PyCode/Demo/demo1407.txt檔案自動關閉
```

【程式說明】

- 第 5~6 行：定義 __enter__() 方法，當 with 敘述呼叫此方法時會顯示進入的訊息。

- 第 8~13 行：定義 __exit__() 方法，未回傳檔案物件所做的相關處置。
- 第 14~16 行：使用 with/as 敘述來開啟檔案，完成之後會顯示說明檔案已自動關閉，釋放資源。

14.3.3　讀取文字檔案

檔案建立之後可以使用 read()、readline() 或 readlines() 方法來讀取檔案；先認識這三個方法的語法：

```
read(size = -1)      # 設字元數來讀取一個一個字元
readline()           # 讀取整行
readlines()          # 讀取一行回傳一行
```

read() 方法是一個字元一個字元去做讀取，若未指定讀取的字元數，檔案很大則會耗掉資源。所以使用 read() 方法限定讀取的字元數是比較好的方式。此外，範例做實地了解。

範例《CH1408.py》

讀取檔案時 open() 函式的參數 'rt' 表示讀取文字檔案，同時得注意是否已到檔案結尾，read() 會回傳空字串「''」示明。

STEP 01 撰寫如下程式碼。

```
01  show = ''
02  capacity = 80    # 每次欲讀取的字元數
03  with open('../Demo/demo1408.txt', 'rt') as foin:
04      while True:
05          segment = foin.read(capacity)    # 讀取 80 個字元
06          # 顯示內容於螢幕
07          print(segment, sep = '', end = '')
08          if not segment:    # print(segment)
09              break
10          show += segment
11  print('字元數：', len(show))
```

STEP 02 儲存檔案，解譯、執行按【F5】鍵。

【程式說明】

- 第 3~10 行：使用 while 迴圈來讀取文字檔案，open() 函式的參數為「rt」表示讀取文字檔案，並設定 read() 每次讀取 80 個字元。

◆ 第 7 行：呼叫 print() 函式可以將檔案輸出於螢幕上，同時取消參數 sep 和 end 的預設值，圖【14-4】和圖【14-5】可以檢視 print() 函式有無預設參數值是否有不同。

(1) 直接以 print() 函式輸出，不含參數：

```
Where the wandering water gushes
From the hills above Glen-Car,
In pools amon
g the rushes
That scarce could bathe a star,
We seek for slumbering trout
Giv
e them uniquiet dream;

字元數：183
```

圖【14-4】 print() 函式不含參數

(2) 以 print(segment, sep = '', end = '')，含有參數輸出。

```
Where the wandering water gushes
From the hills above Glen-Car,
In pools among the rushes
That scarce could bathe a star,
We seek for slumbering trout
Give them uniquiet dream;
字元數：183
```

圖【14-5】 print() 函式含有參數

讀取檔案第二個可以使用的方法 readline()，它讀取整行的字串。既然是讀取整行字串，可以加入方法 tell() 觀察檔案指標的變化。範例：

```
# 參考範例《CH1409.py》
show = ''
with open('../Demo/demo1408.txt', 'rt') as foin:
    print('檔案指標：')
```

14-19

```
while True:
    print(foin.tell(), end = ' ')    # tell()方法觀察檔案指標
    line = foin.readline()            # 讀取整行
    if not line:
        break
    show += line
```

- 呼叫 tell() 方法來觀察檔案指標移動的變化。
- 呼叫 readline() 方法來讀取整行。

如果想要在檔案內讀取一行並回傳一行，就得找 readlines() 方法來幫忙，以下述範例做了解。

```
# 參考範例《CH1410.py》
with open('../Demo/demo1408.txt', 'rt') as foin:
    total = foin.readlines()    # 讀取總行數
# 取得行數，再以 for 迴圈讀取
print('行數：', len(total))
for line in total:          #
    print(line, end = '')
```

- readlines() 方法取得文件的總行數。
- 再以 for 迴圈一行一行讀出。

14.4 二進位檔案

文字資料以處理文字為主。但是電腦上的資料，除了文字之外，尚有圖片、音樂，或者經過編譯的 EXE 檔案，林林總總，這些就必須以其他的資料格式來處理。

14.4.1 認識 byte 與 bytearray

雖然陸續介紹過 byte（位元組），將一些概念作整理。

- bytes 為 8 位元整數，值 0~255，是不可變資料。
- bytearray 是可變資料，值也是 0~255。

先認識內建函式 bytes() 和 bytearray()，它們擁有相同的參數，語法如下：

```
bytes([source[, encoding[, errors]]])
bytearray([source[, encoding[, errors]]])
```

- source：資料來源。
- encoding：如果是字串要以字串形式指定編碼格式。

簡例：介紹這兩個內建函式的用法。

```
bytes(5)
b'\x00\x00\x00\x00\x00'
bytes('cde', 'utf-8')
b'cde'
ary = bytearray(range(4))
ary
bytearray(b'\x00\x01\x02\x03')
```

- 函式 bytes() 以二進位資料回傳。
- 函式 bytearray() 配合函式 range() 能產生特定範圍的二進位資料。

如何表達二進位資料？前述簡例使用函式 bytes() 把資料轉換為二進制，它的值是 0~255 之間，通常以「b'」為開頭，後面接著十六進位的資料，再由對應的「'」結束，以 ASCII 字元為主。

還能使用函式 ord() 能取得字元的 ASCII 之值，再使用 Bytes 類別其它方法轉換為二進位資料。例二：

```
ord('P')# 取ASCII值
80
hex(80)  # 轉16進制
'0x50'
bytes.fromhex('50') # 二進制
b'P'
bytes('x50', 'utf-8')
b'x50'
```

- bytes 類別的 fromhex() 方法會將字串資料轉成 bytes 物件。
- 使用內建函式 bytes() 時同樣會回傳 bytes 物件，不過須指明它的編碼。

14.4.2 讀、寫二進位檔案

BytesIO 它繼承了 BufferedIOBase 類別。如何使用 BytesIO 類別來讀取二進位資料，認識此類別的兩個方法：

- getbuffer() 方法取得緩衝區內容。
- getvalue() 方法輸出緩衝區內容。

在存取二進位資料之前,先認識建構式 BytesIO() 的語法:

```
io.BytesIO([initial_bytes])
```

◆ initial_bytes:選項參數,初始化二進位資料。

二進制資料能利用 BytesIO() 建構式將資料初始化,暫存於緩衝區,再以方法 getbuffer() 輸出資料即可。參考範例《CH1411.py》:

```
from io import BytesIO
fo = BytesIO(b'Python')    # 把二進位資料初始化,以 b' 為前綴字
view = fo.getbuffer()       # 取得緩衝區
view[2:4] = b"Cr"           # 代換字元
print(fo.getvalue())
data = BytesIO(b'\x50\x79\x74\x68\x6f\x6e')
print(data.read())
```

◆ 表達二進位資料時,除了以「b'」開頭之外,\x50 的「50」是十六進位。

如果要新建二進位檔案,函式 open() 的 mode 參數須加入「b」來表示它是二進位,否則會引發錯誤。由於 write() 方法的參數是一般數值而不是二進位資料,所以產生 NameError 異常。簡例:

```
with open('data', 'wb') as fob:
    write(12)

Traceback (most recent call last):
  File "<pyshell#8>", line 2, in <module>
    write(12)
NameError: name 'write' is not defined
```

範例《CH1412.py》

方法 write() 寫入二進資料,再以 read() 方法讀取資料。

STEP 01 撰寫如下程式碼。

```
01  ary = bytearray(range(5))
02  # 二進位資料的寫入
03  with open('../Demo/demo1412', 'wb') as fob:
04      fob.write(ary)
05  # 二進位資料的讀取
06  with open('D:/PyCode/Demo/demo1412', 'rb') as fob:
```

```
07      fob.read(3)
08      print(type(ary))
09      print('二進位：', ary)
```

STEP 02 儲存檔案，解譯、執行按【F5】鍵。

```
= RESTART: D:\PyCode\CH14\CH1412.py
<class 'bytearray'>
二進位： bytearray(b'\x00\x01\x02\x03\x04')
```

【程式說明】

- 第 1 行：以內建函式 bytearray() 取得二進位資料。
- 第 3~4 行：open() 方法建立二進位新檔，mode 設「wb」，以 write() 方法寫入二進位資料。
- 第 6~9 行：讀取二進位資料並輸出，open() 函式的參數為「rb」表示讀取二進位檔案。

14.4.3　struct 模組與二進位資料

　　Python 提供 struct 模組，它是一個類似 C 或 C++ 的 struct 結構，配合其模組提供的方法可以將二進位資料與 Python 的資料結構互相轉換。介紹三個常用方法。

- **pack（fmt, v1, v2, ...）**：依照指定格式（fmt）將資料（v1, v2, ...）封裝，指定格式參考表【14-5】。簡單來說，就是把儲存的物件轉成二進位資料。
- **unpack（fmt, string）**：依照指定格式（fmt）將欲解析資料（string），解析後以 Tuple 物件回傳。也就是原來封裝的二進位資料還原成 Python 物件。
- **calcsize（fmt）**：計算指定格式（fmt）佔用多少位元組。

　　要把一般資料封裝為二進位資料，或者把已封裝的二進位資料還原成一般資料，除了找 struct 模組的 pack()、unpack() 方法配合，還得設定資料的格式。先認識與整數有關的資料格式，表【14-5】做介紹。

fmt	Python 型別	C 語言型別	標準大小
x	無	填補位元組	1
?	bool	_Bool	1
h	int	short	2
H	int	unsigned short	2
i	int	int	4
I	int	unsigned int	4
l	int	long	4
L	int	unsigned long	4
q	int	long long	8
Q	int	unsigned long long	8

表【14-5】 與數值有關的資料格式

表【14-6】列示與字元、浮點數有關的資料格式。

fmt	Python 型別	C 語言型別	標準大小
c	長度 1 的字串	char	1
b	int	signed char	1
B	int	unsigned char	1
f	float	float	4
d	float	double	8
s	str	char[]	
p	str	char[]	
P	int	void*	

表【14-6】 資料格式

指定資料格式時，還可以指定其順序和大小，表【14-7】簡介。

	位元組順序	大小	對齊
@	原生	原生	原生
=	原生	標準	None
>	大端	標準	None
<	小端	標準	None
!	網路（等同 >）	標準	None

表【14-7】 位元組的順序和大小

簡例：使用 struct 模組 pack() 和 unpack() 方法把浮點數資料封裝成二進位、再還原為浮點數。

```
import struct
numA = 12.558 # float
numB = struct.pack('f', numA)
numB
b'\x91\xedHA'
struct.unpack('f', numB)
(12.557999610900879,)
```

♦ 設變數 numA 為「12.558」。呼叫 struct 模組的 pack() 方法轉成二進位資料，後再以 unpack() 方法還原成 Python 的浮點數。

若是浮點數，呼叫 pack() 方法做資料轉換時要做對應。如果參數 fmt 是採用了與整數無關的格式會引發錯誤。

```
num = 12345
target = struct.pack('s', num)
Traceback (most recent call last):
  File "<pyshell#29>", line 1, in <
module>
    target = struct.pack('s', num)
struct.error: argument for 's' must
be a bytes object
```

範例《CH1413.py》

滙入 struct 模組，以 pack()、unpack() 方法把資料轉為二進制予以還原原有格式。

STEP 01 撰寫如下程式碼。

```
01  from io import open
02  import struct
03  # 寫入二進位資料
04  with open('../Demo/demo1413', 'wb') as fo:
05      data = struct.pack('hhl', 2, 4, 7)
06      print(' 二進位資料 \n', data)
07      fo.write(data)
08  # 讀取二進位資料
09  with open('demo1206', 'rb') as fo:
10      value = struct.unpack('hhl', fo.read(8))
11      print('Python 資料：', value)
12      print(' 位元組大小：', struct.calcsize('hhl'))
```

14-25

STEP 02 儲存檔案，解譯、執行按【F5】鍵。

```
= RESTART: D:\PyCode\CH14\CH1413.py
二進位資料
 b'\x02\x00\x04\x00\x07\x00\x00\x00'
Python資料： (2, 4, 7)
位元組大小： 8
```

【程式說明】

- 第 5 行：呼叫 pack() 方法將數值 2、4、7 分別以格式 h(short)、h(short)、l(long) 轉為二進位資料，位元組大小是 8。
- 第 10 行：呼叫 unpack() 方法，再以格式「hhl」配合 read() 方法來還原成 Python 資料。由於位元組大小是 8，所以 read() 方法的大小也要設為 8。

14.5 文字檔並非只有文字

文字檔案最簡單的文字檔案（TXT）之外，可能有不同的分隔符號，像是逗點「,」或是 tab「'\t'」等。如果它是一個 html 或 xml 文件可能還有標籤「<」和「>」。

14.5.1 淺談文字編碼

雖然 Python 支援多種編碼格式，它與文字習習相關。Python 較早版本的字元以 ASCII 為主，隨著技術的演進，Python 3.x 版本則迎來了 Unicode 字串，bytes 變成了獨立的型別，用來儲存位元組資料，並且可以搭配 bytearray 共同使用。結論是：

- str（字串）就是以 Unicode 來表示。不需要表示成「u'abc'」。
- bytes 負責位元組資料，它的值在 0~255 之間。

那麼 Python 對於 Unicode 字串又是如何處理？由於 Python 的 I/O 是分層組負責，文字檔案是由一個具有緩衝的二進位模式檔案（Buffered binary-mode file）外加一個 Unicode 編碼/解碼層，運作機制參考圖【14-6】的說明，解說如下：

圖【14-6】 Unicode 編碼 / 解碼

(1) 從外部取得資料時，一律進行解碼，轉成 Unicode 字串。

(2) Python 的內部，只有 Unicode 字串。

(3) 要輸出的資料就做編碼，變成位元組資料。

掌握 Unicode 在內，bytes 在外的運作機制之後，再來認識其他的編碼系統。

```
import sys
sys.stdout.encoding
'utf-8'
sys.stdin.encoding
'utf-8'
sys.getdefaultencoding()
'utf-8'
```

不同系統有不同的編碼系統，藉由 sys 模組查看的標準輸出（螢幕）和標準輸入（鍵盤）皆為「utf-8」；getdefaultencoding() 方法可以取得文字的編碼格式。那麼 cp950 什麼編碼系統？答案是繁體中文，不過它是由 Windows 作業系統所提供的繁體中文。利用表【14-8】介紹 Python 所支援，一些較為常見的編碼格式。

文字編碼格式	語言、地區	別名
ascii	英文	us-ascii
cp850	西歐	850、IBM850
big-5	繁體中文	big5-tw、csbig5
cp950	繁體中文	950、ms950
gb312	簡體中文	eucgb2312-cn、chinese
hz	簡體中文	hzgb、hz-gb、hz-gb-2312
utf-8	Unicode	U8、utf8、UTF
utf-16	Unicode	utf16、U16
utf-32	Unicode	utf32、U32

表【14-8】 Python 支援的編碼格式

14-27

若要把字串以 utf-8 編碼格式編碼成 bytes 資料,可呼叫 str 的 encode() 方法,它的語法如下:

```
str.encode(encoding = "utf-8", errors = "strict")
```

- encoding = 'utf-8':先取得一個 utf-8 的編碼,再指派字串。

藉由兩個簡例說明編碼、解碼。先認識編碼過程;作法很簡單,先將字串「sunflower」指定給 utf-8 某個編碼之後,再呼叫 encode() 方法做編碼動作。此處使用內建函式 len() 來檢視字串在編碼時的長度改變。簡例:

```
# 把'\u2605'指定給某個字串
sunflower = '\u2605'
len(sunflower)  # 得字串長度
1
# 把unicode字元編碼為bytes
edb = sunflower.encode('utf-8')
# utf-8編碼可以改變字串長度
len(edb)
3
print(edb)
b'\xe2\x98\x85'
```

- 完成編碼動作後,直接輸入變數「edb」它會得到二進位資料,表示編碼完成。
- 「\u605」原本儲存是單一字元,所以字串長度為 1,只是藉助它說明編碼的程序。

字串可以編碼成二進位資料,當然也可以解碼。二進位資料解碼要呼叫 bytes 類別的 decode() 方法,語法如下:

```
bytes.decode(encoding = "utf-8", errors = "strict")
```

- encoding:指已編碼的二進位資料。

如何將已編碼的二進位資料還原,使用特殊字元才能達到編碼、解碼效果,例二:

```
wd = 't\u00f4t'
# 使用二進位編碼
wdb = wd.encode('utf-8')
wdb.decode('utf-8')  # 解碼
'tôt'
```

- Unicode 的格式是「uXXXX」所以最後一個字元「t」不以「\」做區隔。
- 呼叫字串的 encode() 指明是 utf-8 來進行二進位資料的編碼。

- 呼叫 bytes 的 decode() 做解碼程序。
- 由於 Python 的字串是以 Unicode 來處理,所以一般字元做不到編碼、解碼。

14.5.2 CSV 格式

CSV(Common-Separated Value,中文或譯逗點分隔值)也是文字檔案的一種。從大型的資料庫撈出資料,要到 Excel 軟體上做試算分析,或者從 Excel 軟體匯出資料時,也可以選擇 csv 格式。它的檔案裡,第一行稱為表頭(header)(也有可能沒有),資料與資料之間會以逗點來隔開。

Python 提供 csv 模組讓我們輕鬆讀寫 csv 檔案,開啟檔案之後,首要工作是讓 csv 模組的 reader() 和 writer() 方法做解析、讀取,由於兩者的參數相同,先來看看它的語法:

```
reader(csvfile, dialect='excel', **fmtparams)
writer(csvfile, dialect='excel', **fmtparams)
```

- csvfile:欲讀取或寫入的 csv 檔案。
- 無論是讀取或寫入都會透過 **fmtparams 去呼叫 dialect 類別的屬性「delimiter」來指定其分隔符號,預設值是「,」(半形逗點)。

以一個範例說明先讀取 csv 檔案再寫入到新的文字檔。

範例《CH1415.py》

雙層 with/as 敘述,外層先讀取 csv 檔案之後,再以內部的 with/as 敘述寫入到新的 txt 檔案。

STEP 01 撰寫如下程式碼。

```
01  import csv
02  # 先讀取 csv 檔案
03  with open('../Demo/demo1415.csv', 'r',
04          encoding = 'utf-8') as fino:
05      # 將讀取的 csv 檔案寫入另一個檔案
06      with open('demo107.txt', 'w',
07              encoding = 'utf-8') as fouto:
08          reader_csv = csv.reader(fino)
09          write_txt = csv.writer(fouto)
10          for row in reader_csv:
11              print(', '.join(row))
12              write_txt.writerow(row)
```

STEP 02 儲存檔案，解譯、執行按【F5】鍵。

```
= RESTART: D:\PyCode\CH14\CH1415.py
name, sex, age
Vicky, F, 19
Steven, M, 17
Judy, F, 20
Eric, M, 18
```

【程式說明】

- 第 3~12 行：外層 with/as 敘述，讀取 csv 檔案，編碼設為「utf-8」。
- 第 6~12 行：內層 with/as 敘述，讀取 csv 檔案以編碼設為「utf-8」寫入另一個檔案。
- 第 8、9 行：呼叫 csv 模組的 reader() 方法並傳入檔案物件。然後再呼叫 writer() 方法做寫入動作。
- 第 10~12 行：for 迴圈讀取 csv 檔案，並以 join() 方法將欄位與欄位之間的資料結串連。

14.5.3 JSON 格式

JSON（JavaScript Object Notation）是 JavaScript 處理網頁時所用的輕型資料格式。無庸置疑，Python 也支援它。以表【14-9】說明 JSON 與 Python 型別的對照。

JSON	Python
object	dict
array	list
string	str
number(int)	int
number(real)	float
true	True
false	False
null	None

表【14-9】 JSON 與 Python 型別對照

將資料結構存成檔案或可傳輸的物件稱為「序列化」，Python 稱為 Pickling，其他語言中稱之為 serialization，marshalling，flattening 等等。相反地，將序列化

的物件轉為資料結構,稱為「反序列化」(Unpickling)。可以把 JSON 格式自訂轉換器,將資料序列化;或者透過 pickle 模組來解析或還原二進位的檔案格式。

Python 提供 json 模組來處理資料,呼叫 dump() 或 dumps() 方法將 Python 物件轉換成 JSON 格式(或稱序列化 <Serialize> 物件),兩個方法的參數大同小異,先認識 dump() 方法的語法:

```
dump(obj, fp, skipkeys = False, ensure_ascii = True,
    check_circular = True, allow_nan = True,
    cls = None, indent = None, separators = None,
    default = None, sort_keys = False, **kw)
```

◆ fp:類檔案物件(file-like object)。

dump() 方法配合表【14-9】將物件序列化為 JSON 格式,其中的資料流在 write() 支援下能轉為「類檔案物件」(file-like object)。

另一個是 dumps() 方法,認識其語法:

```
dumps(obj, *, skipkeys = False, ensure_ascii = True,
    check_circular = True, allow_nan = True, cls = None,
    indent = None, separators = None, default = None,
    sort_keys = False, **kw)
```

◆ obj:欲轉為 JSON 格式的 Python 物件。
◆ skipkeys:預設值「False」;若是「True」表示 dist 物件的 key 無法使用基本型別。
◆ default:可自行定義一個函式來回傳可序列化的物件。
◆ sort_keys:將預設值「False」變更為「True」可以將多個項目排序。

dump() 和 dumps() 方法的差別在於 dump() 方法會將 JSON 寫入到類檔案物件(file-like Object)。而 dumps() 方法會以 str 回傳標準的 JSON。

範例:將 Python 的 dict 物件轉成 JSON 格式。

```
# 參考範例《CH1416.py》將 Python dict 物件轉成 JSON 格式
import json # 匯入 json 模組
data = dict(name = 'Tom', sex = 'Male', salary = 25000)
data_json = json.dumps(data) # 轉成 JSON 格式
print('JSON:', data_json)
```

◆ 輸出:JSON 格式 {"salary": 25000, "name": "Tom", "sex": "Male"}

呼叫 json 模組的 dumps() 方法，能將 Python 的 dict 物件轉成 JSON 格式。如果誤值為「dump()」方法會引發異常。

```
Traceback (most recent call last):
  File "D:\PyCode\CH14\CH1416.py", line 6, in <module>
    data_json = json.dump(data)#轉成JSON格式
TypeError: dump() missing 1 required positional argument: 'fp'
```

參考範例《CH1417.py》：呼叫 dump() 方法轉為 JSON 格式，需要利用 StringIO 類別來建立一個類檔案物件。

```
import json
from io import StringIO
data = {'C':'Three', 'B':'Two', 'D':'Four'}
floi = StringIO()          # 寫入類檔案物件
json.dump(['A = One'], floi)
data_json = json.dump(data, floi, sort_keys = True)
print(floi.getvalue())# 輸出內容
```

- 利用 StringIO 建立「類檔案物件」。
- 呼叫 dump() 方法兩次（會累積物件），並設 sort_keys 參數值為 True，會將 Python 物件做排序。

load() 或 loads() 方法則恰好相反，它是將 JSON 格式轉為 Python 物件（或稱反序列 <Deserialize> 物件），先瞧瞧 load() 方法的語法：

```
load(fp, cls = None, object_hook = None,
    parse_float = None, parse_int = None,
    parse_constant = None, object_pairs_hook = None, **kw)
```

- fp：類檔案物件。

另一個方法是 loads()，認識其語法：

```
loads(s, cls = None, object_hook = None,
    parse_float = None, parse_int = None,
    parse_constant = None, object_pairs_hook = None, **kw)
```

- s：指的是 str、bytes 或 bytearray 等的物件。

延續範例《CH1416.py》的內容，呼叫 loads() 方法將 JSON 格式還原成 Python 物件。

```
# 參考範例《CH1416.py》
# 省略前面程式碼
data_p = json.loads(data_json)
print('dict:', data_p)
```

```
= RESTART: D:\PyCode\CH14\CH1416.py
JSON: {"name": "Tom", "sex": "Male",
 "salary": 25000}
dict: {'name': 'Tom', 'sex': 'Male',
 'salary': 25000}
```

範例《CH1418.py》

定義類別產生物件，呼叫 dumps() 並加入參數「sort_keys = True」把序列化的物件進行排序。

STEP 01 撰寫如下程式碼。

```
01  import json
02  class Motor:        # 定義類別
03      def __init__(self, name, color, size):
04          self.name = name
05          self.color = color
06          self.size = size
07  altis = Motor('Altizz', 'Gray', 1795)    # 建立物件
08  def show(car):# dump() 方法 default 參數值，自行定義可序列物件
09      return{
10          'Car'      : car.name,
11          'Color'    : car.color,
12          'Capacicy' : car.size
13      }
14  altisJn = json.dumps(altis,
15              sort_keys = True, default = show)
16  print('JSON\n', altisJn)
17  altisP = json.loads(altisJn)
18  print('dict 物件 \n', altisP)
```

STEP 02 儲存檔案，解譯、執行按【F5】鍵。

```
========= RESTART: D:\PyCode\CH14\CH1418.py =========
JSON
 {"Capacicy": 1795, "Car": "Altizz", "Color": "Gray"}
dict 物件
 {'Capacicy': 1795, 'Car': 'Altizz', 'Color': 'Gray'}
```

14-33

【程式說明】

- 第 2~6 行：定義一個 Motor 類別，初始化時要傳入三個參數。
- 第 8~13 行：定義 show() 方法，用來取得 dumps() 方法中 default 參數值，自行定義可序列物件，並進一步回傳 __init__() 方法所接收的參數值。
- 第 14~15 行：呼叫 dumps() 方法將 dict 物件排序後，轉成 JSON 格式。
- 第 17 行：呼叫 loads() 方法把 JSON 格式還原為 Python 物件。

重點整理

◈ 檔案路徑的「相對路徑」會隨所在位置而有所不同,「絕對路徑」不會隨所在位置而改變。

◈ Python 有三種檔案物件,透過 Python 的 io 模組來定義。①原始的二進位檔案;②具有緩衝區功能的二進位檔案;③文字資料檔案。

◈ Python 的 io 模組(Input、Output)提供三種輸出入處理介面:① text I/O 以 str 物件為主,由 TetxIOBase 類別提供相關實作。② binary I/O 又稱緩衝(Buffered)I/O,採二進位方式來儲存資料。③ raw I/O 也稱非緩衝 I/O,用來處理低階的文字和二進位資料,它由 RawIOBase 類別提供相關的實作方法。

◈ truncate() 方法會從檔案的首行首個字元做截斷 n 個字元;tell() 方法利用指標方式,指出檔案或文件的它所停留的位置。seek() 方法會依據偏移量來更改位置。

◈ 寫入檔案除了呼叫 write() 方法,也可以使用內建函式 print()。參數 sep 和 end 不帶字元時,print() 函式也能將內容寫入檔案。

◈ Python 提供環境管理協定(Context Management Protocol)讓物件自己做好管理。with 敘述作為進入與離開的標示,也讓物件在適當時刻自行做清理收尾的動作。環境管理員(Context Manager)支援環境管理協定,必須實作 __enter__() 與 __exit__() 兩個方法。

◈ read() 方法是一次讀取一個字元;readline() 方法可以整行讀取;要在檔案內讀取一行並回傳一行,就得找 readlines() 來幫忙。

◈ 把字串以 utf-8 格式編碼成 bytes 資料,呼叫 str 的 encode() 方法;二進位資料解碼要呼叫 bytes 類別的 decode() 方法。

◈ bytes 為 8 位元整數,值 0~255,不可變資料。bytearray 則是可變資料,值也是 0~255。

◈ Python 提供 struct 模組,它是一個類似 C 或 C++ 的 struct 結構;pack() 方法把儲存的物件轉成二進位資料。unpack() 將二進位資料還原成 Python 物件。

◈ CSV(Common-Separated Value,中文或譯逗點分隔值)也是文字檔案的一種。Python 提供 csv 模組,reader() 和 writer() 方法做解析、讀取。

14-35

◆ 將資料結構存成檔案或可傳輸的物件稱為「序列化」，Python 稱為 Pickling，其他語言中稱之為 serialization，marshalling，flattening 等等。相反地，將序列化的物件轉為資料結構，稱為「反序列化」（Unpickling）。

◆ Python 可以把 JSON 格式自訂轉換器，使用方法 dump()、dumps() 將資料序列化；或者透過 pickle 模組的方法 load()、loads() 來解析或還原二進位的檔案格式。

15
CHAPTER

GUI 介面

學｜習｜導｜引

- 介紹 Python 提供的 GUI 套件，本章範疇以 tkinter 為主
- 管理版面的三個方法：pack()、grid()、place()
- 以 Label 顯示文字，Entry 和 Text 可接收文字的輸入
- 多個項目時，可以多選的 Checkbutton 和只能單選的 Radiobutton
- messagebox 配合相關方法提供互動式的訊息

Python 提供了多種套件來支援 GUI 介面的撰寫，簡單認識這些套件。但本章內容會以 tkinter 套件為主，在主視窗物件中，介紹容器 Frame，尚有其他元件：Label、Entry、Text、Button、Checkbutton、Radiobutton。

15.1 Python GUI

介紹支援 Python GUI 介面的一些相關套件，包含 Tkinter、wxPython、PyGTK、PyQt、PythonCard 和 IronPython 等。

15.1.1 GUI 相關套件

GUI（Graphical User Interface，圖形化使用者介面）提供視覺化介面設計。那麼有那些支援 Python GUI 介面的套件呢！介紹一些較為常見：

- **tkinter**：Tk interface 的簡稱。本章節會以它為主，介紹 GUI 的相關元件。
- **wxPython**：是由跨平台 GUI 工具箱 wxWidgets 所開發。它提供的類別多達 200 個，採用物件導向。對於大型 GUI 的開發具有很強的優勢。
- **PyGTK**：由 Python 封裝，用於 GTK+ 的 GUI 函式庫。GTK 本身是 Linux 平台下 Gnome 的核心，它也是開放原始碼圖形使用者介面的函式庫。要注意的地方它是以 Python 2.7 為基礎。
- **PyQT**：實作了 Python 的模組集。它融合了 Python 程式語言和 Qt 函式庫，擁有 300 個類別，600 多個函式和方法。而 Qt 同樣也是一個物件導向的圖形化使用者介面，可以在不同的平台上使用。
- **PythonCard**：由 wxPython 再做封裝。不過比 wxPython 更直觀，使用上也更簡單化。
- **IronPython**：支援 .NET 應用，簡單地說就是使用 python 語法進行 .NET 開發。

15.1.2 認識 tkinter 套件

TK 原是 Tcl（Tool Command Language）程式語言的附件，而 Tcl/TK 皆來自於 Unix 平台，於 1980 年代末期由 John Ousterman 所創建，直至 1994 年在 Python 發布 1.1 版本時成為它的標準函式庫的一部分。而 Tkinter 則為 TK GUI 函式庫中

Python 的介面，屬於附帶的 GUI 模組。Tkinter 支援跨平台，windows、Linux 和 Mac 皆可使用。除了本身的模組之外，尚有兩個擴充的模組：

- **tkinter.tix 模組**：擴展了 Tk 的 widgets。
- **tkinter.ttk 模組**：以 widgets 為基礎，它包含了相當多的元件。

由於 tkinter 是 Python 的內建模組，直接在 Python Shell 交談模式下輸入相關敘述。

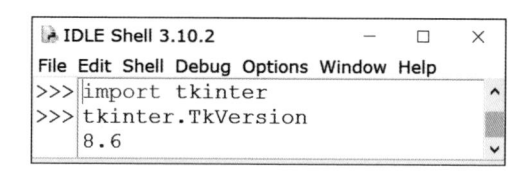

```
IDLE Shell 3.10.2
File Edit Shell Debug Options Window Help
>>> import tkinter
>>> tkinter.TkVersion
8.6
```

- import 敘述匯入「tkinter」模組。
- tkinter.TkVersion 檢查 Tkinter 的版本是「8.6」。

如果不太確定，想要進一步檢查，可以在「命令提示字元」視窗下，執行下述指令來確認。

```
python -m tkinter
```

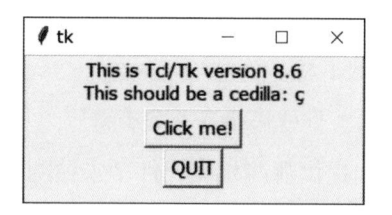

```
tk
This is Tcl/Tk version 8.6
This should be a cedilla: ç
Click me!
QUIT
```

圖【15-1】 Tkinter 的主視窗物件

按下 Enter 鍵之後，如果標題列顯示含有「Tk」的視窗，表示 Tkinter 套件在 Python 中使用是沒有問題，按「QUIT」鈕來關閉此視窗。同樣地，呼叫 tkinter 所建立的主視窗物件，還可以在 Python Shell 交談模式下進行。

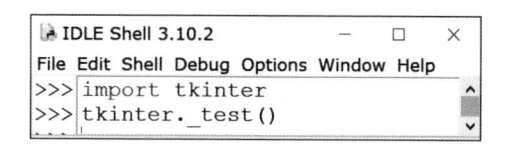

```
IDLE Shell 3.10.2
File Edit Shell Debug Options Window Help
>>> import tkinter
>>> tkinter._test()
```

- 呼叫 _test() 方法會產生如圖【15-1】的主視窗物件。

15-3

如何以 Tkinker 模件來產生一個簡單的 GUI 介面。程序如下：

(1) 匯入 tkinter 模組

匯入模組或者；如果未有任何異狀，表示 tkinter 模組可以使用。此處滙入 Tkinter 模組可採用下列敘述：

```
from tkinter import *      # 滙入所有類別
from tkinter import ttk    # 只滙入 ttk 模組
```

(2) 產生 Tkinter 主視窗物件 – root

首先要以 Tk() 建構函式產生一個主視窗物件 root（習慣用法）。若在 Python Shell 交談模式下撰寫此行敘述，按下 Enter 鍵之後，就可以看到一個主視窗物件出現在畫面上。

(3) 主視窗加上一個標籤來顯示文字，並設定相關屬性值。

(4) 呼叫 pack() 方法納入版面管理。

(5) 呼叫 mainloop() 方法，讓主視窗能停留，而不是一閃而過。

建立主視窗物件要呼叫其建構函式 Tk()，它的語法如下：

```
tkinter.Tk(screenname = None, baseName = None,
    className = 'Tk', useTk = 1)
```

- className：使用的類別名稱。
- 所有的參數皆有預設值，Tk() 建構式不含參數時，用來建立主視窗物件。

tkinter 模組的 ttk 模組提供哪些相關元件？未標明 ttk 者，表示它就是來自於 tkinter 模組本身，表【15-1】簡介。

元件名稱	簡介
ttk.Button	按鈕
Canvas	提供圖形繪製的畫布
ttk.Checkbutton	核取方塊
ttk.Entry	單行文字標籤
ttk.Frame	框，可將元件組成群組

元件名稱	簡介
ttk.Label	標籤，顯示文字或圖片
Listbox	清單方塊
Menu	選單
ttk.Menubutton	選單元件
Message	對話方塊
ttk.Radiobutton	選項按鈕
ttk.Scale	滑桿
ttk.Scrollbar	捲軸
Text	多行文字標籤
Toplevel	建立子視窗容器

表【15-1】 tkinter 元件

在 OOP 機制的運作下，皆要透過這些類別來產生操作介面，它們皆有屬性和方法。Python Shell 允許我們在交談模式下，與 Tkinter 模組進行互動。

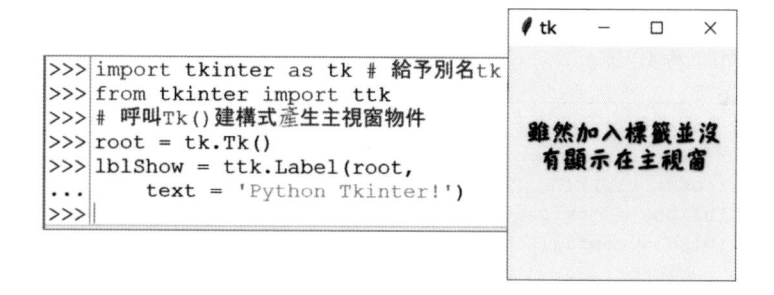

```
>>> import tkinter as tk   # 給予別名tk
>>> from tkinter import ttk
>>> # 呼叫Tk()建構式產生主視窗物件
>>> root = tk.Tk()
>>> lblShow = ttk.Label(root,
...     text = 'Python Tkinter!')
>>>
```

雖然加入標籤並沒有顯示在主視窗

由於標籤（Label）的作用是把文字顯示出來，當標籤物件去呼叫 pack() 方法時才會在主視窗顯示「Python Tkinter!」。

```
>>> root = tk.Tk()
>>> lblShow = ttk.Label(root,
...     text = 'Python Tkinter!')
>>> lblShow.pack()   # 顯示Label
>>>
```

Python Tkinter!

15-5

產生標籤物件後，還能以中括號設定單一屬性值，簡例：

```
import tkinter as tk  # 給予別名 tk
from tkinter import ttk
root = tk.Tk()          # 呼叫 Tk() 建構式產生主視窗物件
lblShow = ttk.Label(root, text = 'Python Tkinter!')
lblShow.pack()          # 顯示 Label
lblShow['foreground'] = 'White'    # 設前景（文字）為白色
lblShow['background'] = 'Gray'     # 設背景為灰色
# lblShow.config(foreground = 'White', background = 'Gray')
```

- 使用中括號 ['屬性'] = '屬性值'。
- 使用 config() 做其它屬性的配置。

範例《CH1501.py》

建立一個主視窗物件 root，並以 pack() 方法來顯示 Label 物件。

STEP 01 撰寫如下程式碼。

```
01  import tkinter as tk
02  from tkinter import ttk
03  root = tk.Tk()        # 建立主視窗
04  lblShow = ttk.Label(root, text = 'Hello Python!!')
05  lblShow.config(width = 20, foreground = 'White',
06      background = 'LightGray', font = ('Arial', 18))
07  lblShow.pack()        # 呼叫此方法，Label 才會顯示於主視窗
08  root.mainloop()       # 產生訊息迴圈
```

STEP 02 儲存檔案，解譯、執行按【F5】鍵。

【程式說明】

- 第 1 行：匯入 tkinter 模組時，第一個字母須小寫「tkinter」。
- 第 4 行：產生標籤（Label）物件，建構式 Label() 的第 1 個參數必須包含主視窗物件，所以是「root」。屬性 text 儲存標籤要顯示的文字「Hello Python!!」

- 第 5~6 行：要加入標籤其它屬性，使用 config() 方法，如設前景（屬性 foreground）為白色，背景（background）為灰色，寬度（width）為 20；屬性 font 可以指定字型並設字的大小。
- 第 7 行：呼叫 pack() 方法將 Label 放入主視窗物件進行版面配置；若未呼叫 pack() 方法，Label 就無法在主視窗物件展示。

15.1.3 撰寫一個簡單的視窗程式

自行定義的子類別 appWork，它繼承了 Tk 元件，以 pack() 方法為版面管理，並擴充了標籤原有的高度和寬度。

範例《CH1502.py》

在主視窗的標題列顯示文字，並擴展原有版面的高度和寬度。

STEP 01 撰寫如下程式碼。

```
01   import tkinter as tk
02   from tkinter import ttk
03   class appWork(tk.Tk):
04      def __init__(self):
05         super().__init__()           # super() 函式呼叫父類別
06         self.title('CH1503')         # 顯示於視窗標題列
07         lblShow = ttk.Label(self,
08             text = 'Python is great fun!')
09         lblShow.pack(fill = tk.BOTH, expand = 1,
10             padx = 100, pady = 50)
11   work = appWork()    # 產生主視窗物件
12   work.mainloop()     # 視窗訊息初始化
```

STEP 02 儲存檔案，解譯、執行按【F5】鍵。

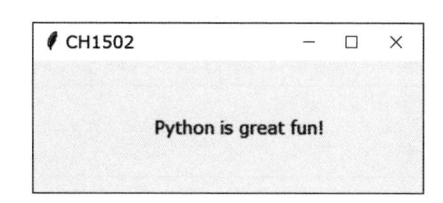

【程式說明】

- 第 3~10 行：定義類別 appWork，它繼承了 Tk 元件。

- 第 5 行：super() 方法呼叫 Tk 元件的相關方法。
- 第 7~8 行：Label() 建構式的第 1 個參數 parent，以 self 取代。
- 第 9~10 行：在版面管理下，標籤向 x、y 兩個方向擴展（tk.BOTH），指定 x = 100，y = 50 像素來增加空白。

15.2 版面管理員

建立 GUI 介面時通常要有一個容器來放入這些元件。容器可能是 Tk 類別產生的主視窗物件。表【15-1】已經列舉了 tkinter 的元件，接下來就以它們來介紹相關的屬性和方法。

15.2.1 Frame 為容器

除了主視窗之外，通常會以 Frame 來作為基本容器來管理相關元件。先看看它的語法：

```
wnd = Frame(master = None, option, ...)
```

- master：指父類別的元件。
- option：選項參數，以表【15-2】說明之。

Frame 元件中參數 option，概分標準、特殊兩大項，大部份是以 Frame 類別有關的屬性，表【15-2】簡介。

屬性	說明（＊表明它是特殊的屬性）
cursor	滑鼠停留在 Frame 所顯示的指標形狀。
padding	元件與容器的距離
style	使用 ttk.Style() 建構式設定元件的相關屬性值，用法參考章節《15.3.1》
relief *	設定框線樣式，預設值「'flat'」或「FLAT」
borderwidth *	設框線寬度
height*	Frame 高度
width*	Frame 寬度

表【15-2】 Frame 元件有關的屬性

由於 Frame 為容器，加入的元件若要與 Frame 之間保持間距，可使用屬性 padding。如何設定？簡例如下：

```
wnd = Tk()    # 建立主視窗物件
frame = ttk.Frame(wnd, borderwidth = 10,
            width = 300, height = 200,
            relief = 'raised', padding = (5, 8, 12, 15))
frame.pack()
one = ttk.Label(frame, text = 'Left', relief = 'groove')
one.pack(side = 'left')
```

- 物件 frame 加入主視窗，而標籤物件加入 frame 物件。
- Frame 的屬性 paddinge 是元件與 frame 間距值，其中的值「left = 5」,「top = 8」,「right = 12」,「bottem = 15」。
- 若「frame['padding'] = (2, 4)」表示左、右的間距是 2 px，上、下的間距值是 4 px（pixel）。
- 若「frame['padding'] = 2」表示左、上、右、下的間距值皆是 2 px（pixel）。

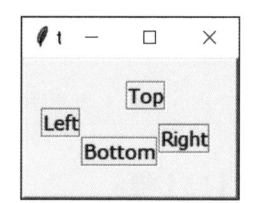

Frame 元件可以設定屬性「borderwidth」設定框線粗細。不過只有框線無法其效果，還得找屬性 relief 進一步設定框線樣式，有關於 relief 的屬性值，可參考範例《CH1505.py》。

可把 Frame 視為 Tk 的元件，它可以作為容器來容納其它元件，例如 Label、Button 等。所以要建立主視窗物件，以 Frame 為父類別，wndApp 是繼承了 Frame 類別的子類別。

範例《CH1503.py》

子類別 wndApp 繼承了 Frame 類別，而 Frame 類別在初始化過程中會去呼叫自己的 __init__() 方法。所以形成主視窗內有 Frame，而 Frame 內的左、右各有一個按鈕（Button），左側按鈕按一下會顯示今天日期，右側滑鼠則會關閉主視窗。

15-9

STEP 01 撰寫如下程式碼。

```
01   import tkinter as tk
02   from tkinter import ttk
03   from datetime import date
04   class wndApp(ttk.Frame):       # 定義子類別，繼承了父類別 Frame
05      def __init__(self, ruler = None):
06         ttk.Frame.__init__(self, ruler)
07         self.pack()
08         self.makeComponent()
09      def makeComponent(self): # 定義方法，建立兩個按鈕
10         self.atDay = ttk.Button(self,
11             text = '我是 按鈕 \n(Click Me ...)',
12             command = self.display)
13         self.atDay.pack(side = 'left')
14         self.QUIT = ttk.Button(self, text = 'QUIT',
15             command = wnd.destroy)
16         self.QUIT.pack(side = 'right')
17      def display(self):          # 定義方法，按一下滑鼠顯示今天日期
18         today = date.today()
19         print('Day is', today)
20   wnd = tk.Tk()              # 產生主視窗物件
21   wnd.title('CH1503')        # 標題列顯示文字
22   wndApp()
23   wnd.mainloop()             # 訊息呼叫
```

STEP 02 儲存檔案，解譯、執行按【F5】鍵。

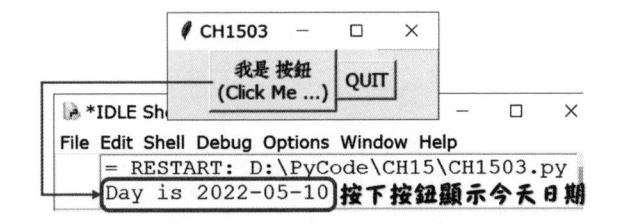

【程式說明】

- 第 4~19 行：定義類別 wndApp，它繼承了 Frame 類別。它有三個方法：__init__()、makeComponent()、display()

- 第 5~8 行：wndApp 類別本身的 __init__() 方法。Frame 本身是容器，初始化時會去呼叫主視窗物件（wnd）並把自己以 pack() 方法加入主視窗版面，如此才能呼叫 makeComponent() 方法來加入兩個按鈕。

- 第 9~16 行：makeComponent() 方法用來設定元件的相關屬性值，目前有兩個按鈕分置 Frame 的左、右側。按鈕中的屬性「text」可用來設定顯示於按鈕的文字；「command」則用來呼叫方法，讓按鈕按一下所要執行的程序。
- 第 10~12 行：左側按鈕是按一下滑鼠之後會在畫面上顯示今天的日期，所以屬性 command 會呼叫 display() 方法。
- 第 14~16 行：右側按鈕則去呼叫 destroy() 方法，按一下滑鼠會關閉主視窗並做資源的釋放。
- 第 22 行：wndApp 類別會以主視窗物件為引數做初始化動作，然後加入 Frame 元件，再由 Frame 加入兩個按鈕。

建立主視窗物件「root = Tk()」之後，可以呼叫與主視窗相關的方法，簡介如表【15-3】。

方法	說明
attributes()	變更屬性，如有透明度或獨佔模式
iconbitmap(' 圖名 .ico')	變更主視窗左上角的 logo 圖
title('str')	在主視窗物件標題列顯示文字，例如「root.title('Python GUI')」
resizable(FALSE, FALSE)	重設主視窗物件大小
minsize(width, height)	主視窗物件最小化時的寬和高
maxsize(width, height)	主視窗物件最大化時的寬和高
mainloop() 方法	建立主視窗環境讓子元件能運作
destroy() 方法	清除主視窗物件，釋放資源

表【15-3】 與主視窗物件有關的方法

變更主視窗物件左上角的 logo 圖：

```
>>> from tkinter import ttk
>>> wnd = Tk()  # 主視窗物件
>>> wnd.iconbitmap('D:/PyCode/Demo/006.ico')
    # 變更主視窗左上角logo
    ''
```

產生的主視窗物件可以調整其大小，可以呼叫方法 maxsize()、minsize() 讓視窗大小在某個範圍內，簡例：

```
from tkinter import *
from tkinter import ttk
wnd = Tk()                              # 主視窗物件
wnd.iconbitmap('../Demo/006.ico')       # 回到上一層目錄下 Demo 目錄
wnd.maxsize(500, 500)                   # 主視窗最大
wnd.minsize(200, 200)                   # 主視窗最小
wnd.attributes('-alpha', 0.5)           # 主視窗設成半透明狀
```

- 方法 attributes() 的參數「alpha」值為『1.0~0.0』，表示物件的透明度，值愈小透明度愈高，1 表示不透明。

與視窗狀態有關的方法，三個方法之間彼此互拆，也無法與 geogetry() 方法同時使用。

- **state('str') 方法**：以字串顯示視窗狀態。
- **iconify() 方法**：將主視窗物件最小化到工作列
- **deiconify() 方法**：則從工作列還原視窗。

要設定主視窗大小和位置，呼叫方法 geometry() 做設定，其語法如下：

```
geometry('widthxheight±x±y')
```

參數的 width（寬）、height（高）、x、y（座標）皆以像素（pixel）為單位，所代表的意義以圖【15-2】說明。x 為正值表示會靠近螢幕左側；右側使用負值」；參數 y 為正值表示接近頂端，靠近底部採負值。

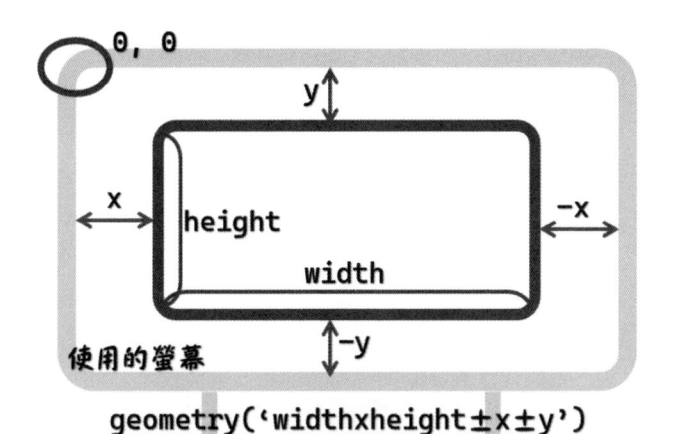

圖【15-2】 方法 geometry() 使用的參數

例二：設視窗大小為「150×120」。

```
from tkinter import *
from tkinter import ttk
wnd = Tk()  # 主視窗物件
wnd.geometry('150x120+25-100')
```

參數 x 是正值「25」，主視窗出現於螢幕左側；參數 y 是負值「-100」是接近螢幕底部。所以執行此敘述，表示主視窗會靠近螢幕左下角位置。

主視窗能設定其大小，若希望保持固定的視窗大小，不能自行調整大小的話，可呼叫方法 resizable()，其預設值「resizable(True, True)」表示可以自行調整。若把它變更為「resizable(False, False)」或「resizable(0, 0)」，就無法自行調整大小。Python 較為特別之處，「True」能以數值『1』表示，而「False」能以數值『0』來替代。

範例《CH1504.py》

使用 geometry() 方法設定主視窗物件的寬和高，並以 x、y 座標為其位置。

STEP 01 撰寫如下程式碼。

```
01  import tkinter as tk
02  from tkinter import ttk
03  wnd = tk.Tk()                  # 產生主視窗物件
```

15-13

```
04    wnd.title('CH1504')          # 標題列欲顯示的文字
05    wnd.geometry('230x90+5+40')  # 設主視窗寬、高和位置(x, y座標)
06    ttk.Label(wnd, text = 'Label: First',
07             background = 'skyblue').pack()
08    ttk.Label(wnd, text ='Label: Second',
09             background = 'pink').pack()
10    wnd.mainloop()
```

STEP 02 儲存檔案，解譯、執行按【F5】鍵。

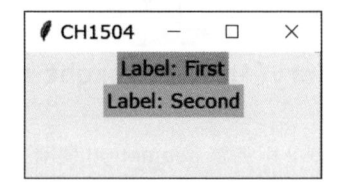

【程式說明】

- 第 4 行：要在主視窗標題列顯示文字，得藉由主視窗物件呼叫 title() 方法。
- 第 5 行：方法 geometry() 設定主視窗大小，要以字串方式設定寬和高、x 和 y 座標。由於 x、y 座標為正值，執行此程式時，主視窗會出現在螢幕左上角位置。
- 第 6~9 行：建立兩個標籤，建構式 Label() 的第一個引數是主視窗物件 wnd。

Frame 元件提供框線樣式的屬性 relief 共有六個常數值：RAISED、FLAT、SUNKEN、RAISED、GROOVE、RIDGE。設定時可以將英文字全部大寫「relief = SUNKEN」，或者以英文小寫，並以字串方式為參數值「relief = 'sunken'」。除了 Frame 元件，Label 也含有 relief 屬性，下述範例說明之。

範例《CH1505.py》

以 Label 為主做框線樣式的設定，屬性 relief 配合常數值能設定不同的框線樣式。

STEP 01 撰寫如下程式碼。

```
01    import tkinter as tk
02    from tkinter import ttk
03    # relief 常數值以 list 物件儲存
04    easyup = [tk.RAISED, tk.SUNKEN, tk.FLAT,
05              tk.RIDGE, tk.GROOVE, tk.SOLID]
```

```
06    class appWork(ttk.Frame):
07        def __init__(self, master = None):
08            ttk.Frame.__init__(self, master)
09            for item in easyup:  # 讀取 relief 常數值
10                fm = ttk.Frame(master, borderwidth = 2,
11                    relief = item)
12                lblLeft = ttk.Label(fm, text = item, width = 5)
13                lblLeft.pack(side = 'left')
14                fm.pack(side = 'left', padx = 2, pady = 10)
15    work = appWork()    # 產生主視窗物件
16    work.master.title('CH1505 - relief 常數值 ')    # 顯示於標題列
17    work.master.maxsize(1000, 400)
18    work.mainloop()    # 視窗訊息初始化
```

STEP 02 儲存檔案，解譯、執行按【F5】鍵。

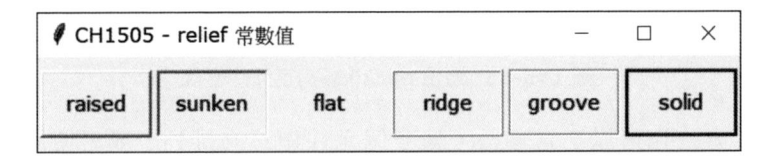

【程式說明】

- 第 4~5 行：List 物件儲存屬性 relief 的常數值，它可以成為 for 迴圈的 item 和 Label 元件屬性 text 的屬性值。

- 第 6~14 行：定義類別 appWork，元件 Frame、Label 在初始化時也一同建立。

- 第 9~14 行：for 迴圈去讀取 List 物件的元素，將 Frame 的框線寬度（bd）設為「2」，並以屬性 relief 去讀取 item。

- 第 12 行：設定標籤（Label）的寬度（width），屬性 text 取得變數 relief 的儲存值。

- 第 13 行：把標籤納入版面，以 padx 值設元件之間的水平距離，pady 值為垂直間距

15.2.2　版面配置 - pack() 方法

前述的範例皆是先產生元件再呼叫 pack() 方法，由 tkinter 模組自行決定加入元件的位置。為了讓版面具有排版效果，tkinter 模組提供 Geometry managers，有三種方法：

- **pack() 方法**：由系統自己決定（無參數），或者以參數 side 設定元件的位置。
- **grid() 方法**：指定欄、列屬性來放置元件。
- **place() 方法**：採用座標值設定元件位置。

使用 pack() 方法來進行版面管理絕對是最簡單的方式，透過參數指定元件（Widget）的位置，如圖【15-3】所示。

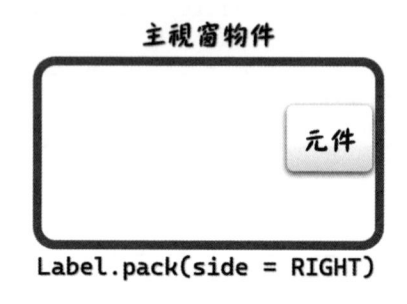

圖【15-3】 方法 pack() 能指定元件位置

pack() 方法也可以不含參數，讓多個元件做直向排列，或者使用有參數的 pack() 來決定元件的位置。先看 pack() 方法的語法：

```
pack(**options)
```

- ****options**：選項參數，表示參數可依據需求來加入。

pack() 方法中，對版面較有影響的四個參數：anchor、side、fill、expand 等。

anchor	side	fill	expand
• 9個參數值	• TOP • BOTTOM • LEFT • RIGHT	• X(水平) • Y(垂直) • BOTH • None	• True(1) • False(0)

(1) 參數 anchor 設定元件的對齊方式。

參數 anchor 有九個參數值：n、ne、e、se、s、sw、w、nw 和 center，用來設定元件的對齊方式，以下列九宮格標示其參數值。

nw	n	ne
w	center	e
sw	s	se

範例 《CH1506.py》

多個元件如何進行版面的配置！呼叫沒有參數的 pack() 方法，加入的三個標籤會由上而下排列，而且受到參數 anchor 預設值的影響，以「CENTER」（置中）為原則。

STEP 01 撰寫如下程式碼。

```
01   import tkinter as tk
02   from tkinter import ttk
03   class DemoPack:
04      def __init__(self, parent):
05         ttk.Label(parent, text = 'Red', background = 'Red',
06               foreground = 'White').pack()
07         ttk.Label(parent, text = 'Green',
08            background = 'Green', foreground = 'White').pack()
09         ttk.Label(parent, text = 'Blue',
10            background = 'Blue', foreground = 'White').pack()
11   def main():
12      root = tk.Tk()
13      root.title(' 無參數 pack()')      # 設定標題列
14      root.geometry('200x80')
15      showApp = DemoPack(root)
16      root.mainloop()
17   main()
```

STEP 02 儲存檔案，解譯、執行按【F5】鍵。

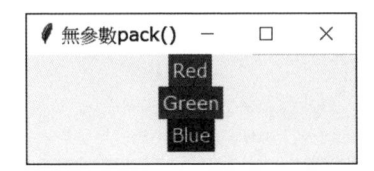

【程式說明】

- 第 3~10 行：定義類別 DemoPack，再分別以 Label() 建構式產生 3 個標籤。
- 第 5~10 行：分別設定三個標籤的顯示文字（text）、背景（background）和前景（foreground）顏色。這些以 Label() 建構式設定的標籤可以直接呼叫 pack() 來納入版面並顯示。

(2) 參數 side 用來設定元件在主視窗的位置。

pack() 方法的參數 side 用來設定元件在主視窗的位置，共有四個參數值：top（頂）、bottom（底）、left（左）、right（右）。同樣它們也可以常數（字元全部大寫）和字串（字元全部小寫）來表示。

當 pack() 方法含有參數時，敘述較長，可以指定物件另行儲存，再呼叫 pack() 方法做配置。簡例：

```
# 同一敘述
ttk.Label(parent, text = 'Red', bg = 'red',
        fg = 'white').pack(side = 'right', padx = 5)
# 使用物件變數，再把方法 pack()j 以「.」運算子呼叫
lblOne = ttk.Label(parent, text = 'Red', bg = 'red',
        fg = 'white')
lblOne.pack(side = 'right', padx = 5)
```

- 同一敘述下，先以建構式 Label() 產生標籤，再以「.」運算子呼叫 pack() 方法。
- 由於同一敘述太長，可以把 Label() 建構式產生的物件，以 lblOne 物件儲存，再呼叫 pack() 方法亦可。

範例《CH1507.py》

pack() 方法中除了加入參數 side 之外，為了讓元件之間有水平間距，以參數 padx 做調整，為了有天有地，參數 pady 也做配合。

STEP 01 撰寫如下程式碼。

```
01  import tkinter as tk
02  from tkinter import ttk
03  class DemoPack:
04      def __init__(self, parent):
05          lblOne = ttk.Label(parent, text = 'Red',
06              background = 'red', foreground = 'white')
07          lblOne.pack(side = 'right', padx = 5)
08          lblTwo = ttk.Label(parent, text = 'Green',
09              background = 'green', foreground = 'white')
10          lblTwo.pack(side = 'right', padx = 5, pady = 10)
11          lblThree = ttk.Label(parent, text = 'Blue',
12              background = 'blue', foreground = 'white')
13          lblThree.pack(side = 'right')
14  def main():
15      root = tk.Tk()
16      root.title('pack()_參數 side')      # 設定標題列
17      root.geometry('200x80')
18      showApp = DemoPack(root)
19      root.mainloop()
20  main()
```

STEP 02 儲存檔案，解譯、執行按【F5】鍵。

【程式說明】

- 第 3~13 行：定義類別 DemoPack，初始化過程並產生標籤。
- 第 5~13 行：三個標籤皆呼叫 pack() 方法並納入版面管理，參數 side 設相同參數值「right」；第二個標籤（lblTwo）呼叫 pack() 方法時加入水平和垂直間距。再進一步設定標籤的顯示文字（text）、背景（background）和前景（foreground）顏色。
- 第 5~6 行：由執行結果得知，紅色標籤第一個呼叫 pack() 方法並加入參數值「'right'」，所以它第一個位於右側。
- 第 7~9 行：依序是第二個綠色標籤。由於加入水平間距「padx = 5」，標籤之間互有間距；垂直間距「pady = 10」則提供了它們與父視窗的頂端距離。

(3) 參數 fill 填滿父視窗空間

pack() 方法的參數 fill，它決定元件是否要填滿 master（父）視窗。它有四個參數值；none（無）、x（水平色彩）、y（垂直填滿）、both（水平、垂直皆填滿），以 none 為預設值。範例如下：

```
# 參考範例《CH1508.py》
# 省略部份程式碼
# 設定標籤的顯示文字(text)、背景(bg)和前景(fg)顏色
lblOne = ttk.Label(root, text = 'Red', background = 'red',
         foreground = 'white').pack(fill = tk.X)     # 加入版面
```

- 第一個標籤呼叫 pack() 方法，加入參數 fill 設水平填滿，所以紅色會填滿整個父視窗空間，預設的文字會自動靠左對齊。

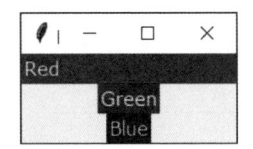

15-19

(4) 參數 expand 延伸父視窗空間

pack() 方法的參數 expend，它可以透過元件把父視窗的空間延伸。展開空間之後，空間內的元件會重做分配。不過，參數 expand 不能單獨使用，必須配合參數 side 或 fill 一起使用，範例如下：

```
# 參考範例《CH1509.py》
# 省略部份程式碼
tk.Label(root, text = 'Red', background = 'red',
         foreground = 'white').pack(fill = tk.BOTH,
         side = 'left', expand = 1)    # 加入版面
```

- 紅色標籤呼叫 pack() 方法，只設參數「side = 'left'」，標籤會靠近左半部視窗。

- 紅色標籤呼叫 pack() 方法，設參數「side = 'left'」、「expand = 1」，參數 expand 會重設空間大小，擴展了 1 倍，紅色標籤移向左半部視窗的中間位置。

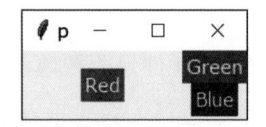

- 紅色標籤呼叫 pack() 方法，設參數「fill = tk.BOTH」、「side = 'left'」、「expand = 1」，所以它會擴展 1 倍，填滿左半部視窗。

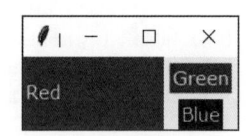

TIPS

pack() 方法的參數：fill 和 side。
- 它們皆能影響元件的位置，由於彼此之間會有牽制，最好不要同時使用，讓版面效果大打折扣。

15.2.3　grid() 方法以欄、列定位置

grid() 方法簡單地講就是以畫格子的方法做版面配置，採用二維表格，以列、欄來決定元件的位置，介紹幾個較為常用的位置參數，解說如下：

- column（欄）：設定數值來決定水平的位置；由 0 開始。
- row（列）：設定數值來決定垂直的位置；由 0 開始。
- columnspam 和 rowspam：用來合併欄、列。
- sticky：元件的對齊方式，其設定值可參考先前所介紹的 anchor 屬性《15.2.2》，預設值是置中（center）。

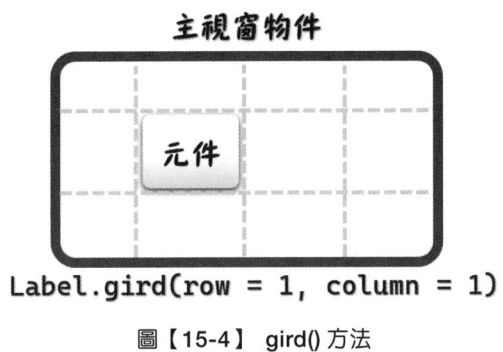

圖【15-4】　gird() 方法

範例《CH1510.py》

將 6 個元件做成如下列表格的排列，gird() 方法透過列、欄做版面配置；無論是欄或列皆有 index 值，由 0 開始，所以「row = 0」代表第一列。

Label (row = 0, column = 0)	Entry (row = 0, column = 1)
Label (row = 1, column = 0)	Entry (row = 1, column = 1)
Button (row = 2, column = 0)	Label (row = 2, column = 1)

STEP 01　撰寫如下程式碼。

```
01   import tkinter as tk
02   from tkinter import ttk
03   class showApp:      # 定義類別
04      def __init__(self, root):         # 初始化
05         self.word = tk.StringVar()     # 處理字串
06         self.w1 = tk.StringVar()
07         self.w2 = tk.StringVar()
08         lblFirst = ttk.Label(root, text = 'First')
09         lblFirst.grid(row = 0, column = 0, sticky = 'w')
10         lblSecond = ttk.Label(root, text = 'Second')
11         lblSecond.grid(row = 1, column = 0, sticky = 'w')
12         # 顯示結果的標籤
13         lblThree = ttk.Label(root, textvariable = self.word)
14         lblThree.grid(row = 2, column = 1)
15         one = ttk.Entry(root, width = 10,
16              textvariable = self.w1)
17         one.grid(row = 0, column =1)
18         two = ttk.Entry(root, width = 10,
19              textvariable = self.w2)
20         two.grid(row = 1, column =1)
21         one.focus()     # 取得輸入焦點
22         btnShow = ttk.Button(root, text = ' 顯示 ',
23              command = self.show)
24         btnShow.grid(row = 2, column = 0)
25      def show(self, *args):    # 定義函式，回應按鈕的訊息
26         value = self.w1.get() + self.w2.get()
27         self.word.set(value)
28   def main():
29      wnd = tk.Tk()         # 產生主視窗物件
30      showApp(wnd)          # 主視窗物件再由類別傳入
31      wnd.title('grid() 方法 ')
32      wnd.mainloop()
33   main()
```

STEP 02 儲存檔案，解譯、執行按【F5】鍵。

【程式說明】

- 第 3~27 行：定義類別 showApp 來產生各個元件。
- 第 5~7 行：StringVar() 方法用來處理字串變數，取得單行文字方塊輸入的字串。
- 第 8~14 行：三個標籤呼叫 grid() 方法，把標籤位置設在第 1~3 列，sticky 屬性設靠左（w）對齊。
- 第 13 行：Label() 建構式中，參數「textvariable = self.word」必須先以 StringVar() 方法做宣告，定義方法 show() 做處理，再以標籤顯示 word 變數儲存的結果。
- 第 15~20 行：單行文字方塊 Entry 也有兩個，以 row（列）、column（欄）分設其位置。同樣地，建構式 Entry() 的參數「textvariable = self.w1」取得輸入的字串，再由 show() 方法做處理。
- 第 22~23 行：按下按鈕必須有所回應，所以 Button() 建構式的參數「command = self.show」，它會呼叫已定義好的方法 show()。
- 第 25~27 行：定義，方法 show()，StringVar() 方法欲處理的字串，以 get() 方法取得，把 w1、w2 兩個字串串接後，再由 set() 方法設定。

15.2.4 以座標定位的 place() 方法

place() 方法以 X、Y 座標來定元件的位置，配合屬性 relwidth、relheight 還能把視窗做分割，來看看有那些參數。

- **anchor**：對齊方式，預設值「nw」（左上角）。
- **bordermode**：設框線模式。
- **x**：元件左上角的 X 座標。
- **y**：元件左上角的 Y 座標。
- **relx**：相對於視窗的 X 座標，值 0~1 之間的小數，預設值為 0。
- **rely**：相對於視窗的 Y 座標，值 0~1 之間的小數，預設值為 0。
- **relwidth、relheight**：可設定分割值做水平或垂直的分割。
- **width、height**：設元件的寬度和高度。

範例《CH1511.py》

把 Frame 做水平分割成上、下兩個。

STEP 01 撰寫如下程式碼。

```
01  import tkinter as tk
02  from tkinter import ttk
03  wnd = tk.Tk()                    # 建立主視窗物件
04  wnd.geometry('200x150')          # 設主視窗大小
05  wnd.resizable(0, 0)              # 無法自行調整視窗大小
06
07  # 產生 Frame，呼叫 place() 方法，透過 split 值做水平分割
08  f1 = ttk.Frame(wnd, borderwidth = 5, relief = 'groove')
09  split = 0.4                      # 分割值
10  f1.place(rely = 0, relwidth = 1, relheight = split)
```

STEP 02 儲存檔案，解譯、執行按【F5】鍵。

【程式說明】

- 第 5 行：方法 resizable()，把參數 width、height 設為 0，表示建立的主視窗物件無法自行調整大小。

- 第 9、10 行：設定分割值，將 Frame 加入主視窗之後，呼叫 replace() 方法，設參數「relheight = split」進行水平分割，其中上半部佔主視窗 40%（0.4）。

建立元件之後，還可以呼叫 place() 方法的參數 width 和 height 來設定元件的大小，如圖【15-5】所示。

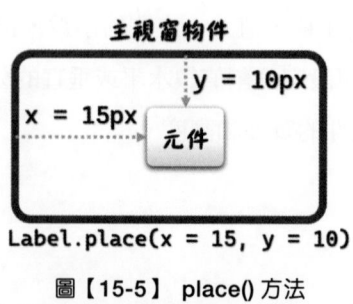

圖【15-5】 place() 方法

範例《CH1512.py》

以兩個 Label 加入主視窗之後，呼叫 place() 方法定位之後並以寬（width）和高（height）來設 Label 大小。

STEP 01 撰寫如下程式碼。

```
01  import tkinter  as tk
02  from tkinter import ttk
03  wnd = tk.Tk()              # 建立主視窗物件
04  wnd.geometry('250x100')    # 設視窗大小 250X100
05  wnd.title('place() 方法 ')
06  # 標籤 – 設背景色
07  t1 = ttk.Label(wnd, text = 'First',
08        background = 'white',)
09  t2 = ttk.Label(wnd, text = 'Second',
10        background = 'LightGray',)
11  t1.place(relx = 0.2, x = 0, y = 2,
12          width = 120, height = 28)
13  t2.place(relx = 0.2, x = 1, y = 35,
14          width = 120, height = 28)
```

STEP 02 儲存檔案，解譯、執行按【F5】鍵。

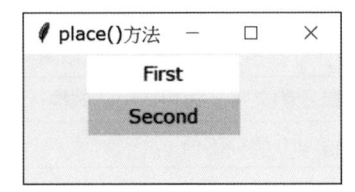

【程式說明】

- 第 11~14 行：兩個標籤分別呼叫 place() 方法，設 X、Y 座標的值並設標籤大小。

用來處理版面的 pack()、grid()、place() 方法不能在同一個版面上使用，它會形成排版衝突，使用上要留意。

15-25

15.3 處理文字的元件

處理文字時，可以 Label 來顯示文字，Entry 來接收單行文字，Text 接收多行文字。

15.3.1 Label

先前所示範的例子，使用了不少標籤。Label（標籤）的作用就是顯示文字，先認識建構式的語法：

```
w = tk.Label(parent, option, ...)
```

- parent：要加入的容器。
- option：選項參數分標準、特定兩項，以表【15-5】做說明。

屬性	說明（屬性有 * 表明它是特殊選項參數）
compound	標籤同時含有 text 和 image 兩個屬性所做設定
image	標籤指定的圖片
padding	設定間距
state	設定標籤的狀態
style	使用 tk.Style() 建構式來設定元件的相關屬性
text	標籤中欲顯示的文字，使用「\n」做換行
textvariable	取得 StringVar() 儲存的值
width	標籤寬度
anchor*	標籤裡文字的對齊方式
background*	設背景色
foreground*	設前景色
font*	設定標籤的字型
justify*	標籤若有多行文字的對齊方式，有 left、center、right
relief*	框線樣式
wraplength*	多行文字時自動換行的最大長度

表【15-5】 Label 類別的屬性

要在標籤顯示圖片,可以使用 tk.PhotoImage() 建構式,給予圖片的儲存路徑,它支援的格式包含 PGM、PPM、GIF 和 PNG 等圖片。簡例:

```
# 參考範例《CH1513.py》
photo = tk.PhotoImage(file = 'D:/PyCode/Demo/pic01.png')
ttk.Label(wnd, image = photo)      # 以標籤顯示圖片
```

◆ photo 圖片物件以參數 file 指定路徑並建立圖片。

◆ 在標籤內屬性 image 顯示圖片。

當標籤同時含有屬性 text 和 image 時,可以利用 compaund 屬性做進一步的設定,相關屬性值如下:

- **None**:預設值。只有圖片顯示它,不然就顯示文字即可。
- **text:**:只顯示文本。
- **image**:只顯示圖片。
- **top**、**bottom**、**left**、**right**:指定圖片顯示的位置可在顯示文字的上、下、左、右。

一般來說要在標籤上設定字型,它會以 tuple 來表示 font 元素。例二:

```
font =('Verdana', 14, 'bold', 'italic')
```

◆ tuple 元素依序是字型名稱、字的大小、字型樣式。字的大小以數值表示,字體中是否要加入粗體(bold)或斜體(italic)。除了字的大小之外,皆要以字串形式做設定。

標籤的屬性 style 可以呼叫建構式 Style() 配合 config() 方法設定相關屬性值,先認識 config() 方法的語法:

```
configure(style, query_opt = None, **kw)
```

◆ style:欲設定的樣式名稱,以字串表示。

例三:使用建構式 Style() 並以方法 config() 設定標籤的相關屬性。

```
# 參考範例《CH1513.py》
ttk.Style().configure('Left.Label', width = 8,
      justify = 'center', wrapLength = 120,
      foreground = '#000', relief = 'groove',
      background = '#DDD', font = ('Arial', 14))
one = ttk.Label(wnd, text = 'Hello\nPython',
      style = 'Left.Label')
```

15-27

- 呼叫建構式 Style() 並使用 config() 方法，這裡第一個參數先給予樣式名稱「Left.Label」，屬性 justify 能把標籤的多行文字置中，有多行文字可以 wrapLength 設其長度，並給予前、背景色，框線樣式。
- 屬性 wraplength（全部小寫字元），WrapLength（W、L 是大寫文字）或 wrapLength（只有 L 為大寫字）皆可使用。

在 Python Shell 交談模式中，認識方法 config()。例四：

```
>>> import tkinter as tk
>>> from tkinter import ttk
>>> root = tk.Tk()   # 建立主視窗物件
>>> one = ttk.Label(root, text = 'Hello World!')   # 產生標籤
>>> one.pack()
```

- 使用 Label() 建構式產生的標籤物件，有兩個參數不能省略；第一個標籤要加入的容器，這裡是主視窗物件「root」，第二個是標籤上欲顯示的文字則以屬性 text 表達。

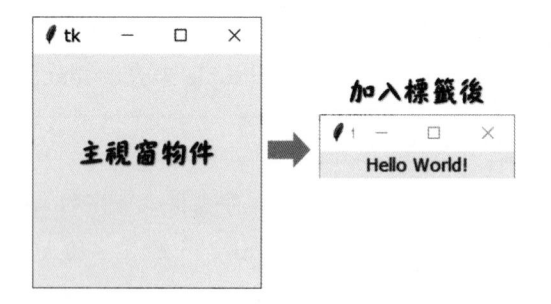

加入標籤後

- 當標籤物件 one 呼叫了 pack() 方法後，主視窗就會隨標籤調整其大小。

當標籤呼叫了 pack() 方法之後，若要改變顯示的文字，可以呼叫 config() 方法。例五：

```
>>> one.config(text = 'Python Tkinter!!')
>>> one.config(text = 'Python \nTkinter!!')
>>> one.config(text = 'Python \nTkinter!!',
    wraplength = 50)
>>> one.config(text = 'Python \nTkinter!!',
    wraplength = 120)
```

- 使用 config() 方法，重新指定 text 屬性值。
- 使用 config() 方法，重新指定的 text 屬性值加入分行符號「\n」。

◆ 標籤有兩行文字，屬性 wraplength 指定自動換行最大長度，以像素為單位。

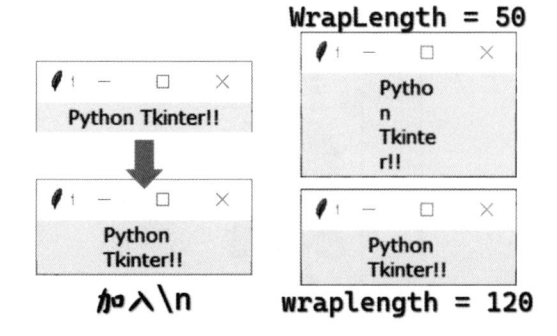

設定標籤的前景（foreground）和背景（background）色，除了顏色名稱之外，還可以利用 RGB（紅、綠、藍）的 16 進位來表示，它的語法「'#RGB'」。舉例：白色「'#FFF'」；黑色「'#000'」；紅色「'#F00'」。

範例《CH1513.py》

使用了三個標籤，並在第三個標籤載入 PNG 格式的圖片。

STEP 01 撰寫如下程式碼。

```
01   import tkinter as tk
02   from tkinter import ttk
03   wnd = tk.Tk()   # 建立主視窗物件
04   wnd.geometry('235x240')
05   wnd.title('使用 Label')
06   photo = tk.PhotoImage(file = 'D:/PyCode/Demo/pic01.png')
07
08   ttk.Style().configure('Left.Label', width = 8,
09         justify = 'center', wrapLength = 120,
10         foreground = '#000', relief = 'groove',
11         background = '#DDD', font = ('Arial', 14))
12   ttk.Style().configure('Right.Label', width = 10,
13         foreground = '#FFF', relief = 'ridge',
14         background = '#777', font = ('標楷體', 20))
15   # 產生 3 個標籤
16   one = ttk.Label(wnd, text = 'Hello\nPython',
17         style = 'Left.Label')
18   two = ttk.Label(wnd, text = '美麗世界',
19         style = 'Right.Label')
20   three = ttk.Label(wnd, image = photo,
21         relief = 'sunken', width = 150)
22   one.grid(row = 0, column = 0)
23   two.grid(row = 0, column = 1)
24   three.grid(columnspan = 2)     # 合併兩欄為一欄
```

15-29

STEP 02 儲存檔案，解譯、執行按【F5】鍵。

【程式說明】

- 第 6 行：以 PhotoImage() 建構式來載入圖片，圖片格式為「png」，除了可以與範例放在同一個目錄或給予完整路徑。
- 第 8~14 行：使用 tk.Style() 建構式，配合 config() 方法，設定左、右兩個標籤屬性，其中的前景、背景顏色以「'#RGB'」表示；屬性 font 設字型和字型大小。
- 第 16~17 行：以建構式產生主視窗左側的標籤，屬性 style 取得其屬性值「Left.Label」。
- 第 20~21 行：將取得的圖片物件 photo 作為標籤的屬性 image 的屬性值。
- 第 22~24 行：使用 grid() 方法將三個標籤做版面配置，屬性 columnspan 將兩欄合併來放置第三個標籤。

15.3.2 文字方塊 Entry

文字方塊的作用就是接收使用者輸入的資料，可以使用 Entry 來接收單行文字的輸入。Text 可以接收多行文字，它們有標準、特定兩項屬性，表【15-6】說明。

屬性	說明（屬性有 * 表明它是特定選項參數）
font	設定 Entry 的字型
foreground, textcolor	設前景色
style	使用 tk.Style() 建構式來設定元件的相關屬性
relief	設定框線的樣式
style	使用 tk.Style() 建構式來設定元件的相關屬性

屬性	說明（屬性有 * 表明它是特定選項參數）
scrollcommand	是否加入水平或垂直捲軸
justify*	若有多行文字的對齊，有 left、center、right
invalidcommand	
show*	不顯示文字時所取代的字元
state*	指定其狀態
textvariable*	設定變數
width*	文字方塊的寬度
validate*	配合屬性 state，有三個參數值：normal、disabled（無作用）或 readonly（唯讀）

表【15-6】 文字方塊的屬性

Entry 用來取得輸入的值，這些輸入的值若要取得的話，可利用相關方法來處理不同的資料：

- **StringVar()**：處理字串。
- **IntVar()**：處理數值。
- **DoublVar()**：處理浮點數。
- **BooleanVar()**：處理布林值。

這些使用方法處理的變數值，可以使用 Entry 的屬性「textvariable」取得，簡例：

```
data = StringVar()      # 取得密碼
ttk.Entry(frMain, textvariable = data)
```

- 先宣告變數 data 來儲存字串。
- 表示 Entry 元件輸入值，由變數 data 取得，再指派給屬性 textvariable。

範例《CH1514.py》

在 Entry 輸入的文字利用屬性 show 來隱藏原有字元，而以其他字元來顯示。

Label	Entry
(row = 0, column = 0)	(row = 0, column = 1)
Button	Label
(row = 1, column = 0)	(row = 1, column = 1)

15-31

STEP 01 撰寫如下程式碼。

```
01  from tkinter import *
02  from tkinter import ttk
03  class workApp():
04      def __init__(self, root):
05          root.title('Entry 元件')
06          self.data = StringVar()      # 取得密碼
07          self.pwd = StringVar()       # 顯示密碼
08          frMain = ttk.Frame(root, padding = '3 3 5 5')
09          frMain.grid(column = 0, row = 0,
10              sticky = (N, W, E, S))
11          self.makeComponent(frMain)
12      def makeComponent(self, frMain):    # 定義方法
13          lblOne = ttk.Label(frMain, text = '通關密語:',
14              font = ('標楷體', 14))
15          lblTwo = ttk.Label(frMain, textvariable = self.pwd)
16          inputPwd = ttk.Entry(frMain, show = '*',
17              textvariable = self.data, width = 11)
18          btnSend = ttk.Button(frMain, text = '確認',
19              command = self.callBack)
20          lblOne.grid(row = 0, column = 0, sticky = W)
21          inputPwd.grid(row = 0, column = 1, sticky = E)
22          btnSend.grid(row = 1, column = 0, sticky = (W, E))
23          lblTwo.grid(row = 1, column = 1, sticky = E)
24          inputPwd.focus()             # 取得輸入焦點
25      def callBack(self, *args):        # 定義方法
26          value = self.data.get()      # 取得 Entry 輸入密碼
27          self.pwd.set('密碼 ' + value)
28  wnd = Tk()    # 建立主視窗物件
29  workApp(wnd)
30  wnd.mainloop()
```

STEP 02 儲存檔案，解譯、執行按【F5】鍵。

【程式說明】

- 第 3~27 行：定義類別 workApp，除了初始化物件外，方法 makeComponent() 建立元件，callBack() 回應訊息。

- 第 8、9 行：Frame 加入主視窗，其它元件加入 Frame，屬性 padding 設定與其它元件的間距。
- 第 12~24 行：定義方法 makeComponent()，設定標籤、文字方塊和按鈕。
- 第 13~15 行：產生兩個標籤，其中 lblTwo 物件顯示輸入的密碼值，所以加入字串變數「textvariable = self.pwd」。
- 第 16~17 行：以 Entry() 建構式產生 Entry 元件，第一個參數必須指定 Frame 物件 frMain，屬性 show 設「*」表示輸入的字元會以星字元顯示。
- 第 18~19 行：建立 Button（按鈕）元件，設定參數「command = self.callBack」，表示按下按鈕會去呼叫函式 claaBack() 顯示所輸入的密碼。
- 第 20~24 行：把建立的各個元件以 grid() 方法做版面配置，並加入 sticky 屬性來指定位置。
- 第 25~27 行：定義函式 callBack() 取得按鈕屬性 Command 訊息，方法 data.get() 取得 Entry 輸入的密碼再由 pwd.set() 方法以字串回傳給 lblTwo 物件顯示其內容。

15.3.3 文字區塊 Text

Text 元件用來接收多元文字，它的屬性和 Entry 元件大多雷同。介紹 Text 類別常用的方法：

- **delete(start, end = None) 方法**：用來刪除參數 start（開始）到參數 end（結束）之間的字元。

要插入字元可呼叫 insert() 方法，語法如下：

```
insert(index, text, *tags)
```

- index：依索引值插入字元。有三個常數值：insert、current（目前位置）和 end（最後一個字元）。
- text：欲插入的字元。
- tags：自行定義方法。它把相關屬性做集結後再給予名稱，呼叫 Text 物件其它方法時，可指定套用名稱。

參數 Tags 如何自訂方法，參閱下述簡例如下：

```
text.tag_config('n', background = 'yellow',
    foreground = 'red')
text.insert(contents, ('n' , "a"))
```

- 'n' 是要做傳遞的名稱，須以字串形式回傳；然後以「屬性 = 屬性值」做設定。屬性 background、foreground、borderwidth 必須使用完整名稱。
- 呼叫元件的 insert() 方法，可以加入指定名稱「'n'」。

範例《CH1515.py》

STEP 01 撰寫如下程式碼。

```
01  import tkinter as tk
02  from tkinter import ttk
03  root = tk.Tk()        # 主視窗物件
04  root.title('Text 元件')
05  txt = tk.Text(root, width = 35, height = 7)
06  txt.pack(padx = 5, pady = 5)
07  # 設定 Text 的屬性來各別使用
08  txt.tag_config('ft_bold',
09      font =('Verdana', 14, 'bold', 'italic'))
10  txt.tag_config('title', justify = 'center',
11      underline= 1, font =('Arial', 24, 'bold'))
12  txt.tag_config('tine', foreground = 'blue',
13      font = ('Lucida Bright', 14))
14  txt.tag_config('bd', relief = 'groove',
15      borderwidth = 4, font = ('Levenim MT', 20))
16  # insert() 方法從最後一個字元插入字串
17  txt.insert('end', 'A Coat\n', 'title')
18  txt.insert('end', 'I made my song a coat\n', 'ft_bold')
19  txt.insert('end', 'Covered with embroideries\n', 'tine')
20  txt.insert('end', 'From heel to throat\n', 'bd')
21  root.mainloop()
```

STEP 02 儲存檔案，解譯、執行按【F5】鍵。

【程式說明】

- 第 5 行：建立 Text 元件並以寬和高來設定它的大小。
- 第 8~9 行：第一個自行定義的 Tags 方法「tag_config」，名稱要以字串「'ft_bold'」表示，其後為相關屬性和屬性值的設定，指定字型和字的大小，樣式為粗體加斜體。
- 第 10~11 行：第二個自行定義的 Tags 方法的名稱為「'title'」,「underline = 1」表示文字要加底線,「justify = 'center'」則表示文字會置中。
- 第 17 行：呼叫 insert() 方法來插入字元時，第一個參數「end」表示字元從末端插入，名稱「title」為參數值，格式化目前所插入的字串。

15.3.4　Button 元件

通常使用按鈕是按下按鈕之後接續的動作。先來認識它的標準、特定兩種選項的相關屬性，表【15-7】說明。

屬性	說明（屬性有 * 表明它是特殊選項參數）
cursor	滑鼠移動到按鈕上的指標樣式
compound	同時含有 text 和 image 兩個屬性須做設定
image	按鈕上顯示的圖片
state	按鈕狀態有三種：NORMAL、ACTIVE、DISABLED
style	使用 tk.Style() 建構式來設定元件的相關屬性
text	元件上欲顯示的文字
textvariable	設定變數
width	元件寬度
command*	按下按鈕的回呼函式
default*	依屬性 state 設其中某種狀態的按鈕為預設值

表【15-7】　Button 類別的屬性

範例 《CH1516.py》

認識按鈕的三種狀態。

STEP 01 撰寫如下程式碼。

```
01  import tkinter as tk
02  from tkinter import ttk
03  wnd = tk.Tk()
04  wnd.title('Button state...')
05  #屬性 state 的參數值
06  state = ['normal', 'active', 'disabled']
07  for item in state:
08      btn = ttk.Button(wnd, text = item, state = item)
09      btn.pack()
10  wnd.mainloop()
```

STEP 02 儲存檔案，解譯、執行按【F5】鍵。

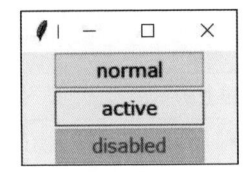

【程式說明】

- 第 7~9 行：for 迴圈讀取 state 參數值並透過產生的按鈕顯示其狀態，其中的「disabled」會讓按鈕呈灰色狀態，表示按鈕無作用。

範例 《CH1517.py》

啟動程式後，透過標籤累計數值，按下按鈕會呼叫 destroy() 方法停止執行。

STEP 01 撰寫如下程式碼。

```
01  import tkinter as tk
02  from tkinter import ttk
03  root = tk.Tk()
04  root.title('秒數計算中...')
05  root.geometry('100x100+150+150')     # 視窗大小
06  counter = 0                          # 儲存數值
07  def display(label):                  # 定義函式，接收標籤
```

```
08      counter = 0
09      def count():            # 進行計數
10          global counter      # 全域變數
11          counter += 1
12          label.config(text = str(counter),
13              background = 'Gray', width = 20)
14          label.after(1000, count)
15      count()
16  show = ttk.Label(root, foreground = 'White')
17  show.pack()
18  display(show)
19  # 建立按鈕，按下時呼叫 destory() 方法來清除視窗物件
20  btnStop = ttk.Button(root, text = 'Stop',
21      width = 20, command = root.destroy)
22  btnStop.pack()
23  root.mainloop()
```

STEP 02 儲存檔案，解譯、執行按【F5】鍵。

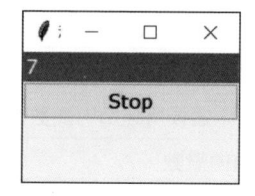

【程式說明】

- 第 7~15 行：定義 display() 方法接收傳入的標籤，變更顯示的值。
- 第 9~14 行：count() 方法藉由全域變數會每次累加 1，它的值顯示於所傳入的標籤。
- 第 20~21 行：產生一個按鈕。按下按鍵時會由屬性 command 去呼叫主視窗物件 root 的 destory() 方法來停止標籤的更新並關閉視窗。

15.4 選取元件

選項元件有兩種：Checkbutton（核取方塊）和 Radiobutton（單選按鈕）。Checkbutton 提供多選的功能；Radiobutton 只能從多個項目中來選取一個。

15-37

15.4.1 Checkbutton

Checkbutton（核取方塊）的特色是從列出的項目當中做不同的選擇，可以通通不選，也能同時選取，或者只挑選你中意的某幾個。先來認識它的標準、特定兩種選項的相關屬性，以表【15-8】說明之。

屬性	說明
cursor	滑鼠移動到按鈕上的指標樣式
compound	同時含有 text 和 image 兩個屬性須做設定
image	按鈕上顯示的圖片
state	選項按鈕的狀態
style	使用 tk.Style() 建構式來設定元件的相關屬性
text	元件上欲顯示的文字
textvariable	設定變數
width	元件寬度
command	點選選項按鈕的回應訊息
onvalue/offvalue*	元件選取 / 未選後所連結的變數值
variable*	元件所連結的變數

表【15-8】 Checkbutton 類別有關的屬性

一般來說，核取方塊有核取（勾選）和不核取（不勾選）兩種狀態。

- 核取（勾選）：以預設值「1」表示；使用屬性 onvalue 來改變其值。
- 不核取（未勾選）：設定值「0」表示；使用屬性 offvalue 變更設定值。

核取方塊的變數，可呼叫 Intvar() 和 Stringvar() 方法來處理數值和字串的問題。簡例：

```
var = StringVar()       # 處理字串
chk = Checkbutton(root, text = '音樂', variable = var,
    onvalue = '音樂', offvalue = '')     #
```

- StringVar() 能將變數 var 儲存的值變更為字串。
- 將已轉換的字串變數指派給核取方塊的屬性 variable。再以屬性 onvalue 和 offvalue 分設已核取和不核取的值。

例二：

```
num = IntVar()          # 處理數值
chk = Checkbutton(root, text = 'Hello', variable = num)
chk.var = vtr
```

◆ 方法 Intvar() 將變數值變更數值，所以未核取以「0」、已核取以「1」表示。

範例《CH1518.py》

建立 Checkbutton 元件，核取後，再按下按鈕，再以標籤顯示結果。

STEP 01 撰寫如下程式碼。

```
01  import tkinter as tk
02  from tkinter import ttk
03  wnd = tk.Tk()
04  wnd.title('Checkbutton')
05  def varStates():           # 定義函式，回應核取方塊變數狀態
06      value = f'{var1.get()} {var2.get()} {var3.get()}'
07      inst.set(value)
08  inst = tk.StringVar()      # 顯示勾選項目
09  var1 = tk.StringVar()      # 項目 音樂
10  var2 = tk.StringVar()      # 項目 閱讀
11  var3 = tk.StringVar()      # 項目 爬山
12  item1, item2, item3 = '音樂', '閱讀', '爬山'
13  label1 = ttk.Label(wnd, text = '興趣')
14  label2 = ttk.Label(wnd, text = '興趣，有 ->')
15  label3 = ttk.Label(wnd, textvariable = inst)
16  label1.grid(row = 0, column = 0)
17  label2.grid(row = 1, column = 0)
18  label3.grid(row = 1, columnspan = 3)
19  chk = ttk.Checkbutton(wnd, text = item1,
20      variable = var1, onvalue = item1, offvalue = '')
21  chk2 = ttk.Checkbutton(wnd, text = item2,
22      variable = var2, onvalue = item2, offvalue = '')
23  chk3 = ttk.Checkbutton(wnd, text = item3,
24      variable = var3, onvalue = item3, offvalue = '')
25  chk.grid(row = 0, column = 1)
26  chk2.grid(row = 0, column = 2)
27  chk3.grid(row = 0, column = 3)
28  btnQuit = ttk.Button(wnd, text = 'Quit',
29      command = wnd.destroy)
30  btnShow = ttk.Button(wnd, text = 'Show',
31      command = varStates)
```

```
32    btnQuit.grid(row = 3, column = 1, pady = 4)
33    btnShow.grid(row = 3, column = 2, pady = 4)
34 wnd.mainloop()
```

STEP 02 儲存檔案，解譯、執行按【F5】鍵。

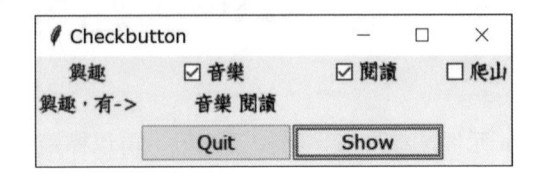

【程式說明】

- 第 5~7 行：定義函式 varStates()；當核取方塊被核取時，透過變數呼叫 get() 方法回傳其值，再以變數 inst 的 set() 方法顯示被勾選的項目。
- 第 13~18 行：建構式 Label() 產生標籤並以 grid() 方法加入版面。
- 第 21~27 行：建構式 Checkbutton() 產生核取方塊並以 grid() 方法加入版面。
- 第 19~20 行：產生的第一個核取方塊，變數 item1 作為核取方塊的屬性 text、onvalue 的屬性值。以方法 Stringvar() 將變數 var1 轉為字串，並指定給核取方塊的屬性 variable 使用，回傳核取方塊「已核取」或「未核取」的回傳值。
- 第 28~33 行：建構式 Button() 產生按鈕並加入版面。
- 第 30~31 行：按下按鈕後，屬性 comman 會去呼叫 varStates() 方法做出回應。

15.4.2 Radiobutton

Radiobutton（單選按鈕）和核取方塊不一樣的地方是它只能從多個項目中擇一，無法多選。它的屬性和核取方塊小部份不同，表【15-9】說明。

屬性	說明
cursor	滑鼠移動到按鈕上的指標樣式
compound	同時含有 text 和 image 兩個屬性須做設定
image	按鈕上顯示的圖片
state	選項按鈕的狀態
style	使用 tk.Style() 建構式來設定元件的相關屬性

屬性	說明
text	元件上欲顯示的文字
textvariable	設定變數
width	元件寬度
command*	點選元件的回應訊息
value*	取得屬性 variable 的值方便與其他元件做連結
variable*	取得選項按鈕所代表的變數值

表【15-9】 Radiobutton 相關屬性

範例 《CH1519.py》

for 廻圈讀取資料的過程，配合 Radiobutton 元件本身的屬性 value 和 variable 的特性來產生 Radiobutton。

STEP 01 撰寫如下程式碼。

```
01  import tkinter as tk
02  from tkinter import ttk
03  wnd = tk.Tk()
04  wnd.title('Radiobutton')
05  def myOptions():     # 定義函式
06      print('Your choice is :', var.get())
07  ft = ('Franklin Gothic Book', 14)
08  ttk.Label(wnd, text = """ 選擇你 \n 最愛的水果：""",
09          font = ('Arial', 14),justify = 'center',
10          padding = 20).pack()
11  fruits = [('Watermelon', 1), ('Pompelmous', 2),
12            ('Strawberry', 3), ('Orange', 4),
13            ('Apple', 5), ('Dragon fruit', 6)]
14  var = tk.IntVar()
15  var.set(3)
16  for item, val in fruits:
17      ttk.Radiobutton(wnd, text = item, value = val,
18          variable = var, command = myOptions).pack(
19          anchor = 'w', padx = 15, pady = 5)
20  wnd.mainloop()
```

STEP 02 儲存檔案，解譯、執行按【F5】鍵。

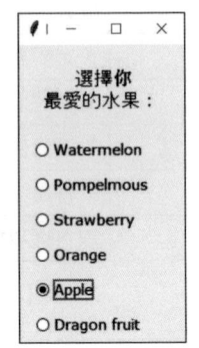

```
= RESTART: D:/PyCode/CH15
/CH1519.py
Your choice is : 5
```

選擇你
最愛的水果：
○ Watermelon
○ Pompelmous
○ Strawberry
○ Orange
◉ Apple
○ Dragon fruit

【程式說明】

- 第 5~6 行：定義方法 myOptions()，用來回應單鈕按鈕的 command 屬性，呼叫 get() 方法來顯示那一個按鈕被選取，相關訊息 print() 會顯示在 Python Shell。

- 第 14、15 行：將單選按鈕被選的元件以 Intvar() 方法來轉為數值，再以 set() 方法將單選按鈕以第三個元件為預設值。

- 第 16~19 行：以 for 迴圈來產生單選按鈕並讀取 fruits 的元素，將屬性 variable 來取得變數值後，再透過屬性 commnad 來呼叫 myOptions() 來顯示那一個單選按鈕被選取。

15.5 顯示訊息

通常 messagebox（訊息方塊）最主要的功能就是提供訊息，先以一個簡單範例認識它的基本結構。

```
# 參考範例《CH1520.py》
import tkinter as tk
from tkinter import messagebox
info = messagebox.askokcancel(title = 'CH15',
        message = '檔案是否要刪除？')
```

◆ 參數 title 和 message 須以字串方式設定參數值。
◆ 執行時會先產生一個什麼都沒有的主視窗物件和訊息方塊。

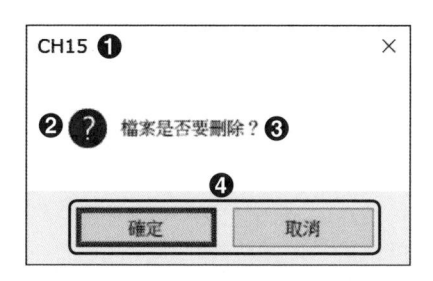

圖【15-6】 messagebox 結構

❶ messagebox 的標題列，呼叫相關方法時會以參數「title」表示。

❷ 代表 messagebox 的小圖示，呼叫相關方法時會以參數「icon」表示。

❸ 顯示 messagebox 的相關訊息，呼叫相關方法時會以參數「message」代表。

❹ 顯示 messagebox 的對應按鈕，每個按鈕皆有回應的訊息，呼叫相關方法時會以參數「type」表示。

訊息方塊主要目的就是以簡便的訊息與使用者互動。方法概分兩大類，詢問和顯示。詢問「ask」為開頭，伴隨 2~3 個按鈕來產生互動行為。顯示以「show」開頭，只會顯示一個「確定」鈕，表【15-10】做簡單列示。

種類	messagebox 方法
詢問	askokcancel(title = None, message = None, **options)
	askquestion(title = None, message = None, **options)
	askretrycancel(title = None, message = None, **options)
	askyesno(title = None, message = None, **options)
	askyesnocancel(title = None, message = None, **options)
顯示	showerror(title = None, message = None, **options)
	showinfo(title = None, message = None, **options)
	showwarning(title=None, message=None, **options)

表【15-10】 messagebox 相關的方法

15-43

messagebox 以方法不同會有不同的對應按鈕，對於這些按鈕被按下時還得做進一步處理。範例：

```
# 參考範例《CH1521.py》
import tkinter as tk
from tkinter import messagebox
root = tk.Tk().withdraw()    # 隱藏主視窗物件
info = messagebox.askokcancel('Create File', '是否要寫入檔案')
filename = '../Demo/demo1402.txt'
with open(filename, 'w') as fin:
    fin.write(str(info))
    print(str(var) + ' File Name: ' + filename)
```

- 呼叫訊息方塊的 askyesno() 方法，無論是按那一個按鈕，皆會寫入 demo1402.txt 檔案中。

訊息方塊尚有一個 _show() 方法，透過它可自行建立一個訊息方塊，它的語法如下：

```
messagebox._show(title = None, message = None,
    _icon = None, _type = None, **options)
```

- _icon：設定訊息方塊的小圖示（參考圖 14-1），它有 4 個參數值：error、info、question、waring；必須以字串來處理。

- _type：設定按鈕型式。參數值包括：abortretryignore、ok、okcancel、retrycancel、yesno、yesnocancel，同樣是以字串處理。

範例：說明 messagebox 呼叫 _show() 方法。

```
# 參考範例《CH1522.py》
import tkinter as tk
from tkinter import messagebox
root = tk.Tk().withdraw() # 隱藏主視窗物件
messagebox._show('CH14', '發生錯誤,是否繼續？',
    'error', 'abortretryignore')
```

- 呼叫 _show() 方法時，參數 _icon 設「error」，所以會有一個紅底 X 鈕在訊息方塊左側；參數 _type 設「abortretryignore」時會顯示三個按鈕，按其中的「中止」來結束訊息方塊。

Chapter **15** GUI 介面

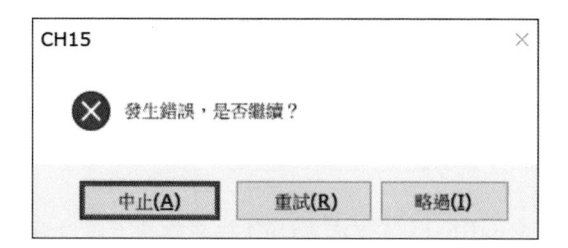

範例 《CH1523.py》

回應訊息方塊的按鈕。

STEP 01 撰寫如下程式碼。

```
01  import tkinter as tk
02  from tkinter import ttk, messagebox
03  wnd = tk.Tk()
04  wnd.title('Messagebox')
05  wnd.geometry('200x100+20+50')
06  def answer():        # 定義函式,回應 Answer 按鈕
07      messagebox.showerror('Answer',
08          '抱歉!,你的問題無法回答')
09  def callback():      # 定義函式
10      if messagebox.askyesno('訊息確認', '真得要離開嗎?'):
11          messagebox.showwarning('訊息 - Yes',
12              '抱歉!無法離開')
13      else:
14          messagebox.showinfo(
15              '訊息 - No', '取消「離開」指令')
16  ttk.Button(wnd, text='Quit', command =
17      callback).pack(side = 'left', pady = 5)
18  ttk.Button(wnd, text='Answer', width = 10,
19      command = answer).pack(side = 'left', padx = 5)
20  wnd.mainloop()
```

STEP 02 儲存檔案,解譯、執行按【F5】鍵。

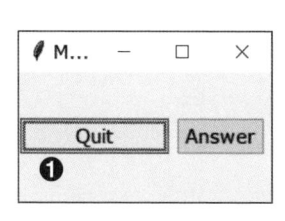

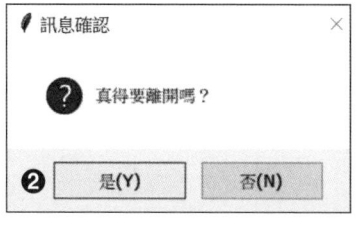

15-45

【程式說明】

- 第 6~8 行：定義 Answer() 方法。回應 Answer 按鈕的屬性 commnad 所呼叫的函式。Answer() 方法會進一步去呼叫 messagebox 的 showerror() 方法來顯示錯誤訊息。
- 第 9~15 行：定義 callback() 方法，Quit 按鈕被按下時所做的回應。callback() 方法中，會以 askyesno() 方法顯示訊息方塊，當「是」(yes) 按鈕被按時，它會繼續呼叫訊息方塊的 showwarning() 方法來顯示警告訊息。若按「否」(no) 按鈕，則會呼叫 showinfo() 方法顯示訊息。

重點整理

◆ tkinter 是 python 標準函式庫所附帶的 GUI 套件，可配合 Tk GUI 工具箱來建立視窗的相關元件。tkinter 在 windows、Linux 和 Mac 平台上皆可使用。

◆ Frame 作為基本容器來納管元件。relief 屬性來設定框線的樣式，但要有 broderwidth（bd）屬性值。relief 六個常數值：RAISED、FLAT、SUNKEN、RAISED、GROOVE、RIDGE。

◆ 建立主視窗物件之後可去呼叫相關方法：① title('str') 方法在標題列顯示文字；② mainloop() 方法讓子元件運作；③ destroy() 清除主視窗物件，釋放資源。

◆ tkinter 模組提供 Geometry managers 做版面管理，有三種：① pack() 方法無參數時由系統決定；② grid() 方法指定欄、列屬性放置元件；③ place() 方法採用座標值來設定。

◆ pack() 方法進行版面管理最簡單，無參數 pack() 方法讓多個元件做直向排列；參數 side 決定元件位置；參數 fill 填滿父視窗；參數 expand 可延伸空間。

◆ grid() 方法以二維表格形式，由列（屬性 row）、欄（屬性 column）決定元件位置。

◆ place() 方法以 X、Y 座標值決定元件位置；參數 width 和 height 設元件大小。

◆ Label（標籤）作用就是顯示文字；Entry 元件接收單行文字輸入，屬性 show 可隱藏原有字元；Text 元件可接收多行文字，呼叫 insert() 方法時，參數 tags 還能自訂方法來設定屬性和其值。

◆ Button 元件的屬性 command 處理按下按鈕的回呼函式；屬性 cursor 是滑鼠移動到按鈕上的指標樣式；屬性 state 設定按鈕三種狀態：NORMAL、ACTIVE、DISABLED。

◆ 核取方塊有兩種狀態：①核取（勾選）為預設值「1」；屬性 onvalue 來改變其值；②不核取（未勾選）的設定值為「0」；屬性 offvalue 變更設定值。

◆ Radiobutton（單選項按）元件只能從多個項目中擇一。

◆ 訊息方塊主要目的就是以簡便的訊息與使用者互動。方法概分兩大類，詢問和顯示。詢問「ask」為開頭，伴隨 2~3 個按鈕來產生互動行為。顯示以「show」開頭，只會顯示一個「確定」鈕。

MEMO

16
CHAPTER

繪圖與影像

學 | 習 | 導 | 引

- 了解 Python Turtle 繪圖，展開畫布後能指路的座標系
- 有 Turtle 畫布，當然要有畫筆前進、轉彎，上色來繪製圖案
- 三角形、矩形或多邊形，變更角度的螺旋，皆能信手拈來完成
- 安裝 pillow 套件處理圖片，重設圖片大小，旋轉、翻轉圖片

Python

要進行簡單繪圖，內建模組 Turtle 提供的畫筆，依據給予的座標值能以畫布繪製幾何圖案。要對圖像做裁切、旋轉或翻轉，第三方套件 Pillow 能給予協助，獨特的濾鏡效果，能把圖像進一步處理。

16.1 以 Turtle 繪圖

想像若要畫一些簡單的圖形，要如何做？一張紙（或稱畫布）加上一支筆就能隨意揮灑。Python 提供了一個能畫圖的內建函式庫 Turtle，俗稱海龜的 Turtle 能讓我們繪製生動、有趣的圖形。

Turtle 模組是簡易的繪圖程式，它以 Tkinter 函式庫為基礎，打造了繪圖工具，它源自於 60 年代的 Logo 程式語言，而由 Python 程式設計師構建了 Turtle 函式庫，只需要「import turtle」就可以在 Python 程式中使用海龜來繪圖囉！

16.1.1 使用座標系統

使用進入 Turtle 之前，首先對於螢幕座標系統得有一些基本認識。參考圖【16-1】，我們所使用的螢幕對 Python 來說，座標由左上角為起始點（0, 0）。既然要畫圖，當然要畫布，Turtle 展開畫布後，會在螢幕系統上展現其高度（height）和寬度（width）。

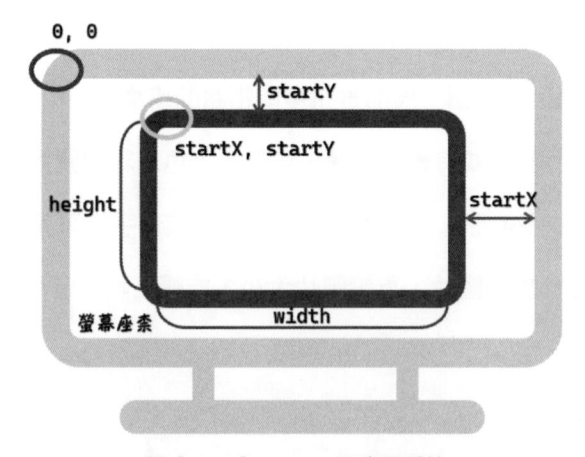

圖【16-1】 Turtle 與座標系統

那麼 Turtle 所呈現的畫布呢？同樣採用直角座標系，左上角的（startX, startY）能設定其起始位置。Turtle 自身的畫布空間以圖【16-2】來說，有 X、Y 軸，但是它以絕對座標為主，也就是它以畫布的中心位置為起始點。

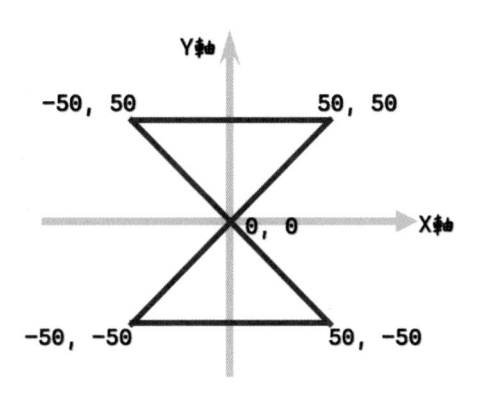

圖【16-2】 Turtle 畫布的空間座標

> **TIPS**
>
> 直角座標系，稱笛卡兒座標系或稱右手座標系
> - 笛卡兒座標系也稱為直角座標系，是最常用到的座標系。法國數學家勒內・笛卡兒在 1637 年發表的《方法論》提出。
> - 以二維平面為基礎，選一條指向右方水平線為 X 軸，再選一條指向上方的垂直線稱為 Y 軸。

16.1.2　Turtle 畫布與畫筆

準備繪畫吧！以 Turtle 模組所進行的任何動作都必須在畫布（繪圖區域）上揮灑，再依情況加入畫筆並配置顏色。藉由下列兩行敘述來認識 Turtle 畫布：

```
import turtle        # 滙入 turtle 模組
turtle.Turtle()      # 呼叫 turtle 類別 Turtle() 方法
```

◆ Turtle() 方法沒有參數，第一個字母必須大寫。

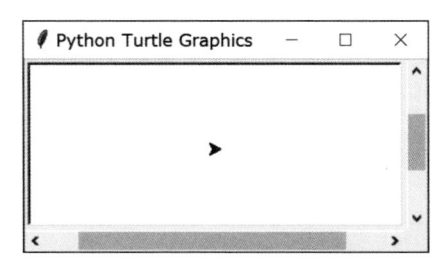

圖【16-3】　Turtle 產生的畫布

16-3

參考圖【16-3】Turtle 產生的畫布，可以看到畫布中央停留一個黑色箭頭「➤」，那是 Turtle 的畫筆，給予座標值就能移動。有了畫布，還得進一步設定其大小，認識 setup() 方法的語法：

```
turtle.setup(width, height, startx, starty)
```

- width、height：設定畫布的寬度和高度，以像素（pixel）為單位，必要參數。
- startx、starty：設定畫布的 X、Y 座標起始位置，可使用預設值，選項參數。

TIPS
要進行繪圖，無論是座標或者繪製的圖案，都會使用到 pixel（px），中文是像素或畫素。

例一：Turtle 以直角座標為主。

```
import turtle        # 滙入 turtle 模組
# 畫布大小為 200*200，X、Y 座標為 0、0
turtle.setup(200, 200, 0, 0)
```

- 有了 width、height 兩個參數的 Turtle 畫布，展開後以目前螢幕中心左上角為位置如圖【16-4】所示。

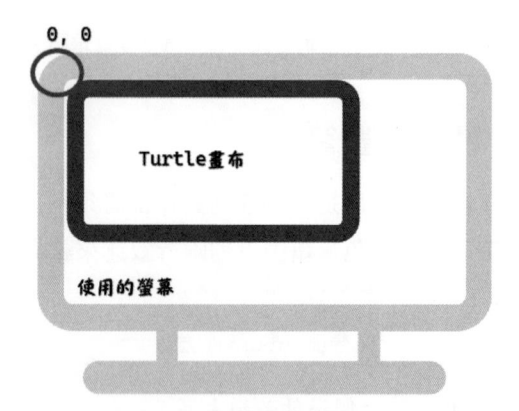

圖【16-4】 Turtle 畫布從螢幕左上角展開

如果方法 setup() 參數中，不加入 X、Y 座標，畫布會擺在視窗上哪個位置？
例二：

```
import turtle              # 滙入 turtle 模組
turtle.setup(200, 200)     # 畫布大小 200 X 200
```

Chapter 16 繪圖與影像

- 執行之後，可以看到畫布會以螢幕為中心來展開其位置。

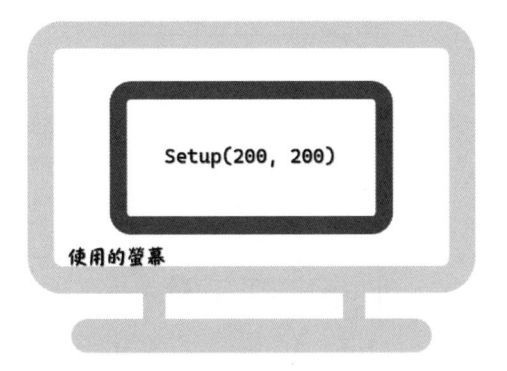

進一步認識與座標有關的方法，語法如下：

```
turtle.goto(x, y = None)        # 以像素表示座標值
turtle.setpos(x, y = None)
turtle.setposition(x, y = None)
turtle.home()                   # 畫筆回到原點(0, 0)
```

- x：表示x座標（橫向），第二個0代表Y軸（縱向座標）

有畫布、畫筆，再來想一想，圖【16-2】是如何畫出來！

範例《CH1501.py》

配合座標值在畫布上移動畫筆，繪製一個簡單的幾何圖形。執行程式後，就能看到停留在原點（畫布中心）的畫筆以左斜上方移向第一個座標（-50, 50），再移向第二個座標，最後回到原點（0, 0），形成一個幾何圖案。

STEP 01 撰寫如下程式碼。

```
01  import turtle              # 匯入海龜模組
02  turtle.setup(200, 200)     # 產生 200 X 200 畫布
03  turtle.speed(1)            # 把畫筆速度變慢
04  turtle.goto(-50, 50)       # ❶ 設定 x、y 座標為 (-50, 50)
05  turtle.goto(50, 50)        # ❷
06  turtle.goto(-50, -50)      # ❸
07  turtle.goto(50, -50)       # ❹
08  turtle.home()    # 回到原點 (0, 0) 同 turtle.goto(0, 0)
```

16-5

STEP 02 儲存檔案，解譯、執行按【F5】鍵。

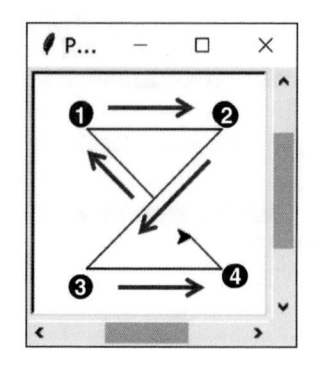

【程式說明】

- 第 3 行：為了觀看畫筆依座標移動的效果，呼叫 speed() 方法把畫筆速度調慢。
- 第 4 行：從原點開始，移向方法 goto() 所給予的 ❶ 座標，再往座標 ❷ 移動畫筆，依此類推。
- 第 8 行：方法 home() 會讓畫筆回到原點，與方法 goto(0, 0) 的結果是相同的。

要讓 Turtle 畫布上的畫筆遊走，除了使用絕對座標，Turtle 本身也提供了相對座標（畫布原點向外取 x、y 座標），配合相關方法移動 Turtle 畫筆。由圖【16-5】的中心點來觀看畫布空間，海龜位於原點（0, 0），它能前進、後退，以逆時針轉動畫筆是右轉或以順時針向左轉進。

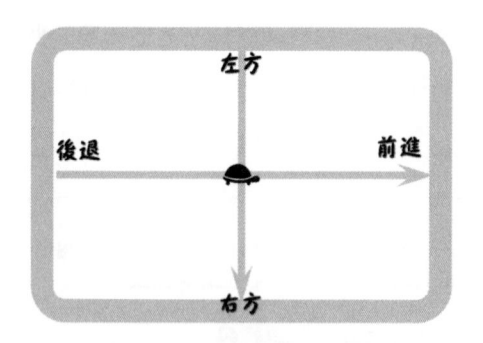

圖【16-5】 海龜的相對座標

要讓畫筆依設定值前進；可以呼叫 forward()、backward() 方法，語法如下：

```
turtle.forward(distance)      # 畫筆前進，簡寫 fd()
turtle.backward(distance)     # 畫筆後退，簡寫 bk() 或 back()
```

- distance：指定移動的距離，以像素為單位。

Turtle 可以前進、後退，向左轉或向右轉。相同道理，海龜不可能永遠維持直線前進，可能把畫筆轉個角度。依據圖【16-6】，加入角度讓海龜轉個彎再前進。

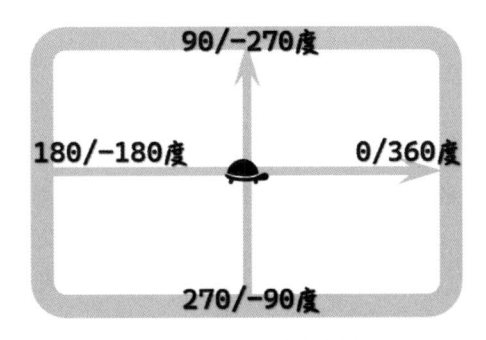

圖【16-6】 畫筆的絕對角度

當畫筆含有角度，前進的方向就會不同，預設是標準模式。觀察圖【16-6】，當角度為 0 時，它是朝向東方前進（逆時針方向），轉向北時，它轉了 90 度，再朝向西方表示它轉了 180 度，繼續向南就轉成了 270 度。

如何改變畫筆方向，依指定角度變更；相關方法的語法如下：

```
turtle.setheading(to_angle)   # 簡寫 seth(to_angle)
turtle.right(angle)           # 畫筆向右轉，簡寫 rt()
turtle.left(angle)            # 畫筆向左轉，簡寫 lt()
```

- to_angle：設置海龜的朝向角度有標準和 logo 兩種模式，參考表【16-1】。
- angle：角度。

標準模式（逆時針）	logo 模式（順時針）
東 – 0 度	北 – 0 度
北 – 90 度	東 – 90 度
西 – 270 度	南 – 270 度
南 – 360 度	西 – 360 度

表【16-1】 畫筆的兩種模式

簡例：

```
import turtle                 # 匯入海龜模組
show = turtle.Turtle()        # 建立畫布物件
turtle.colormode(255)         # 變更色彩以數值表示
```

```
show.pencolor(0, 255, 255)       # 畫筆為白色
show.shape('turtle')             # 畫筆形狀是海龜
show.pensize(10)                 # 畫筆大小
show.speed(1)                    # 畫筆速度為慢
show.seth(45)
show.fd(20)
```

- 方法 seth() 設定畫筆的角度。參考圖【16-6】的絕對角度，海龜轉向 45 度再前進 20 像素；而「seth(270)」說明畫筆轉了 270 度後再前行 20 像素。

要留意的地方是方法 seth() 或 left()、right() 只會改變畫筆的角度，無法讓畫筆前進。此外，某些情形，移動畫筆時方法 penup() 能把它抬起，前行到指定座標再以方法 pendown() 把畫筆落下，繼續繪圖；語法如下：

```
turtle.penup()        # 簡寫 pu() 或 up()
turtle.pendown()      # 簡寫 pd() 或 down()
```

- penup()：舉起畫筆，移動時不會畫圖。
- pendown()：放下畫筆，移動時進行畫圖

範例 《CH1502.py》

在 Turtle 畫布上讓畫筆前進並改變畫筆角度，完成平行四邊形的繪製。

STEP 01 撰寫如下程式碼。

```
01  import turtle                 # 匯入海龜模組
02  turtle.setup(280, 150)        # 產生 280 X 150 畫布
03  turtle.speed(1)               # 把畫筆速度變慢
04  turtle.forward(60)            # 畫筆從原點前進 50
05  turtle.left(45)               # 畫筆左轉 45 度
06  turtle.forward(60)
07  turtle.right(45)              # 畫筆向右轉 45 度
08  turtle.backward(60)           # 畫筆後退 60
09  turtle.home()                 # 畫筆回到原點
```

STEP 02	儲存檔案，解譯、執行按【F5】鍵。

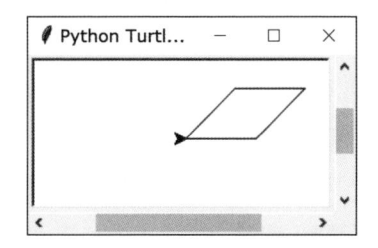

【程式說明】

- 第 5、6 行：畫筆前進 60（像素），在此呼叫方法 left() 把畫筆左轉 45 度，再呼叫方法 forward() 繼續前進。

16.1.3 塗鴉色彩

目前 Turtle 所產生的簡易圖形都是以黑色為預設值。是否可以改變顏色？最簡單的方式就是直接給予色彩名稱，例如：'blue'（英文名稱，字串要前後加單或雙引號）。Turtle 色彩組成依然以 RGB 為主，所以色彩值可以是數值，無論整數或是實數皆可。首先，認識與色彩設置有關的語法：

```
turtle.color(*args)
turtle.color(colorstring)        # 英文名稱表示顏色
turtle.color((r, g, b))          # R、G、B 的浮點數表示
turtle.color(r, g, b)            # R、G、B 的 16 進制表示
```

- args：參數有 0~3 個，設定顏色可以使用數值或以顏色的英文名稱來指定。
- r、g、b：代表色彩「紅」、「綠」、「藍」，它可以浮點數或 16 進制表示。
- color 可以表示 (pencolor(colorstring1) + fillcolor(colorstring2))

進一步認識 RGB 色彩，RGB 代表「紅（R）、綠（B）、藍（G）」三原色，而其色值為「0~255」，所以 RGB 表達的色彩等同「255 X 255 X 255」。除了指定顏色名稱之外，還可以使用 16 進制（0~F）來表示「'#RRGGBB'」。以字串表達，色值前後要加單或雙引號，最前方要使用「#」為導引。例一：

```
turtle.color('#FF0000')   # 紅色，以 16 進位表示它是紅色
turtle.color('#00FF00')   # 綠色
turtle.color('#0000FF')   # 藍色
turtle.color('#FFFFFF')   # 白色
turtle.color('#000000')   # 黑色
```

若要以數值表示 RGB 顏色，必須以方法 colormode() 來指定，語法如下：

```
turtle.colormode(cmode = None)
```

- cmode：數值「1」為預設值，表示能以字串或 16 進制設定顏色；也可以使用含有小數的浮點數來表示色彩值。
- cmode：數值「255」時，能以整數值表示色彩。

列舉一些常用的 RGB 色彩，表【16-2】。

色彩名稱	中文名	RGB 整數值	RGB 小數值	16 進制
Black	黑色	0, 0, 0	0.0, 0.0, 0.0	#000000
White	白色	255, 255, 255	1.0, 1.0, 1.0	#FFFFFF
Red	紅色	255, 0, 0	1.0, 0.0, 0.0	#FF0000
Green	綠色	0, 255, 0	0.0, 1.0, 0.0	#00FF00
Blue	藍色	0, 0, 255	0.0, 0.0, 1.0	#0000FF
Yellow	黃色	255, 255, 0	1.0, 1.0, 0.0	#FFFF00
Magenta	洋紅色	255, 0, 255	1.0, 0, 1.0	#FF00FF
Cyan	青綠色	0, 255, 255	0.0, 1.0, 1.0	#00FFFF
Gold	金黃色	255, 215, 0	1.0, 0.84, 0.0	#FFD700

表【16-2】 RGB 常用色彩

例二：使用方法 colormode() 來變更色彩模式，以數值表示。

```
# turtle.colormode(1) 是預設值
turtle.color((1.0, 1.0, 0.5))    # 黃色，數值必須小於或等於 1.0
# turtle.colormode(255) 則以數值表示色彩
turtle.color(255, 255, 0)         # 黃色
```

要把畫布底（背景）色或畫筆顏色由原有的預設值，改成其它顏色，其語法如下：

```
turtle.bgcolor(*args)      # 設背景
turtle.pencolor(*args)     # 設畫筆顏色
```

- args：表示可以使用數值或以顏色的英文名稱來指定，參考方法 color()。

範例《CH1503.py》

在 Turtle 畫布上，背景色以顏色名稱，再以 colormode() 變更色彩模式以整數值表示。

STEP 01 撰寫如下程式碼。

```
01  import turtle                    # 匯入海龜模組
02  turtle.setup(250, 200)           # 產生 250 X 200 畫布
03  turtle.bgcolor('Gray')           # 背景為灰色
04  show = turtle.Turtle()           # 建立畫布物件
05  turtle.colormode(255)
06  show.pencolor(255, 255, 255)     # 畫筆為白色
07  show.pensize(10)
08  show.speed(1)                    # 畫筆速度為慢
09  show.penup()                     # 畫筆懸空
10  show.goto(-60, 0)                # 移向指定座標
11  show.pendown()                   # 放下畫筆
12  show.left(80)                    # 左轉 90 度
13  show.goto(0, 60)
14  show.right(130)                  # 右轉 120 度
15  show.fd(100)                     # forward() 方法簡寫，前進 100 像素
16  show.right(130)                  # 畫筆右轉 130 度
17  show.goto(-60, 0)
```

STEP 02 儲存檔案，解譯、執行按【F5】鍵。

【程式說明】

- 第 3 行：使用 bgcolor() 方法，給了顏色名稱。
- 第 5 行：使用 colormode() 方法變更色彩模式，以數值表示色彩。
- 第 5 行：方法 pensize() 能變更畫筆的大小，參數值愈大，畫筆就畫出愈粗的線條。
- 第 9~11 行：常用敘述；抬起畫筆，移動到指定目標，再放下畫筆。

16-11

16.2 繪製幾何圖案

欲繪製幾何圖案，畫筆可是最重要的工具，畫筆可以上色並改變大小，甚至改變它的外觀，由原來的箭頭變成海龜形狀，調整其速度等。先認識能改變畫筆大小的語法：

```
turtle.pensize(width = None)    # 設畫筆大小
turtle.width(width = None)      # 同方法 pensize()
```

◆ width：設畫筆大小，為正整數。

讓畫筆移動的速度變慢，已經悄悄使用過，認識它的語法：

```
turtle.speed(speed = None)
```

◆ speed：整數值，範圍為「0~10」之間。

方法 speed() 用來設置海龜畫筆的移動速度，參數 speed 也能使用文字表示，對應關係如表【16-3】所示。

文字敘述	數值	結果
fastest	0	最快
fast	10	快
normal	6	正常
slow	3	慢
slowest	1	最慢

表【16-3】 畫筆速度的調整

16.2.1 畫圓形

聰明的讀者一定發現了！要繪製圖形都是從畫布中心的「原點 (0, 0)」向外移動。原點以外可以呼叫方法 goto() 來設定 x、y 座標。先來看簡例：

```
import turtle                   # 匯入海龜模組
show = turtle.Turtle()          # 建立畫布物件
for item in range(4):           # 畫一個簡單矩形
    show.fd(70)                 # 前進 70 像素
    show.right(90)              # 畫筆右轉 90 度
```

呼叫方法 forward() 讓畫筆前進，方法 right() 把畫筆右轉，以順時針方向繪製一個簡易矩形。參考圖【16-7】，畫筆朝東方前進，轉彎角度以外角為主，要轉 3 個彎，角度以「360 / 4 = 90」計算所得。

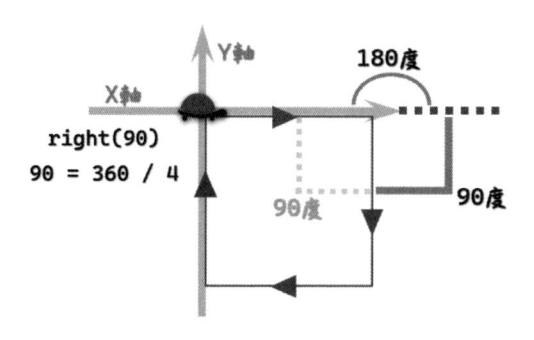

圖【16-7】 圖形以外角為主

要繪製幾何圖形，有更簡單的方式，當一個圖形的邊緣近於無限就接近了圓。這樣的概念，可以透過方法 circle() 來實現。它繪製圓形，但藉由參數的設定，能繪製不同的幾何圖形，語法如下：

```
turtle.circle(radius, extent = None, steps = None)
```

- radius：設定畫圓半徑，必要參數。圓心在海龜左邊。
- extent：決定圓弧線的內角度，省略此參數則繪製完整的圓形。
- steps：用來決定多邊形的邊數，非必要參數。

想要繪製一個圓形，只要給予半徑就能產生。不過，半徑（radius）指定的值為正整數，會以逆時針方向，從畫布的中心點畫圓；半徑為負值就是順時針方向畫圓。例一：

```
turtle.circle(40)      # 設半徑為 40，以逆時針方向畫圓
turtle.cirlce(-40)     # 半徑負數，以順時針方向畫圓
```

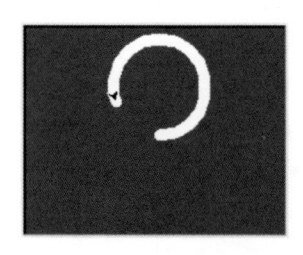

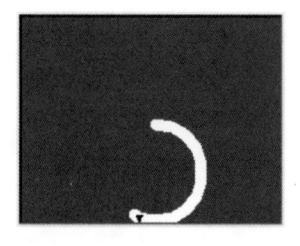

繪製幾何圖案，先前的作法都是以線條產生，可以呼叫方法 begin_fill() 開始上色與 end_fill() 方法結束上色，或者呼叫方法 fillcolor() 來塗上色彩，相關語法如下：

```
turtle.begin_fill()              # 開始塗色
turtle.end_fill()                # 結束塗色
turtle.fillcolor(*args)          # 指定塗滿的色彩
```

此外，還可以利用方法 color() 來指定畫筆和塗滿的顏色，敘述如下：

```
turtle.color('Blue', 'Gold')    # 設畫筆為藍色，塗滿金黃色
```

範例《CH1504.py》

設定 circle() 方法的參數，第二個參數「extent = 360」情形下，第三個參數「steps = 4」，能繪製四邊形。

STEP 01 撰寫如下程式碼。

```
01  import turtle                       # 匯入海龜模組
02  turtle.setup(250, 200)              # 產生 250 X 200 畫布
03  turtle.bgcolor('Gainsboro')         # 背景為淺灰色
04  show = turtle.Turtle()              # 建立畫布物件
05  show.color('White', 'Gray')         # 畫筆為白色，塗滿灰色
06  show.pensize(5)                     # 畫筆大小
07  show.speed(1)                       # 畫筆速度為慢
08  show.begin_fill()                   # 開始上色
09  for item in range(4):
10      show.fd(70)                     # 前進 70 像素
11      show.right(90)                  # 畫筆右轉 90 度
12  show.end_fill()                     # 結束上色
13  show.pen(pensize = 10, pencolor = 'Gray')
14  show.circle(40, 360, 4)             # 繪製空心菱形
```

STEP 02 儲存檔案，解譯、執行按【F5】鍵。

【程式說明】

- 第 8~12 行：呼叫方法 begin_fill() 準備上色，使用 for/in 迴圈讓前進、右轉的畫筆完成簡單矩形的繪製，再以 end_fill() 結束上色。
- 第 13 行：呼叫方法 pen()，重設畫筆大小為 10，畫筆為灰色。
- 第 14 行：使用方法 circle()，依參數值，「steps = 4」它會產生菱形（四邊形）。

16.2.2 繪製三角形

若以順時針方向繪製一個簡單的三角形。參考圖【16-8】，畫筆朝東方前進，轉彎角度以外角為主，要轉 2 個彎，外角度以「360 / 3 = 120」為計算所得。

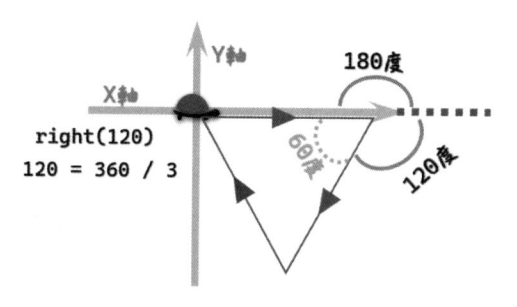

圖【16-8】 簡易三角形

範例：

```
# 參考範例《CH1505.py》
# 畫一個簡單三角形並上色
show.begin_fill()           # 開始上色
for item in range(3):
    show.fd(80)             # 前進 70 像素
    show.left(120)          # 畫筆右轉 90 度
show.end_fill()             # 結束上色
show.circle(45, 360, 3)     # 繪製三角形
```

- 方法 circle() 會依據參數 steps 來決定產生的多邊形，參數值「3」；所以是三角形。

有了三角形、矩形的繪製的作法，那麼要畫出一個多邊形就簡單多了。參考圖【16-9】，要繪製五邊形，給予的角度值 72。

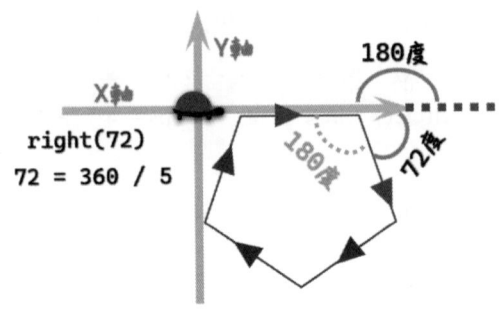

圖【16-9】 簡易五邊形

16.2.3 繪出多邊形

把一個能以角度控制所繪製的連續矩形或三角形，稱為螺旋圖，一起來看看這有趣的圖形。Turtle 提供兩個方法能在事件循環開始呼叫，認識它們：

```
turtle.mainloop()
turtle.done()
```

- 方法 mainloop() 來自 Tkinter 模組的 mainloop() 函式，當 Turtle 完成繪製時必須呼叫的結束語句。

範例《CH1506.py》

使用 for/in 迴圈，把畫筆不斷地前進，右轉 90 度，形成重覆性的螺旋矩形。

STEP 01 撰寫如下程式碼。

```
01  import turtle                  # 匯入海龜模組
02  turtle.setup(270, 270)         # 產生 270 X 270 畫布
03  show = turtle.Turtle()         # 建立畫布物件
04  show.pencolor('Gray')          # 畫筆為白色
05  show.pensize(2)                # 畫筆大小
06  show.speed(1)                  # 畫筆速度為慢
07  for item in range(56):         # 畫一個連續矩形
08      show.fd(item * 3)          # 依值前進
09      show.right(90)             # 畫筆右轉 90 度
10  turtle.mainloop()              # 開始主事件的循環
```

> **STEP 02** 儲存檔案，解譯、執行按【F5】鍵。

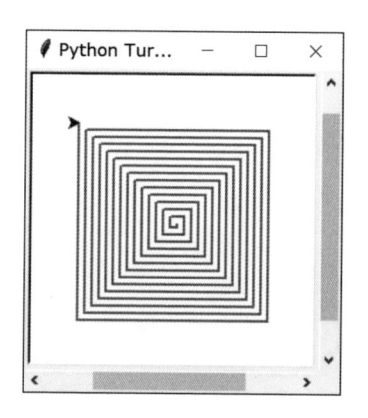

【程式說明】

- 第 7~9 行：for/in 迴圈中，每次畫筆前行時都會和上次相差 3 個像素，形成綿延不斷的正方螺旋。
- 第 11 行：呼叫 mainloop() 方法讓事件能循環執行。

範例《CH1607.py》

原本繪製三角形，將原本的外角 120 度多增加了一度，形成每次繪製圖案時角度就會偏移來產生螺旋效果。

> **STEP 01** 撰寫如下程式碼。

```
01  import turtle                # 匯入海龜模組
02  turtle.setup(300, 300)       # 產生 300 X 300 畫布
03  show = turtle.Turtle()       # 建立畫布物件
04  show.pencolor('Gray21')      # 畫筆為灰色
05  show.pensize(1)              # 畫筆大小
06  for item in range(100):      # 畫一個螺旋圖
07      show.fd(item * 5)        # 依值前進
08      show.right(121)          # 畫筆右轉 121 度
09  turtle.mainloop()            # 開始主事件的循環
```

16-17

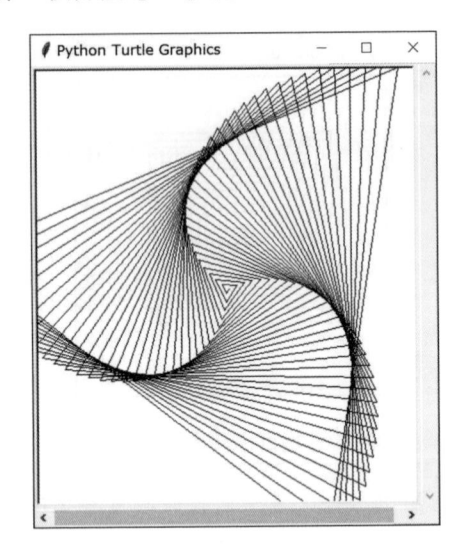

STEP 02 儲存檔案，解譯、執行按【F5】鍵。

【程式說明】

* 第 6~8 行：for/in 迴圈，前行，右轉時多偏移了 1 度，產生螺旋圖。

範例 《CH1508.py》

呼叫 circle() 方法繪製一個彩色的環圈圖。

STEP 03 撰寫如下程式碼。

```
01  import turtle                        # 匯入海龜模組
02  turtle.setup(350, 300)               # 產生 350 X 300 畫布
03  turtle.bgcolor('Gray21')             # 背景為灰色
04  show = turtle.Turtle()               # 建立畫布物件
05  show.pensize(2)                      # 畫筆大小
06  show.speed(0)                        # 畫筆速度為慢
07  colors = ['Red', 'Magenta', 'Blue', 'Cyan',
08            'Green', 'Yellow', 'Pink']
09  for item in range(len(colors)):      # 依值產生圓環
10      for tint in colors:              # 每個環依序給予顏色
11          show.color(tint)             # 顯示顏色
12          show.circle(75)              # 產生半徑 75 的圓環
13          show.left(10)                # 左轉 10 度
14  show.hideturtle()                    # 隱藏畫筆
```

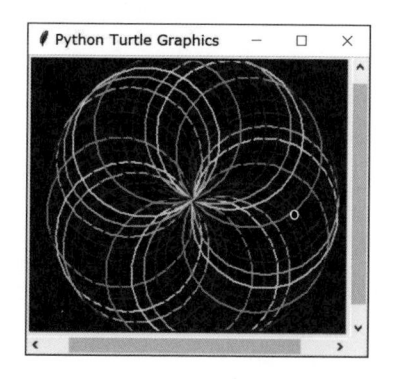

STEP 04 儲存檔案，解譯、執行按【F5】鍵。

【程式說明】

- 第 10~14 行：使用雙層 for/in 迴圈，外層依儲存色彩的 List 物件所得長度來產生圓環，內層 for/in 迴圈依序讀取元素準備給圓環配色。

Turtle 也能製作動畫。所謂的動畫效果，是讓繪製的圖案不斷在螢幕更新，認識更新螢幕的兩種方法，相關語法如下：

```
turtle.tracer(n = None, delay = None)
turtle.update()      # 更新螢幕
```

- n：依參數 n 指定的次數更新螢幕動畫。
- delay：延遲的秒數。

範例《CH1509.py》

如何繪製一個太極，表示要有兩個半圓弧線，然後在兩個半圓的上、下方分別繪製兩個小半圓半弧，兩個小半圓再分別加入一個小圓。

STEP 05 撰寫如下程式碼。

```
01   from turtle import *
02   import time
03   setup(500, 500)
04   def penPaint(tint, rd, degree):      # 定義函式，畫筆上色繪製弧形
05       color(tint)
06       begin_fill()                      # 畫筆開始上色
07       circle(rd, degree)                # 依半徑值，180 度繪製半弧
```

16-19

```
08        end_fill()                         # 畫筆結束上色
09  def penMove(angle1, angle2, num):        # 定義函式,移動畫筆
10        penup()
11        right(angle1)
12        fd(num)
13        left(angle2)
14        pendown()
15  def Taichi():                            # 定義函式,繪製太極
16        speed(10)
17        penPaint('Gray', 240, 180)         # 右側黑色大半圓
18        penPaint('Snow', 240, 180)         # 左側白色大半圓
19        penPaint('Gray', 120, -180)        # 下方黑色小半圓
20        penPaint('Snow', -120, -180)       # 上方白色小半圓
21        penMove(90, 90, 160)
22        penPaint('DarkGray', 40, None)     # 繪製上方的黑色小圓
23        penMove(90, 90, 240)
24        penPaint('Snow', 40, None)         # 繪製下方的白色小圓
25  def spin(dg):                            # 定義函式,產生可以向右轉案的圖案
26        penup()                            # 抬起畫筆
27        home()                             # 畫筆回到原點 (0, 0)
28        right(90 + dg * num)               # 畫筆依角度向右轉
29        fd(240)                            # 畫筆前進 240 像素
30        left(90)                           # 畫筆左轉 90 度
31        Taichi()                           # 呼叫函式,繪製太極圖案
32  # 移動畫筆到指定座標
33  penup()
34  goto(0, -240)
35  pendown()
36  Taichi()              # 呼叫函式,繪製太極圖案
37  hideturtle()          # 隱藏畫筆
38
39  num = 0
40  try:
41      while True:
42          tracer(0)     # 不斷地更新螢幕的畫案
43          clear()       # 清除 turtle 的繪圖
44          spin(5)       # 呼叫函式,轉動圖案,值愈大,轉動愈快
45          num += 1
46          update()      # 產生動畫時,持續更新螢幕
47          time.sleep(0.01)
48  except:
49      print('Exit')
```

> **STEP 06** 儲存檔案，解譯、執行按【F5】鍵。

【程式說明】

- 第 4~8 行：定義函式 penPaint()，依據傳入的顏色、半徑、角度來繪製半圓的弧線。
- 第 9~14 行：定義函式 penMove()，依據傳入參數值，畫筆先右轉、前行、再左轉。
- 第 15~24 行：定義函式 Taichi()，繪製太極圖，先繪製左側的白色大的半圓、右側的灰色大的半圓，再取大半圓二分之一的半徑值，繪製兩個小半圓，小半圓的位置再分別加入兩個小圓。
- 第 25~31 行：定義函式 spin() 讓太極圖案能向右轉動。
- 第 41~49 行：配合 time 模組的 sleep() 方法，不斷更新螢幕的圖案來產生太極圖右轉的效果。

16.3 認識 Pillow 套件

處理圖片、影像原本有一個套件，稱為「PIL」（Python Imaging Library）是一套影像處理的第三方套件。它原本只支援到 Python 2.7 版本，有心人士另起爐灶，以 PIL 為基底而開發出更具特色的 Pillow 第三方套件，也有人繼續以 PIL 來稱呼它。Pillow 套件的文件說明可參考下列網址：

https://pillow.readthedocs.io/en/stable/installation.html#basic-installation

那麼 Pillow 套件可以做些什麼？基本的影像處理，例如裁切、平移、旋轉、縮放，或者針對圖片做簡單操作，如調整亮度、色調，套用濾鏡等等。由於 Pillow 屬於第三方套件，目前版本為「9.1.0」，必須藉由 pip 指令在「命令提示字元」視窗下安裝更新套件：

```
pip install Pillow
pip install --upgrade Pillow
```

安裝了 Pillow 套件之後，可以使用指令做確認：

```
pip list
```

或者在 Python Shell 交談模式中，執行相關指令：

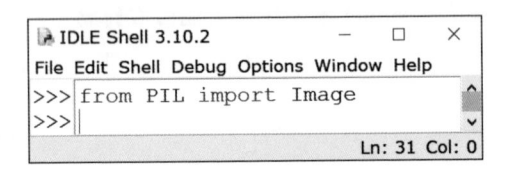

- 要留意的是，安裝的是 Pillow 套件，但滙入的是 PIL 套件，名稱全部以大寫英文字母表示。

那麼 Pillow 套件提供了哪些模組？就本章節會使用的模組，簡介如下：

- **Image**：用來處理 PIL 圖片。
- **ImageColor**：支援 CSS6 樣式表，提供顏色表和色彩模式的轉換。
- **ImageDraw**：建立 ImageDraw 物件，處理簡單的 2D 圖形。
- **ImageFont**：產生 ImageFont 物件，儲存點陣字型。
- **ImageFilter**：提供處理圖片的濾鏡特效。

16.3.1 色彩與透明度

在介紹 Turtle 模組時，曾介紹 RGB 色彩的基本概念，要處理影像，當然避不開色彩，先認識 ImageColor 類別如何表達顏色！

使用 RGB() 函式表達顏色值，有三種方式：

- 使用「0～255」的整數；如紅色，「rgb(255, 0, 0)」。
- 以顏色名稱。例如，表示綠色就是「rgb('green')」。
- 以三個百分比形式輸出顏色值。如敘述綠色就是「rgb(0, 100%, 0)」。

第二種表達色彩的方式就是以 16 進位；無論是「#rgb」、「#rrggbb」或「#rrggbbaa」皆是以「0~F」為色彩值。例如白色為「#FFFFFF」，黑色是「#000000」。其中較為特殊的是透明度，「#rgb」表示顏色不含透明度，而「#rgba」的『a』為 alpha，說明顏色含有透明度。

表達色彩的第三種即使用 HSL() 函式，其代表的意涵以表【16-4】簡介。

HSL() 函式	表示	說明
Hue（色彩）	0～360 度表明顏色	紅色 = 0 綠色 = 120 藍色 = 240
Saturation（飽和度）	0～100%	灰色 = 0% 全色 = 100%
Lightness（亮度）	0～100%	黑 = 0% 一般 = 50% 白 = 100%

表【16-4】 hsl() 函式代表的意義

表達色彩的第四種即使用函式 hsl()，它代表色彩（Hue）、飽和度（Saturation）和亮度（Lightness）；函式本身的意義參考表【16-4】。

先介紹兩個跟色彩有關的方法，認識其語法：

```
ImageColor.getrgb(color)
ImageColor.getcolor(color, mode)
```

- color：表示顏色，可以使用名稱，如 'blue' 或者是字串形式的 16 進位、10 進位表示的 rgb 值。

- mode：指定色彩模式，以大寫英文字母表示，RGB 或 RGBA；A 為「Alpha」代圖片是否要設透明度。

簡例：方法 getrgb() 取得指定的顏色值。

```
from PIL import ImageColor as imgc
imgc.getrgb('Gray')#取得顏色值
(128, 128, 128)
imgc.getrgb('#FC5677')#16進位
(252, 86, 119)
```

- 滙入的套件是 PIL 的 ImageColor 類別，給予別名 imgc。
- 給予顏色名稱或 16 進位，回傳 RGB 各別的值。

方法 getcolor() 同樣是取得色彩的 RGB 值，例二：

```
imgc.getcolor('Pink', 'RGBA')
(255, 192, 203, 255)
imgc.getcolor('rgb(80%, 60%, 50%)'
, 'RGB')
(204, 153, 128)
```

- 使用 getcolor() 方法，第 2 個參數必須指定是 RGB 或 RGBA 模式，少了第 2 個參數會引發異常。

```
imgc.getcolor('rgb(80%, 60%, 50%)')
Traceback (most recent call last):
  File "<pyshell#7>", line 1, in <module>
    imgc.getcolor('rgb(80%, 60%, 50%)')
TypeError: getcolor() missing 1 required
positional argument: 'mode'
```

16.3.2 讀取圖片

Pillow 套件對於圖片的座標使用直角座標系（或稱笛卡爾像素坐標系），跟 Turtle 模組一樣，以左上角為原點，再依圖片的大小回傳 x、y 的座標值。大多數的圖片以矩形居多，所以 Pillow 套件把圖片視為一個矩形區域或者是一個盒子（Box），它有左（left）、上（upper）、右（right）、下（lower）4 個座標，以 Tuple 組成。

要取得圖片，以方法 open() 開啟，語法如下：

```
Image.open(fp, mode = 'r', formats = None)
```

- fp：欲開啟的圖片檔名。

- 由於是讀取圖片檔，所以預設模式 mode 為「r」。
- formats：設定圖片的格式。

要取得圖片矩形區域的座標，使用方法 getbbox()，它無參數，會以 Tuple 物件回傳 left、upper、right、lower 四個值。範例：

```
# 參考範例《CH1611.py》
from PIL import Image # PIL 開啟圖檔，取得圖檔的基本訊息
file = '../Demo/Pict/puppet02.png'   # 圖檔路徑
with Image.open(file) as photo:
   left, upper, right, lower = photo.getbbox()
   print(f'Left = {left}\nUpper = {upper}')
   print(f'Right = {right}\nLower = {lower}')
```

- 使用 with/as 敘述並配合 open() 方法開啟圖檔，當程式執行完畢會自動釋放資源。
- 方法 getbbox() 回傳的數值分別由 4 個變數 left、upper、right、lower 儲存。
- 函式 print() 會輸出「Left = 0」、「Upper = 0」、「Right = 317」、「Lower = 471」。

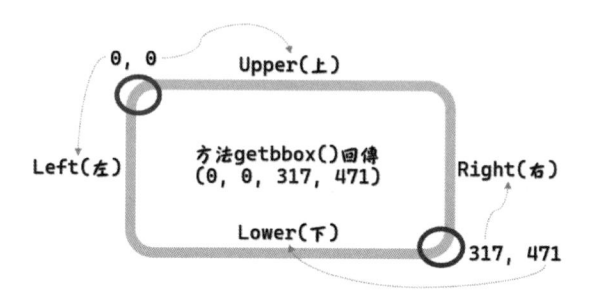

圖【16-10】 Image 物件表達的座標

若細步查看圖【16-10】除了左上角的原點之外，右下角的座標已隱含了讀取的大小（寬 × 高）。讀取了圖檔之後，還可以進一步獲取圖片的基本訊息，例如圖片的大小或圖片的格式，表【16-5】列示之。

Image 類別屬性、方法	說明
size	取得圖像大小，以 Tuple 回傳寬和高
format	回傳圖檔格式
info	以字典回傳圖片訊息
mode	圖片的模式，參考表【16-8】
show()	顯示圖片

表【16-5】 Image 類別的屬性

16-25

方法 show() 能顯示圖片，它會去呼叫 ImageShow 模組 show() 方法來執行。但它不是經由 Python Shell 交談視窗輸出結果，而是電腦本身提供能開啟圖片的相關軟體，這是使用時要留意之處。

範例：獲取圖片的基本訊息。

```
# 參考範例《CH1611.py》
from PIL import Image
file = '../Demo/Pict/puppet02.png'   # 圖檔路徑
with Image.open(file) as photo:
   width, height = photo.size         # 屬性 size 取得圖片的寬、高
   print(f'{width} X {height}')
   print('圖檔格式', photo.format)     # 屬性 format 獲取圖片格式
   print('模式', photo.mode)           # 屬性 mode 取得圖片色譜
   imgData = photo.info                # 取得圖片訊息
   for k, v in imgData.items():
      print(k, v)
   # 取得圖片中單一色譜的最小和最大像素
   print(photo.getextrema())
   print('色譜', photo.getbands())
   photo.show()    # 顯示圖片
```

- 屬性 format 能取得圖片格式，所以輸出「PNG」。
- 屬性 mode 能取得圖片，所以輸出「RGBA」。
- 屬性 info 能取得圖片相關訊息，包括：dpi（96.012, 96.012）、Author、Description、Copyright、Creation time、Software、Disclaimer、Warning、Source、Comment、Title 等。
- 方法 getextrema() 能取得 RGBA 單一色譜的最小和最大值；所以，輸出「((0, 255), (0, 255), (0, 255), (255, 255))」。
- 方法 getbands() 輸出色譜（'R', 'G', 'B', 'A'）

16.4 圖像的基本操作

影像的操作不外乎先取得影像的基本訊息之後，把它縮小或放大，或者把它旋轉；其中的 Image 模組下的 Image 類別用來處理圖片。表【16-6】簡介一些相關方法。

Image 類別屬性、方法	說明
Image.alpha_composite (im1 , im2)	把兩個圖片結合在一起
Image.blend(im1, im2, alpha)	加入 alpha 把兩張圖變成新圖
Image.eval(image, *args)	評估圖片的像素
Image.getbands()	取得圖檔的色譜
Image.merge(mode, bands)	把單一色譜圖像合成多重色譜的新圖像
Image.new(mode, size, color=0)	產生新的圖片
Image.save(fp, format=None, **params)	給予圖片新的檔名

表【16-6】 Image 類別的相關方法

16.4.1 重編影像

某些情形下，變更了圖片之後，可以使用方法 save() 把取得的圖檔另存他檔，語法如下：

```
Image.save(fp, format = None, **params)
```

- fp：必要參數，圖檔名稱。
- format：選項參數，指定欲存檔的格式，否則依來源圖片的格式。

想要調整圖片的大小或者變更圖片的格式，先認識 resize() 方法的語法：

```
Image.resize(size, resample = None, box = None,
   reducing_gap = None)
```

- size：必要參數，以 px（pixel）為單位，重設圖片時的須指定的寬和高，使用整數，以 Tuple 表達。
- resample：選項參數，變更圖片時可加入的過濾器（Filters）。
- box：選項參數，以 Tuple 為主的浮點數，得提供來源圖片欲縮放的圖片區域，其值須是以原點為主的寬和高，可以參考圖【16-10】。
- reducing_gap：選項參數，重新調整圖片大小並優化。

方法 resize() 的參數 resample 在重設圖片大小時，能提供過濾器的功能，相關參數值表【16-7】說明。

resample 的過濾器	說明
Image.NEAREST	依讀取圖片，選擇最接近的像素
Image.BOX	來源圖片與目標圖片的像素有相相同權值
Image.BILINEAR	把輸入值以線性插值重新計算，儘可能輸出所有像素
Image.HAMMING	產生比 BILINEAR 更清晰的圖片
Image.BICUBIC	把輸入值以三次樣條插值重新計算像素，儘可能輸出所有像素
Image.LANCZOS	使用更高畫質的 Lanczos 過濾器

表【16-7】 方法 resize() 提供的過濾器

範例：方法 resize() 重設圖片大小。

```
# 參考範例《CH1612.py》
from PIL import Image
file = '../Demo/Pict/puppet02.png'   # 圖檔路徑
# 開啟圖檔，重設大小並另存另一個檔案
with Image.open(file) as photo:
    width, height = photo.size    # 取得原有圖片大小
    newPng = photo.resize((width // 2, height // 2))
    newPng.save('../Demo/Pict/1612.png')
    photo.show()
```

- 方法 resize() 依 width, height 重設圖片的大小。
- 方法 save() 把變更大小的圖片，依指定路徑，依相同格式（PNG）另存新的檔案。
- 要留意的是，方法 save() 並不能把原有的 PNG 格式的圖片直接儲存為 JPEG 格式，它會直接發出「OSError: cannot write mode RGBA as JPEG」的異常。

雖然，PNG 格式的圖片無法另存為 JPEG 格式的圖片。但本身為 JPEG 格式的圖片可以使用 save() 方法另存其它格式的圖片，例如：gif、bmp 或 png，參數 format 指定格式要須與另存的檔名相同。簡例：

```
file = '../Demo/Pict/lotus.jpg'   # 圖檔路徑
with Image.open(file) as photo:
    img = photo.rotate(-135).save(
        '../Demo/Pict/lotusR135.bmp', format = 'bmp')
```

- 把檔案另存為「bmp」格式，而 format 同樣指定為『bmp』。

16.4.2 產生新圖片

方法 new() 可以依其格式產生一個新的圖片，語法如下：

```
Image.new(mode, size, color = 0)
```

- mode：指定圖片的模式，說明請參考表【16-8】。
- size：依指定的 width、height 來設定圖片大小。
- color：指定圖像的顏色值，預設為黑色。

方法 new() 的參數 mode 用來定義圖片中的像素（pixel）的形式和深度，每個像素依其深度定其範圍，表【16-8】說明。

參數 mode	說明
1（數字）	1 位元像素，黑白影象，能存成 8 位元像素
L	8 位元像素，黑白
P	9 位元像素，調色板能對應到其它模式
RGB	3×8 位元像素，全彩
RGBA	4×8 位元像素，全彩含透明度
YMCK	4×8 位元像素，以 Cyan、Magenta、Yellow、Key Plate（Black）分色，印刷四色模式或彩色印刷模式
LAB	3×8 位元像素，顏色空間
HSV	3×8 位元像素，H（Hue）、S（Saturation）、V（Value）即色彩、飽和度、明度
I	32 位元像素，含正、負值的整數
F	32 位元像素，以浮點數表示

表【16-8】 方法 new() 須指定的模式

範例：方法 new() 產生圖片。

```
# 參考範例《CH1613.py》
from PIL import Image
photo = Image.new('RGB', (300, 300), (215, 215, 215))
photo.save('../Demo/Pict/1613.jpg')
photo.show()
```

- 方法 new() 產生一個 RGB 模式，大小「300×300」，顏色為灰色的圖片。

16-29

- 方法 save() 以 JPEG 格式儲存。

16.4.3 繪製圖案、秀出文字

方法 new() 相當於產生了一塊簡易的畫布，那麼就能在畫布上揮灑圖案囉！進行彩繪之前，先認識 Pillow 與繪圖有關的模組 ImageDraw，它能畫線條，也能做幾何圖案的繪製，相關方法以表【16-9】列示之。

ImageDraw 相關方法	說明
ImageDraw.Draw()	產生繪圖物件
ImageDraw.getfont()	取得字型
ImageDraw.arc()	繪製弧線
ImageDraw.polygon()	繪製多邊形
ImageDraw.ellipse()	繪製橢圓形
ImageDraw.line()	繪製線條

表【16-9】 ImageDraw 的相關方法

首先，方法 arc() 能繪製弧線，語法如下：

```
ImageDraw.arc(xy, start, end, fill = None, width = 0)
```

- xy：必要參數，由於是產生弧線，所以會有 [(x0, y0), (x1, y1)] 或 [x0, y0, x1, y1]，同時「x1 >= x0」而且「y1 >= y0」。
- start、end：必要參數，繪製弧線的角度，從 3 點鐘開始，直到結束的角度。
- fill：選項參數，填滿色彩。
- width：選項參數，外框的寬度，以 px 為單位。

簡例：繪製弧形。

```
from PIL import ImageDraw
sample = ImageDraw.Draw(photo)      # 產生繪圖物件
sample.arc((15, 35, 180, 160), 180, 360,
   fill = 'DarkGray', width = 10)
```

- sample 為 ImageDraw 物件。
- 參數 xy 以 Tuple 物件表示（x0, y0, x1, y1）4 個座標。
- 開始角度 180，結束角度 360，所以它產生半弧形線。

看看橢圓形是如何繪製？認識其語法：

```
ImageDraw.ellipse(xy, fill = None, outline = None, width = 1)
```

- xy：必要參數，以圖片的左上角為起點，設定的 X、Y 座標值。
- outline：選項參數，指定圖案外框的顏色。
- fill、width：選項參數，跟方法 arc() 的作用相同。

範例：繪製橢圓圖案。

```
# 參考範例《CH1613.py》續
from PIL import ImageDraw
sample = ImageDraw.Draw(photo)      # 產生繪圖物件
# 繪製橢圓圖案
sample.ellipse((50, 50, 120, 160),
    fill = 'rgb(128, 128, 128)',
    outline = 'white', width = 5)
```

- 要在原有的圖案上繪製圖形，必須滙入 ImageDraw，呼叫 Draw() 方法產生繪圖物件。
- 方法 ellipse() 在 x、y 座標（50, 50）產生一個寬、高為 120×160 的繪圖物件，以灰色填滿，外框為 5 的白色框線。

想要繼續在 ImageDraw 物件繪製文字，就得加入 ImageFont 建立的字型物件。首先，得利用 truetype() 方法來取得字型，先認識它的語法：

```
ImageFont.truetype(font = None, size = 10, index = 0,
    encoding = '', layout_engine = None)
```

- font：字型名稱，必須載入路徑。
- size：字的大小，以 px 為單位
- index：指定要加載的字型。
- encoding：字體編碼，預設為 Unicode。

先想一想，如何取得字型！一般而言，Windows 系統的字型大部份儲存在「C:\Windows\Fonts」，可以在呼叫 truetype() 方法直接引用。有了字型，要輸出文字就得找 ImageDraw.text() 方法當管道，語法如下：

```
ImageDraw.text(xy, text, fill = None, font = None,
    anchor = None, spacing = 4, align = 'left',
    direction = None, features = None, language = None,
    stroke_width = 0, stroke_fill = None,
    embedded_color = False)
```

- xy：輸出文字的位置，以 Tuple 物件設定 x、y 座標。
- text：輸出的字串。
- fill：指定參數 text 的文字顏色。
- font：由 ImageFont 物件取得的字型。
- spacing：若有多行文字，行與行之間的距離。
- align：文字對齊，預設是「靠左」(left)，還可以選擇「置中」(center) 或「靠右」(right)。
- direction：文字的方向是「rtl」(由右而左)，「ltr」(由左而右) 或「ttb」(由上而下)。

範例：設定字型，輸出文字。

```
# 參考範例《CH1613.py》續
# 取得字型
fontAt = ImageFont.truetype('../Demo/Font/BERNHC.ttf', 46)
sample.text((130, 120), 'Hi Pillow',    # 繪圖物件繪製文字
    font = fontAt, fill = 'Ivory')
```

- ImageFont 物件 fontAt 給予字型，字的大小是 46。
- 以 ImageDraw 物件 sample 呼叫方法 text()，指定輸出位置（130, 120），輸出文字「Hi Pillow」，文字顏色是象牙白。

16.6.4　影像的旋轉和翻轉

改變圖片方向有二種方法，rotate() 能把圖片旋轉，而方法 transpose() 則是把圖片翻轉。先認識 rotate() 的語法：

```
Image.rotate(angle, resample = Resampling.NEAREST,
   expand = 0, center = None, translate = None,
   fillcolor = None)
```

- reangle：圖片的旋轉角度。
- resample：選項參數，提供圖片重新採樣的過濾器。
- expand：選項參數，預設值「0」是『False』；參數值為「True」能把圖片放大，適應旋轉後的新圖片。
- center：選項參數，以圖片為預設中心點來旋轉圖片；而左上角為原點，可以 Tuple 物件設定 x、y 座標做圖片旋轉。
- translate：選項參數，同樣是以 Tuple 物件設定 x、y 座標，把旋轉後的圖片做翻轉。

方法 rotate() 的參數 resample，有三個參數值，表【16-10】說明。

resample 重新採樣	說明
Image.Resampling.NEAREST	鄰近取樣
Image.Resampling.BILINEAR	線性插補
Image.Resampling.BICUBIC	三次樣條插值（Cubic Spline Interpolation）

表【16-10】　方法 retote() 提供的過濾器

範例：把圖片做不同角度的旋轉。

```
# 參考範例《CH1614.py》
file = '../Demo/Pict/lotus.jpg'        # 圖檔路徑
with Image.open(file) as photo:
     img = photo.rotate(-135).save(
     '../Demo/Pict/lotusR135.jpg')
file2 = '../Demo/Pict/lotusR135.jpg'   # 圖檔路徑
with Image.open(file2) as photo:
   photo.show()
```

- rotate() 方法的第一個參數 angle 為負值 -135 度，把圖片以順時針旋轉。

  通常把圖片旋轉，會因為格式不同有些許不同。

  - **PNG 格式**：為 RGBA 模式，含有 alpha（透明度），圖片經過旋轉，只會以透明背景填滿旋轉後餘留空間。

  - **JPEG 格式**：為 RGB 模式，不含有 alpha（透明度），圖片經過旋轉，只能以黑色填滿旋轉後餘留空間。

方法 rotate() 的旋轉角度為負值，表示它是以順時針方向來旋轉圖片。

範例：方法 rotate() 加入參數「expand = True」後會把圖片做適當放大。

```
# 參考範例《CH1615.py》
from PIL import Image
file = '../Demo/Pict/ylotus.png'     # 圖檔路徑
with Image.open(file) as photo:
   img = photo.rotate(45, expand = True,
      resample = Image.Resampling.BILINEAR)
   img.save('../Demo/Pict/R45E.png')
```

- 方法 rotate() 加入參數 expand、resample，把放大的圖片以線性插值做重新取樣。

方法 transpose() 用來翻轉圖片，認識其語法：

```
Image.transpose(method)
```

- method：翻轉圖片的方法，請參考表【16-11】。

方法 transpose() 的參數 method 能設定圖片的翻轉，表【16-11】列明之。

transpose()methon 參數	說明
Image.Transpose.FLIP_LEFT_RIGHT	水平翻轉
Image.Transpose.FLIP_TOP_BOTTOM	垂直翻轉
Image.Transpose.ROTATE_90	圖片逆時針旋轉 90 度
Image.Transpose.ROTATE_180	圖片逆時針旋轉 180 度
Image.Transpose.ROTATE_270	圖片逆時針旋轉 270 度
Image.Transpose.TRANSPOSE	圖片向左旋轉
Image.Transpose.TRANSVERSE	圖片向右旋轉

表【16-11】 方法 transpose() 翻轉圖片

範例：方法 transpose() 把圖片做水平翻轉。

```
# 參考範例《CH1616.py》
# transpose() 方法翻轉圖片
from PIL import Image
file = '../Demo/Pict/puppet02.png'    # 圖檔路徑
# 開啟圖檔
with Image.open(file) as photo:
    #img = photo.transpose(Image.Transpose.FLIP_LEFT_RIGHT)
```

◆ 方法 transpose() 的參數值 Transpose.FLIP_LEFT_RIGHT 能把圖片做水平翻轉。

● 方法 transpose() 的參數值 Transpose.FLIP_TOP_BOTTOM 把圖片做垂直翻轉。

● 方法 transpose() 的參數值 Transpose.ROTATE_270 把圖片以逆時針旋轉 270 度。

16.4.5　圖像裁切、合成

某些情形下，可能要把圖片裁切，先認識 crop() 方法的語法：

```
Image.crop(box = None)
```

● box：有 4 個座標，left、upper、right、lower，請參考圖【16-10】。

範例：方法 crop() 裁剪圖片。

```
# 參考範例《CH1617.py》
from PIL import Image
file = '../Demo/Pict/rose.jpg'    # 圖檔路徑
# 開啟圖檔
with Image.open(file) as photo:
   # 方法 crop() 裁剪圖片
   img = photo.crop((312, 103, 918, 735))
   img.save('../Demo/Pict/cropRose.jpg')
```

● 方法 crop() 必須以 Tuple 物件設定左、上、右、下四個座標值。

16-37

完成裁切的圖片，可以使用 ImageFilter 模組所定義的過濾器，產生的濾鏡特效。這些預定義的過濾器，必須配合 ImageFilter 模組 filter() 方法，語法如下：

```
Image.filter(filter)
```

- filter：相關參數如表【16-12】所示。

Filter() 方法參數	說明
ImageFilter.BLUR	模糊化
ImageFilter.CONTOUR	輪廓
ImageFilter.DETAIL	細部加強
ImageFilter.EDGE_ENHANCE	邊緣加強
ImageFilter.EDGE_ENHANCE_MORE	深度邊緣加強
ImageFilter.EMBOSS	浮雕效果
ImageFilter.FIND_EDGES	邊界
ImageFilter.SMOOTH	平滑效果
ImageFilter.SMOOTH_MORE	深度平滑效果
ImageFilter.SHARPEN	銳化效果

表【16-12】 Filter() 方法參數

範例：方法 filter() 在圖片上做濾鏡特效。

```
# 參考範例《CH1617.py》續
from PIL import ImageFilter
file2 = '../Demo/Pict/cropRose.jpg'    # 開啟裁剪後圖片
with Image.open(file2) as photo:
    eff = photo.filter(ImageFilter.EDGE_ENHANCE_MORE)
    eff.save('../Demo/Pict/effRose.jpg')
```

- 把裁切後的圖片以方法 filter() 進行濾鏡特效。

|輪廓| 細部加強| 深度邊緣加強|

要把兩張圖片進行合成,有兩件事要先做準備:
- 兩張圖片的格式要相同,例如都是 JPEG 的圖片。
- 兩張圖的大小要相同,可以利用 Image.crop() 方法進行裁切。

兩張圖片進行合成,方法 blend() 能提供大大便利,語法如下:

```
Image.blend(im1, im2, alpha)
```

- im1、im2:想要進行合成的兩張圖像,格式(format)、大小(size)須一致。
- alpha:設定圖片的透明度,範圍為「0.0 ~ 1.0」。若值為「0.0」合成時會複製 im1,若值為「1.0」合成時複製 im2。

範例:兩張圖像做合成。

```
# 參考範例《CH1618.py》
from PIL import Image, ImageDraw, ImageFilte
s1 = Image.open('../Demo/Pict/lotus.jpg')
s2 = Image.open('../Demo/Pict/rose2.jpg')
# 合成照片
target = Image.blend(s1, s2, alpha = 1.0)
target.save('../Demo/Pict/show.jpg')
```

- 使用方法 blend() 把兩張圖像合成,參數 alpha 的設定值會影響合成效果。

| alpha = 0.5 |  alpha = 0.0 以im1為副本 |  alpha = 1.0 以im2為副本 |

16-39

合成圖像的過程，也可以加入遮罩，方法 composite() 就以 mask 為參數，語法如下：

```
Image.composite(image1, image2, mask)
```

- image1、image2：兩張圖像格式、大小得一致。
- mask：本身也是圖像，大小必須跟 image1、image2 相同，但是模式限定為「1」(黑白)、「L」(灰階)、「RGBA」(含透明度的彩色圖像) 等。

為了讓遮罩具有質感，使用了 ImageFilter 模紉的 GaussianBlur() 方法，配合半徑值形成高斯模糊化的濾鏡特效。了解其語法：

```
ImageFilter.GaussianBlur(radius = 2)
```

- radius：產生高斯模糊要設定的半徑值。

範例：先產生遮罩圖像，再進成圖像的合併。

```
# 參考範例《CH1618.py》
# 方法 new() 產生灰階遮罩影像，大小須與 s1, s2 一樣
photo = Image.new("L", (300, 225))
maskRect = ImageDraw.Draw(photo)
maskRect.ellipse((40, 40, 260, 220), fill = 255)
mask = photo.filter(ImageFilter.GaussianBlur(25))
mask.save('../Demo/Pict/show2.jpg')
compImg = Image.composite(s1, s2, mask)
compImg.save('../Demo/Pict/show3.png')
```

- 使用 ImageDraw 的 Draw() 方法產生繪製物件 maskRect，再利用 ellipse() 繪製橢圓形成遮罩區域。
- 透過 new() 方法產生的 Image 物件呼叫 filter() 加入高斯模糊化的濾鏡特效。
- 最後，呼叫 composite() 方法，連同遮罩，把三張圖片做合併。

重點整理

◆ Turtle 模組是簡易的繪圖程式，它以 Tkinter 函式庫為基礎，打造了繪圖工具，它源自於 60 年代的 Logo 程式語言，而由 Python 程式設計師構建了 Turtle 函式庫。

◆ 使用 Turtle 之前，對於螢幕座標系統得有一些基本認識。我們所使用的螢幕對 Python 來說，座標由左上角為起始點（0, 0）。

◆ 那麼 Turtle 本身的畫布呢？它採用直角座標系，左上角的（startX, startY）能設定其起始位置。

◆ 與座標有關的方法，方法 turtle.goto() 或 turtle.setpos() 方法以像素表示座標值，設定畫筆的座標值；而方法 turtle.home() 把畫筆歸回原點（0, 0）。

◆ 移動畫筆可以方法 penup() 把它抬起，前行到指定座標再以方法 pendown() 把畫筆落下，繼續繪圖。

◆ RGB 分別是「紅（R）、綠（B）、藍（G）」三原色，色值為「0~255」。除了指定顏色名稱之外，還可以使用 16 進制（0~F）表示「'#RRGGBB'」。

◆ 方法 circle() 繪製圓形，藉由參數 steps 配合 extent 的設定，能繪製不同的幾何圖形。例如「extent = 360, steps = 3」加上半徑值能繪製三角形；依此類推「circle (50, 360, 5)」就產生了五邊形。

◆ Pillow 套件中，Image 模組用來處理 PIL 圖片。ImageColor 支援 CSS6 樣式表，提供顏色表和色彩模式的轉換。ImageDraw 模組以其物件處理簡單的 2D 圖形。ImageFont 則以 ImageFont 物件，儲存點陣字型。

◆ Pillow 套件中，RGB() 函式表達顏色值，有三種：①使用「0～255」整數；②顏色名稱表示；③以三個百分比形式輸出顏色值。

◆ Pillow 套件中，表達色彩的第二種方式就是以 16 進位；無論是「#rgb」、「#rrggbb」或「#rrggbbaa」皆是以「0~F」為色彩值。

◆ Pillow 套件中，改變圖片方向有二種方法，rotate() 能把圖片旋轉，而方法 transpose() 則是把圖片**翻轉**。

- Pillow 套件使用直角座標系（或稱笛卡爾像素坐標系）讀取圖片，以左上角為原點，再依圖片的大小回傳 x、y 的座標值。它把圖片視為一個矩形區域，它有左（left）、上（upper）、右（right）、下（lower）4 個座標，以 Tuple 組成。

- Pillow 套件中，Image 類別具有的屬性，size 能取得圖像大小，format 回傳圖檔格式，info 以字典回傳圖片訊息，mode 取得圖片模式。

- 模組 ImageDraw，能以方法 Draw() 產生繪圖物件，畫線條的方法是 line()，畫出橢圓是方法 ellipse()，取得字型是方法 getfont()。

- 在 ImageDraw 物件秀出。首先，得利用 ImageFont 建立的字型物件並以 truetype() 方法來取得字型；再者，要輸出文字就得找 ImageDraw.text() 方法做相關參數的設定。

- 合成兩張圖片，先做兩件事：① 兩張圖片的格式要一樣，② 兩張圖片的大小要相同，方法 Image.crop() 配合裁切。進行合成時，使用方法 blend()，其中參數 alpha 的值為「0.0～1.0」。

MEMO

MEMO

MEMO

MEMO